4.2.4- 可爱小熊

4.3- 水墨过渡效果

4.4- 花开放

5.1- 打字效果

5.1.4- 空中文字

5.2- 烟飘文字

5.2.4- 光效文字

5.3- 飞舞数字流

U0381770

5.4- 运动模糊文字

6.1- 精彩闪白

6.1.4- 动感模糊文字

6.2- 水墨画效果

6.2.4- 透视光芒

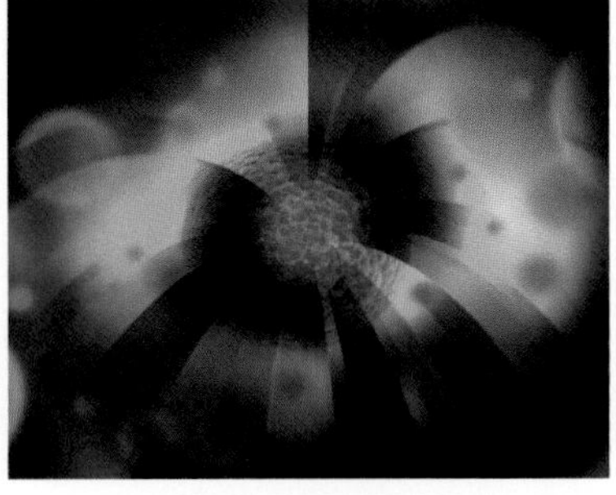

6.3- 放射光芒

6.3.4- 气泡效果

6.4- 单色保留

6.5- 随机线条

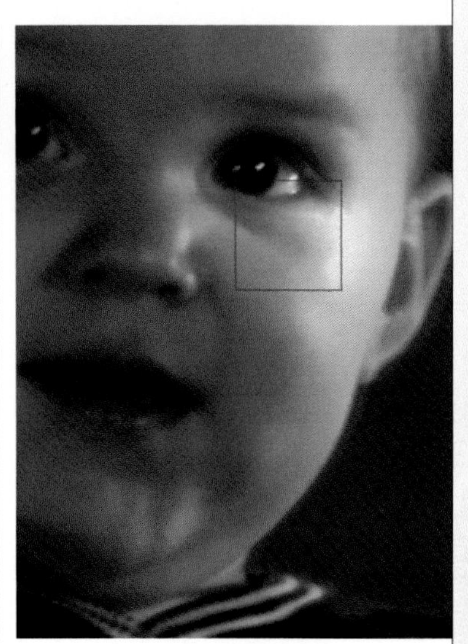

7.1- 单点跟踪

7.1.4- 四点跟踪

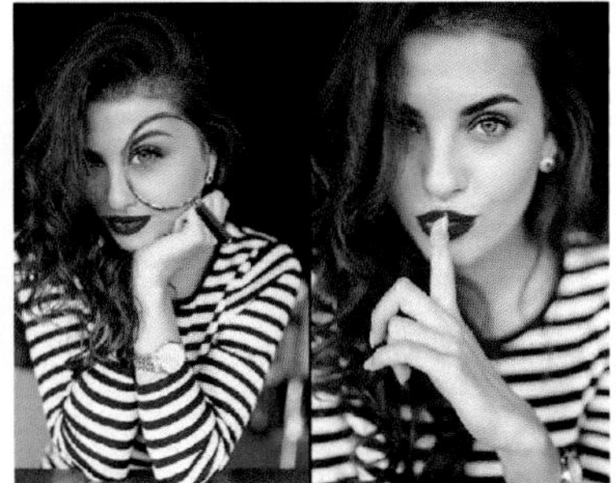

7.2- 放大镜效果

7.2.4- 时钟效果

7.3- 跟踪户外运动

7.4- 跟踪对象运动

8.1- 抠像效果

8.1.4- 卡通宇航员

8.2.4- 电商广告

8.2- 复杂抠像

8.3- 外挂抠图

8.4- 替换人物背景

9.1- 为影片添加背景音乐

9.1.4- 为草原风光添加音效

9.2- 为体育视频添加背景音乐

9.2.4- 为瀑布添加声音特效

9.3- 为都市前沿添加背景音乐

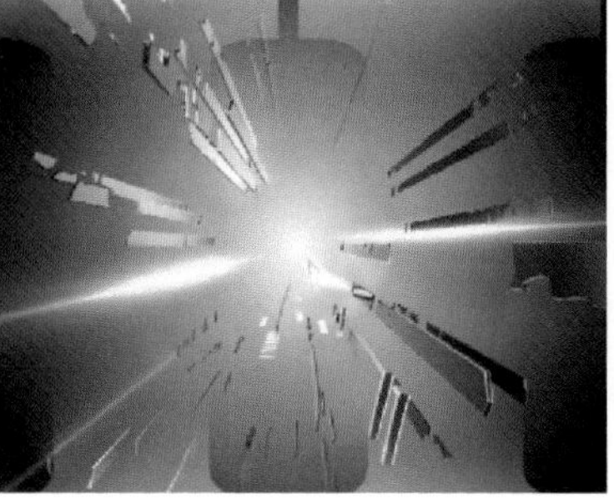

9.4- 为动画片头添加声音特效

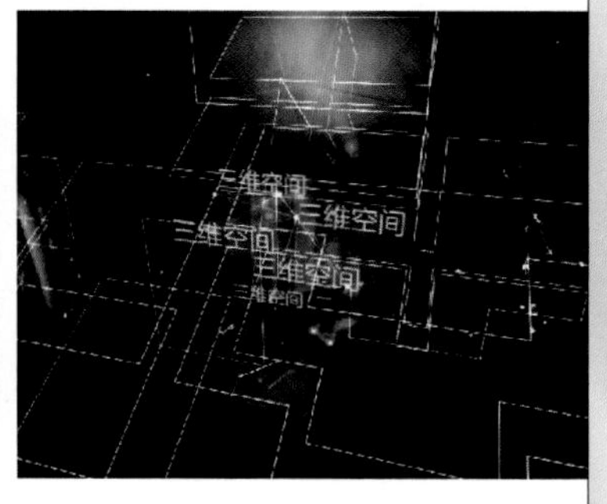

10.1- 三维空间

10.2- 星光碎片

10.2.4- 穿梭热气球

10.3- 冲击波

10.4- 另类光束

12.2- 制作海底世界纪录片

12.1- 制作啤酒广告

12.4- 制作奇幻自然栏目

12.5- 制作环球节目片头

12.3- 制作儿童相册

12.6- 制作四季赏析短片

意设计人才培养规划教材

袁懿磊 马红军 主编 岳耀雪 钮靖 洪波 副主编

Ae

After Effects CS6 影视后期合成案例教程

微课版

人 民 邮 电 出 版 社

北 京

图书在版编目（CIP）数据

After Effects CS6影视后期合成案例教程 ：微课版/
袁懿磊，马红军主编. -- 北京 ：人民邮电出版社，
2018.1
创意设计人才培养规划教材
ISBN 978-7-115-45839-1

Ⅰ. ①A… Ⅱ. ①袁… ②马… Ⅲ. ①图象处理软件－
教材 Ⅳ. ①TP391.413

中国版本图书馆CIP数据核字(2017)第118596号

内 容 提 要

本书全面系统地介绍After Effects CS6的基本操作方法和影视后期制作技巧，内容包括初识After Effects CS6、图层的应用、制作遮罩动画、应用时间线制作特效、创建文字、应用特效、跟踪与表达式、抠像、添加声音特效、制作三维合成特效、渲染与输出及综合设计实训等。

本书内容的介绍均以课堂实训案例为主线，通过案例的操作，学生可以快速熟悉案例的设计理念。书中的软件相关功能解析部分可以使学生深入学习软件功能，课堂实战演练和课后综合演练可以提高学生的实际应用能力。云盘中包含了书中所有案例的素材及效果文件，以利于教师授课，学生练习。

本书可作为院校数字艺术类专业After Effects课程的教材，也可供相关人员学习参考。

◆ 主　　编　袁懿磊　马红军
副 主 编　岳耀雪　钮　靖　洪　波
责任编辑　桑　珊
责任印制　马振武

◆ 人民邮电出版社出版发行　　北京市丰台区成寿寺路11号
邮编　100164　　电子邮件　315@ptpress.com.cn
网址　http://www.ptpress.com.cn
北京九州迅驰传媒文化有限公司印刷

◆ 开本：787×1092　1/16　　彩插：2
印张：15.75　　2018年1月第1版
字数：410千字　　2025年1月北京第15次印刷

定价：45.00元

读者服务热线：(010)81055256　印装质量热线：(010)81055316
反盗版热线：(010)81055315
广告经营许可证：京东市监广登字20170147号

前　言
FOREWORD

编写目的

After Effects 是由 Adobe 公司开发的影视后期制作软件，它功能强大、易学易用，深受广大影视制作爱好者和影视后期设计师的喜爱，已经成为这一领域最流行的软件之一。目前，我国很多院校的数字艺术类专业都将 After Effects 作为一门重要的专业课程。为了帮助教师全面、系统地讲授这门课程，使学生能够熟练地使用 After Effects 来进行影视后期制作，我们几位长期在院校从事 After Effects 教学的教师与专业影视制作公司经验丰富的设计师合作，共同编写了本书。

本书全面贯彻党的二十大精神，以社会主义核心价值观为引领，传承中华优秀传统文化，坚定文化自信，使内容更好体现时代性、把握规律性、富于创造性。

人民邮电出版社充分发挥在线教育方面的技术优势、内容优势、人才优势，潜心研究，为读者提供一种“纸质图书+在线课程”相配套，全方位学习 After Effects 影视后期合成的解决方案。读者可根据个人需求，利用图书和“微课云课堂”平台上的在线课程进行碎片化、移动化的学习，以便快速全面地掌握 After Effects 影视后期合成的相关知识。

平台支撑

“微课云课堂”目前包含近 50000 个微课视频，在资源展现上分为“微课云”“云课堂”这两种形式。“微课云”是该平台中所有微课的集中展示区，用户可随需选择；“云课堂”是在现有微课云的基础上，为用户组建的推荐课程群，用户可以在“云课堂”中按推荐的课程进行系统化学习，或者将“微课云”中的内容进行自由组合，定制符合自己需求的课程。

✧　“微课云课堂”主要特点

微课资源海量，持续不断更新：“微课云课堂”充分利用了出版社在信息技术领域的优势，以人民邮电出版社 60 多年的发展积累为基础，将资源经过分类、整理、加工以及微课化之后提供给用户。

资源精心分类，方便自主学习：“微课云课堂”相当于一个庞大的微课视频资源库，按照门类进行一级和二级分类，以及难度等级分类，不同专业、不同层次的用户均可以在平台中搜索自己需要或者感兴趣的内容资源。

多终端自适应，碎片化移动化：绝大部分微课时长不超过十分钟，可以满足读者碎片化学习的需要；平台支持多终端自适应显示，除了在 PC 端使用外，用户还可以在移动端随心所欲地进行学习。

✧ “微课云课堂”使用方法

扫描封面上的二维码或者直接登录“微课云课堂”（www.ryweike.com）→用手机号码注册→在用户中心输入本书激活码（0dbb0b9d），将本书包含的微课资源添加到个人账户，获取永久在线观看本课程微课视频的权限。

此外，购买本书的读者还将获得一年期价值 168 元的 VIP 会员资格，可免费学习 50000 微课视频。

本书特色

根据院校的教学方向和教学特色，我们对本书的编写体系做了精心的设计。每章按照“课堂实训案例—软件相关功能—课堂实战演练—课后综合演练”这一思路进行编排，力求通过课堂实训案例演练，使学生快速熟悉影视后期设计理念和软件功能；通过软件相关功能解析使学生深入学习软件功能，通过课堂实战演练和课后综合演练提高学生的实际应用能力。

在内容编写方面，力求细致全面、重点突出；在文字叙述方面，注意言简意赅、通俗易懂；在案例选取方面，强调案例的针对性和实用性。

本书云盘包含了书中所有案例的素材及效果文件（下载链接：http://pan.baidu.com/s/1gfne3Hh）。另外，为方便教师教学，本书配备了详尽的课堂实战演练和课后综合演练的操作步骤文稿、PPT 课件、教学大纲、商业实训案例文件等丰富的教学资源，任课教师可登录人邮教育社区（www.ryjiaoyu.com）免费下载使用。本书的参考学时为 54 学时，各章的参考学时参见下面的学时分配表。

章	课 程 内 容	课 时 分 配
第 1 章	初识 After Effects CS6	2
第 2 章	图层的应用	6
第 3 章	制作遮罩动画	6
第 4 章	应用时间线制作特效	6
第 5 章	创建文字	2
第 6 章	应用特效	8
第 7 章	跟踪与表达式	4
第 8 章	抠像	4
第 9 章	添加声音特效	2
第 10 章	制作三维合成特效	6
第 11 章	渲染与输出	2
第 12 章	综合设计实训	6
课 时 总 计		54

本书由袁懿磊、马红军主编，岳耀雪、钮靖、洪波副主编，余勇、翁超参编。由于编者水平有限，书中难免存在疏漏和不妥之处，敬请广大读者批评指正。

编　者

2023 年 5 月

目　录
CONTENTS

CONTENTS 目录

3

第 3 章　制作遮罩动画

4

第 4 章　应用时间线制作特效

5

第5章 创建文字

6

第6章 应用特效

7

第 7 章 跟踪与表达式

8

第 8 章 抠像

9

第 9 章 添加声音特效

10

第 10 章 制作三维合成特效

11

第 11 章 渲染与输出

12

第 12 章 综合设计实训

第1章　初识After Effects CS6

本章对 After Effects CS6 的工作界面、文件的基础知识、文件格式、视频输出和视频参数设置做详细讲解。通过对本章的学习，读者可以快速了解并掌握 After Effects 的入门知识，为后面的学习打下坚实的基础。

- **熟悉After Effects CS6的工作界面**
- **熟悉文件格式以及视频的输出**
- **熟悉软件相关的基础知识**

1.1　操作界面

1.1.1　【操作目的】

通过创建合成、导入和调出面板命令，熟悉菜单栏的操作方法。通过使用旋转工具、移动工具、平移拖后工具和文字工具，熟悉工具箱的使用方法。

1.1.2　【操作步骤】

步骤① 打开 After Effects CS6，选择“图像合成 > 新建合成组”命令，弹出“图像合成设置”对话框，在“合成组名称”文本框中输入“房产广告”，其他选项的设置如图 1-1 所示，单击“确定”按钮，创建一个新的合成“房产广告”。

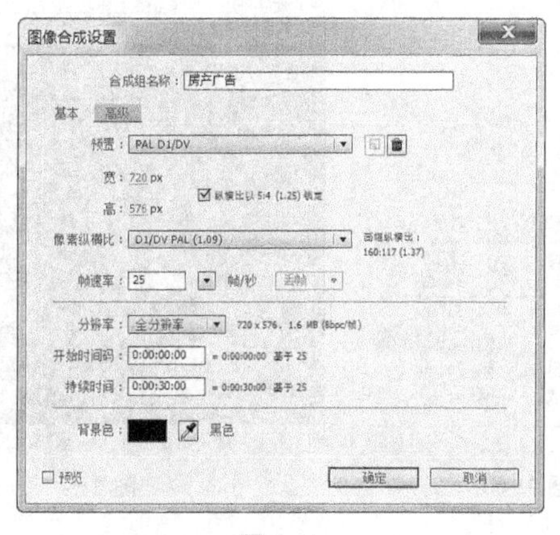

图 1-1

步骤② 选择“文件 > 导入 > 文件”命令，弹出“导入文件”对话框，选择云盘中的“Ch01 > 房产广告 >（Footage）> 01 ~ 03”文件，如图 1-2 所示，单击“打开”按钮，导入图片到“项目”面板，如图 1-3 所示。

图 1-2

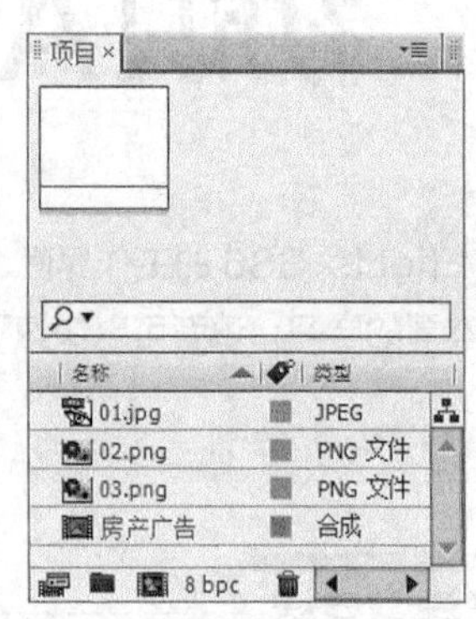

图 1-3

步骤③ 在“项目”面板中选中“01”和“02”文件，并将其拖曳到“时间线”面板中，如图 1-4 所示。“合成”窗口中的效果如图 1-5 所示。

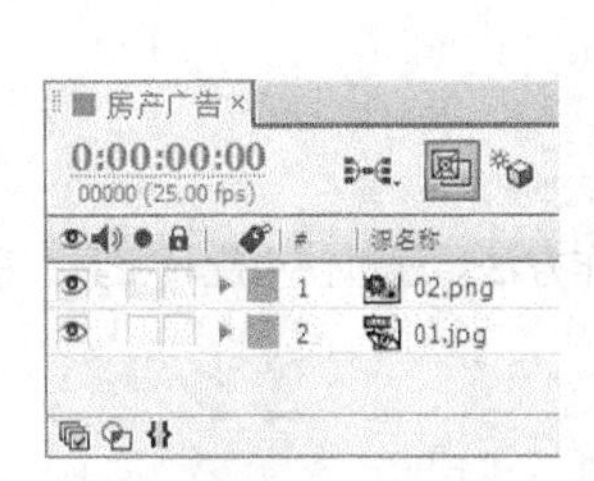

图 1-4

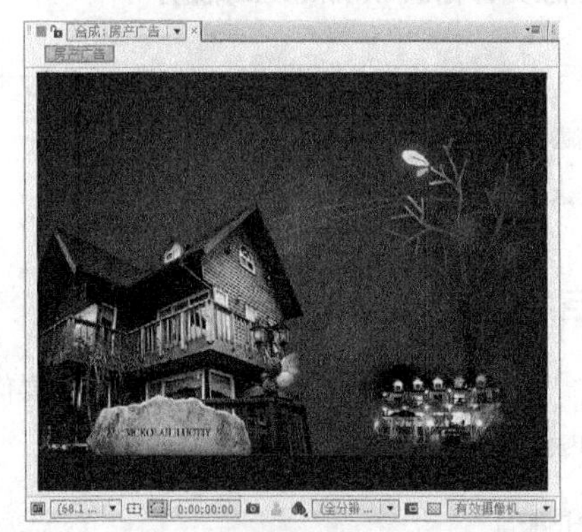

图 1-5

步骤④ 在“项目”面板中选中“03”文件，并将其拖曳到“时间线”面板中，如图 1-6 所示。选择“选择”工具，在“合成”窗口中拖曳“03”文件到适当的位置，如图 1-7 所示。

图 1-6

图 1-7

步骤⑤ 选择“横排文字”工具T，在“合成”窗口的上方输入英文“Mckolaililuotiy”，选择“窗口 > 文字”命令，在弹出的“文字”面板中进行设置，如图 1-8 所示。“合成”窗口中的效果如图 1-9 所示。

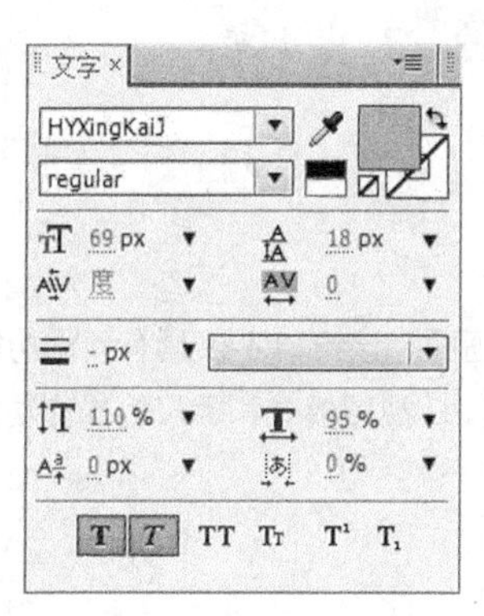

图 1-8

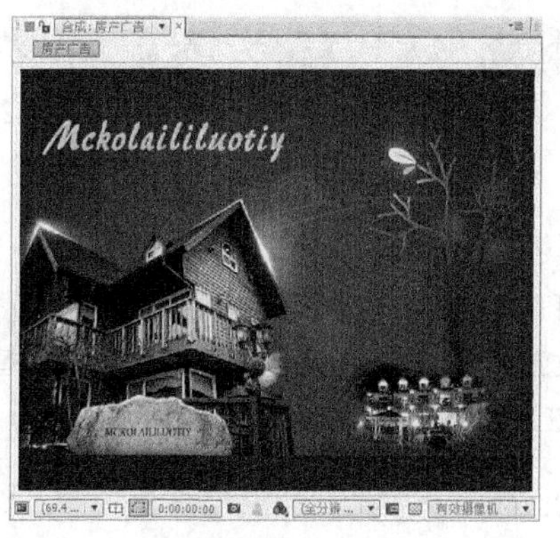

图 1-9

1.1.3 【相关工具】

1. 菜单栏

菜单栏几乎是所有软件都有的重要界面要素之一，它包含了软件全部功能的命令操作。After Effects CS6 提供了 9 项菜单，分别为文件、编辑、图像合成、图层、效果、动画、视图、窗口和帮助，如图 1-10 所示。

2. 项目面板

导入 After Effects CS6 中的所有文件、创建的所有合成文件、图层等，都可以在“项目”面板中找到，并可以清楚地看到每个文件的类型、尺寸、时间长短、文件路径等，当选中某一个文件时，可以在“项目”面板的上部查看对应的缩略图和属性，如图 1-11 所示。

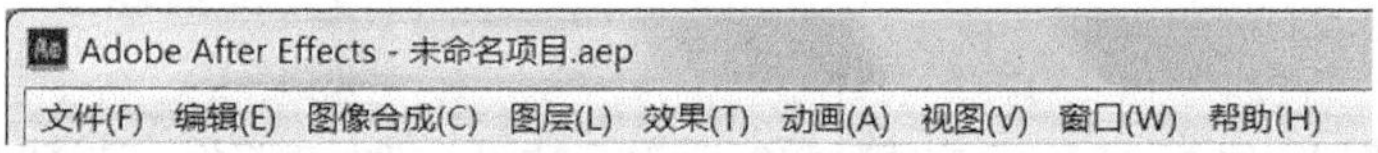

Adobe After Effects - 未命名项目.aep
文件(F) 编辑(E) 图像合成(C) 图层(L) 效果(T) 动画(A) 视图(V) 窗口(W) 帮助(H)

图 1-10

图 1-11

3. 工具面板

“工具”面板中包括了经常使用的工具，有些工具按钮的右下角有三角标记，其中含有多重工具选项，例如，在“矩形遮罩”工具上按住鼠标不放，即会展开新的按钮选项，拖动鼠标可进行选择。

“工具”面板中的工具如图 1-12 所示，包括“选择”工具、“手形”工具、“缩放”工具、“旋转”工具、“合并摄像机”工具、“定位点”工具、“矩形遮罩”工具、“钢笔”工具、“横排文字”工具、“画笔”工具、“图章”工具、“橡皮擦”工具、“ROTO 笔刷”工具、“自由位置定位”工具，“本地轴模式”工具、“世界轴模式”工具、“查看轴模式”工具。

图 1-12

4. 合成窗口

“合成”窗口可直接显示出素材组合特效处理后的合成画面。该窗口不仅具有预览功能，还具有控制、操作、管理素材、缩放窗口比例、当前时间、分辨率、图层线框、3D 视图模式和标尺等操作功能，是 After Effects CS6 中非常重要的工作窗口，如图 1-13 所示。

5. 预览控制台面板

“预览控制台”面板包括播放、逐帧播放、倒放、声音开关、内存预览等按钮和一些选项设置，如图 1-14 所示。

图 1-13

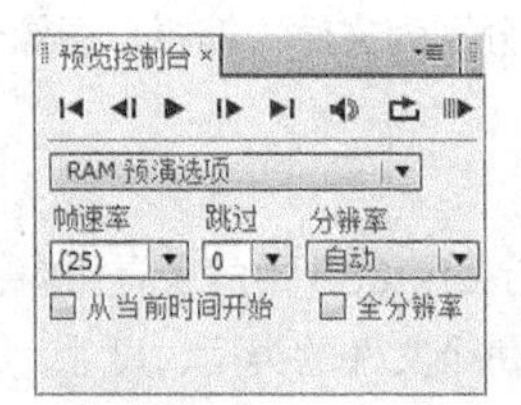

图 1-14

1.2 软件相关的基础知识

1.2.1 【操作目的】

通过调整视频的明暗，熟练掌握特效面板的使用方法。通过保存和关闭文件，熟练掌握保存和关闭命令。

1.2.2 【操作步骤】

步骤① 打开 After Effects CS6，选择“文件 > 导入 > 文件”命令，弹出“导入文件”对话框，选择云盘中的“Ch01 > 调整照片的明暗 >（Footage）> 01”文件，单击“打开”按钮，导入图片。在“项目”面板中选择“01”文件，将其拖曳到面板下方的“新建合成”按钮上，如图 1-15 所示，自动创建一个合成。

步骤② 按 Ctrl+K 组合键，弹出“图像合成设置”对话框，在“合成组名称”文本框中输入“旋转木马”，其他选项的设置如图 1-16 所示，单击“确定”按钮完成设置。

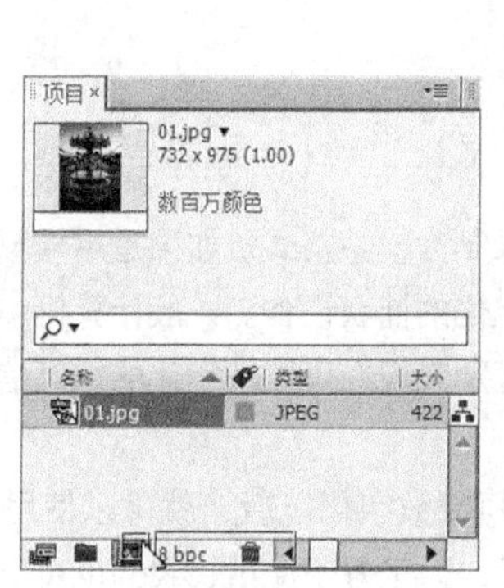

图 1-15

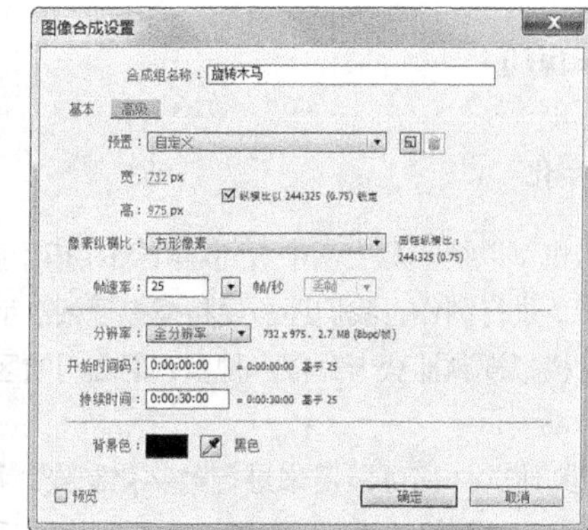

图 1-16

步骤③ 选择“效果 > 色彩校正 > 色阶”命令，在“特效控制台”面板中进行参数设置，如图 1-17 所示。“合成”窗口中的效果如图 1-18 所示。

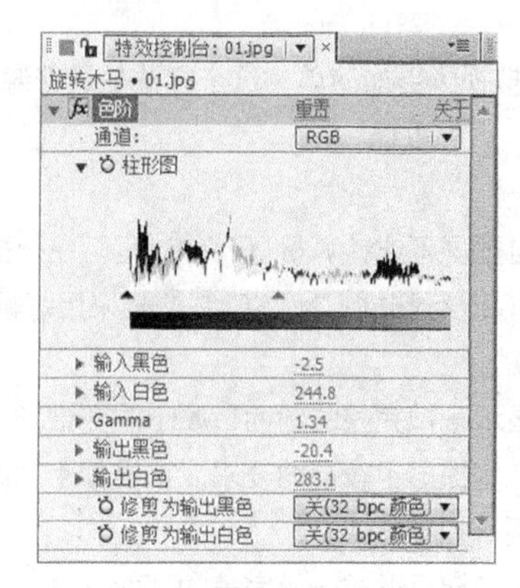

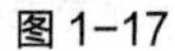

图 1-17

图 1-18

步骤④ 选择“文件 > 存储”命令，在弹出的“存储为”对话框中设置文件保存路径，在“文件名”文本框中输入名称，如图 1-19 所示。单击“保存”按钮保存文件。

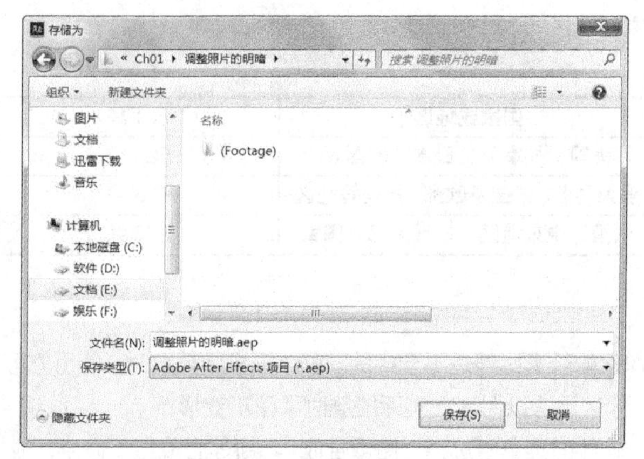

图 1-19

1.2.3 【相关知识】

1. 模拟化与数字化

传统的模拟录像机可以把实际生活中看到、听到的东西录制为模拟格式。如果是用模拟摄像机或者其他模拟设备（使用录像带）进行制作，我们还需要将模拟视频数字化的捕获设备。一般计算机中安装的视频捕获卡就是起这种作用的。模拟视频捕获卡有很多种，它们之间的区别表现在可以数字化的视频信号的类型和被数字化视频的品质等。

Premiere 或者其他软件都可以用来进行数字化制作。视频数字化以后，就可以使用 Premiere、After Effects 或者其他软件在计算机中进行编辑了。编辑结束以后，为了方便使用，我们也可以再次以视频格式进行输出。输出时可以使用 Web 数字格式，或者 VHS、Bata SP 这样的模拟格式。

在科技飞速发展的今天，数码摄像机的使用越来越普及，其价格也日趋稳定。因为数码摄像机是把录制的内容保存为数字格式，所以可以直接把数字信息载入计算机中进行制作。普及最广的数码摄像机使用 DV 数字格式。

将数码视频（DV）传送到计算机上要比传送模拟视频更加简单。这个方法是最普遍、最经济、最常用的。

2. 逐行扫描与隔行扫描

扫描是指显像管中电子枪发射出的电子束扫描电视屏幕或计算机屏幕的过程。在扫描的过程中，电子束从左向右、从上到下扫描画面。PAL 制信号采用每帧 625 行扫描；NTSC 制信号采用每帧 525 行扫描。画面扫描分为逐行扫描和隔行扫描两种方式。

逐行扫描是按顺序进行每一行扫描，一次扫描显示一帧完整的画面，属于非交错场。逐行扫描更适合在高分辨率下使用，同时也对显示器的扫描频率和视频带宽提出了较高的要求。扫描频率越高，刷新速度越快，显示效果就越稳定，如电影胶片、大屏幕彩显都采用逐行扫描方式。

隔行扫描是先扫描奇数行，再扫描偶数行，两次扫描后形成一帧完整的画面，属于交错场。在对隔行扫描的视频做移动、缩放、旋转等操作时，会产生画面抖动、运动不平滑等现象，画面质量会降低。

3. 播放制式

播放制式及使用的国家和地区如表 1-1 所示。

表 1-1

播放制式	国家或地区	水平线	帧　频
NTSC	美国、加拿大、日本、韩国等	525 线	29.97 帧/秒
PAL	澳大利亚、中国及欧洲、拉美等地区	625 线	25 帧/秒
SECAM	法国、中东地区、非洲大部分国家	625 线	25 帧/秒

4. 像素比

不同规格的电视，其像素的长宽比都是不一样的。在计算机中播放时，使用方形像素比；在电视上播放时，使用 D1/DV PAL（1.09）像素比，以保证在实际播放时画面不变形。

在 After Effects CS6 软件的菜单栏选择“图像合成 > 新建合成组”命令，或按 Ctrl+N 组合键，在弹出的“图像合成设置”对话框中设置相应的像素比，如图 1-20 所示。

选择“项目”面板中的视频素材，选择“文件 > 解释素材 > 主要”命令，弹出图 1-21 所示的对话框，在这里可以设置导入素材的不透明度、帧速率、场和像素比等。

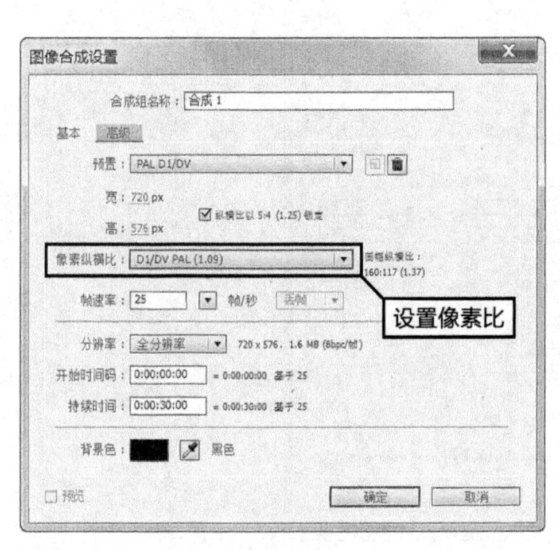

图 1-20

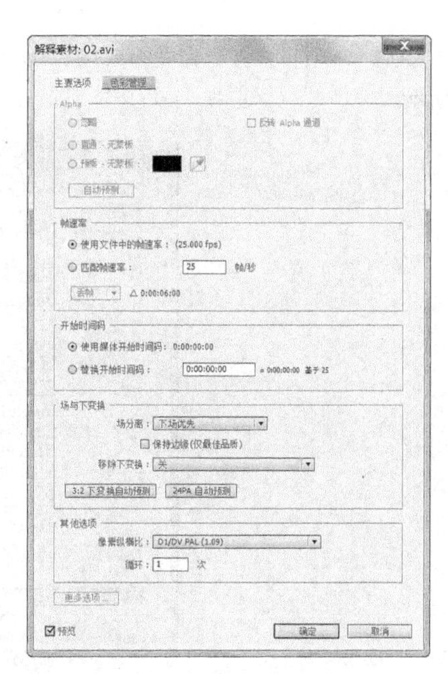

图 1-21

5. 分辨率

普通电视和 DVD 的分辨率是 720 像素 × 576 像素。软件设置时应尽量使用同一尺寸，以保证分辨率的统一。

过大分辨率的图像在制作时会占用大量的制作时间和计算机资源，过小分辨率的图像会在播放时清晰度不够。

选择“图像合成 > 新建合成组”命令，在弹出的对话框中进行设置，如图 1-22 所示。

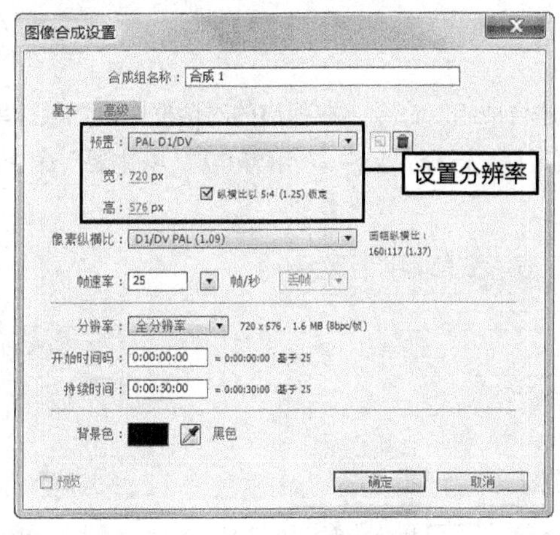

图 1-22

6. 帧速率

PAL 制式电视的播放设备每秒播放 25 幅画面，也就是播放帧速率为 25 帧每秒。只有使用正确的播放帧速率才能流畅地播放动画。过高的帧速率会导致资源浪费，过低的帧速率会使画面播放不流畅，从而产生抖动。

选择“文件 > 项目设置”命令，或按 Ctrl+Shift+Alt+K 组合键，在弹出的对话框中设置帧速率，如图 1-23 所示。

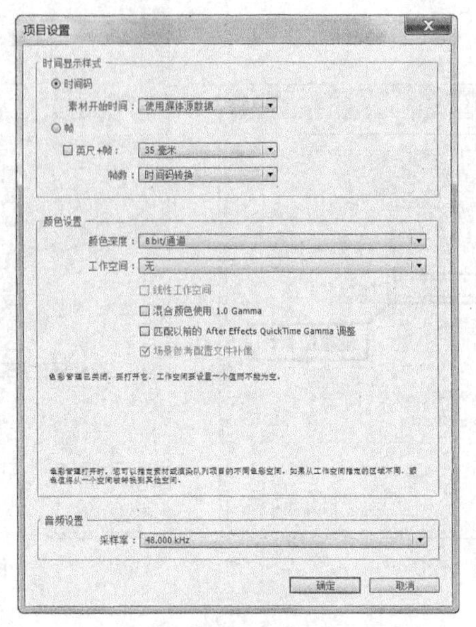

图 1-23

这里设置的是时间线的显示方式。如果要按帧制作动画可以选择帧方式显示，这样不会影响最终的动画帧速率。

也可选择“图像合成 > 新建合成组”命令，在弹出的对话框中设置帧速率，如图 1-24 所示。

选择“项目”面板中的视频素材，选择“文件 > 解释素材 > 主要”命令，在弹出的对话框中可改变帧速率，如图 1-25 所示。

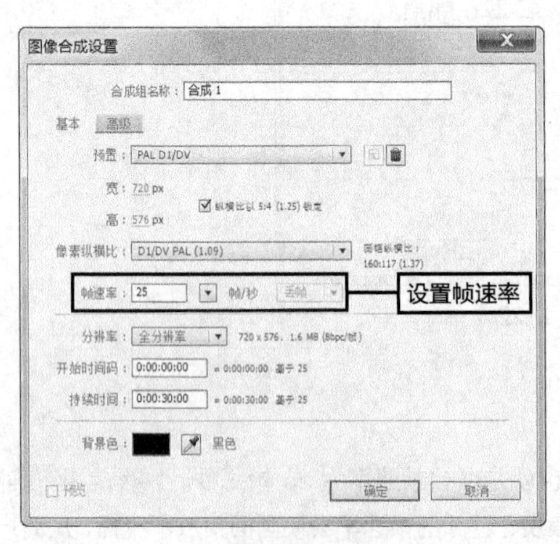

图 1-24

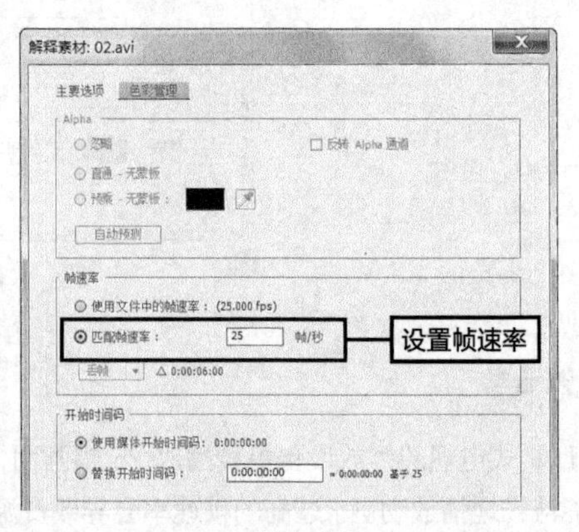

图 1-25

如果是动画序列，需要将帧速率值设置为每秒 25 帧；如果是动画文件，则不需要修改帧速率，因为动画文件会自动包括帧速率信息，并且会被 After Effects 识别，如果修改这个设置会改变原有动画的播放速度。

7. 安全框

安全框是画面可以被用户看到的范围。“活动安全框”以外的部分，电视设备将不显示，“活动安全框”以内的部分，可以保证被完全显示。

单击“选择参考线和参考线选项”按钮，在弹出的列表中选择“字幕/活动安全框”选项，即可打开安全框参考可视范围，如图 1-26 所示。

图 1-26

8. 场

场是隔行扫描的产物，扫描一帧画面时由上到下扫描，先扫描奇数行，再扫描偶数行，两次扫描完成一幅图像。由上到下扫描一次叫做一个场，一幅画面需要两个场扫描来完成。在播放每秒 25 帧图像的时候，由上到下扫描需要 50 次，也就是每个场间隔 1/50s。如果制作奇数行和偶数行间隔 1/50s 的有场图像，可以在隔行扫描的每秒 25 帧的电视上显示 50 幅画面。画面多了自然流畅，跳动的效果就会减弱，但是场会加重图像锯齿。

要在 After Effects 中导入有“场”的文件，可以选择“文件 > 解释素材 > 主要”命令，在弹出的对话框中进行设置即可，如图 1-27 所示。

这个步骤叫做“分离场”，如果选择“上场”，并且在制作中加入了后期效果，那么在最终渲染输出时，输出文件必须带场，才能将下场加入到后期效果；否则“下场”会自动丢弃，图像质量也就只有一半。

在 After Effects 中输出有场的文件的相关操作如下。

按 Ctrl+M 组合键，弹出“渲染队列”面板，单击“最佳设置”按钮，在弹出的“渲染设置”对话框的“场渲染”下拉列表中选择输出场的方式，如图 1-28 所示。

如果出现画面跳格是因为 30 帧转换 25 帧产生帧丢失，需要选择 3：2 Pulldown 的一种场偏移方式。

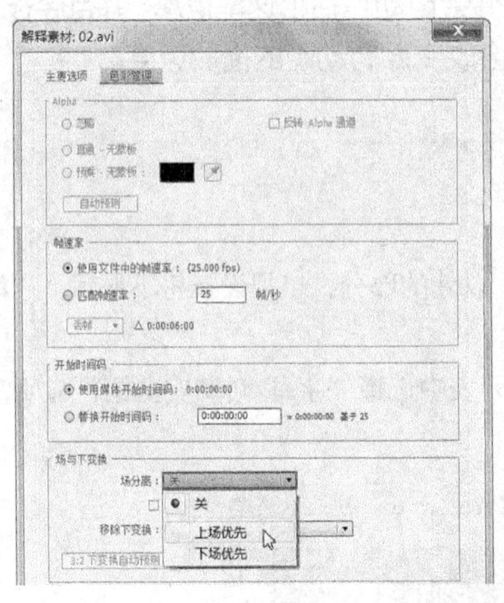

图 1-27

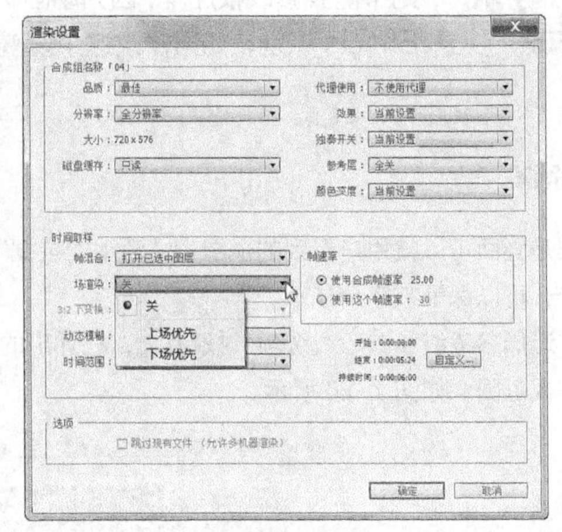

图 1-28

如果使用这种方法生成动画，在电视上播放时会出现因为场错误而导致的问题；这说明素材使用的是下场，需要选择动画素材后按 Ctrl+F 组合键，在弹出的对话框中选择下场。

9. 动态模糊

动态模糊会产生拖尾效果，使每帧画面更接近，以减少每帧之间因为画面差距大而引起的闪烁或抖动，但这要牺牲图像的清晰度。

按 Ctrl+M 组合键，弹出“渲染队列”面板，单击“最佳设置”按钮，在弹出的“渲染设置”对话框中设置动态模糊，如图 1-29 所示。

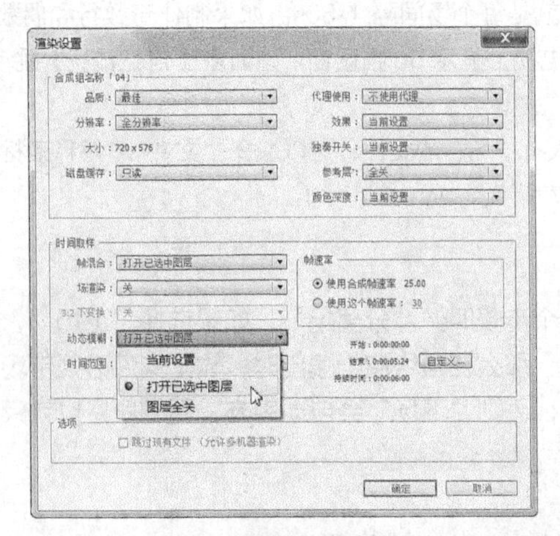

图 1-29

10. 帧混合

帧混合是用来消除画面轻微抖动的方法，有场的素材也可以用来抗锯齿，但效果有限。在 After Effects CS6 中的帧混合设置如图 1-30 所示。

按 Ctrl+M 组合键，弹出“渲染队列”面板，单击“最佳设置”按钮，在弹出的“渲染设置”对话框中设置帧混合参数，如图 1-31 所示。

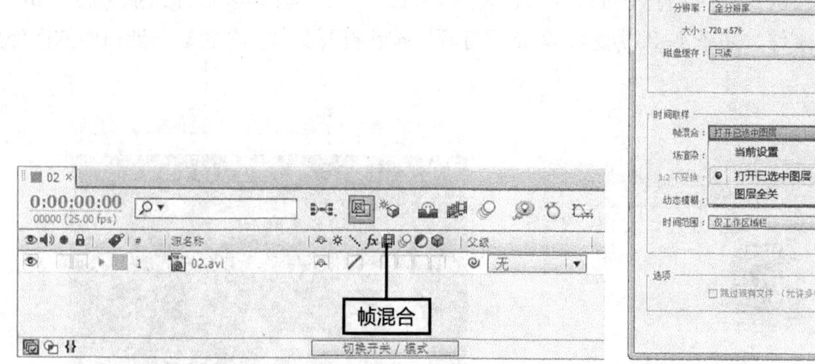

图 1-30

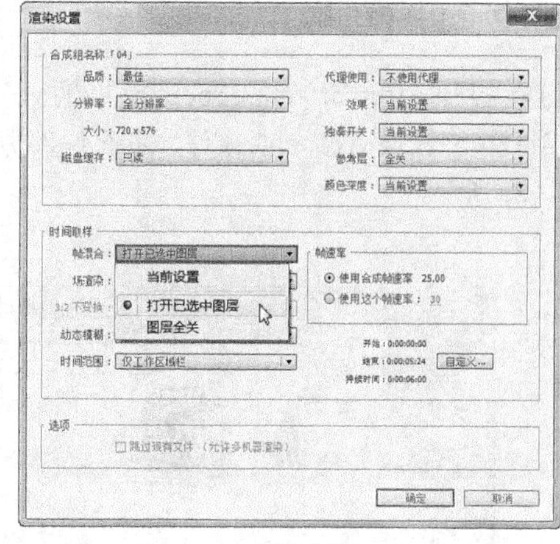

图 1-31

11. 抗锯齿

锯齿的出现会使图像粗糙，不精细。提高图像质量是解决锯齿的主要办法，但有场的图像只有通过添加模糊、牺牲清晰度来抗锯齿。

按 Ctrl+M 组合键，弹出“渲染队列”面板，单击“最佳设置”按钮，在弹出的“渲染设置”对话框中设置抗锯齿参数，如图 1-32 所示。如果是矢量图像，可以单击按钮，一帧一帧地重新计算矢量分辨率，如图 1-33 所示。

图 1-32

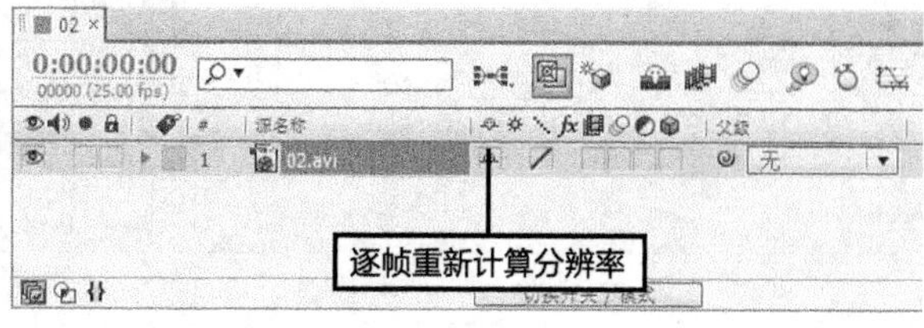

图 1-33

1.3 文件格式以及视频的输出

1.3.1 【操作目的】

通过打开命令，熟练掌握打开文件的操作方法。通过输出文件操作，熟练掌握输出文件的操作方法。

1.3.2 【操作步骤】

步骤① 打开 After Effects CS6，选择“文件 > 打开项目”命令，弹出“打开”对话框，选择云盘中的“Ch01 > 火焰特效 > 火焰特效.aep”文件，如图 1-34 所示，单击“打开”按钮打开文件。“合成”窗口中的图像如图 1-35 所示。

图 1-34

图 1-35

步骤② 选择“图像合成 > 预渲染”命令，弹出“输出影片为：”对话框，在“文件名”文本框中输入名称，如图 1-36 所示，单击“保存”按钮，返回到编辑窗口，如图 1-37 所示。

图 1-36

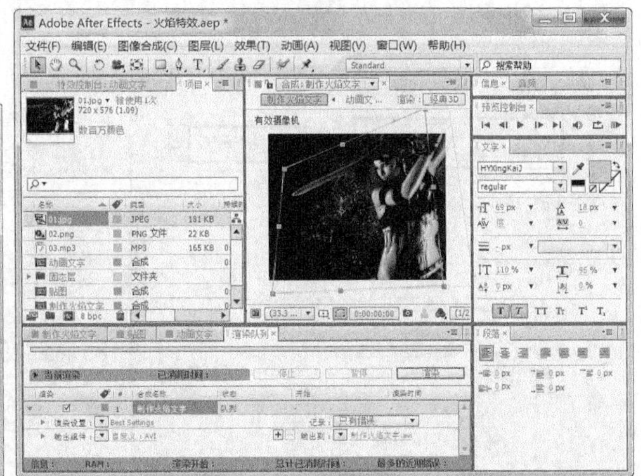

图 1-37

步骤③ 在“渲染队列”面板中，单击“输出组件”右侧的“自定义：AVI”按钮，弹出“输出组件设置”对话框，在“品质”下拉列表中选择“Windows Media”选项，如图 1-38 所示，单击“格式选项”按钮，弹出“Windows Media 选择”对话框，设置“图像品质”选项为适当值，如图 1-39 所示，单击“确定”按钮，返回到“输出组件设置”对话框中，单击“确定”按钮，完成渲染设置。

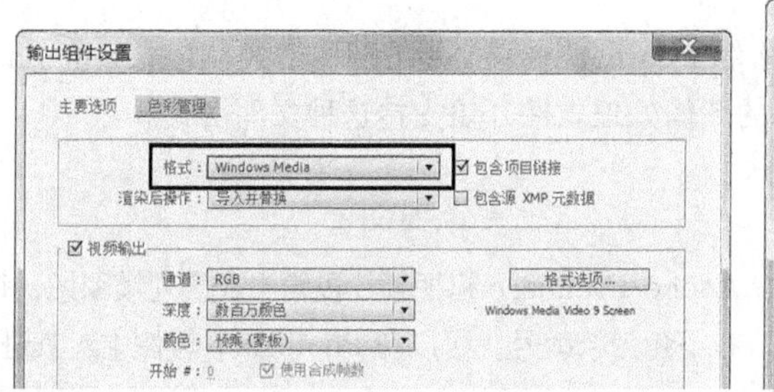

图 1-38

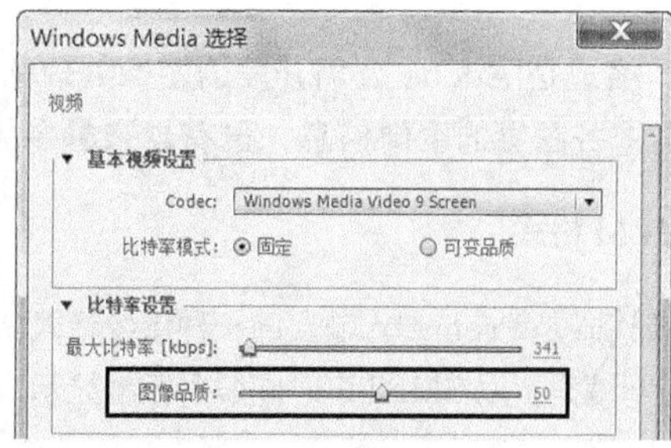

图 1-39

步骤④ 在“渲染队列”面板中，单击“渲染”按钮，文件进行渲染输出，如图 1-40 所示。找到指定输出的文件夹，可以看到输出后的文件，如图 1-41 所示，双击该文件，即可脱离 After Effects CS6 软件进行播放。

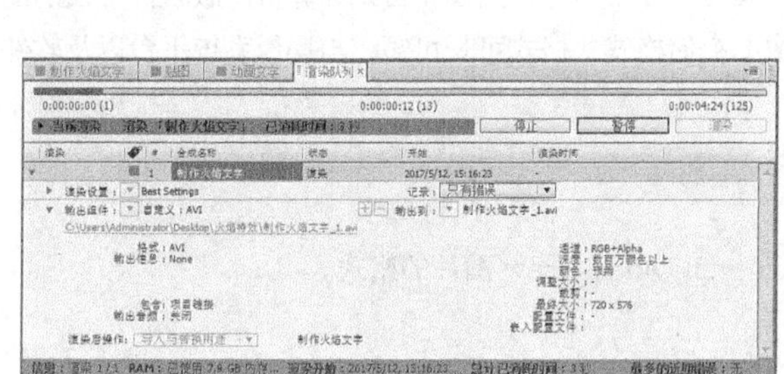

图 1-40

图 1-41

1.3.3 【相关知识】

1. 常用图形图像文件格式

◎ GIF 格式

图像互换格式（Graphics Interchange Format，GIF）是 CompuServe 公司开发的存储 8 位图像的文件格式，支持图像的透明背景，采用无失真压缩技术，多用于网页制作和网络传输。

◎ JPEG 格式

联合图像专家小组（Joint Photographic Experts Group，JPEG）是采用静止图像压缩编码技术的图像文件格式，是目前网络上应用最广的图像格式，支持不同程度的压缩比。

◎ BMP 格式

BMP 格式最初是 Windows 操作系统的画笔所使用的图像格式，现在已经被多种图形图像处理软件所支持和使用。它是位图格式，有单色位图、16 色位图、256 色位图、24 位真彩色位图等。

◎ **PSD 格式**

PSD 格式是 Adobe 公司开发的图像处理软件 Photoshop 所使用的图像格式，它能保留 Photoshop 制作流程中各图层的图像信息，已有越来越多的图像处理软件开始支持这种文件格式。

◎ **FLM 格式**

FLM 格式是 Premiere 输出的一种图像格式。Adobe Premiere 将视频片段输出成序列帧图像，每帧的左下角为时间编码，以 SMPTE 时间编码标准显示，右下角为帧编号，可以在 Photoshop 软件中对其进行处理。

◎ **TGA 格式**

TGA（Tagged Graphics）文件的结构比较简单，属于一种图形、图像数据的通用格式，在多媒体领域有着很大影响，是计算机生成图像向电视转换的一种首选格式。

◎ **TIFF 格式**

TIFF（Tag Image File Format）是 Aldus 和 Microsoft 公司为扫描仪和台式计算机出版软件开发的图像文件格式。它定义了黑白图像、灰度图像和彩色图像的存储格式，格式可长可短，与操作系统平台以及软件无关，扩展性好。

◎ **DXF 格式**

DXF（Drawing-Exchange Files）是用于 Macintosh Quick Draw 图片的格式。

◎ **PIC 格式**

PIC（Quick Draw Picture Format）是用于 Macintosh Quick Draw 图片的格式。

◎ **PCK 格式**

PCK（PC Paintbrush Images）是 Z-soft 公司为存储画笔软件产生的图像而建立的图像文件格式，是位图文件的标准格式，是一种基于 PC 绘图程序的专用格式。

◎ **EPS 格式**

EPS（Encapsulated Post Script）语言文件格式包含矢量图形和位图图像，几乎支持所有的图形和页面排版程序。EPS 格式用于在应用程序间传输 PostScript 语言图稿。在 Photoshop 中打开其他程序创建的包含矢量图形的 EPS 文件时，Photoshop 会对此文件进行栅格化，将矢量图形转换为像素。EPS 格式支持多种颜色模式，还支持剪贴路径，但不支持 Alpha 通道。

◎ **SGI 格式**

SGI（SGI Sequence）输出的是基于 SGI 平台的文件格式，可以用于 After Effects CS6 与其他 SGI 上的高端产品间的文件交换。

◎ **RLA/RPF 格式**

RLA/RPF 是一种可以包括 3D 信息的文件格式，通常用于三维软件在特效合成软件中的后期合成。该格式中可以包括对象的 ID 信息、z 轴信息、法线信息等。RPF 相对于 RLA 来说，可以包含更多的信息，是一种较先进的文件格式。

2. 常用视频压缩编码格式

◎ AVI 格式

音频视频交错格式（Audio Video Interleaved，AVI），就是可以将视频和音频交织在一起进行同步播放。这种视频格式的优点是图像质量好，可以跨多个平台使用；缺点是体积过于庞大，压缩标准不统一，因此经常会遇到高版本 Windows 媒体播放器播放不了采用早期编码编辑的 AVI 格式视频，而低版本 Windows 媒体播放器播放不了采用最新编码编辑的 AVI 视频。

◎ DV-AVI 格式

目前非常流行的数码摄像机就是使用 DV-AVI（Digital Video AVI）格式记录视频数据的。它可以通过计算机的 IEEE 1394 端口传输视频数据到计算机，也可以将计算机中编辑好的视频数据回录到数码摄像机中。这种视频格式的文件扩展名一般也是.avi，所以人们习惯地称它为 DV-AVI 格式。

◎ MPEG 格式

动态图像专家组（Moving Picture Expert Group，MPEG），是常见的 VCD、SVCD、DVD 就使用这种格式。MPEG 文件格式是运动图像的压缩算法的国际标准，它采用了有损压缩方法从而减少运动图像中的冗余信息，即保留相邻两幅画面绝大多数相同的部分，而把后续图像中和前面图像冗余的部分去除，从而达到压缩的目的。目前，MPEG 格式有 3 个压缩标准，分别是 MPEG-1、MPEG-2 和 MPEG-4。

MPEG-1：它是针对 1.5Mbit/s 以下数据传输率的数字存储媒体运动图像及其伴音编码而设计的国际标准，也就是通常所见到的 VCD 制式格式。这种视频格式的扩展名包括.mpg、.mlv、.mpe、.mpeg 及 VCD 光盘中的.dat 文件等。

MPEG-2：设计目标为高级工业标准的图像质量以及更高的传输率。这种格式主要应用在 DVD/SCVD 的制作（压缩）方面，同时在一些 HDTV（高清晰电视广播）和一些高要求视频编辑、处理上面也有相当的应用。这种视频格式的文件扩展名包括.mpg、.mlv、.mpe、.mpeg、.m2v 及 DVD 光盘中的.vob 文件等。

MPEG-4：MPEG-4 是为了播放流式媒体的高质量视频而专门设计的，它可以利用很窄的带宽，通过帧重建技术压缩和传输数据，以求使用最少的数据获得最佳的图像质量。MPEG-4 最有吸引力的地方在于它能够保存接近于 DVD 画质的小体积视频文件。这种视频格式的文件扩展名包括.asf、.mov、.DivX、.AVI 等。

◎ H.264 格式

H.264 是由 ISO/IEC 与 ITU-T 组成的联合视频组（JVI）制定的新一代视频压缩编码标准。在 ISO/IEC 中该标准命名为 AVC（Advanced Video Coding），作为 MPEG-4 标准的第 10 个选项，在 ITU-T 中正式命名为 H.264 标准。

H.264 和 H.261、H.263 一样，也是采用 DCT 变换编码加 DPCM 的差分编码，即混合编码结构。同时，H.264 在混合编码的框架下引入新的编辑方式，提高了编辑效率，更贴近实际应用。

H.264 没有烦琐的选项，而是力求简洁的“回归基本”。它具有比 H.263++更好的压缩性能，又具有适应多种信道的能力。

H.264 应用广泛，可满足各种不同速率、不同场合的视频应用，具有良好的抗误码和抗丢包的处理能力。

H.264 的基本系统无须使用版权，具有开放的性质，能很好适应 IP 和无线网络的使用环境，这对目前因特网传输多媒体信息、移动网中传输宽带信息等都具有重要意义。

H.264 标准使运动图像压缩技术上升到了一个更高的阶段，在较低带宽上提供高质量的图像传输是 H.264 的应用亮点。

◎ **DivX 格式**

这是由 MPEG-4 衍生出的另一种视频编码(压缩)标准，也就是通常所说的 DVDrip 格式，它采用 MPEG-4 压缩算法的同时又综合了 MPEG-4 与 MP3 各方面的技术，即使用 DivX 压缩技术对 DVD 盘片的视频图像进行高质量压缩，使用 MP3 和 AC3 对音频进行压缩，然后再将视频与音频合成并加上相应的外挂字幕文件而形成的视频格式。其画质接近 DVD 并且体积只有 DVD 的数分之一。

◎ **MOV 格式**

这是美国 Apple 公司开发的一种视频格式，默认的播放器是苹果的 Quick Time Player。MOV 格式具有较高的压缩比率和较完美的视频清晰度等特点，但是其最大的特点还是跨平台性，即不仅能支持 Mac OS，也能支持 Windows 系列。

◎ **ASF 格式**

ASF（Advanced Streaming Format）是 Microsoft 公司为了和现在的 Real Player 竞争而推出的一种视频格式，用户可以直接使用 Windows Media Player 对其进行播放。由于它使用了 MPEG-4 的压缩算法，所以压缩率和图像的质量都很不错。

◎ **RM 格式**

Networks 公司制定的音频视频压缩规范称为 Real Media，用户可以使用 RealPlayer 和 Real One Player 对符合 Real Media 技术规范的网络音频/视频资源进行实时播放，并且 Real Media 还可以根据不同的网格传输速率制定出不同的压缩比率，从而实现在低速率的网络上进行影像数据实时传送和播放。这种格式的另一个特点是用户使用 RealPlayer 或 Real One Player 播放器可以在不下载音频/视频内容的条件下实现在线播放。

◎ **RMVB 格式**

这是一种由 RM 视频格式升级延伸出的新视频格式，它的先进之处在于 RMVB 视频格式打破了原 RM 格式那种平均压缩采样的方式，在保证平均压缩比的基础上合理利用比例率资源，即静止和动作场面少的画面场景采用较低的编码速率，这样可以留出更多的带宽空间，而这些带宽会在出现快速运动的画面场景时被利用。这样在保证了静止画面质量的前提下，大幅度提高运动图像的画面质量，使图像和文件大小之间达到巧妙的平衡。

3. 常用音频压缩编码格式

◎ **CD 格式**

当今音质最好的音频格式是 CD 格式。在大多数播放软件的“打开文件类型”中，都可以看到*.cda 文件，这就是 CD 音轨。标准 CD 格式是 44.1kHz 的采样频率，速率为 88kbit/s，16 位量化位数。因为 CD 音轨可以说是近似无损的，因此它的声音是非常接近原声。

CD 光盘可以在 CD 唱片机中播放，也能用计算机中的各种播放软件来重放。一个 CD 音频文件是一个*.cda 文件，这只是一个索引信息，并不是真正的包含声音信息，所以不论 CD 音乐长短，在计算机上看到的*.cda 文件都是 44 字节长。

不能直接将 CD 格式的.cda 文件复制到硬盘上播放，需要使用像 EAC 这样的抓音轨软件，把 CD 格式的文件转换成 WAV 格式，如果光盘驱动器质量过关，而且 EAC 的参数设置得当，基本上无损抓音频，推荐大家使用这种方法。

◎ **WAV 格式**

WAV 是 Microsoft 公司开发的一种声音文件格式，它符合 RIFF（Resource Interchange File Format）文件规范，用于保存 Windows 平台的音频资源，被 Windows 平台及其应用程序所支持。WAV 格式支持 MSADPCM、CCITT ALAW 等多种压缩算法，支持多种音频位数、采样频率和声道，标准格式的 WAV 文件和 CD 格式一样，也是 44.1kHz 的采样频率，速率为 88 kbit/s，16 位量化位数。

◎ **MP3 格式**

MP3 格式诞生于 20 世纪 80 年代的德国，所谓的 MP3 指的是 MPEG 标准中的音频部分，也就是 MPEG 音频层。根据压缩质量和编码处理的不同分为 3 层，分别对应*.mp1、*.mp2、*.mp3 这 3 种声音文件。

MPEG 音频文件的压缩是一种有损压缩，MPEG3 音频编码具有 10:1~12:1 的高压缩率，能基本保持低音频部分不失真，但是牺牲了声音文件中 12～16kHz 高音频这部分的质量来换取文件的大小。

相同长度的音乐文件用 MP3 格式存储，一般只有 WAV 格式文件的 1/10，而音质次于 CD 格式或 WAV 格式的声音文件。

◎ **MIDI 格式**

乐器数字接口（Musical Instrument Digital Interface，MIDI）文件格式，允许数字合成器和其他设备交换数据。MIDI 文件并不是一段录制好的声音，而是记录声音的信息，然后再告诉声卡如何再现音乐的一组指令。这样一个 MIDI 文件每存 1min 的音乐只用 5~10KB。

MIDI 文件主要用于原始乐器作品、流行歌曲的业余表演、游戏音轨以及电子贺卡等。MIDI 格式的最大用处是在计算机作曲领域。MIDI 文件可以用作曲软件写出，也可以通过声卡的 MIDI 口把外接乐器演奏的乐曲输入计算机里，制成 MIDI 文件。

◎ **WMA 格式**

WMA（Windows Media Audio）格式的音质要强于 MP3 格式，更远胜于 RA 格式，它和日本 YAMAHA 公司开发的 VQF 格式一样，是以减少数据流量但保持音质的方法来达到比 MP3 压缩率更高的目的，WMA 的压缩率一般都可以达到 1:18 左右。

WMA 的另一个优点是内容提供商可以通过数字版权管理（Digital Rights Management，DRM）方案（如 Windows Media Rights Manager 7）加入防复制保护。这种内置的版权保护技术可以限制播放时间和播放次数，甚至播放的机器等，这对被盗版搅得焦头烂额的音乐公司来说是一个福音。另外，WMA 还支持音频流（Stream）技术，适合网络上在线播放。

WMA 这种格式在录制时可以对音质进行调节。同一格式，音质好的可与 CD 媲美，压缩率较高的可用于网格广播。

4. 视频输出的设置

按 Ctrl+M 组合键，弹出“渲染队列”面板，单击“输出组件”选项右侧的“无损”按钮，弹出“输出组件设置”对话框，在其中可以对视频的输出格式及相应的编码方式、视频大小、比例、音频等进行输出设置，如图 1-42 所示。

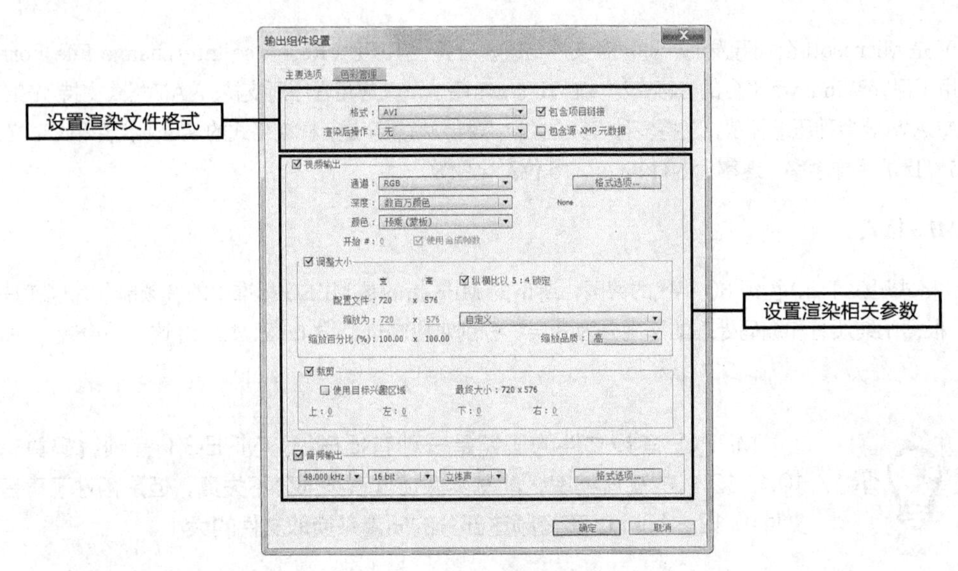

图 1-42

格式：在文件格式下拉列表中可以选择输出格式和输出图序列，一般使用 TGA 格式的序列文件，输出样品成片可以使用 AVI 格式和 MOV 格式，输出贴图可以使用 TIF 格式和 PIC 格式。

格式选项：输出图片序列时，可以选择输出颜色位数；输出影片时，可以设置压缩方式和压缩比。

5. 视频文件的打包设置

因为在一些影视合成或者编辑软件中用到的素材可能分布在硬盘的各个地方，所以使用另外的设备打开这些文件时会碰到部分文件丢失的情况。如果要一个一个把素材找出来并复制显然很麻烦，而使用“收集”命令可以自动把这些文件打包在一个目录中。

这里主要介绍 After Effects 的打包功能。选择“文件 > 收集文件”命令，在弹出的“收集文件”对话框中单击“收集”按钮，完成打包操作，如图 1-43 所示。

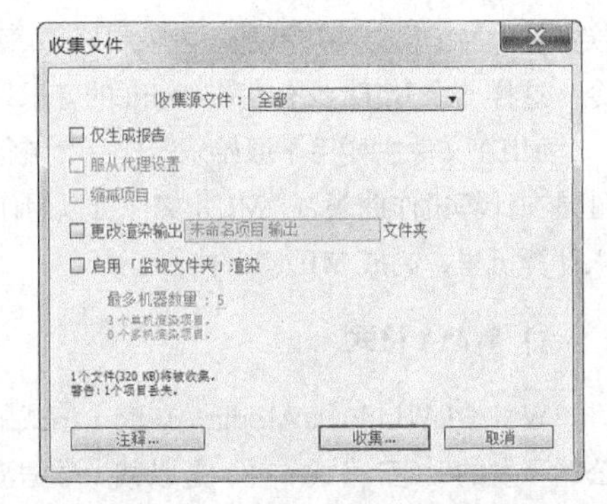

图 1-43

第 2 章　图层的应用

本章对 After Effects CS6 中图层的应用与操作做详细讲解。通过对本章的学习，读者可以充分理解图层的概念，并能够掌握图层的基本操作方法和使用技巧。

课堂学习目标

- 理解图层的概念
- 掌握层的 5 个基本变换属性
- 掌握图层的基本操作
- 熟练掌握关键帧动画的制作

2.1 飞舞组合字

2.1.1 【操作目的】

使用“导入”命令导入素材；新建合成并命名为“飞舞组合字”，为文字添加动画控制器，设置相关的关键帧制作文字飞舞并最终组合效果；为文字添加“斜面 Alpha”“阴影”命令制作立体效果。最终效果参看云盘中的“Ch02 > 飞舞组合字 > 飞舞组合字.aep”，如图 2-1 所示。

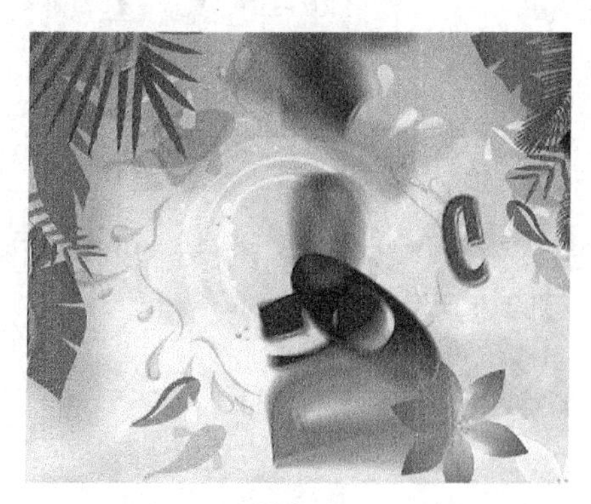

图 2-1

2.1.2 【操作步骤】

1. 输入文字并添加关键帧动画

步骤 1 按 Ctrl+N 组合键，弹出“图像合成设置”对话框，在“合成组名称”文本框中输入“飞舞组合字”，其他选项的设置如图 2-2 所示，单击“确定”按钮，创建一个新的合成“飞舞组合字”。选择“文件 > 导入 > 文件”命令，弹出“导入文件”对话框，选择云盘中的“Ch02 > 飞舞组合字 >（Footage）> 01”文件，如图 2-3 所示，单击“打开”按钮，导入背景图片。

微课：飞舞组合字 1

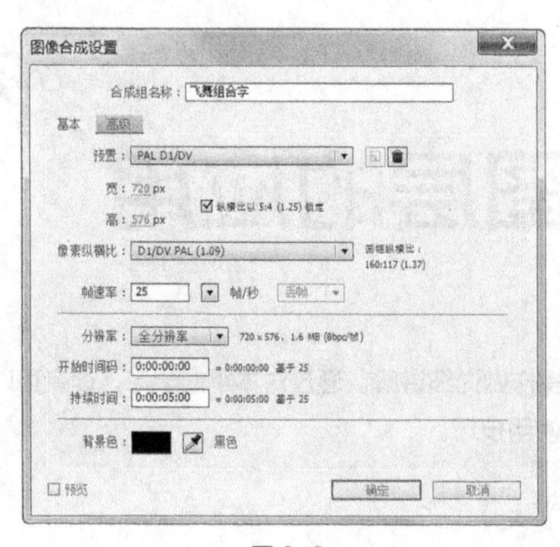

图 2-2

图 2-3

步骤② 在“项目”面板中，选择“01.jpg”文件，并将它们拖曳到“时间线”面板中。选择“横排文字”工具[T]，在“合成”窗口中输入文字“GOOD MORNING”，在“文字”面板中设置“填充色”为蓝色（其 R、G、B 的值分别为 0、90、166），其他参数设置如图 2-4 所示，“合成”窗口中的效果如图 2-5 所示。

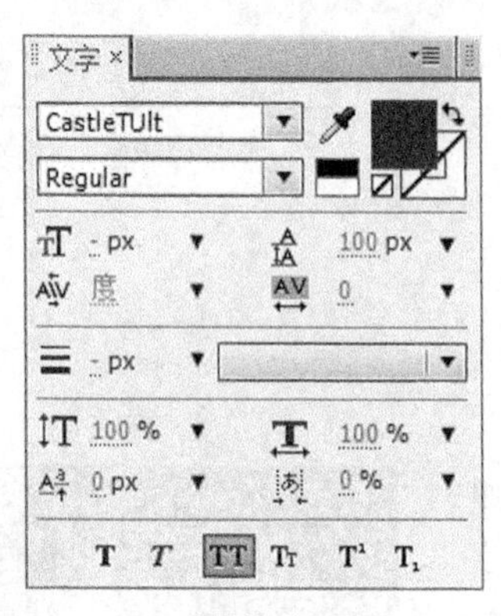

图 2-4

图 2-5

步骤③ 选中“文字”层，单击“段落”面板的“文字居中”按钮[≡]，如图 2-6 所示。“合成”窗口中的效果如图 2-7 所示。

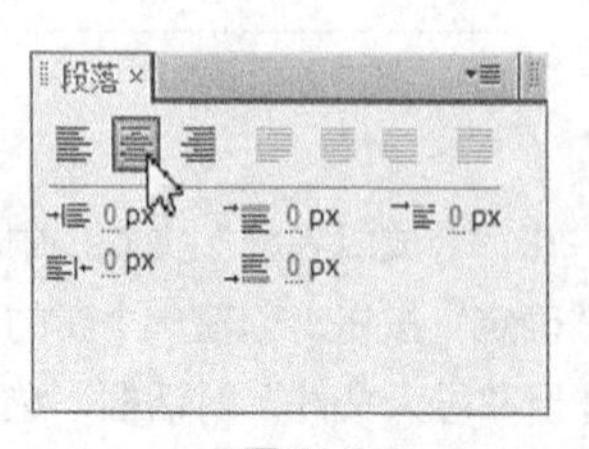

图 2-6

图 2-7

步骤④ 展开“文字”层变换属性，设置“位置”选项的数值为 375、285，如图 2-8 所示，“合成”窗口中的效果如图 2-9 所示。

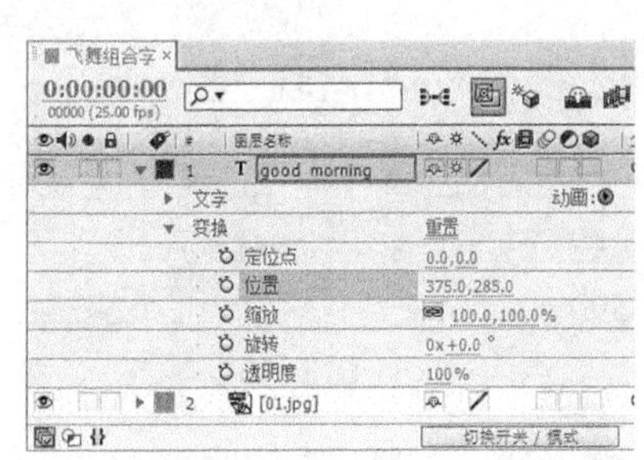

图 2-8

图 2-9

步骤⑤ 展开“文字”层属性，单击“动画”右侧的◎按钮，在弹出的菜单中选择“定位点”，如图 2-10 所示。在“时间线”面板中会自动添加一个“动画 1”选项，设置“定位点”选项的数值为 0、20，如图 2-11 所示。

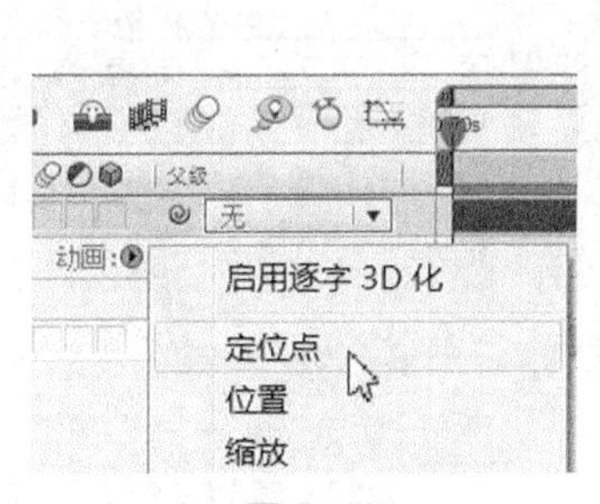

图 2-10

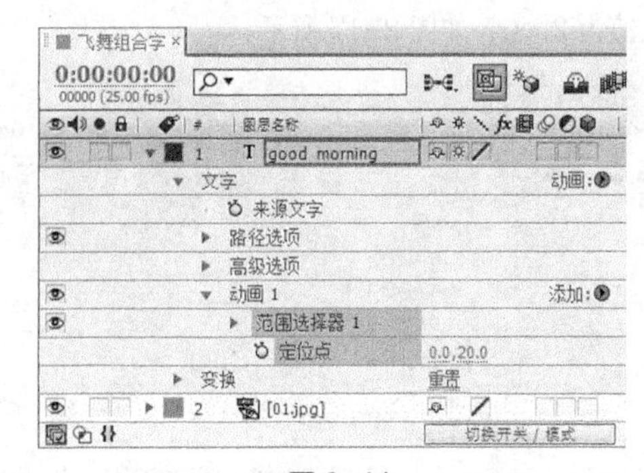

图 2-11

步骤⑥ 按照上述方法再添加一个“动画 2”选项。单击“动画 2”选项右侧的“添加”按钮◎，如图 2-12 所示，在弹出的菜单中选择“选择 > 摇摆”，展开“波动选择器 1”属性，设置“波动/秒”选项的数值为 0，“相关性”选项的数值为 75，如图 2-13 所示。

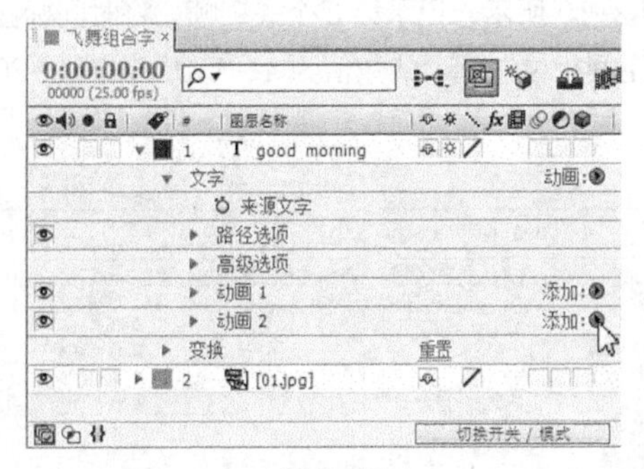

图 2-12

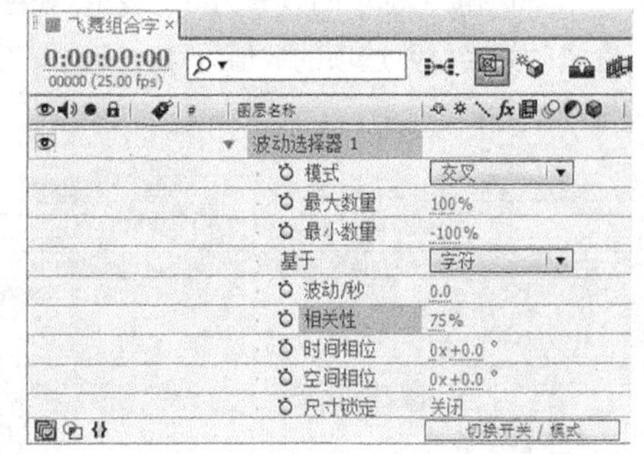

图 2-13

步骤⑦ 再次单击“添加”按钮◎，添加“位置”“缩放”“旋转”“填充色色调”选项，分别选择后再设定各自的参数值，如图 2-14 所示。在“时间线”面板中，将时间标签放置在 3s 的位置，分别单击这 4 个选项左侧的“关键帧自动记录器”按钮ꝺ，如图 2-15 所示，记录第 1 个关键帧。

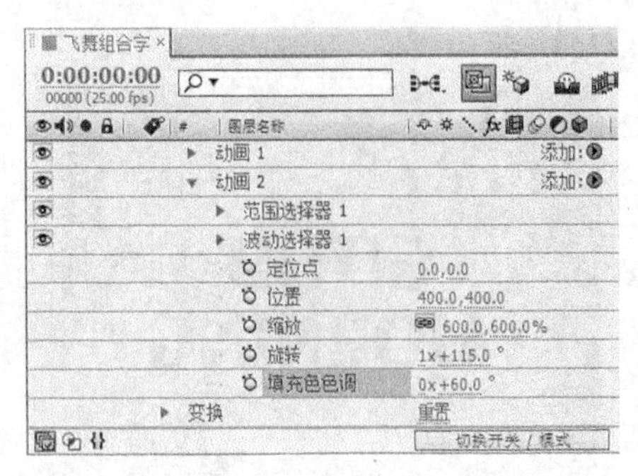

图 2-14

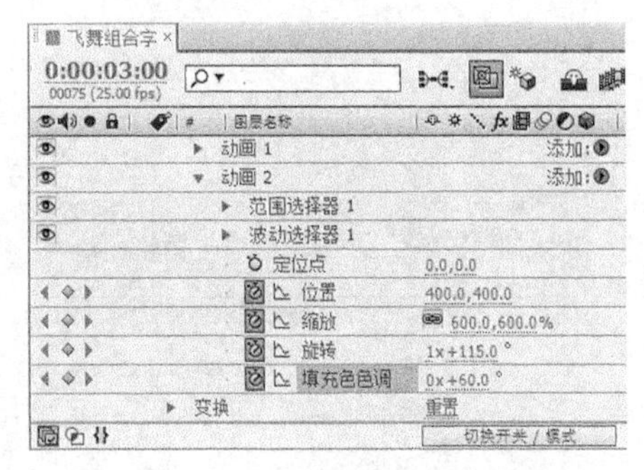

图 2-15

步骤⑧ 在“时间线”面板中，将时间标签放置在 4s 的位置，设置“位置”选项的数值为 0、0，“缩放”选项的数值为 100、100，“旋转”选项的数值为 0、0，“填充色色调”选项的数值为 0、0，如图 2-16 所示，记录第 2 个关键帧。

步骤⑨ 将时间标签放置在 0s 的位置，展开“波动选择器 1”属性，分别单击“时间相位”和“空间相位”选项左侧的“关键帧自动记录器”按钮ꝺ，记录第 1 个关键帧。设置“时间相位”选项的数值为 2、0，“空间相位”选项的数值为 2、0，如图 2-17 所示。

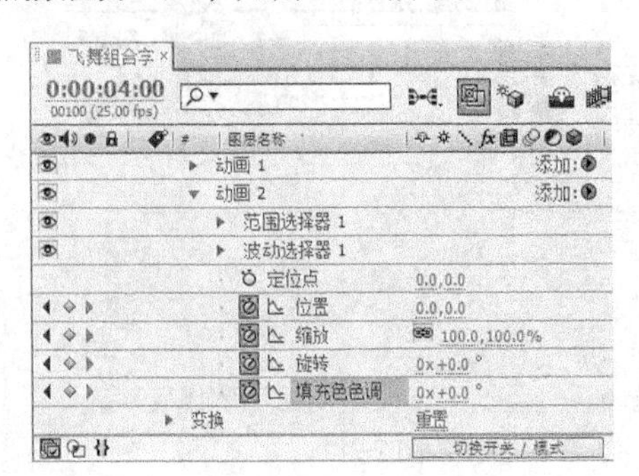

图 2-16

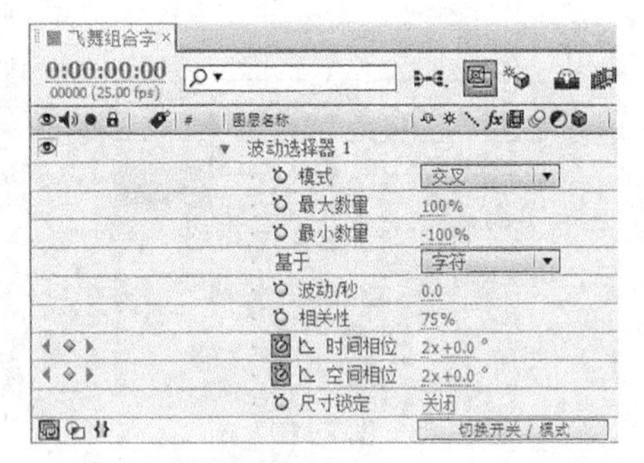

图 2-17

步骤⑩ 将时间标签放置在 1s 的位置，设置“时间相位”选项的数值为 2、200，“空间相位”选项的数值为 2、150，如图 2-18 所示，记录第 2 个关键帧。将时间标签放置在 2s 的位置，设置“时间相位”选项的数值为 3、160，“空间相位”选项的数值为 3、125，如图 2-19 所示，记录第 3 个关键帧。将时间标签放置在 3s 的位置，设置“时间相位”选项的数值为 4、150，“空间相位”选项的数值为 4、110，如图 2-20 所示，记录第 4 个关键帧。

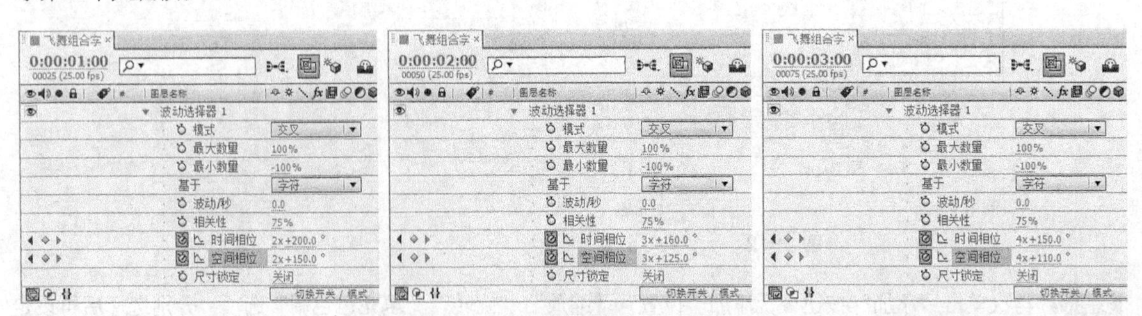

图 2-18　　图 2-19　　图 2-20

微课：飞舞组合字2

2. 添加立体效果

步骤1 选中“文字”层，选择“效果 > 透视 > 斜面Alpha”命令，在“特效控制台”面板中设置参数，如图2-21所示。“合成”窗口中的效果如图2-22所示。

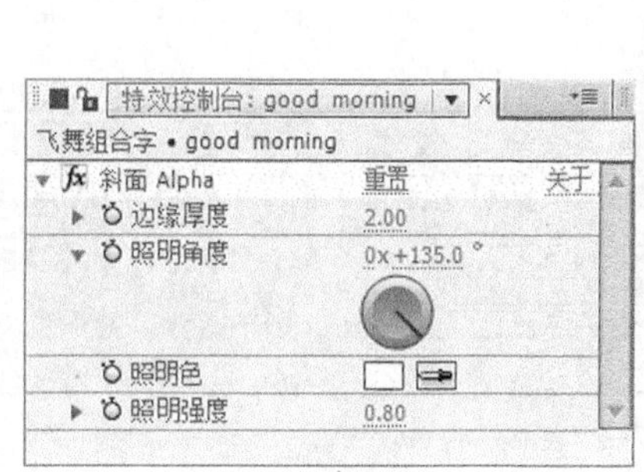

图2-21

图2-22

步骤2 选择“效果 > 透视 > 阴影”命令，在“特效控制台”面板中设置参数，如图2-23所示。“合成”窗口中的效果如图2-24所示。

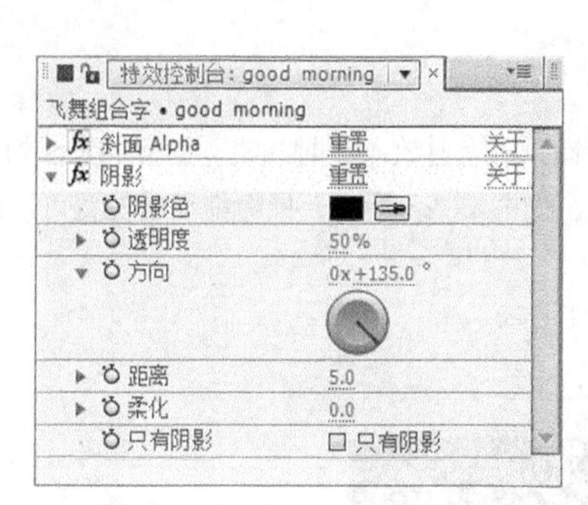

图2-23

图2-24

步骤3 单击“文字”层右侧的“运动模糊”按钮，并开启“时间线”面板上的动态模糊开关，如图2-25所示。飞舞组合字制作完成，如图2-26所示。

图2-25

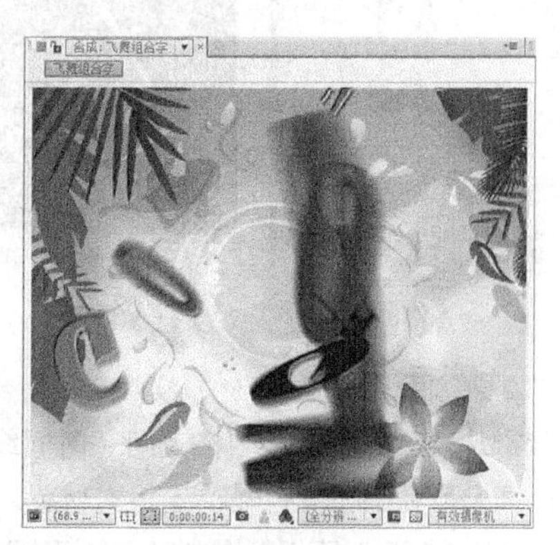
图2-26

2.1.3 【相关工具】

1. 理解图层的概念

在 After Effects CS6 中无论是创作合成动画，还是特效处理等操作，都离不开图层，因此制作动态影像的第一步就是了解和掌握图层。“时间线”面板中的素材都是以图层的方式按照上下位置关系依次排列组合的，如图 2-27 所示。

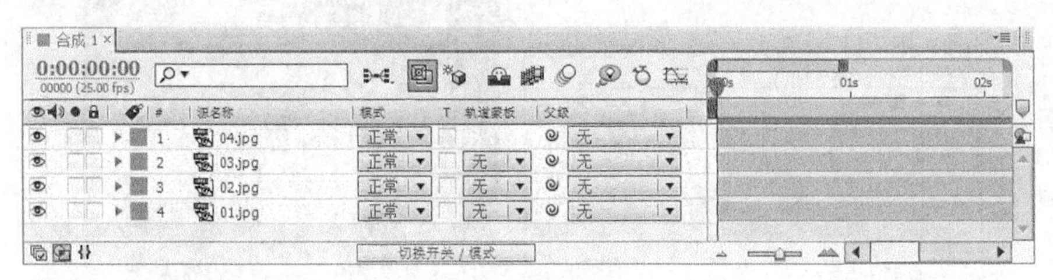

图 2-27

可以将 After Effects 中的图层想象为一层层叠放的透明胶片，上一层有内容的地方将遮盖住下一层的内容，上一层没有内容的地方则露出下一层的内容，如果是上一层的部分处于半透明状态时，将依据半透明程度混合显示下一层内容，这就是图层最简单、最基本的概念。图层与图层之间还存在更复杂的合成组合关系，如叠加模式、蒙版合成方式等。

2. 将素材放置到“时间线”上的多种方式

素材只有放入“时间线”面板中才可以对其进行编辑。将素材放入“时间线”面板的方法如下。

将素材直接从“项目”面板拖曳到“合成”窗口中，如图 2-28 所示，鼠标拖动的位置可以决定素材在合成画面中的位置。

在“项目”面板中拖曳素材到合成层上，如图 2-29 所示。

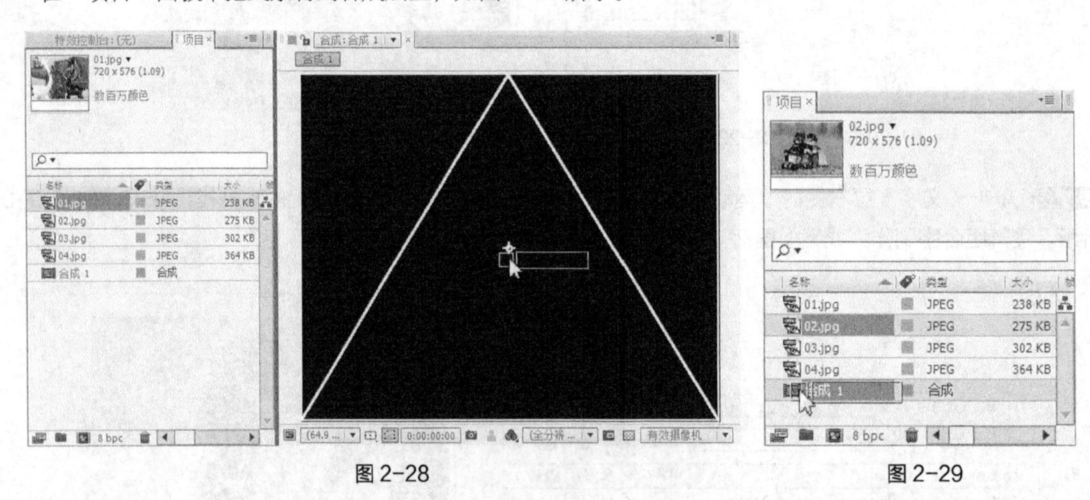

图 2-28　　　　图 2-29

在“项目”面板中选中素材，按 Ctrl+/组合键，将所选素材置入当前“时间线”面板中。

将素材从“项目”面板中拖曳到“时间线”面板，在未松开鼠标时，“时间线”面板中显示的一条灰色线，根据它所在的位置可以决定将素材置入到哪一层，如图 2-30 所示。

将素材从“项目”面板中拖曳到“时间线”面板，在未松开鼠标时，不仅出现一条灰色线决定素材置入到哪一层，而且还会在时间标尺处显示时间标签决定素材入场的时间，如图 2-31 所示。

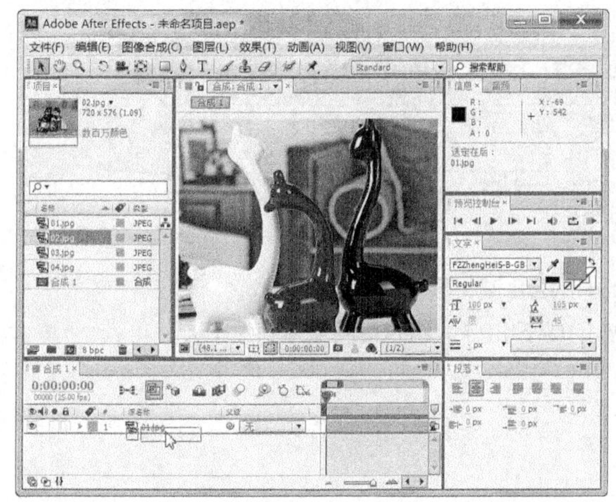

图 2-30

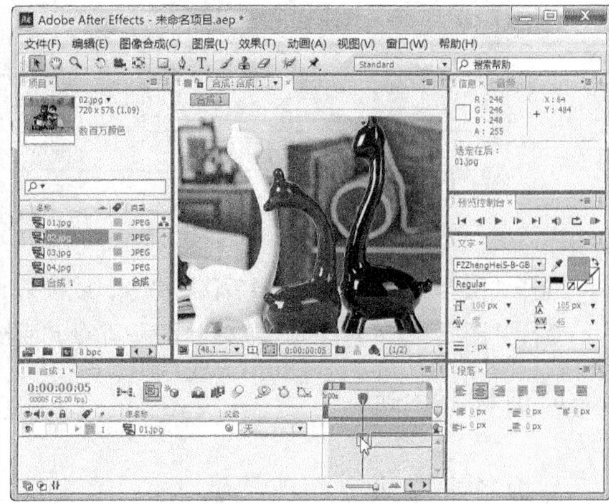

图 2-31

在“项目”面板中双击素材，通过“素材”预览窗口打开素材，单击[、] 两个按钮设置素材的入点和出点，再单击“波纹插入编辑”按钮或者“覆盖编辑”按钮插入“时间线”面板，如图 2-32 所示。

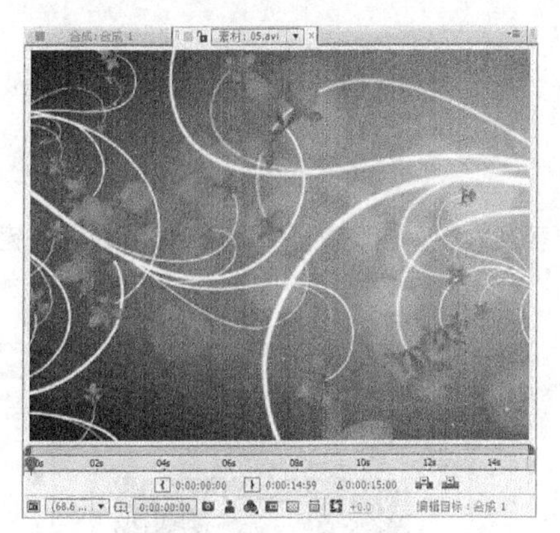

图 2-32

提示

如果是图像素材，将无法出现上述按钮和功能，因此只能对视频素材使用此方法。

3. 改变图层上下顺序

在“时间线”面板中选择层，上下拖曳到适当的位置，可以改变图层顺序。拖曳时注意观察灰色水平线的位置，如图 2-33 所示。

在“时间线”面板中选择层，通过菜单和快捷键移动上下层位置的方法如下。

选择“图层 > 排列 > 图层移到最前”命令，或按 Ctrl+Shift+] 组合键将层移到最上方。

选择“图层 > 排列 > 图层前移”命令，或按 Ctrl+] 组合键将层往上移一层。

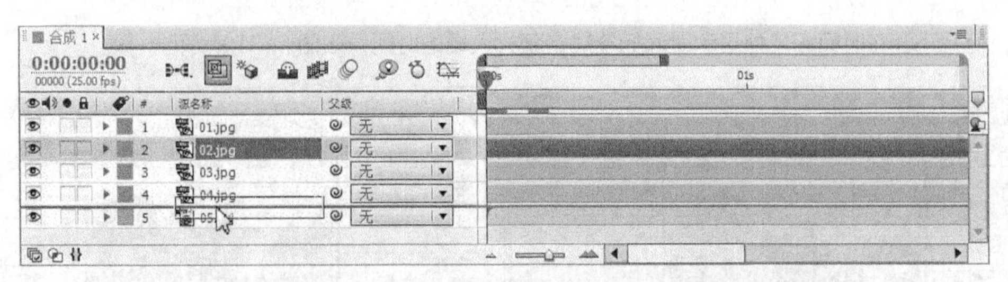

图 2-33

选择“图层 > 排列 > 图层后移”命令，或按 Ctrl+ [组合键将层往下移一层。

选择“图层 > 排列 > 图层移到最后”命令，或按 Ctrl+Shift+ [组合键将层移到最下方。

4. 复制层和替换层

◎ 复制层的方法一

选中层，选择“编辑 > 复制”命令，或按 Ctrl+C 组合键复制层。

选择“编辑 > 粘贴”命令，或按 Ctrl+V 组合键粘贴层，粘贴出来的新层将保持开始所选层的所有属性。

◎ 复制层的方法二

选中层，选择“编辑 > 副本”命令，或按 Ctrl+D 组合键快速复制层。

◎ 替换层的方法一

在“时间线”面板中选择需要替换的层，在“项目”面板中，按住 Alt 键的同时，拖曳替换的新素材到“时间线”面板，如图 2-34 所示。

图 2-34

◎ 替换层的方法二

在“时间线”面板中选择需要替换的层，单击鼠标右键，在弹出的菜单中选择“显示项目流程图中的图层”命令，打开“流程图”窗口。

在“项目”面板中，将替换的新素材拖曳到流程图窗口中目标层图标的上方，如图 2-35 所示。

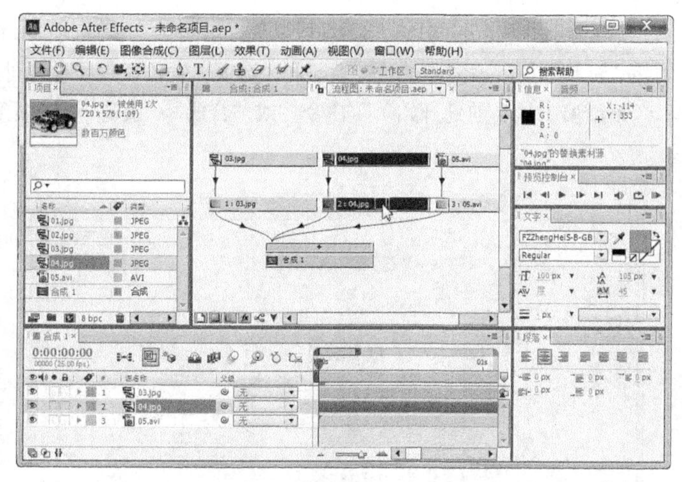

图 2-35

5. 给层加标记

标记功能对于声音素材来说有着特殊的意义，例如，在某个高音，或者某个鼓点处，设置层标记，在整个创作过程中，可以快速、准确地知道某个时间位置发生了什么。

◎ 添加层标记

在“时间线”面板中选择层，并移动当前时间标签到指定时间点上，如图 2-36 所示。

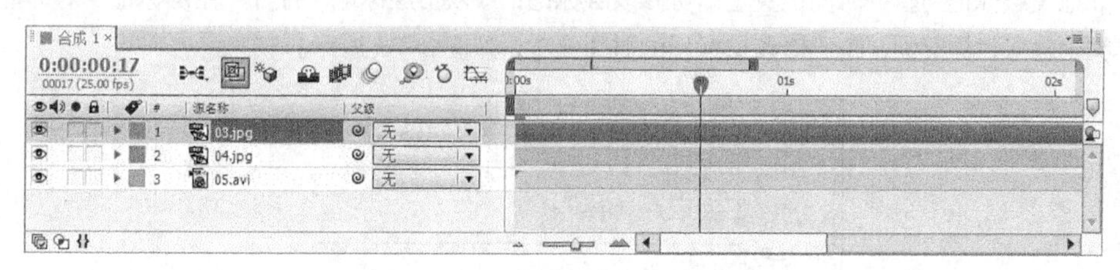

图 2-36

选择“图层 > 添加标记”命令，或按数字键盘上的 * 键，添加层标记，如图 2-37 所示。

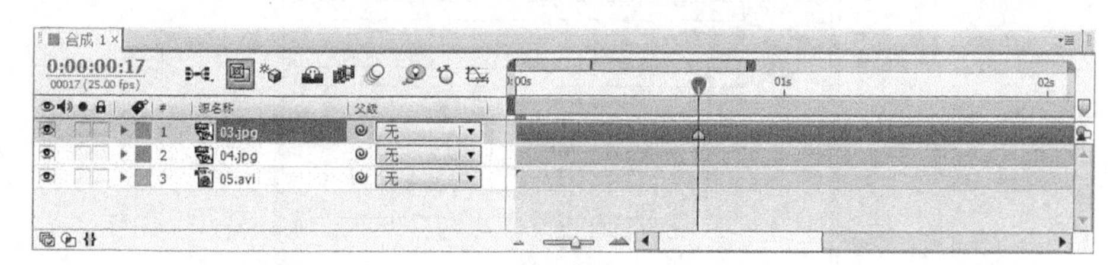

图 2-37

在视频创作过程中，视觉画面总是与音乐匹配，选择背景音乐层，按数字键盘上的 0 键预听音乐。注意一边听一边在音乐变化时按数字键盘上的*键设置标记作为后续动画关键帧位置参考，停止音乐播放后将呈现所有标记。

按数字键盘上的 0 键预听音乐的默认时间只有 30s，可以选择“编辑 > 首选项 > 预览”命令，在弹出的“首选项”对话框中，调整“音频预演”设置中的“持续时间”选项，延长音频预听时间，如图 2-38 所示；或选择“合成 > 预览 > 音频预演（从当前处开始）”命令，或“合成 > 预览 > 音频预演（工作区域）”命令，延长音频预览时间。

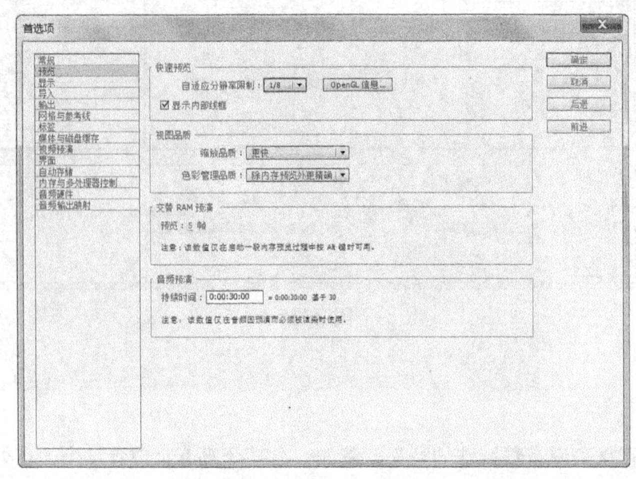

图 2-38

◎ **修改层标记**

单击并拖曳层标记到新的时间位置上即可修改层标记；或双击层标记，打开“图层标记”对话框，在“时间”文本框中输入目标时间，精确修改层标记的时间位置，如图 2-39 所示。

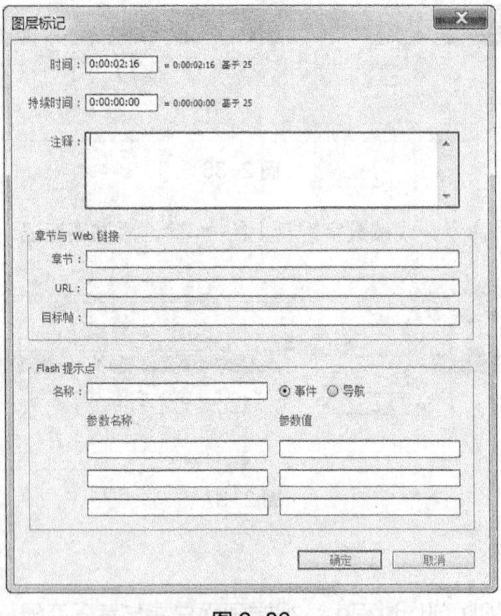

图 2-39

另外，为了更好地识别各个标记，可以给标记添加注释。双击标记，在打开的“图层标记”对话框的“注释”处输入说明文字，如“标记开始”，如图 2-40 所示。

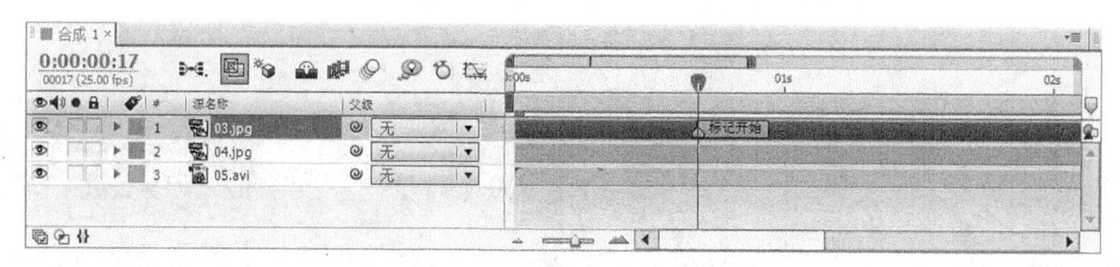

图 2-40

◎ **删除层标记**

在目标标记上单击鼠标右键，在弹出的菜单中选择“删除这个标记”或者“删除所有标记”命令。

按住 Ctrl 键的同时，将鼠标指针移至标记处，当鼠标指针变为（剪刀）符号时，单击即可删除标记。

6. 让层自动适合合成图像尺寸

选择图层，选择“图层 > 变换 > 适配到合成”命令，或按 Ctrl+Alt+F 组合键使层尺寸完全配合图像尺寸，如果层的长宽比与合成图像长宽比不一致，将导致层图像变形，如图 2-41 所示。

选择“图层 > 变换 > 适配为合成宽度”命令，或按 Ctrl+Alt+Shift+H 组合键使层宽与合成图像宽适配，如图 2-42 所示。

选择“图层 > 变换 > 适配为合成高度”命令，或按 Ctrl+Alt+Shift+G 组合键使层高与合成图像高适配，如图 2-43 所示。

图 2-41　　图 2-42　　图 2-43

7. 层与层对齐和自动分布功能

选择“窗口 > 对齐”命令，打开“对齐”面板，如图 2-44 所示。

“对齐”面板上的第一行按钮从左到右分别为：“水平方向左对齐”按钮、“水平方向居中”按钮、“水平方向右对齐”按钮、“垂直方向上对齐”按钮、“垂直方向居中”按钮、“垂直方向下对齐”按钮。第二行按钮从左到右分别为：“垂直方向上分布”按钮、“垂直方向居中分布”按钮、“垂直方向下分布”按钮、“水平方向左分布”按钮、“水平方向居中分布”按钮和“水平方向右分布”按钮。

步骤 1 在“时间线”面板，同时选中图层 1 ~ 图层 4 的所有文本层：选择图层 1，按住 Shift 键的同时选择图层 4，如图 2-45 所示。

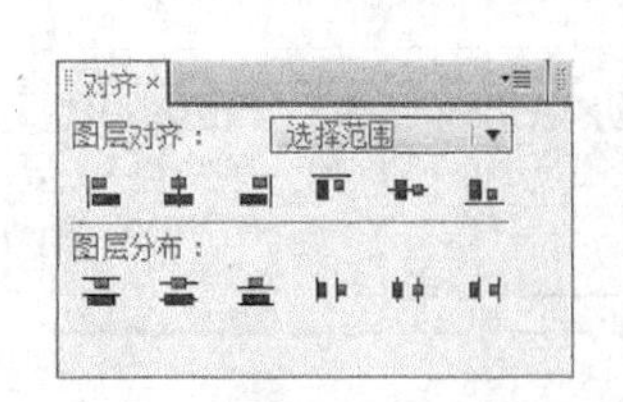

图 2-44

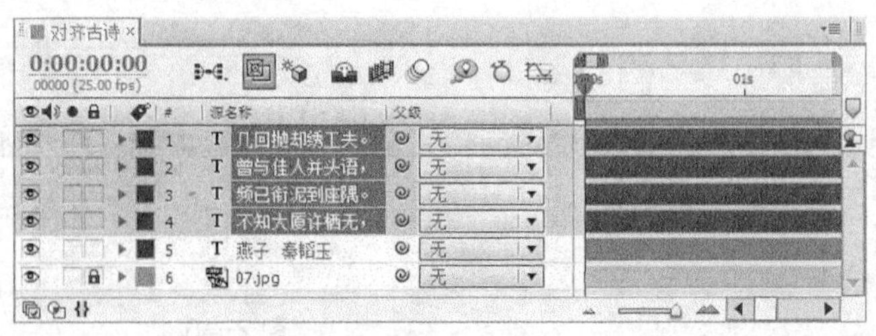

图 2-45

步骤 2 单击“对齐”面板中的“水平方向左对齐”按钮，将选中的层左对齐；再次单击“垂直方向居中分布”按钮，以“合成”预览窗口画面位置最上层和最下层为基准，平均分布中间的层，使垂直间距一致，如图 2-46 所示。

图 2-46

2.1.4 【实战演练】——飞舞的雪花

使用“CC 降雪”命令制作雪花效果。最终效果参看云盘中的“Ch02 > 飞舞的雪花 > 飞舞的雪花.aep”，如图 2-47 所示。

微课：飞舞的雪花

图 2-47

2.2 宇宙小飞碟

2.2.1 【操作目的】

使用“导入”命令导入素材；使用“缩放”和“位置”选项制作小飞碟动画；使用“阴影”命令制作投影效果。最终效果参看云盘中的“Ch02 > 宇宙小飞碟 > 宇宙小飞碟.aep”，如图 2-48 所示。

微课：宇宙小飞碟

图 2-48

2.2.2 【操作步骤】

1. 导入素材

步骤① 按 Ctrl+N 组合键，弹出“图像合成设置”对话框，在“合成组名称”文本框中输入“宇宙小飞碟”，其他选项的设置如图 2-49 所示，单击“确定”按钮，创建一个新的合成“宇宙小飞碟”。选择“文件 > 导入 > 文件”命令，弹出“导入文件”对话框，选择云盘中的“Ch02 > 宇宙小飞碟 > (Footage)”中的 01 和 02 文件，如图 2-50 所示，单击“打开”按钮，将图片导入“项目”面板。

图 2-49

图 2-50

步骤② 在“项目”面板中选择“01.jpg”和“02.png”文件，并将它们拖曳到“时间线”面板中，如图 2-51 所示。“合成”窗口中的效果如图 2-52 所示。

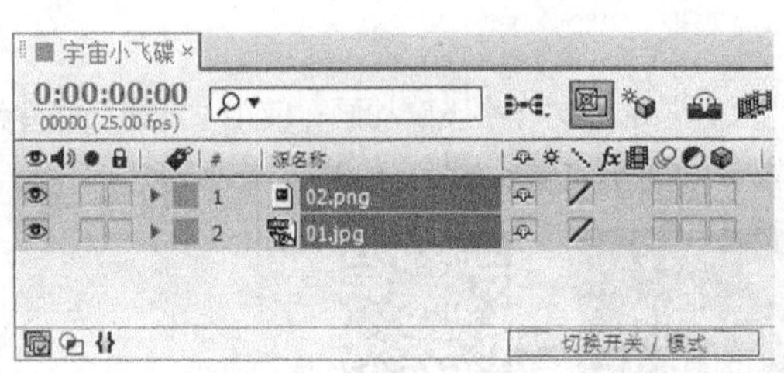

图 2-51

图 2-52

2. 编辑小飞碟动画

步骤① 选中“02.png”层，按 S 键展开“缩放”属性，设置“缩放”选项的数值为 46，如图 2-53 所示。“合成”窗口中的效果如图 2-54 所示。

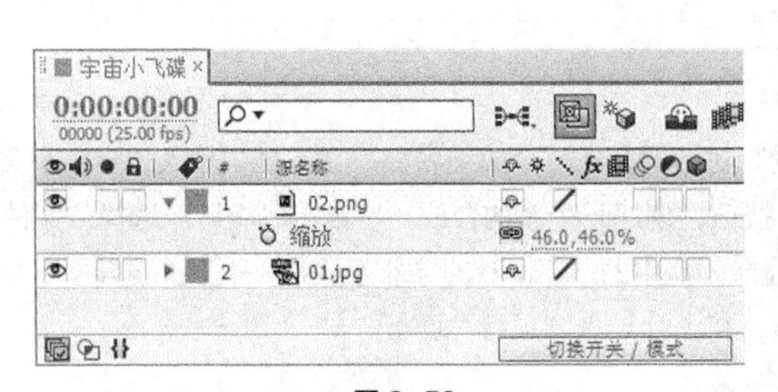

图 2-53

图 2-54

步骤② 按 P 键展开“位置”属性，设置“位置”选项的数值为-50、168，如图 2-55 所示。“合成”窗口中的效果如图 2-56 所示。

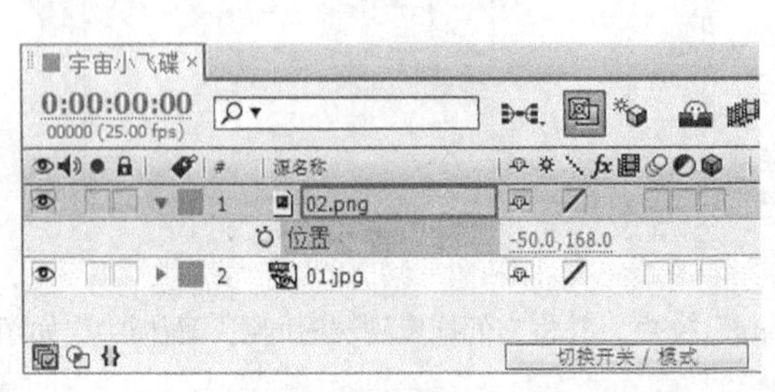

图 2-55

图 2-56

步骤❸ 在“时间线”面板中将时间标签放置在 0s 的位置，如图 2-57 所示，单击“位置”选项左侧的“关键帧自动记录器”按钮⏱，如图 2-58 所示，记录第 1 个关键帧。

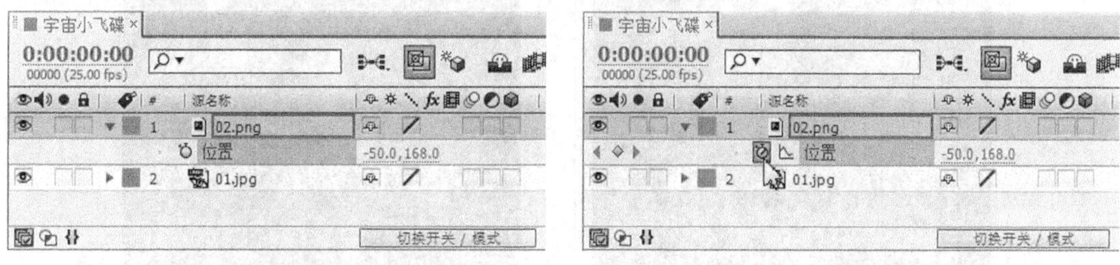

图 2-57　　图 2-58

步骤❹ 将时间标签放置在 12s 的位置，在“时间线”面板中，设置“位置”选项的数值为 803、214，如图 2-59 所示，记录第 2 个关键帧。

图 2-59

步骤❺ 将时间标签放置在 2s 的位置，选择“选择”工具▶，在“合成”窗口中选中飞碟，将其拖动到如图 2-60 所示的位置，记录第 3 个关键帧。将时间标签放置在 4s 的位置，选择“选择”工具▶，在“合成”窗口中选中飞碟，将其拖动到图 2-61 所示的位置，记录第 4 个关键帧。

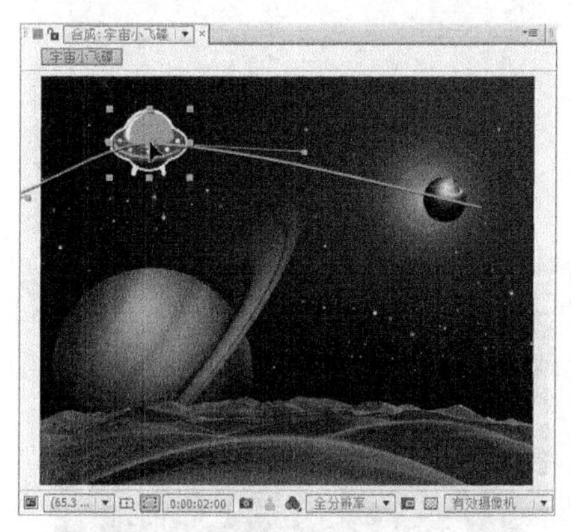

图 2-60

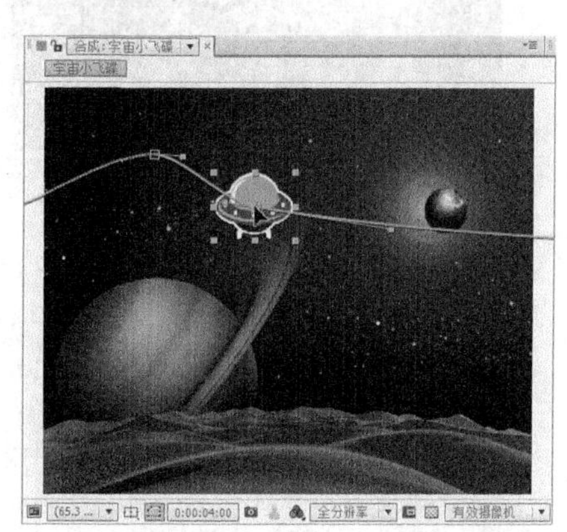

图 2-61

步骤❻ 将时间标签放置在 6s 的位置，选择“选择”工具▶，在“合成”窗口中选中飞碟，将其拖动到图 2-62 所示的位置，记录第 5 个关键帧。将时间标签放置在 8s 的位置，选择“选择”工具▶，在“合成”窗口中选中飞碟，将其拖动到如图 2-63 所示的位置，记录第 6 个关键帧。

图 2-62

图 2-63

步骤 7 将时间标签放置在 10s 的位置，选择“选择”工具，在“合成”窗口中选中飞碟，将其拖动到如图 2-64 所示的位置，记录第 7 个关键帧。

步骤 8 选择“图层 > 变换 > 自动定向”命令，弹出“自动方向”对话框，如图 2-65 所示，选择“沿路径方向设置”单选项，如图 2-66 所示，单击“确定”按钮，对象沿路径的角度变换。宇宙小飞碟制作完成，如图 2-67 所示。

图 2-64

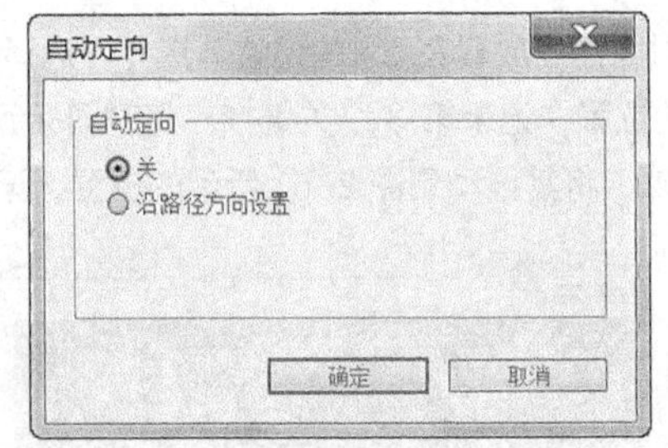

图 2-65

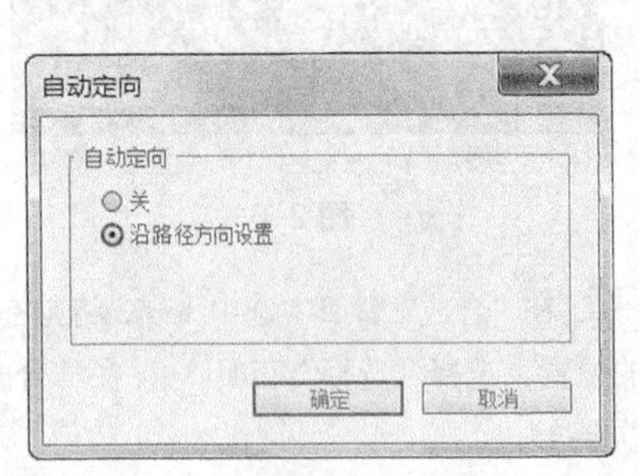

图 2-66

图 2-67

2.2.3 【相关工具】

1. 了解层的 5 个基本变换属性

在 After Effects CS6 中，除了单独的音频层以外，各类型层至少有 5 个基本变换属性，它们分别是：定位点、位置、缩放、旋转和透明度。可以单击“时间线”面板中层色彩标签左侧的小三角形按钮▷展开变换属性标题，再次单击“变换”左侧的小三角形按钮▷，可展开其各个变换属性的具体参数，如图 2-68 所示。

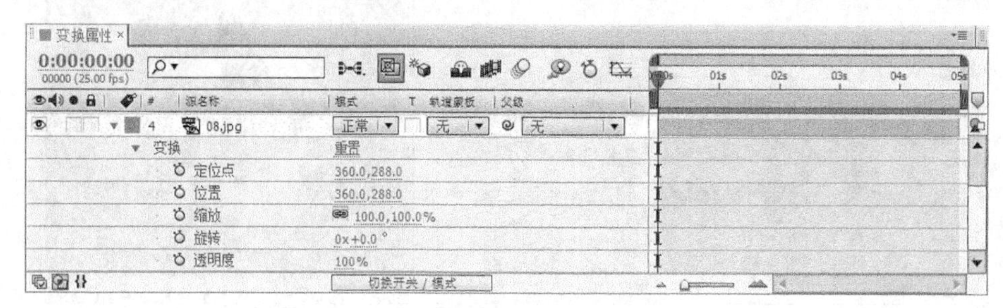

图 2-68

◎ 定位点属性

无论一个层的面积多大，当其位置移动、旋转和缩放时，都是依据一个点来操作的，这个点就是定位点。

选择需要的层，按 A 键展开“定位点”属性，如图 2-69 所示。以定位点为基准，如图 2-70 所示，旋转操作如图 2-71 所示，缩放操作如图 2-72 所示。

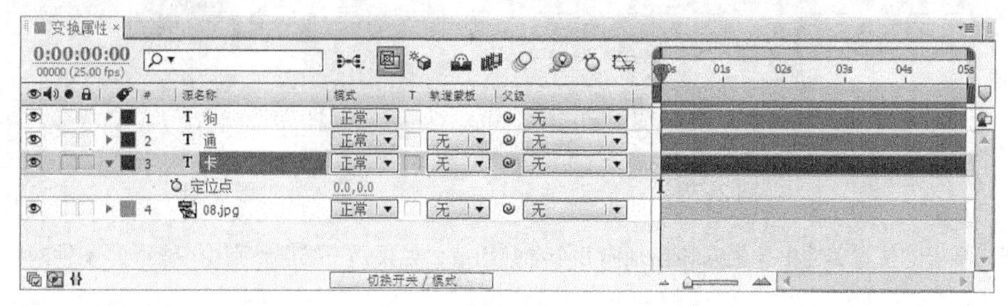

图 2-69

图 2-70

图 2-71

图 2-72

◎ **位置属性**

选择需要的层，按 P 键展开“位置”属性，如图 2-73 所示。以定位点为基准，如图 2-74 所示；在层的位置属性后方的数字上拖曳鼠标（或单击输入需要的数值），如图 2-75 所示；松开鼠标，效果如图 2-76 所示。

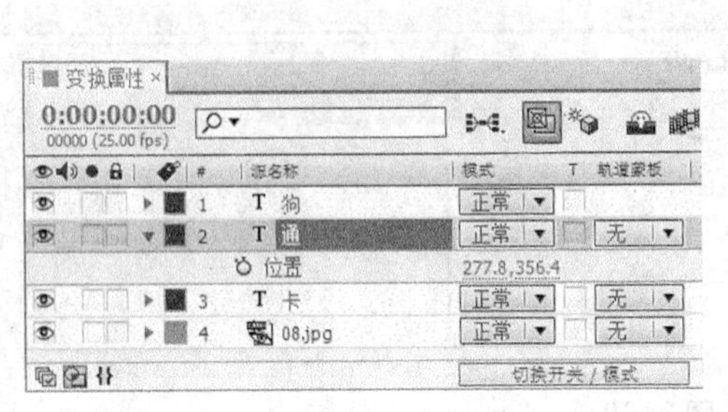

图 2-73

图 2-74

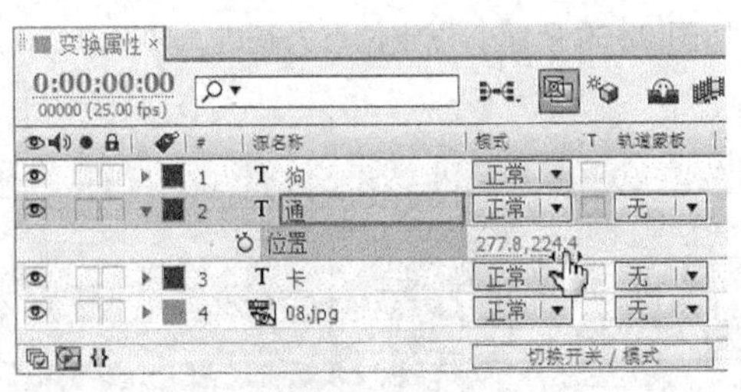

图 2-75

图 2-76

普通二维层的位置属性由 x 轴向和 y 轴向 2 个参数组成，如果是三维层，则由 x 轴向、y 轴向和 z 轴向 3 个参数组成。

在制作位置动画时，为了保持移动时的方向性，可以选择“图层 > 变换 > 自动定向”命令，弹出“自动定向”对话框，选择“沿路径定向”选项来实现。

◎ **缩放属性**

选择需要的层，按 S 键展开“缩放”属性，如图 2-77 所示。以定位点为基准，如图 2-78 所示；在层的缩放属性后方的数字上拖曳鼠标（或单击输入需要的数值），如图 2-79 所示；松开鼠标，效果如图 2-80 所示。

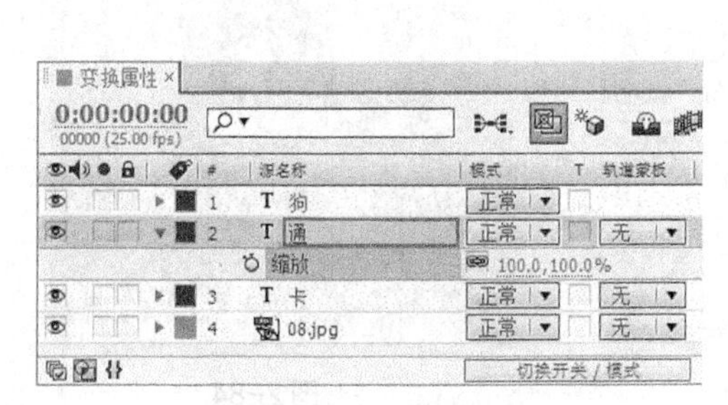

图 2-77

图 2-78

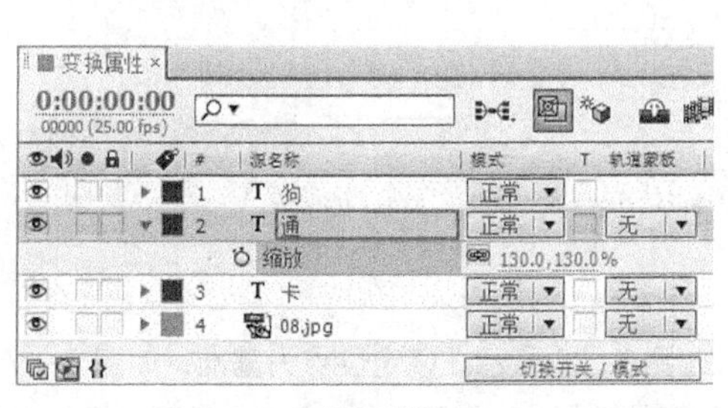

图 2-79

图 2-80

普通二维层缩放属性由 x 轴向和 y 轴向 2 个参数组成，如果是三维层，则由 x 轴向、y 轴向和 z 轴向 3 个参数组成。

◎ **旋转属性**

选择需要的层，按 R 键展开“旋转”属性，如图 2-81 所示。以定位点为基准，如图 2-82 所示；在层的旋转属性后方的数字上拖曳鼠标（或单击输入需要的数值），如图 2-83 所示；松开鼠标，效果如图 2-84 所示。普通二维层旋转属性由圈数和度数 2 个参数组成，如“1×+180°”。

如果是三维层，旋转属性将增加为 4 个：方向可以同时设定 x、y、z 3 个轴向，x 轴旋转仅调整 x 轴向旋转、y 轴旋转仅调整 y 轴向旋转、z 轴旋转仅调整 z 轴向旋转，如图 2-85 所示。

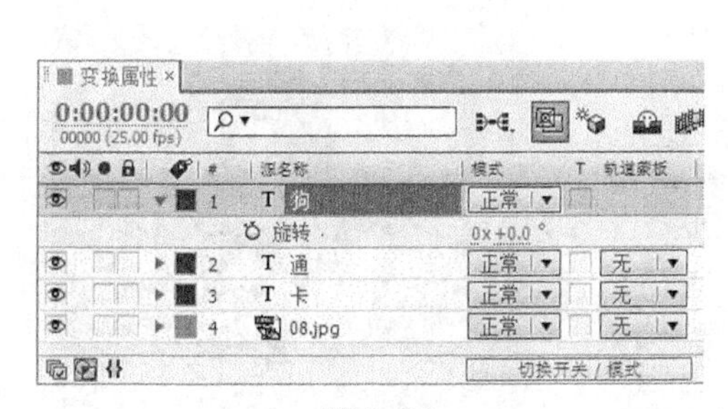

图 2-81

图 2-82

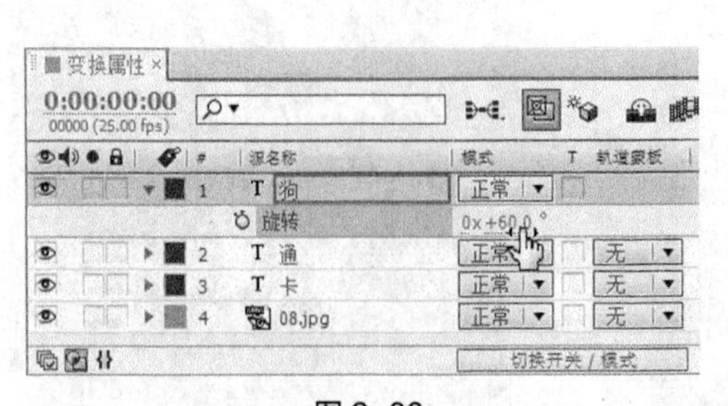

图 2-83

图 2-84

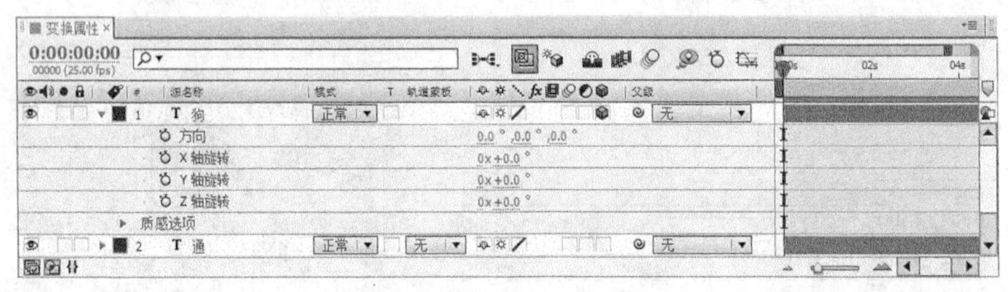

图 2-85

◎ **透明度属性**

选择需要的层，按 T 键展开“透明度”属性，如图 2-86 所示。以定位点为基准，如图 2-87 所示；在层的透明度属性后方的数字上拖曳鼠标（或单击输入需要的数值），如图 2-88 所示；松开鼠标，效果如图 2-89 所示。

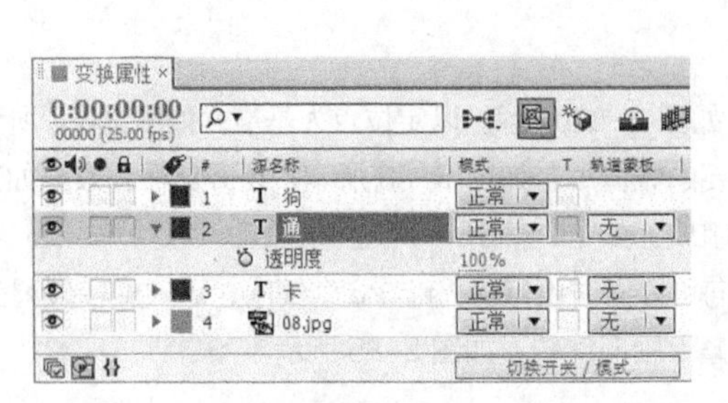

图 2-86

图 2-87

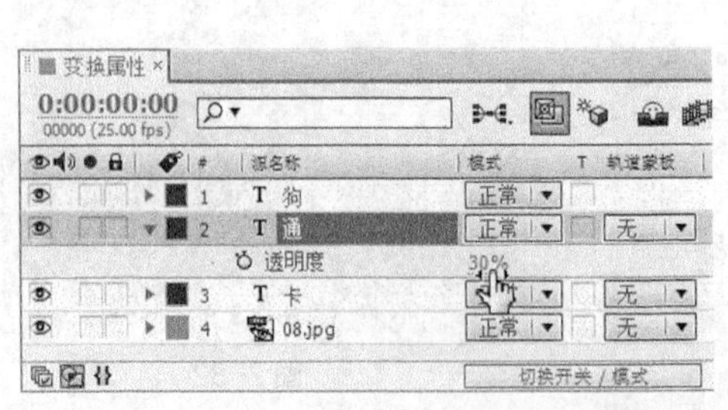

图 2-88

图 2-89

可以在按住 Shift 键的同时，按下显示各属性的快捷键来组合显示属性。例如，只想看见层的“位置”和“透明度”属性，可以在选取图层之后，先按 P 键，然后再按 Shift+T 组合键完成，如图 2-90 所示。

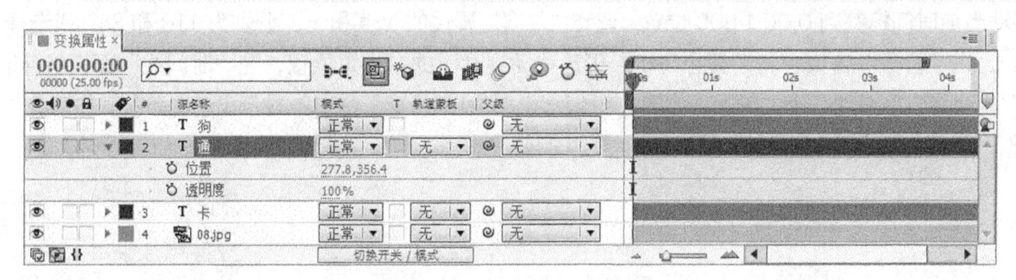

图 2-90

2. 利用位置属性制作位置动画

选择“文件 > 打开项目”命令，或按 Ctrl+O 组合键，在弹出的“打开”对话框中，选择云盘中的“基础素材 > Ch02 > 空中飞机 > 01.aep”文件，如图 2-91 所示，单击“打开”按钮，打开此文件。

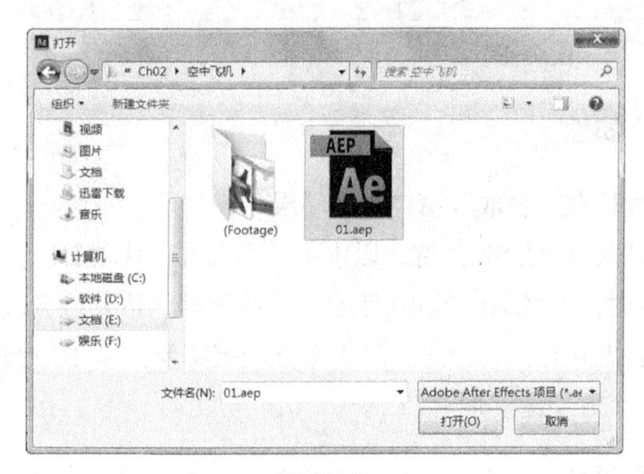

图 2-91

在“时间线”面板中选择“02.png”层，按 P 键展开“位置”属性，确定当前时间标签处于 0s 的位置，调整位置属性的 x 值和 y 值分别为 641 和 106，如图 2-92 所示。或选择“选择”工具，在“合成”窗口中将“黄色飞机”图形移动到画面的右上角位置，如图 2-93 所示。单击“位置”属性名称左侧的“关键帧自动记录器”按钮，开始自动记录位置关键帧信息。

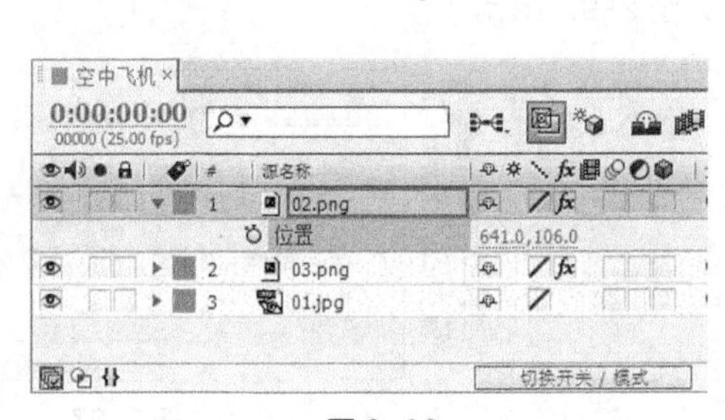

图 2-92

图 2-93

按 Alt+Shift+P 组合键也可以实现上述操作，此快捷键可以实现在任意地方添加或删除位置属性关键帧。

移动当前时间标签到 0:00:14:00 位置，调整“位置”属性的 x 值和 y 值分别为 110 和 88，或选择“选择”工具，在“合成”窗口中将“黄色飞机”图形移动到画面的左上角位置，在“时间线”面板当前时间下，“位置”属性将自动添加一个关键帧，如图 2-94 所示，并在“合成”窗口中显示出动画路径，如图 2-95 所示。按 0 键，进行动画内存预览。

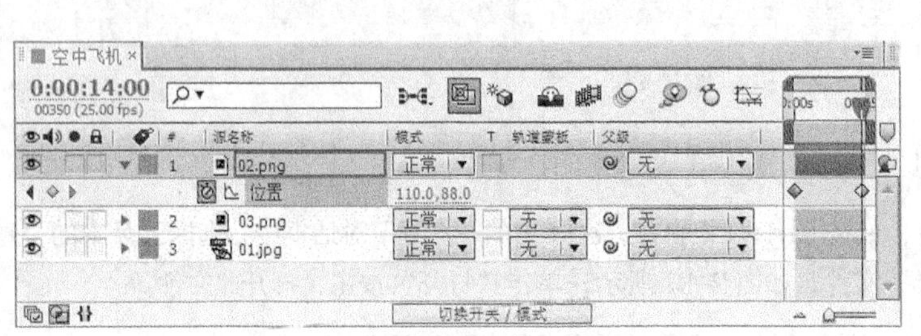

图 2-94

图 2-95

◎ **手动方式调整“位置”属性**

选择“选择”工具，直接在“合成”窗口中拖动层。

在“合成”窗口中拖动层时，按住 Shift 键，以水平或垂直方向移动层。

在“合成”窗口中拖动层时，按住 Alt+Shift 组合键，将使层的边贴近合成图像边缘。

以 1 个像素点移动层可以使用上、下、左、右 4 个方向键实现；以 10 个像素点移动层可以在按住 Shift 键的同时按上、下、左、右 4 个方向键实现。

◎ **数字方式调整“位置”属性**

当光标呈现形状时，在参数值上按下并左右拖动鼠标可以修改位置值。

单击参数会出现输入框，可以在其中输入具体数值。输入框也支持加减法运算，如可以输入“+20”，在原来的轴向值上加上 20 像素，如图 2-96 所示；如果是减法，则输入“130－20”。

在属性标题或参数值上单击鼠标右键，在弹出的菜单中选择“编辑数值”命令，或按 Ctrl+Shift+P 组合键，弹出“位置”对话框。在该对话框中可以调整具体参数值，并且可以选择调整所依据的尺寸单位，如像素、英寸、毫米、%（源百分比）、%（合成百分比），如图 2-97 所示。

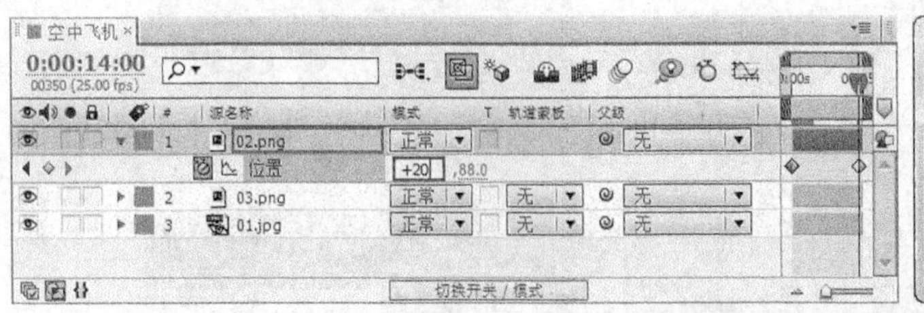

图 2-96

位置
X: 110 px
Y: 88 px
单位：像素
预览
确定
取消

图 2-97

3. 加入“缩放”动画

在“时间线”面板中，选中“02.png”层，按Shift键的同时按S键，展开层的“缩放”属性，如图2-98所示。

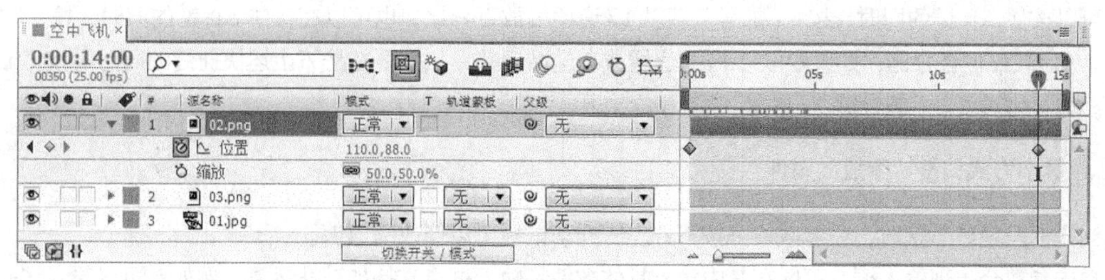

图2-98

将时间标签放在0s的位置，在“时间线”面板中，单击“缩放”属性名称左侧的“关键帧自动记录器”按钮，开始记录缩放关键帧信息，如图2-99所示。

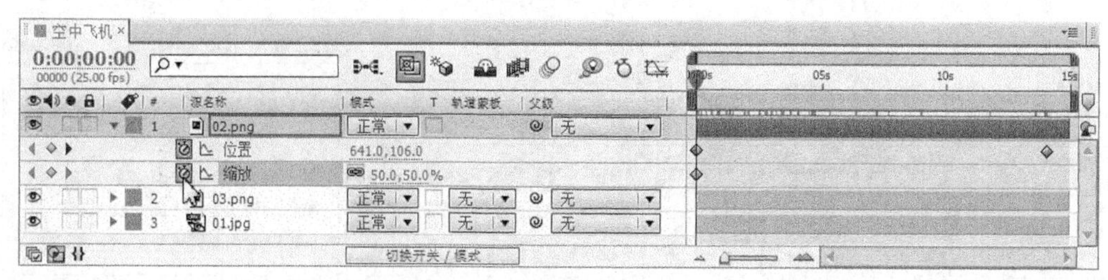

图2-99

按Alt+Shift+S组合键也可以实现上述操作，此快捷键还可以在任意地方添加或删除缩放属性关键帧。

移动当前时间标签到0:00:14:00位置，将x轴向和y轴向缩放值都调整为80%，或者选择“选择”工具，在“合成”窗口中拖曳层边框上的变换框进行缩放操作，如果同时按Shift键则可以实现等比缩放，还可以观察“信息”面板和“时间线”面板中的“缩放”属性了解表示具体缩放程度的数值，如图2-100所示。“时间线”面板当前时间下的“缩放”属性会自动添加一个关键帧，如图2-101所示。按0键，预览动画内存。

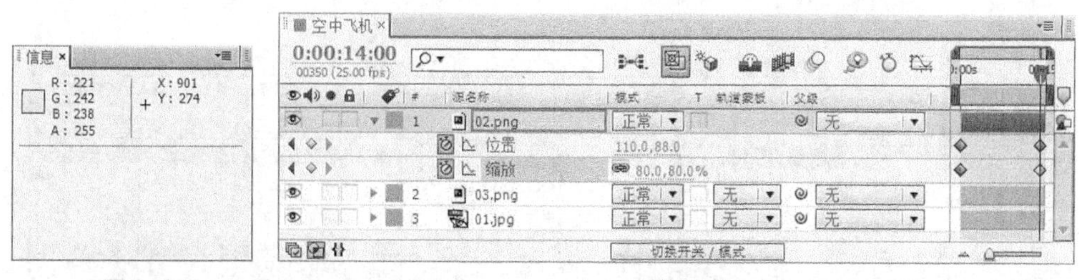

图2-100　　图2-101

◎ **手动方式调整“缩放”属性**

选择“选择”工具，直接在“合成”窗口中拖曳层边框上的变换框进行缩放操作，如果同时按住Shift键，则可以实现等比例缩放。

可以按住Alt键的同时，按+（加号）键以1%递增缩放百分比，也可以在按住Alt键的同时，按-（减号）键以1%递减缩放百分比；如果要以10%为递增或者递减调整，只需要在按下上述快捷键的同时再按Shift键即可，如Shift+Alt+-组合键。

◎ **数字方式调整“缩放”属性**

当光标呈现形状时，在参数值上按下并左右拖动鼠标可以修改缩放值。

单击参数会出现输入框，可以在其中输入具体数值。输入框也支持加减法运算。例如，可以输入“+3”，在原有的值上加上3%；如果是减法，则输入“80-3”，如图2-102所示。

在属性标题或参数值上单击鼠标右键，在弹出的菜单中选择“编辑数值”命令，在弹出的对话框中进行设置，如图2-103所示。

图2-102

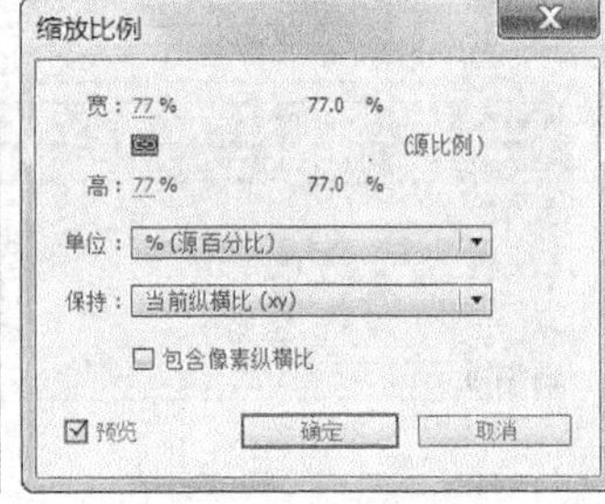

图2-103

如果使缩放值变为负值，将实现图像翻转特效。

4. 制作“旋转”动画

在“时间线”面板中选择“02.png”层，在按住Shift键的同时按R键，展开层的“旋转”属性，如图2-104所示。

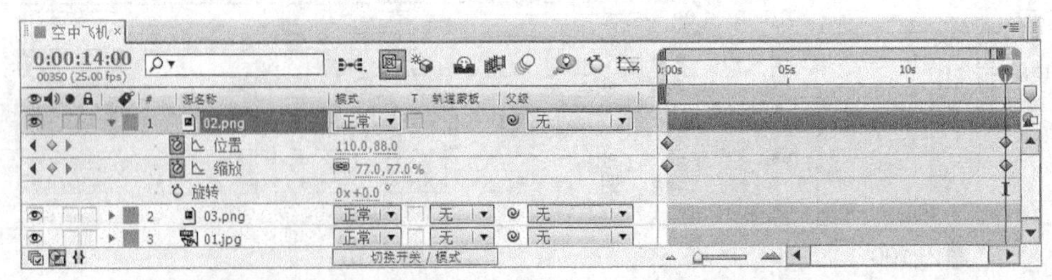

图2-104

将时间标签放在 0s 的位置，单击“旋转”属性名称左侧的“关键帧自动记录器”按钮，开始记录旋转关键帧信息。

按 Alt+Shift+R 组合键也可以实现上述操作，此快捷键还可以在任意地方添加或删除旋转属性关键帧。

移动当前时间标签到 0:00:14:00 位置，调整“旋转”属性值为“0 × +180° ”，旋转半圈，如图 2-105 所示；或者选择“旋转”工具，在“合成”窗口中以顺时针方向旋转图层，同时可以观察“信息”面板和“时间线”面板中的“旋转”属性了解具体旋转圈数和度数，效果如图 2-106 所示。按 0 键，预览动画内存。

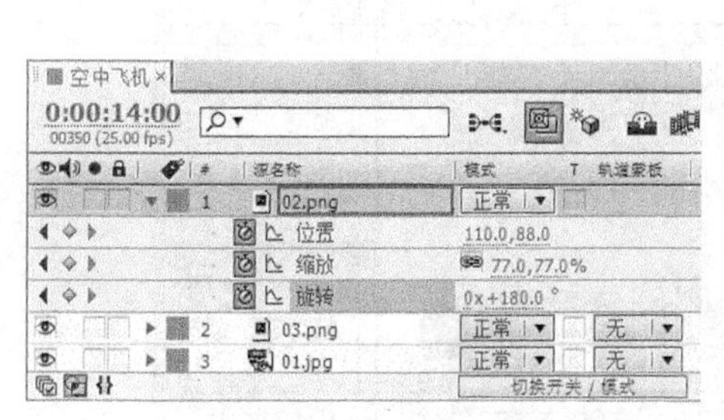

图 2-105

图 2-106

◎ **手动方式调整“旋转”属性**

选择“旋转”工具，在“合成”窗口中以顺时针方向或者逆时针方向旋转图层，如果同时按住 Shift 键，将以 45° 为调整幅度。

可以按数字键盘的+（加号）键以 1° 顺时针方向旋转层，也可以按数字键盘的 -（减号）键以 1° 逆时针方向旋转层；如果要以 10° 旋转调整层，只需要在按下上述快捷键的同时再按 Shift 键即可，如 Shift+数字键盘的 - 组合键。

◎ **数字方式调整“旋转”属性**

当光标呈现形状时，在参数值上按下并左右拖动鼠标可以修改旋转值。

单击参数会出现输入框，可以在其中输入具体数值。输入框也支持加减法运算，例如，可以输入“+2”，在原有的值上加上 2° 或者 2 圈（取决于是在度数输入框，还是圈数输入框中输入）；如果是减法，则输入“45-10”。

在属性标题或参数值上单击鼠标右键，在弹出的菜单中选择“编辑数值”命令，或按 Ctrl+ Shift+R 组合键，在弹出的对话框中调整具体参数值，如图 2-107 所示。

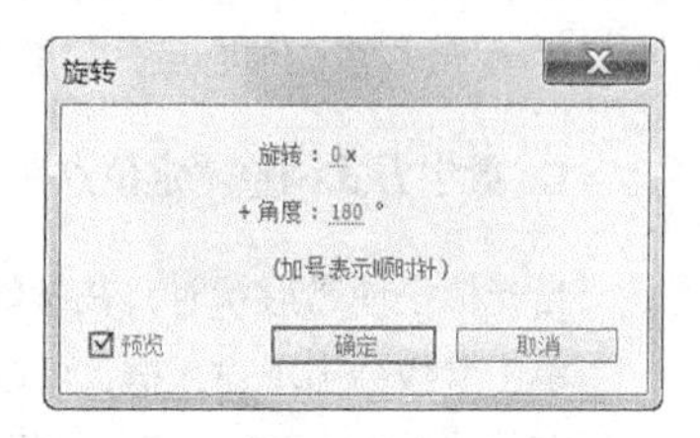

图 2-107

5. 了解“定位点”的功用

在“时间线”面板中，选择“02.png”层，在按住 Shift 键的同时按 A

键，展开“定位点”属性，如图 2-108 所示。

图 2-108

改变“定位点”属性中的第一个值为 0，或者选择“定位点”工具，在“合成”窗口中单击并移动定位点，同时观察“信息”面板和“时间线”面板中的“定位点”属性值了解具体位置移动参数，如图 2-109 所示。按 0 键，预览动画内存。

图 2-109

定位点的坐标是相对于层，而不是相对于合成图像的。

◎ **手动方式调整定位点**

选择“定位点”工具，在“合成”窗口单击并移动轴心点。

在“时间线”面板中双击层，将层的“图层”预览窗口打开，选择“选择”工具或者选择“定位点”工具，单击并移动轴心点，如图 2-110 所示。

◎ **数字方式调整“定位点”**

当光标呈现形状时，在参数值上按下并左右拖动鼠标可以修改定位点值。

单击参数会出现输入框，可以在其中输入具体数值。输入框也支持加减法运算，例如，可以输入“+30”，在原有的值上加上 30 像素；如果是减法，则输入“360-30”。

在属性标题或参数值上单击鼠标右键，在弹出的菜单中选择“编辑数值”命令，弹出“定位点”对话框，在对话框中调整具体参数值，如图 2-111 所示。

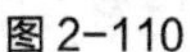
图 2-110

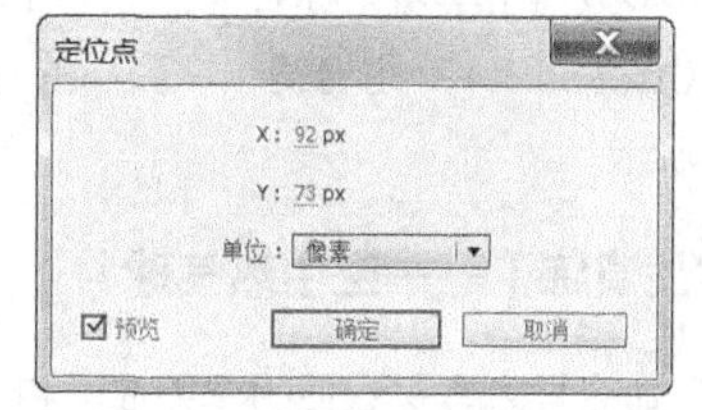

图 2-111

6. 添加透明度动画

在“时间线”面板中，选择“02.png”层，在按 Shift+T 组合键，展开层的“透明度”属性，如图 2-112 所示。

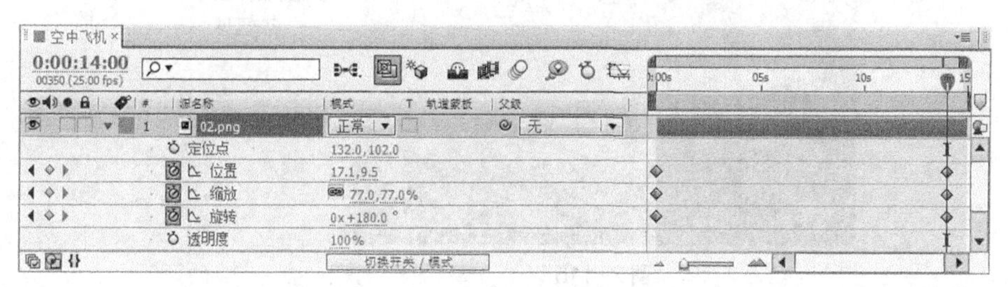

图 2-112

按 Alt+Shift+T 组合键也可以实现上述操作，此快捷键还可以在任意地方添加或删除“透明度”属性关键帧。

将时间标签放在 0s 的位置，在“时间线”面板中，单击“透明度”属性名称左侧的“关键帧自动记录器”按钮，开始记录透明度关键帧信息。

移动当前时间标签到 0:00:14:00 位置，调整“透明度”属性值为 0%，使层完全透明，注意观察“时间线”面板，当前时间下的“透明度”属性会自动添加一个关键帧，如图 2-113 所示。按 0 键，预览动画内存。

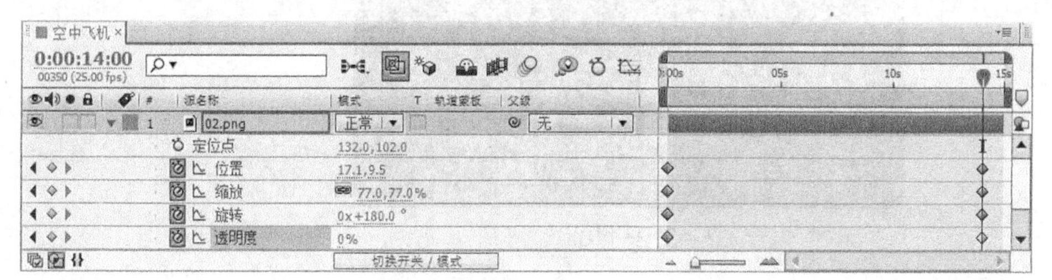

图 2-113

◎ **数字方式调整“透明度”属性如下。**

当光标呈现形状时，在参数值上按下并左右拖动鼠标可以修改透明度值。

单击参数会出现输入框，可以在其中输入具体数值。输入框也支持加减法运算，例如，可以输入“+20”，在原有的值上增加 20%；如果是减法，则输入“100-20”。

在属性标题或参数值上单击鼠标右键，在弹出的菜单中选择“编辑数值”命令，或按 Ctrl+Shift+T 组合键，在弹出的对话框中调整具体参数值，如图 2-114 所示。

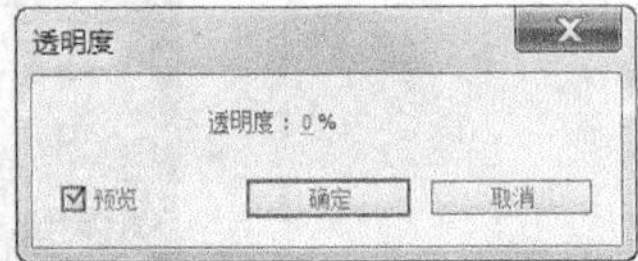

图 2-114

2.2.4 【实战演练】——空中热气球

使用“导入”命令导入素材；使用“缩放”和“位置”选项制作热气球动画；使用“阴影”命令制作投影效果。最终效果参看云盘中的“Ch02 > 空中热气球 > 空中热气球.aep”，如图 2-115 所示。

微课：空中热气球

图 2-115

2.3 综合演练——运动的线条

使用“粒子运动”“变换”和“快速模糊”命令制作线条效果；使用“缩放”属性制作缩放效果。最终效果参看云盘中的“Ch02 > 运动的线条 > 运动的线条.aep”，如图 2-116 所示。

微课：运动的线条

图 2-116

2.4 综合演练——闪烁的星星

使用“导入”命令导入素材；使用“缩放”和“位置”选项制作星星和月亮动画。最终效果参看云盘中的“Ch02 > 闪烁的星星 > 闪烁的星星.aep”，如图 2-117 所示。

图 2-117

微课：闪烁的星星

第 3 章　制作遮罩动画

本章主要讲解遮罩的功能，其中包括遮罩设计图形、调整遮罩图形形状、遮罩的变换、应用多个遮罩、编辑遮罩的多种方式等。通过对本章的学习，读者可以掌握遮罩的使用方法和应用技巧，并通过遮罩功能制作出绚丽的视频效果。

- 初步了解遮罩
- 掌握遮罩的基本操作方法
- 掌握遮罩的设置和使用方法

3.1 粒子文字

3.1.1 【操作目的】

建立新的合成并命名；使用“横排文字”工具输入并编辑文字；使用“卡通”命令制作背景效果，将多个合成拖曳到“时间线”面板中，编辑形状遮罩。最终效果参看云盘中的“Ch03 > 粒子文字 > 粒子文字.aep”，如图 3-1 所示。

图 3-1

3.1.2 【操作步骤】

1. 输入文字

步骤① 按 Ctrl+N 组合键，弹出“图像合成设置”对话框，在“合成组名称”文本框中输入“文字”，其他选项的设置如图 3-2 所示，单击“确定”按钮，创建一个新的合成“文字”。

步骤② 选择“横排文字”工具 T，在“合成”窗口输入英文“Summer style”，选中英文，在“文字”面板中，设置“填充色”选项为红色（其 R、G、B 的值分别为 227、0、0），其他参数设置如图 3-3 所示，“合成”窗口中的效果如图 3-4 所示。

微课：粒子文字 1

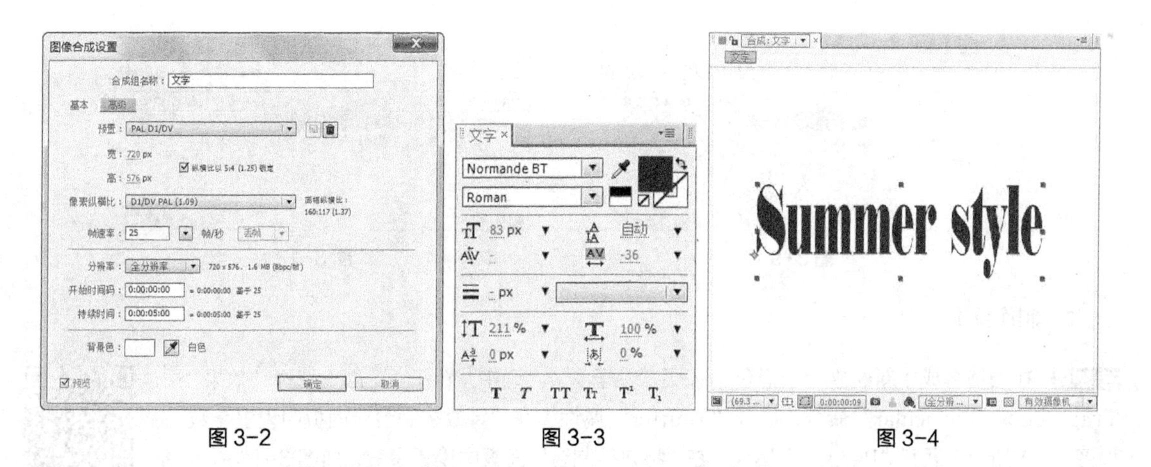

图 3-2　　图 3-3　　图 3-4

步骤③ 再次创建一个新的合成并命名为“粒子文字”，如图 3-5 所示。选择“文件 > 导入 > 文件”命令，弹出“导入文件”对话框，选择云盘中的“Ch03 > 粒子文字 > (Footage) > 01.jpg”文件，单击“打开”按钮，导入“01”文件，并将其拖曳到“时间线”面板中，如图 3-6 所示。

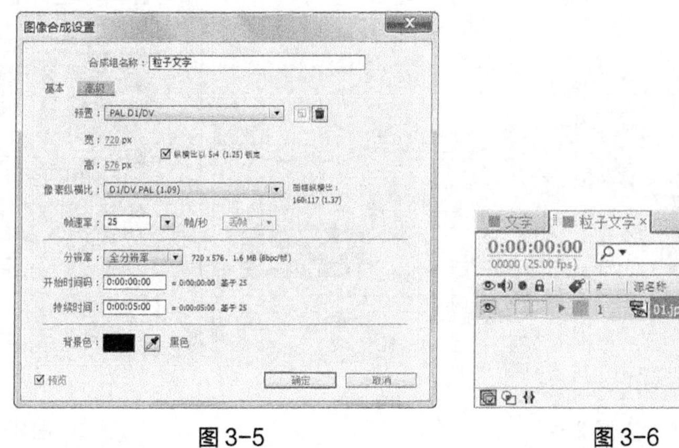

图 3-5　　图 3-6

步骤④ 选中“01”层，选择“效果 > 风格化 > 卡通”命令，在“特效控制台”面板中设置参数，如图 3-7 所示。“合成”窗口中的效果如图 3-8 所示。

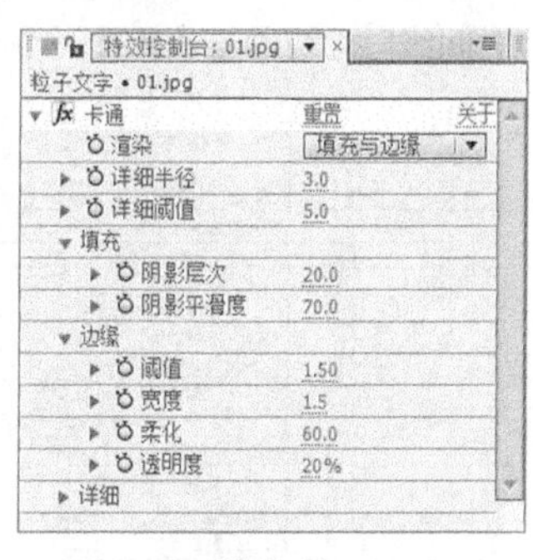

图 3-7　　图 3-8

步骤⑤ 在“项目”面板中，选中“文字”合成并将其拖曳到“时间线”面板中，单击“文字”层前面的眼睛按钮，关闭该层的可视性，如图 3-9 所示。单击“文字”层右面的“3D 图层”按钮，打开三维属性，如图 3-10 所示。

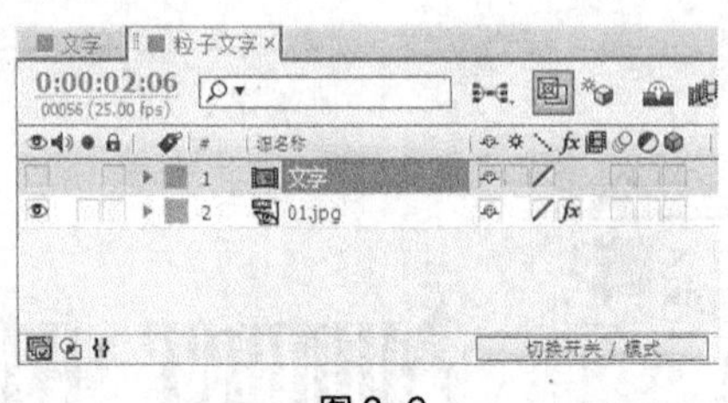

图 3-9

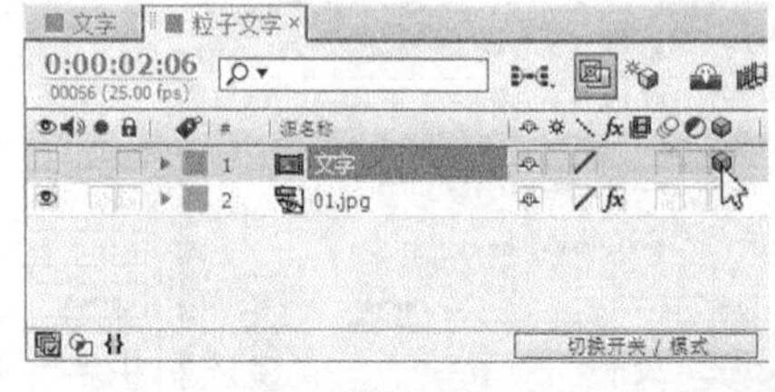

图 3-10

2. 制作粒子

步骤① 在当前合成中新建立一个黑色固态层“粒子 1”。选中“粒子 1”层，选择“效果 > Trapcode > Particular”命令，展开“Emitter”属性，在“特效控制台”面板中设置参数，如图 3-11 所示。展开“Particle”属性，在“特效控制台”面板中设置参数，如图 3-12 所示。

微课：粒子文字 2

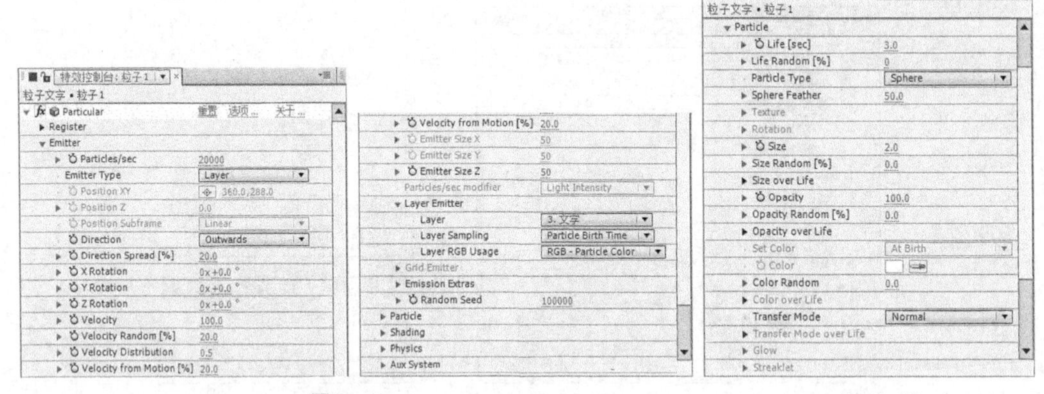

图 3-11　　图 3-12

步骤② 展开“Physics”选项下的“Air”属性，在“特效控制台”面板中设置参数，如图 3-13 所示。展开“Turbulence Field”属性，在“特效控制台”面板中设置参数，如图 3-14 所示。

步骤③ 展开“Rendering”选项下的“Motion Blur”属性，单击“Motion Blu”右边的下拉按钮，在弹出的下拉菜单中选择“On”，如图 3-15 所示。设置完毕后，“时间线”面板中自动添加一个灯光层，如图 3-16 所示。

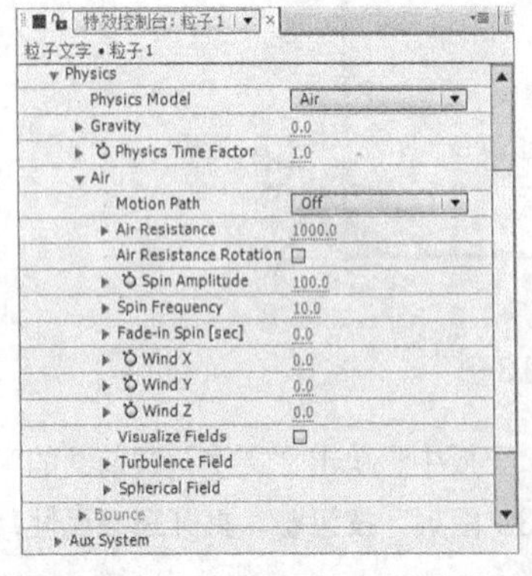

图 3-13

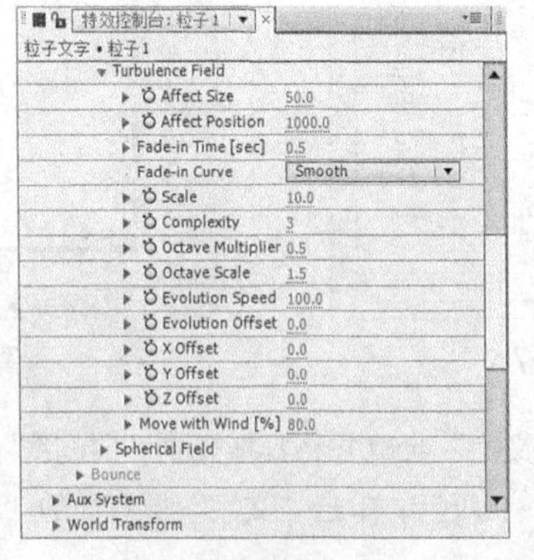

图 3-14

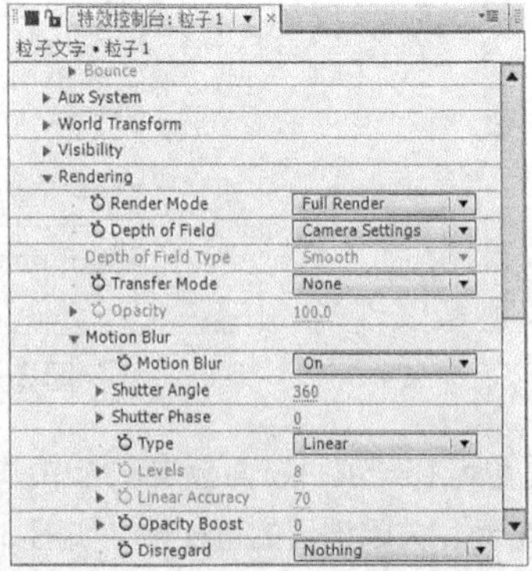

图 3-15

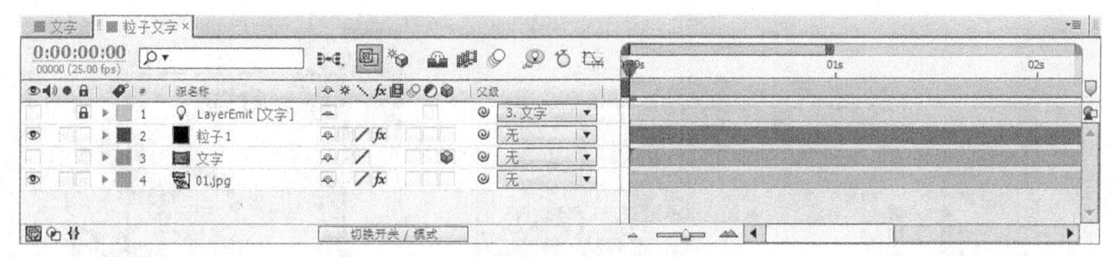

图 3-16

步骤④ 选中“粒子 1”层，在“时间线”面板中，将时间标签放置在 0s 的位置。在“时间线”面板中分别单击“Emitter”下的“Particles/sec”，单击“Physics/Air”下的“Spin Amplitude”，以及“Turbulence Field”下的“Affect Size”和“Affect Position”选项左侧的“关键帧自动记录器”按钮，如图 3-17 所示，记录第 1 个关键帧。

步骤⑤ 在“时间线”面板中，将时间标签放置在 1s 的位置。在“时间线”面板中设置“Particles/sec”选项的数值为 0，“Spin Amplitude”选项的数值为 50，“Affect Size”选项的数值为 20，“Affect Position”选项的数值为 500，如图 3-18 所示，记录第 2 个关键帧。

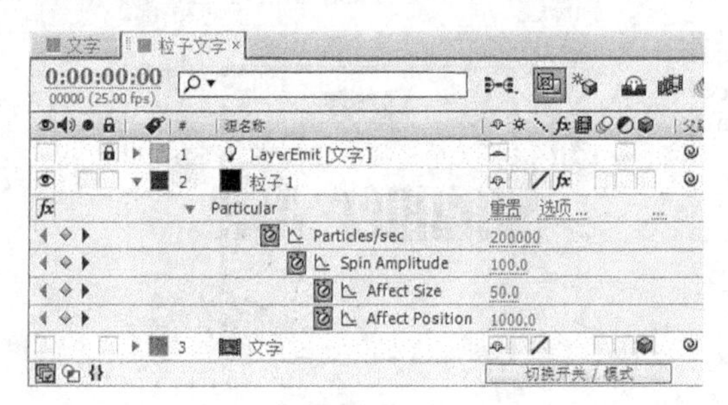

图 3-17

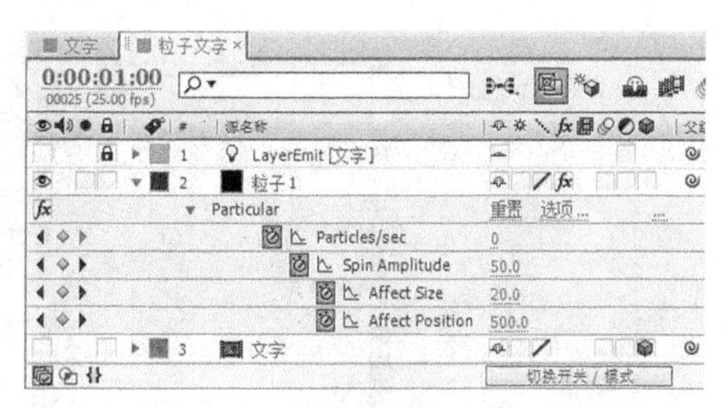

图 3-18

步骤⑥ 在“时间线”面板中，将时间标签放置在 3s 的位置。在“时间线”面板中设置“Particles/sec”选项的数值为 0，“Spin Amplitude”选项的数值为 30，“Affect Size”选项的数值为 5，“Affect Position”选项的数值为 5，如图 3-19 所示，记录第 3 个关键帧。

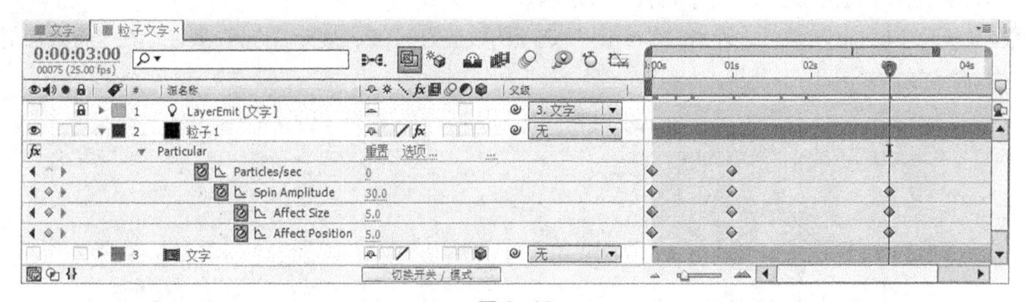

图 3-19

3. 制作形状遮罩

步骤① 在“项目”面板中，选中“文字”合成并将其拖曳到“时间线”面板中，将时间标签放置在 2s 的位置，按 [键设置设置动画的入点，如图 3-20 所示。在“时间线”面板中选中“图层 1”图层，选择“矩形遮罩”工具，在“合成”窗口中拖曳鼠标绘制一个矩形遮罩，如图 3-21 所示。

微课：粒子文字 3

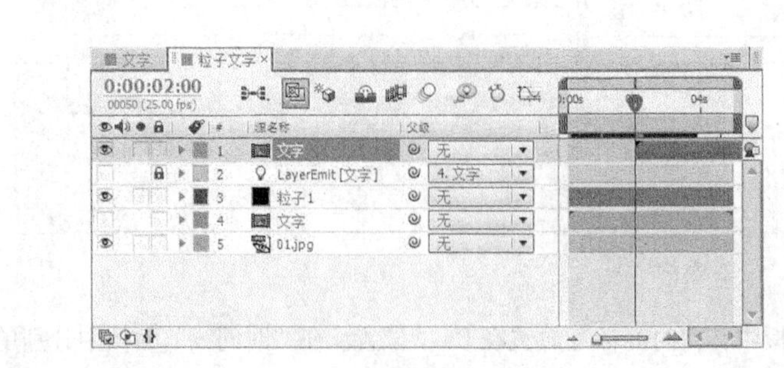

图 3-20

图 3-21

步骤 2 选中“图层 1”图层，按 M 键两次展开“遮罩”属性。单击“遮罩形状”选项左侧的“关键帧自动记录器”按钮，如图 3-22 所示，记录第 1 个“遮罩形状”关键帧。把时间标签放置在 4s 的位置。选择“选择”工具，在“合成”窗口中，同时选中“遮罩形状”右边的两个控制点，将控制点向右拖曳到如图 3-23 所示的位置，在 4s 的位置再次记录 1 个关键帧。

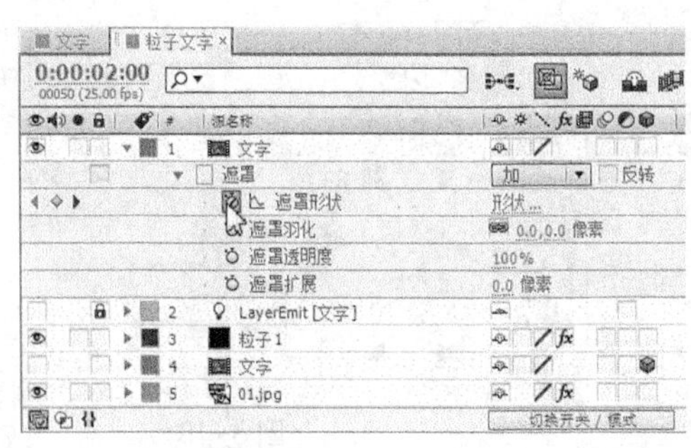

图 3-22

图 3-23

步骤 3 在当前合成中新建立一个黑色固态层“粒子 2”。选中“粒子 2”层，选择“效果 > Trapcode > Particular”命令，展开“Emitter”属性，在“特效控制台”面板中设置参数，如图 3-24 所示。展开“Particle”属性，在“特效控制台”面板中设置参数，如图 3-25 所示。

步骤 4 展开“Physics”属性，设置“Grarity”选项的数值为-100，展开“Air”属性，在“特效控制台”面板中设置参数，如图 3-26 所示。

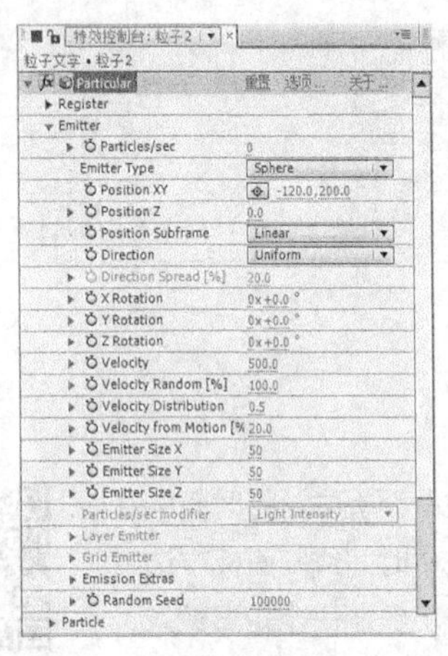

图 3-24

特效控制台：粒子 2
粒子文字 • 粒子 2
Particular
重置 选项... 关于...
Register
Emitter
Particle
Life [sec] 1.0
Life Random [%] 0
Particle Type Sphere
Sphere Feather 50.0
Texture
Rotation
Size 5.0
Size Random [%] 0.0
Size over Life
Opacity 100.0
Opacity Random [%] 0.0
Opacity over Life
Set Color At Birth
Color
Color Random 0.0
Color over Life
Transfer Mode Normal
Transfer Mode over Life
Glow
Streaklet
Shading
Physics

图 3-25

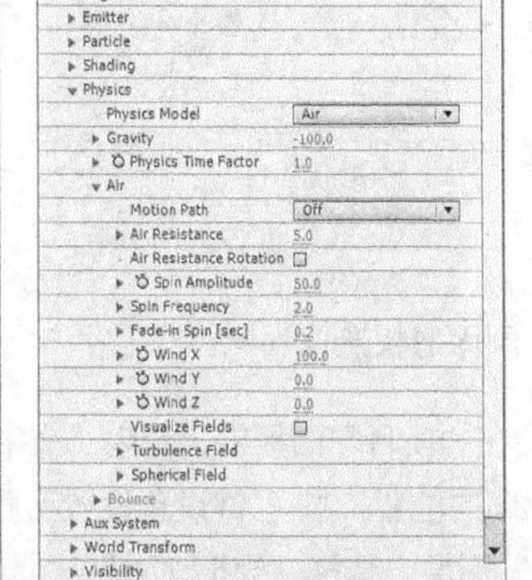

图 3-26

步骤 5 展开“Turbulence Field”属性，在“特效控制台”面板中设置参数，如图 3-27 所示。展开“Rendering”选项下的“Motion Blur”属性，单击“Motion Blu”右边的下拉按钮，在弹出的下拉菜单中选择“On”，如图 3-28 所示。

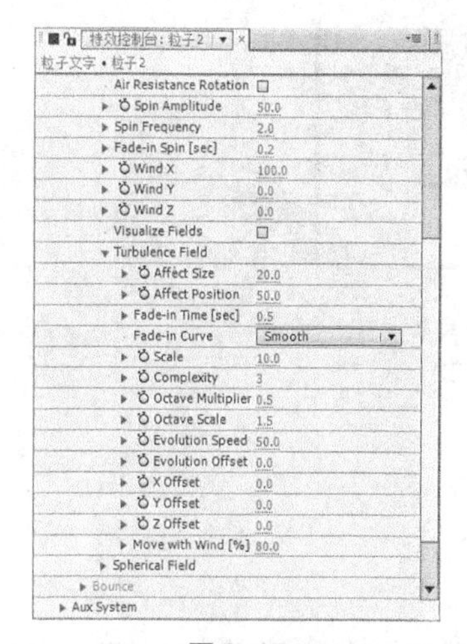

图 3-27

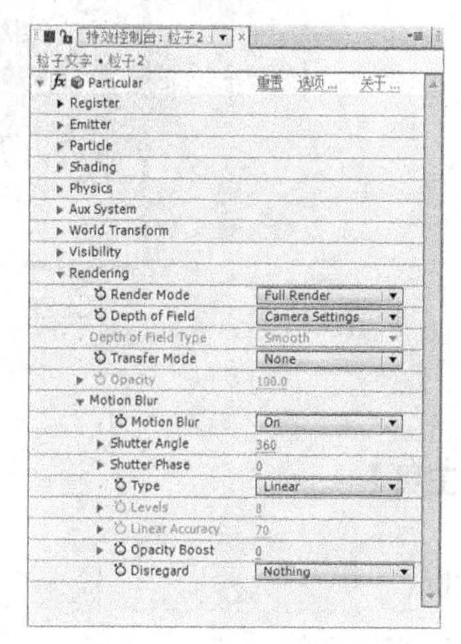

图 3-28

步骤 6 在“时间线”面板中，将时间标签放置在 0s 的位置，在“时间线”面板中，分别单击“Emitter”下的“Particles/sec”和“Position XY”选项左侧的“关键帧自动记录器”按钮，记录第 1 个关键帧，如图 3-29 所示。在“时间线”面板中，将时间标签放置在 2s 的位置，在“时间线”面板中，设置“Particles/sec”选项的数值为 5000，“Position XY”选项的数值为 120、280，如图 3-30 所示，记录第 2 个关键帧。

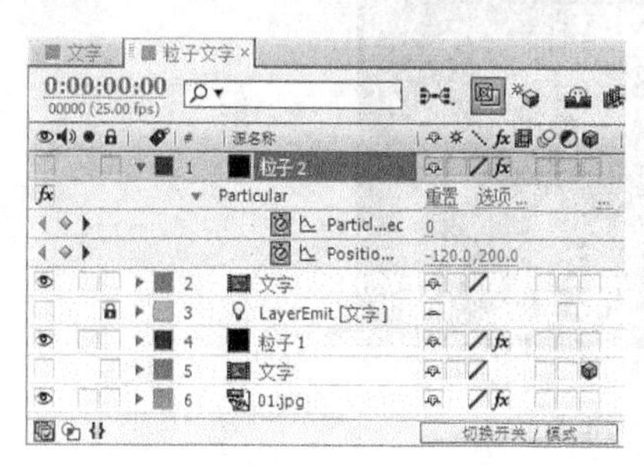

图 3-29

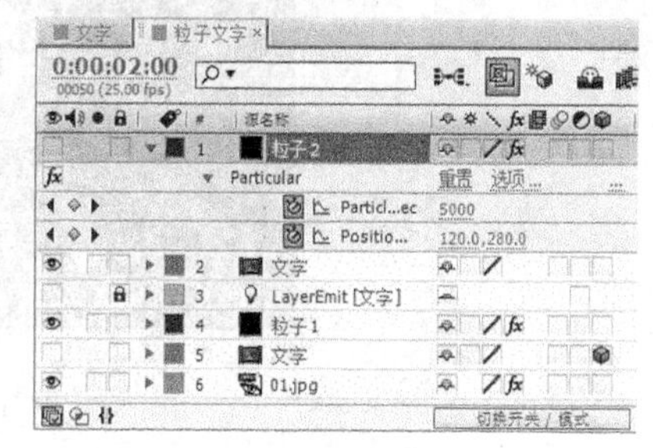

图 3-30

步骤 7 在“时间线”面板中，将时间标签放置在 3s 的位置，在“时间线”面板中，设置“Particles/sec”选项的数值为 0，“Position XY”选项的数值为 600、280，如图 3-31 所示，记录第 3 个关键帧。

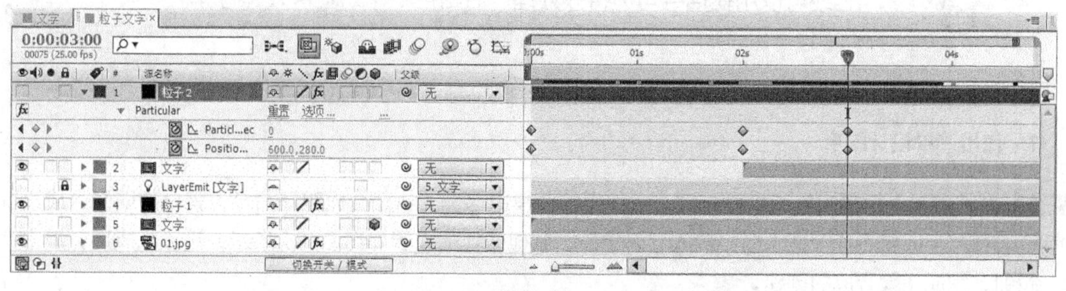

图 3-31

步骤 8 粒子文字制作完成，如图 3-32 所示。

图 3-32

3.1.3 【相关工具】

1. 初步了解遮罩

遮罩其实就是一个封闭的贝塞尔曲线所构成的路径轮廓，轮廓之内或之外的区域就是抠像的依据，如图3-33 所示。

图 3-33

虽然遮罩是由路径组成的，但千万不要误认为路径只是用来创建遮罩，它还可以用在描绘勾边特效处理、沿路径制作动画特效等方面。

2. 使用遮罩设计图形

步骤① 在“项目”面板中单击鼠标右键，在弹出的菜单中选择“新建合成组”命令，弹出“图像合成设置”对话框。在“合成组名称”文本框中输入“遮罩”，其他选项的设置如图 3-34 所示，设置完成后，单击“确定”按钮，完成图像合成的创建。

步骤② 在“项目”面板中单击鼠标右键，在弹出的列表中选择“导入 > 文件”命令，在弹出的对话框中，选择光盘中的“基础光盘 > Ch03 > 02 ~ 05”文件，单击“打开”按钮，文件被导入到“项目”面板中，如图

3-35 所示，并将它们拖曳到“时间线”面板中。

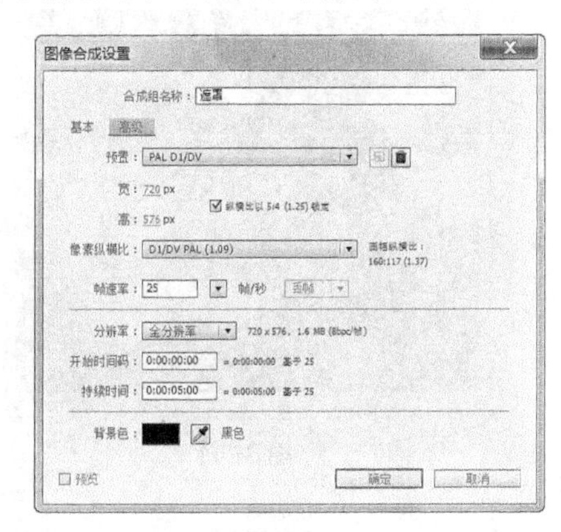

图 3-34

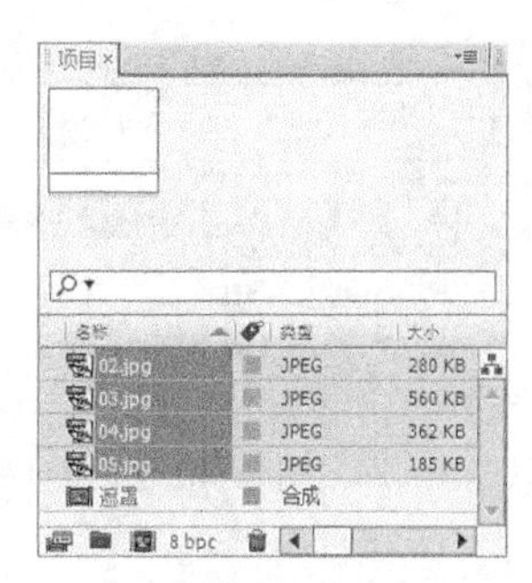

图 3-35

步骤 3 在“时间线”面板中单击“眼睛”按钮，隐藏“图层 1”和“图层 2”，选中“图层 3”，如图 3-36 所示；选择“钢笔”工具，在“合成”窗口中绘制一个遮罩形状，效果如图 3-37 所示。

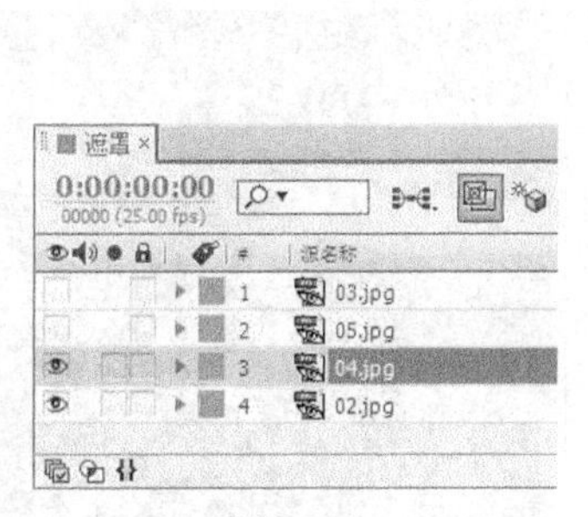

图 3-36

图 3-37

步骤 4 选中“图层 2”，单击“图层 2”左侧的□方框，显示该图层，如图 3-38 所示；选择“椭圆形遮罩”工具，在“合成”窗口右侧拖曳鼠标绘制椭圆形遮罩，效果如图 3-39 所示。

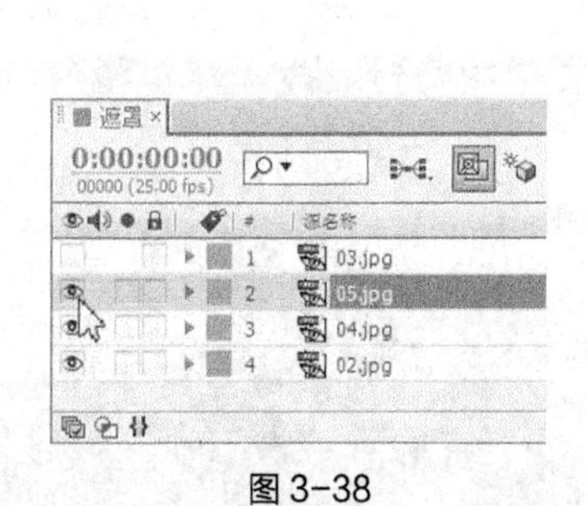

图 3-38

图 3-39

步骤 5 选中“图层 1”，单击“图层 1”左侧的□方框，显示该图层，如图 3-40 所示；选择“星形”工具，在“合成”窗口中绘制一个星形遮罩，如图 3-41 所示。

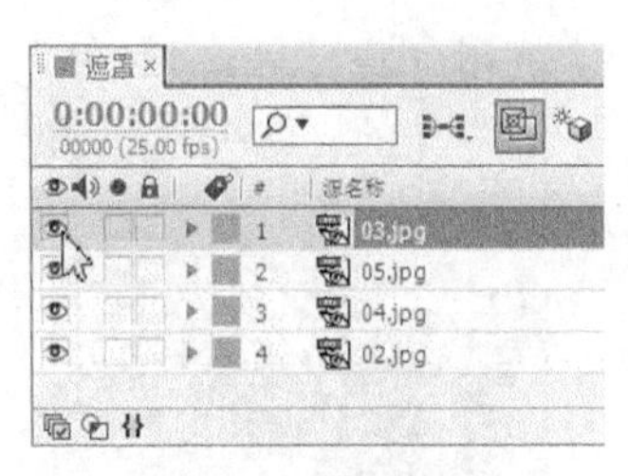

图 3-40

图 3-41

3. 调整遮罩图形形状

选择“钢笔”工具，在“合成”窗口中绘制遮罩图形，如图 3-42 所示。使用“顶点转换”工具，单击一个节点，该节点处的线段转换为折角；在节点处拖曳鼠标可以拖出调节手柄，拖动调节手柄，可以调整线段的弧度，如图 3-43 所示。

图 3-42

图 3-43

使用“顶点添加”工具和“顶点清除”工具添加或删除节点。选择“顶点添加”工具，将鼠标指针移动到需要添加节点的线段处单击，该线段会添加一个节点，如图 3-44 所示；选择“顶点清除”工具，单击任意节点，节点被删除，如图 3-45 所示。

图 3-44

图 3-45

4. 遮罩的变换

选择“选择”工具，在遮罩边线上双击，可以创建一个遮罩调节框，将鼠标指针移动到边框的右上角，出现旋转图标时，拖动鼠标可以对整个遮罩图形进行旋转；将鼠标指针移动到边线中心点的位置，出现双向箭头时，拖动鼠标，可以调整该边框的位置，如图 3-46 和图 3-47 所示。

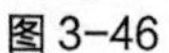

图 3-46　　图 3-47

5. 应用多个遮罩

在“项目”面板中单击鼠标右键，在弹出的列表中选择“导入 > 文件”命令，在弹出的对话框中，选择光盘中的“基础光盘 > Ch03 > 06 ~ 08”文件，单击“打开”按钮，将其拖曳至“时间线”面板中，如图 3-48 所示。

图 3-48

隐藏“图层 1”，选中“图层 2”。选择“钢笔”工具，在图片上绘制遮罩图形，利用键盘上的方向键微调遮罩的位置，如图 3-49 所示。

在“合成”窗口单击鼠标右键，在弹出的菜单中选择“遮罩 > 遮罩羽化”命令，或按 Ctrl+Shift+F 组合键，弹出“遮罩羽化”对话框，将“水平方向”和“垂直方向”的羽化值均设为 70，如图 3-50 所示，单击“确定”按钮完成羽化设置，效果如图 3-51 所示。

图 3-49

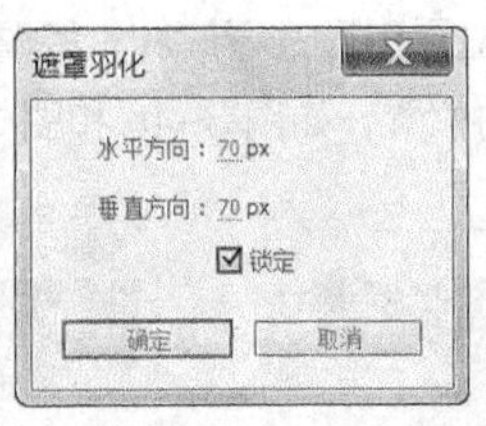

图 3-50

图 3-51

在遮罩边线上双击，创建遮罩调节框，单击鼠标右键，在弹出的菜单中选择“遮罩 > 模式 > 无”命令，隐藏遮罩，效果如图 3-52 所示。

显示并选中“图层 1”，选择“椭圆形遮罩”工具，绘制椭圆形遮罩图形，如图 3-53 所示。双击遮罩边线，在“合成”窗口单击鼠标右键，在弹出的菜单中选择“遮罩 > 遮罩羽化”命令，弹出“遮罩羽化”对话框，将“水平方向”和“垂直方向”的羽化值均设为 100，如图 3-54 所示。单击“确定”按钮完成羽化设置，效果如图 3-55 所示。

选中“图层 2”，选择“选择”工具，双击右侧心形遮罩边线，创建遮罩调节框，单击鼠标右键，在弹出的菜单中选择“遮罩 > 模式 > 添加”命令，显示遮罩，效果如图 3-56 所示。

图 3-52

图 3-53

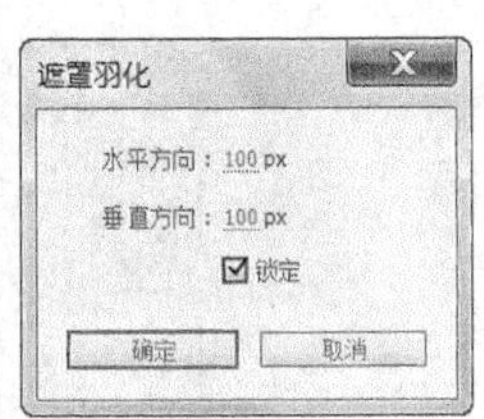

图 3-54

图 3-55

图 3-56

在“时间线”面板上将时间标签拖曳到起点的位置，选择“图层 1”，按 T 键，显示“透明度”属性，调整透明度为 0，单击“关键帧自动记录器”按钮，将时间标签拖曳到出点的位置，将透明度调整为 100，“时间线”面板的状态如图 3-57 所示。动画设置完成后，按 0 键开始预览动画效果，如图 3-58 和图 3-59 所示。

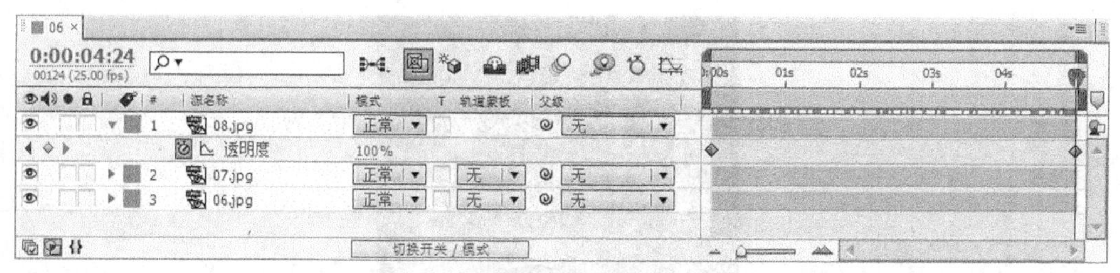

图 3-57

图 3-58

图 3-59

3.1.4 【实战演练】——爆炸文字

使用“导入”命令导入素材；使用“渐变”命令制作渐变效果；使用“碎片”命令、“Shine”命令制作爆炸文字效果；使用“镜头光晕”命令制作光晕效果。最终效果参看云盘中的“Ch03 > 爆炸文字 > 爆炸文字.aep”，如图 3-60 所示。

图 3-60

微课：爆炸文字

3.2 粒子破碎效果

3.2.1 【操作目的】

使用“渐变”命令制作渐变效果；使用“矩形遮罩”工具制作遮罩效果；使用“碎片”命令制作图片粒子破碎效果。最终效果参看云盘中的“Ch03 > 粒子破碎效果 > 粒子破碎效果.aep”，如图 3-61 所示。

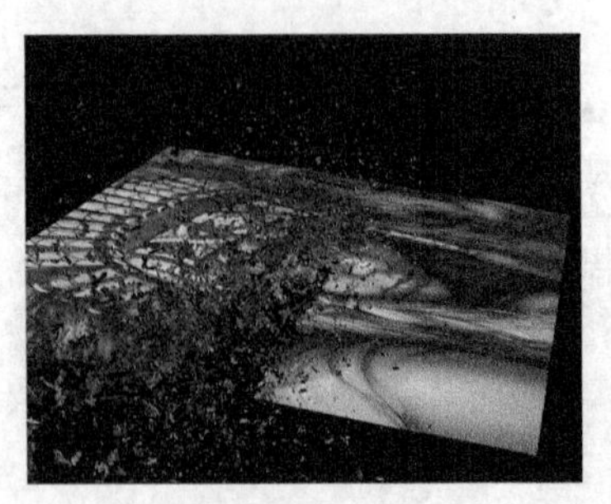

图 3-61

3.2.2 【操作步骤】

1. 添加图形遮罩

步骤① 按 Ctrl+N 组合键，弹出“图像合成设置”对话框，在“合成组名称”文本框中输入“渐变条”，其他选项的设置如图 3-62 所示，单击“确定”按钮，创建一个新的合成“渐变条”。选择“图层 > 新建 > 固态层”命令，弹出“固态层设置”对话框，在“名称”文本框中输入“渐变条”，将“颜色”设置为黑色，单击“确定”按钮，在“时间线”面板中新增一个黑色固态层，如图 3-63 所示。

微课：粒子破碎效果 1

图 3-62

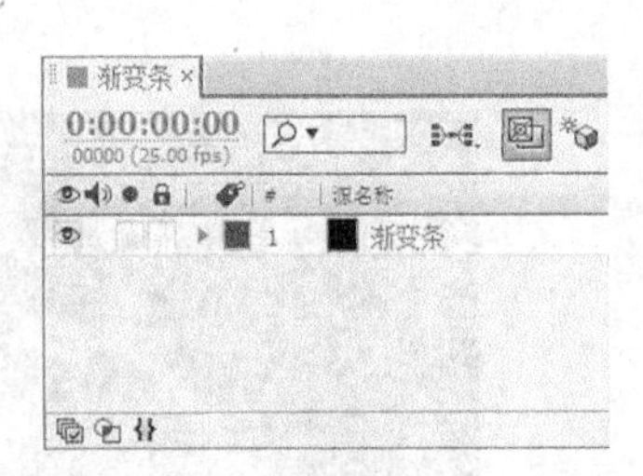

图 3-63

步骤② 选中“渐变条”层，选择“效果 > 生成 > 渐变”命令，在“特效控制台”面板中设置“开始色”选项为黑色，“结束色”选项为白色，其他参数设置如图 3-64 所示，设置完成后，“合成”窗口中的效果如图 3-65 所示。选择“矩形遮罩”工具，在“合成”窗口中拖曳鼠标绘制一个矩形遮罩，如图 3-66 所示。

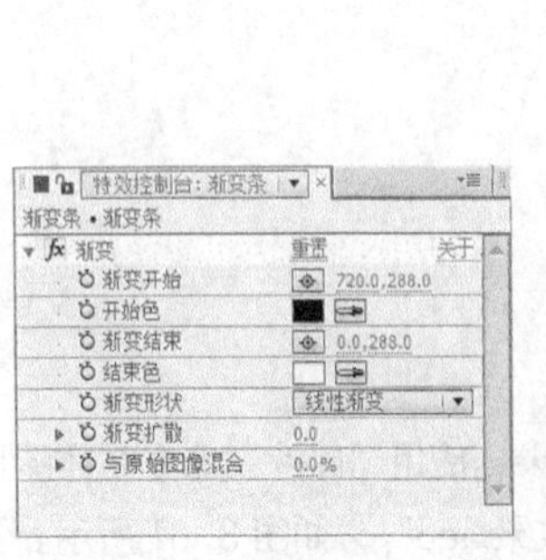

图 3-64

图 3-65

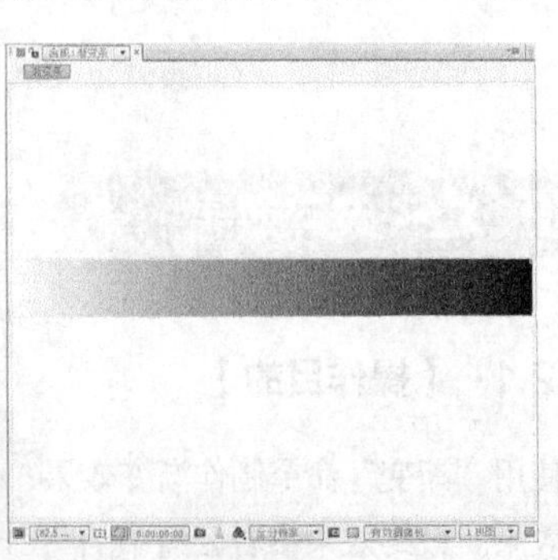

图 3-66

2. 制作粒子破碎动画

微课：粒子破碎效果 2

步骤① 按 Ctrl+N 组合键，弹出“图像合成设置”对话框，在“合成组名称”文本框中输入“噪波”，单击“确定”按钮，创建一个新的合成“噪波”。选择“图层 > 新建 > 固态层”命令，弹出“固态层设置”对话框，在“名称”文本框中输入“噪波”，将“颜色”设置为黑色，单击“确定”按钮，在“时间线”面板中新增一个黑色固态层。

步骤② 选中“噪波”层，选择“效果 > 杂波与颗粒 > 杂波”命令，在“特效控制台”面板中设置参数，如图 3-67 所示。“合成”窗口中的效果如图 3-68 所示。

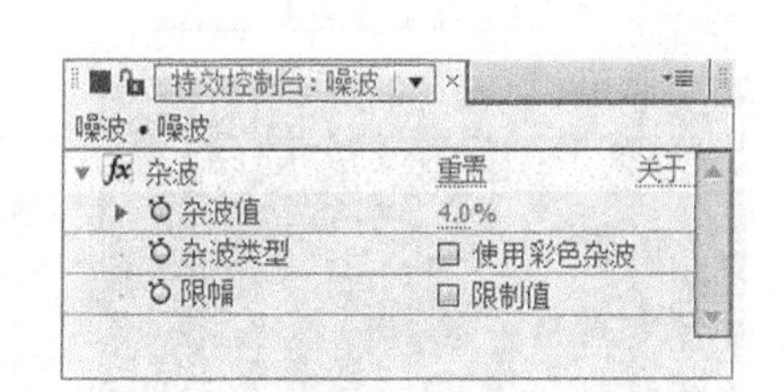

图 3-67

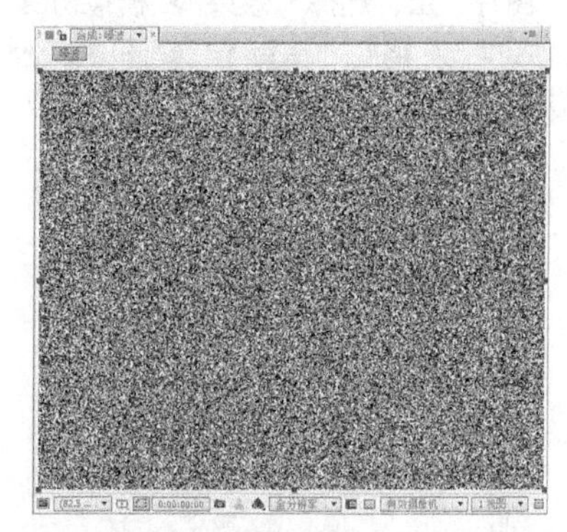

图 3-68

步骤③ 按 Ctrl+N 组合键，弹出“图像合成设置”对话框，在“合成组名称”文本框中输入“图片”，单击“确定”按钮，创建一个新的合成“图片”。选择“文件 > 导入 > 文件”命令，弹出“导入文件”对话框，选择云盘中的“Ch03 > 粒子破碎效果 >（Footage）> 01”文件，如图 3-69 所示，单击“打开”按钮，导入文件，并将其拖曳到“时间线”面板中，如图 3-70 所示。

图 3-69

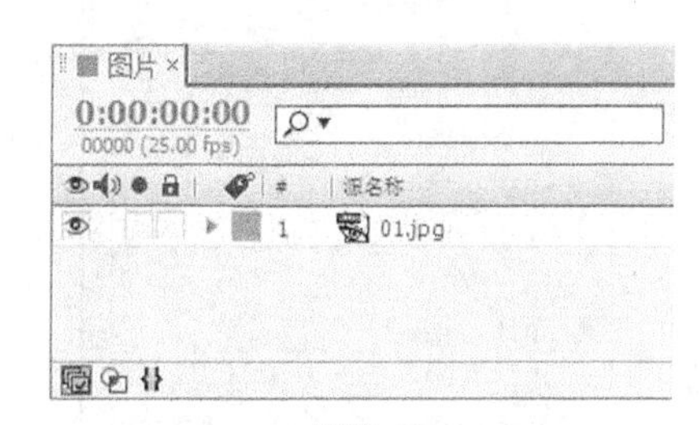

图 3-70

步骤④ 按 Ctrl+N 组合键，弹出“图像合成设置”对话框，在“合成组名称”文本框中输入“最终效果”，单击“确定”按钮，创建一个新的合成“最终效果”。在“项目”面板中选中“渐变条”“噪波”和“图片”合成并将其拖曳到“时间线”面板中，层的排列如图 3-71 所示。单击“渐变条”和“噪波”层前面的眼睛按钮，关闭“渐变条”和“噪波”两层的可视性，如图 3-72 所示。

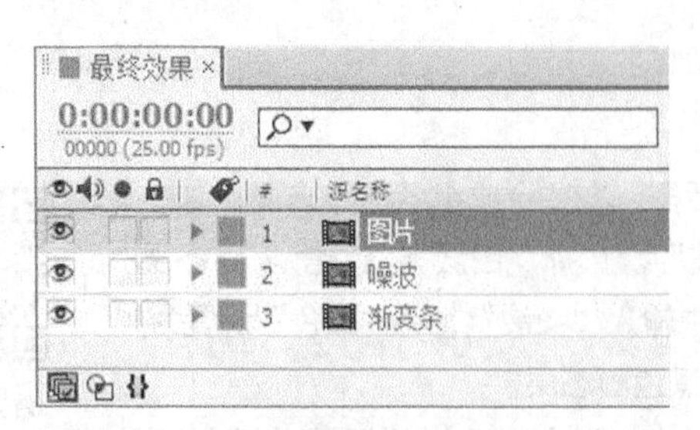

图 3-71

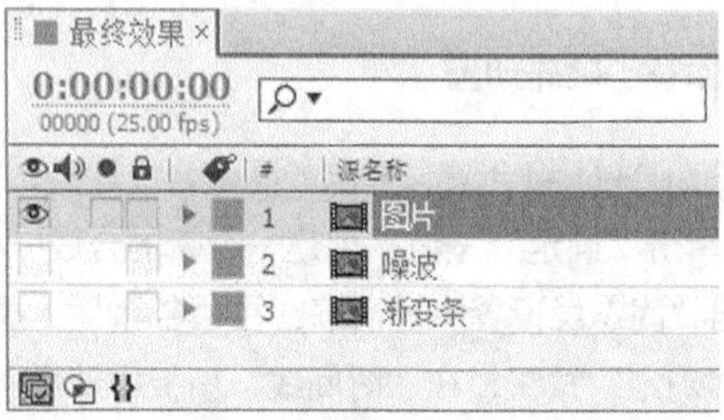

图 3-72

步骤⑤ 选中“图片”层，选择“效果 > 模拟仿真 > 碎片”命令，在“特效控制台”面板中将“查看”改为“渲染”模式，展开“外形”“焦点 1”属性，在“特效控制台”面板中进行参数设置，如图 3-73 所示。“合成”窗口中的效果如图 3-74 所示。

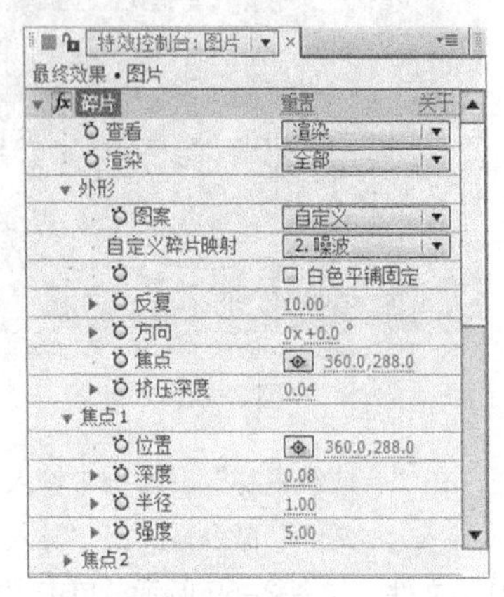

图 3-73

图 3-74

步骤⑥ 展开“倾斜”和“物理”“摄像机位置”属性，在“特效控制台”面板中进行参数设置，如图 3-75 所示。“合成”窗口中的效果如图 3-76 所示。

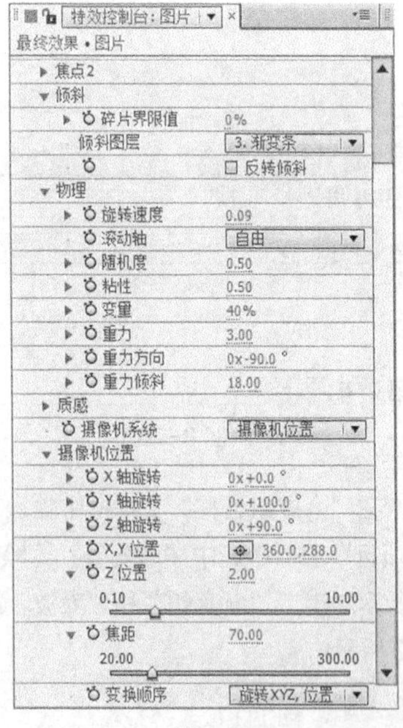

图 3-75

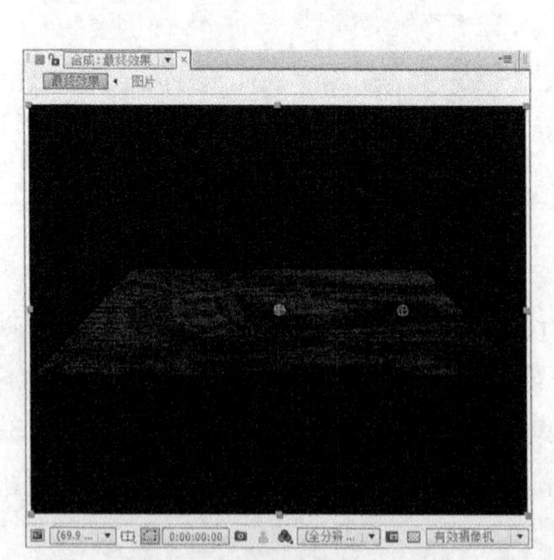

图 3-76

步骤⑦ 选中“图片”层，在“时间线”面板中将时间标签放置在0s的位置，如图3-77所示。在“特效控制台”面板中分别单击“倾斜”下的“碎片界限值”，“物理”下的“重力”，“摄像机位置”下的“X轴旋转”“Y轴旋转”“Z轴旋转”，单击“焦距”选项左侧的“关键帧自动记录器”按钮，如图3-78所示，记录第1个关键帧。

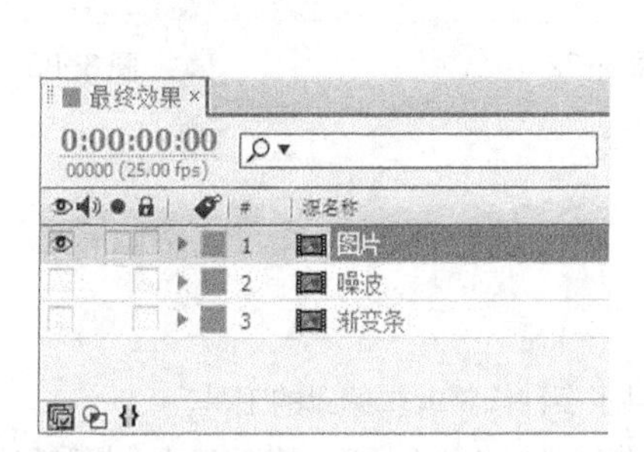

图3-77

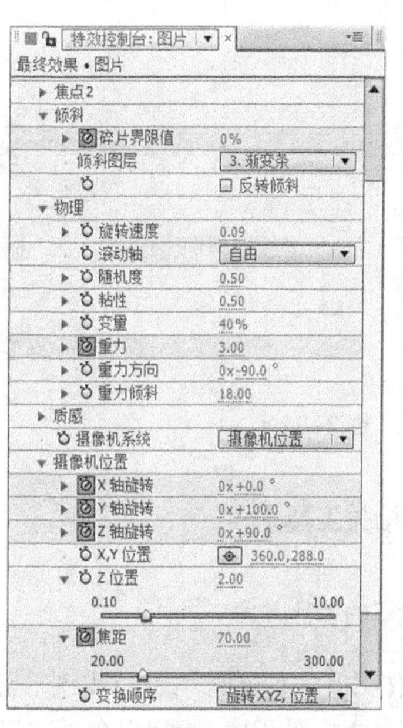

图3-78

步骤⑧ 将时间标签放置在3:10s的位置，如图3-79所示。在“特效控制台”面板中设置“碎片界限值”选项的数值为100%，“重力”选项的数值为2.7，“X轴旋转”选项的数值为0、-60，“Y轴旋转”选项的数值为0、-45，“Z轴旋转”选项的数值为0、15，“焦距”选项的数值为100，如图3-80所示，记录第2个关键帧。

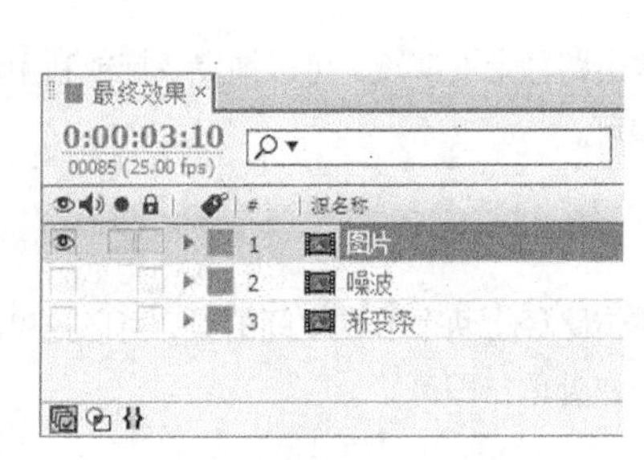

图3-79

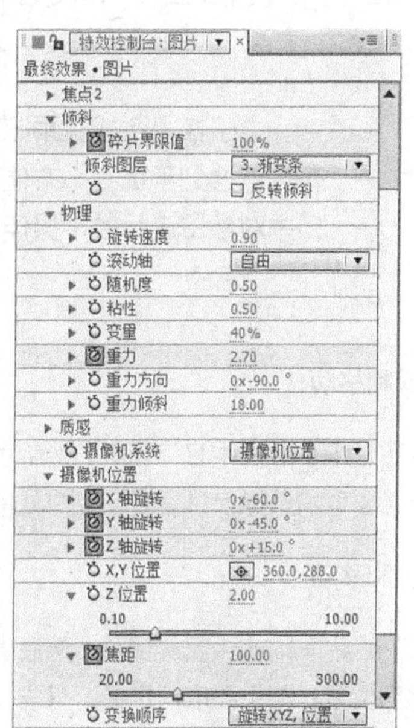

图3-80

步骤⑨ 将时间标签放置在 4:24s 的位置，如图 3-81 所示。在“特效控制台”面板中设置“重力”选项的数值为 100，如图 3-82 所示，记录第 3 个关键帧。

步骤⑩ 粒子破碎效果绘制完成，如图 3-83 所示。

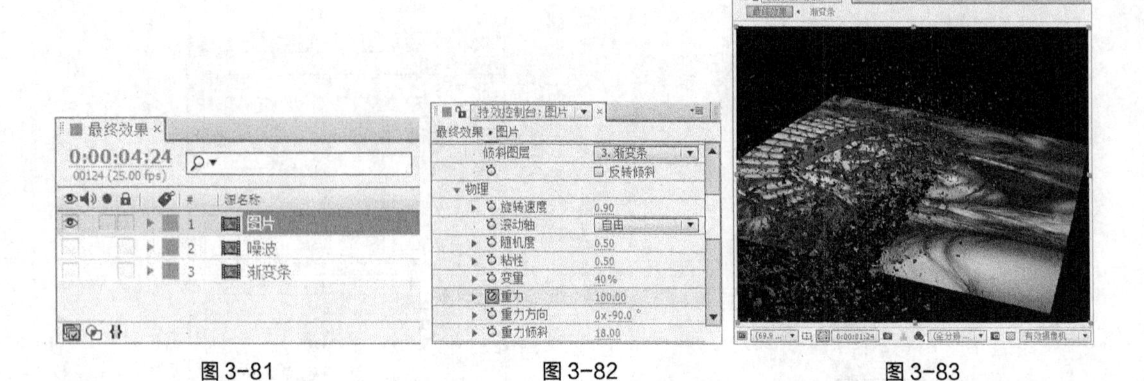

图 3-81　　　　图 3-82　　　　图 3-83

3.2.3 【相关工具】

1. 编辑遮罩的多种方式

“工具”面板中除了创建遮罩的工具以外，还提供了多种修整编辑遮罩的工具。

“选择”工具：使用此工具可以在“合成”预览窗口或者“图层”预览窗口中选择和移动路径点或者整个路径。

“顶点添加”工具：使用此工具可以增加路径上的节点。

“顶点清除”工具：使用此工具可以减少路径上的节点。

“顶点转换”工具：使用此工具可以改变路径的曲率。

“遮罩羽化”工具：使用此工具可以改变遮罩边缘的柔化。

由于在“合成”预览窗口可以看到很多层，所以如果在其中调整遮罩很有可能遇到干扰，不方便操作。建议双击目标图层，然后到“图层”预览窗口中对遮罩进行各种操作。

◎ 点的选择和移动

使用“选择”工具，选中目标图层，然后直接单击路径上的节点，可以拖曳鼠标或利用键盘上的方向键来移动位置；如果要取消选择，只需要在空白处单击即可。

◎ 线的选择和移动

使用“选择”工具，选中目标图层，然后直接单击路径上两个节点之间的线，可以拖曳鼠标或利用键盘上的方向键来移动位置；如果要取消选择，只需要在空白处单击即可。

◎ **多个点或者多余线的选择、移动、旋转和缩放**

使用“选择”工具，选中目标图层，首先单击路径上的第一个点或第一条线，然后在按住Shift键的同时，单击其他的点或者线，同时选择多个点或线；也可以拖曳一个选区，用框选的方法选择多点、多线，或者全部选择。

同时选中这些点或者线之后，在选中的对象上双击就可以形成一个控制框。在这个控制框中，可以非常方便地进行位置移动、旋转或者缩放等操作，如图3-84～图3-86所示。

图3-84

图3-85

图3-86

全选路径的快捷方法如下。

通过鼠标框选的方法，将路径全部选取，但是不会出现控制框，如图3-87所示。

在按住Alt键的同时单击路径，可全选路径，同样不会出现控制框。

在没有选择多个节点的情况下，在路径上双击，可全选路径，并出现一个控制框。

在“时间线”面板下，选中有遮罩的图层，按M键展开“遮罩”属性，单击属性名称或“遮罩”名称即可全选路径，此方法也不会出现控制框，如图3-88所示。

图3-87

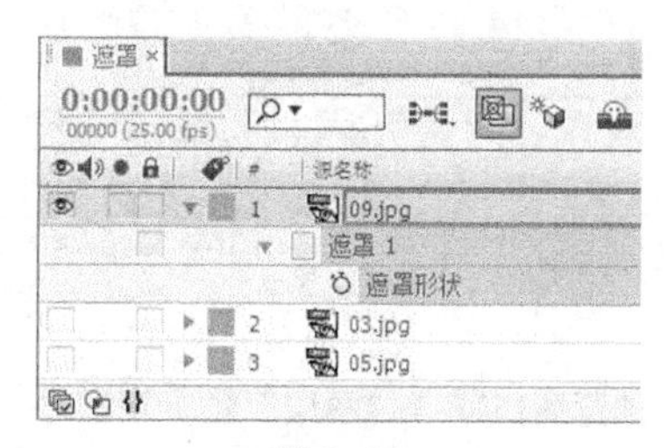

图3-88

将节点全部选中，选择“图层 > 遮罩与形状路径 > 自由变换点”命令，或按Ctrl+T组合键会出现控制框。

◎ **遮罩外形的调整**

通过修改路径节点，可以调整遮罩的外形。

单击“工具”面板中的“钢笔”工具，在弹出的工具选项中选择“顶点添加”工具或“顶点清除”工具，在路径上或路径的节点上单击可增加和减少节点，如图 3-89 和图 3-90 所示。

选择“顶点转换”工具，在节点上单击并拖曳出贝塞尔曲线控制柄，可以修改路径曲率，改变遮罩的外形，如图 3-91 所示。

图 3-89

图 3-90

图 3-91

◎ **多个遮罩上下层的调整**

当层中含有多个遮罩时，就存在上下层的关系，此关系关联到非常重要的部分—遮罩混合模式的选择，因为 After Effects 处理多个遮罩的先后次序是从上至下的，所以上下关系的排列直接影响最终的混合效果。

在“时间线”面板中，直接选中某个遮罩的名称，然后上下拖曳即可改变层次，如图 3-92 所示。

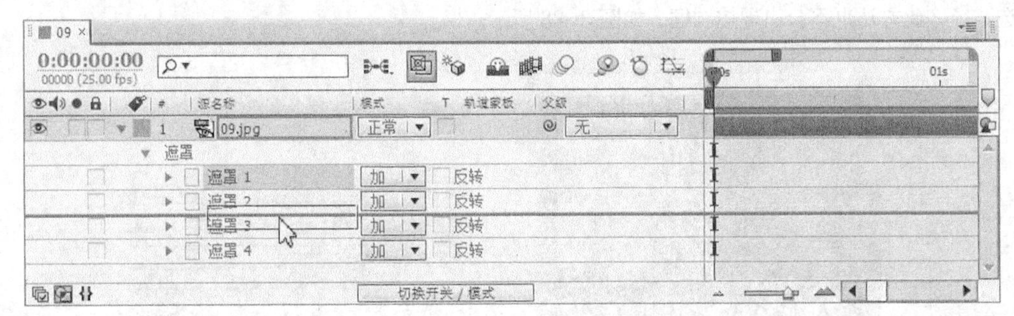

图 3-92

在“合成”预览窗口或者“图层”预览窗口中，可以选中一个遮罩，然后选择以下菜单命令，调整遮罩层次。

选择“图层 > 排列 > 遮罩移到最前”命令，或按 Ctrl+Shift+] 组合键，将选中的遮罩放置到顶层。

选择“图层 > 排列 > 遮罩前移”命令，或按 Ctrl+] 组合键，将选中的遮罩往上移动一层。

选择“图层 > 排列 > 遮罩后移”命令，或按 Ctrl + [组合键，将选中的遮罩往下移动一层。

选择“图层 > 排列 > 遮罩移到最后”命令，或按 Ctrl+ Shift+ [组合键，将选中的遮罩放置到底层。

2. 在时间线面板中调整遮罩的属性

遮罩不是一个简单的轮廓那么简单，在“时间线”面板中，可以对遮罩的属性进行详细设置和动画处理。

单击层标签颜色前面的小三角形按钮▷，展开层属性，其中如果层上含有遮罩，就可以看到遮罩，单击遮罩名称前小三角形按钮▷，即可展开各个遮罩路径，单击其中任意一个遮罩路径颜色前面的小三角形按钮▷，即可展开关于此遮罩路径的属性，如图 3-93 所示。

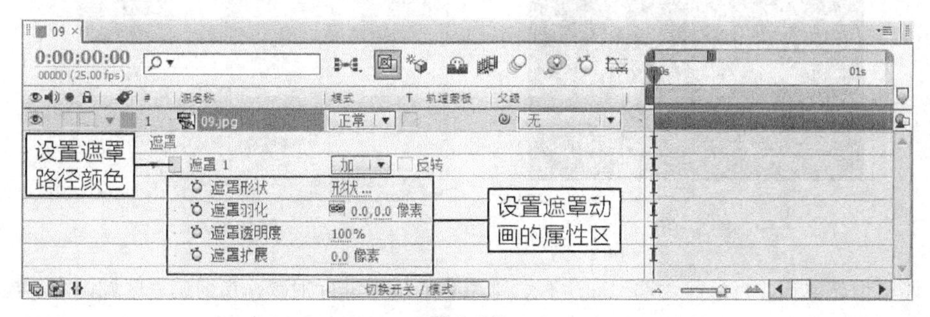

图 3-93

选中某层，连续按两次 M 键，可展开此层遮罩路径的所有属性。

◎ 遮罩路径颜色设置

设置遮罩路径颜色：在遮罩路径颜色块上单击，可以弹出“颜色”对话框，选择适合的颜色加以区别。

设置遮罩路径名称：按 Enter 键即可出现修改输入框，修改完成后再次按 Enter 键即可。

选择遮罩混合模式：当本层含有多个遮罩时，可以在此选择各种混合模式。需要注意的是，多个遮罩的上下层次关系对混合模式产生的最终效果有很大影响。After Effects 处理过程是从上至下逐一处理。

无：选择此模式的路径将不起到遮罩作用，仅仅作为路径存在，作为勾边、光线动画或者路径动画的依据，如图 3-94 和图 3-95 所示。

图 3-94

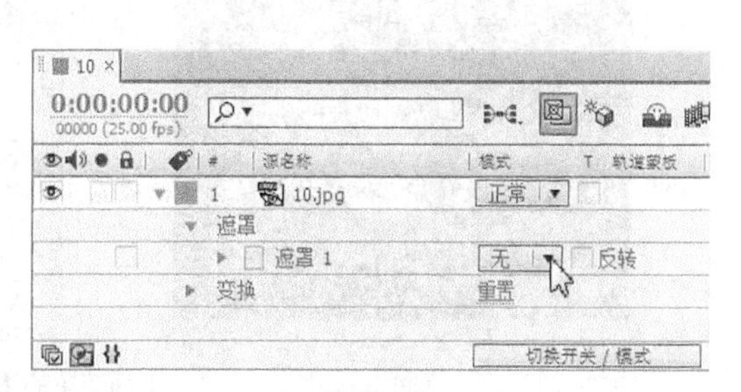

图 3-95

加：遮罩相加模式，将当前遮罩区域与之上的遮罩区域进行相加处理，对于遮罩重叠处的透明度，则采取在透明度值的基础上再添加一个百分比的方式处理。例如，某遮罩作用前，遮罩重叠区域画面的透明度为 50%，如果当前遮罩的透明度是 50%，运算后最终得出的遮罩重叠区域画面透明度是 70%，如图 3-96 和图 3-97 所示。

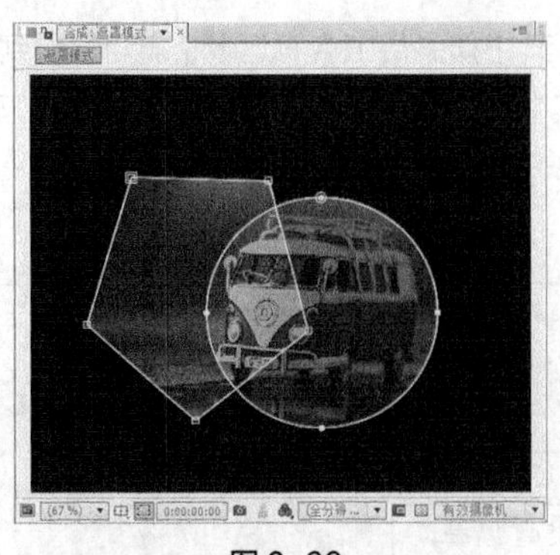

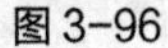

图 3-96

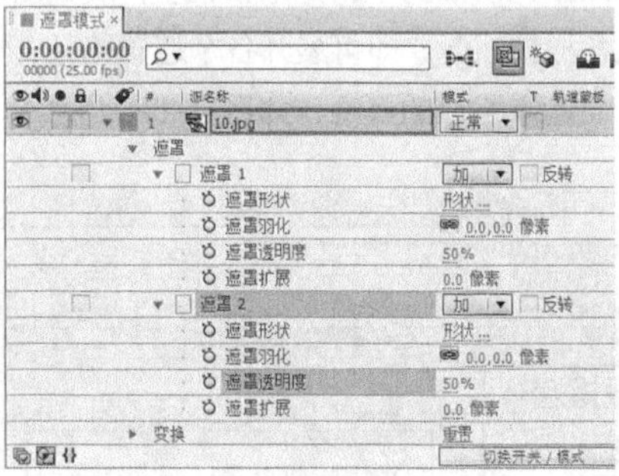

图 3-97

减：遮罩相减模式，将当前遮罩上面所有遮罩组合的结果进行相减，当前遮罩区域内容不显示。如果同时调整遮罩的透明度，则透明度值越高，遮罩重叠区域内越透明，因为相减混合完全起作用；而透明度值越低，遮罩重叠区域内变得越不透明，相减混合越来越弱，如图 3-98 和图 3-99 所示。例如，某遮罩作用前，遮罩重叠区域画面的透明度为 80%，如果当前遮罩设置的透明度是 50%，运算后最终得出的遮罩重叠区域画面的透明度为 40%，如图 3-100 和图 3-101 所示。

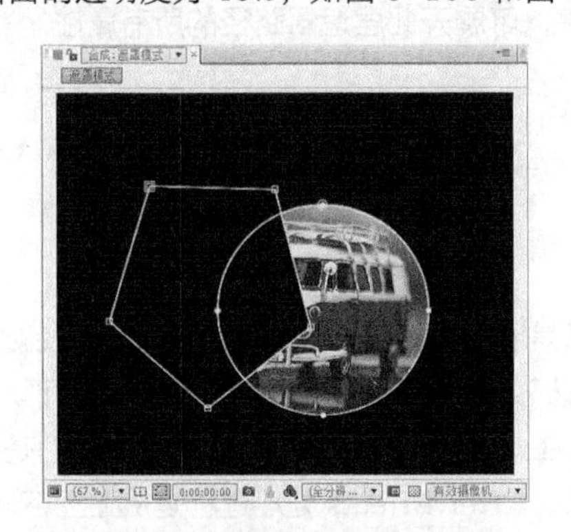

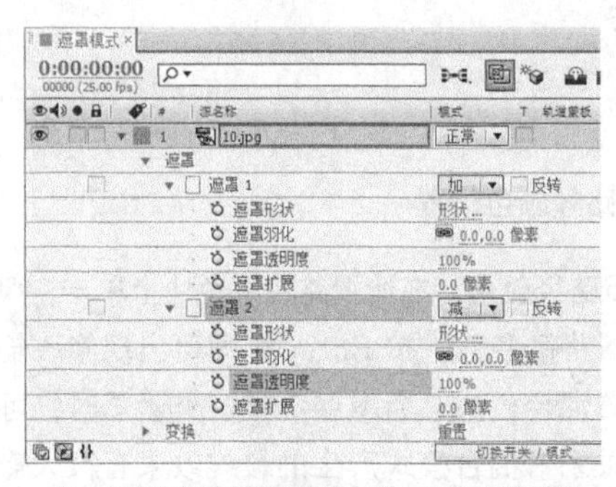

上、下两个遮罩透明度都为 100%的情况

图 3-98

图 3-99

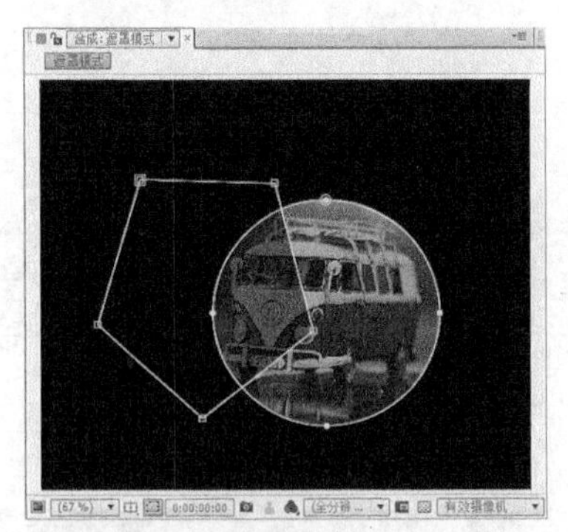

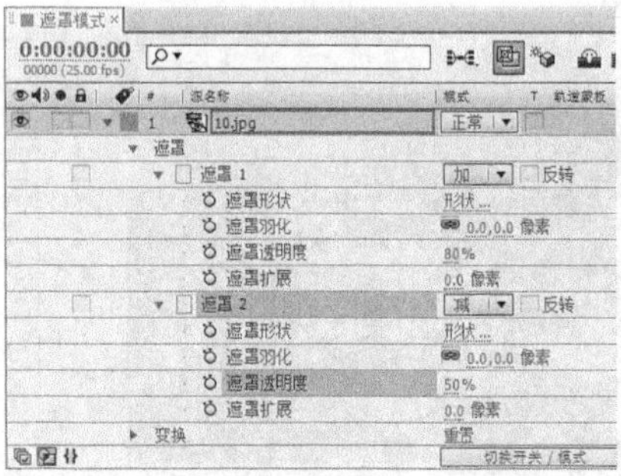

上面遮罩的透明度为 80%，下面遮罩的透明度为 50%的情况

图 3-100

图 3-101

交叉：采取交集方式混合遮罩，只显示当前遮罩与上面所有遮罩组合的结果相交部分的内容，相交区域内的透明度是在上面遮罩的基础上再进行一个百分比运算，如图 3-102 和图 3-103 所示。例如，某遮罩作用前遮罩重叠画面的透明度为 60%，如果当前遮罩设置的透明度为 50%，则运算后最终得出的画面的

透明度为 30%，如图 3-104 和图 3-105 所示。

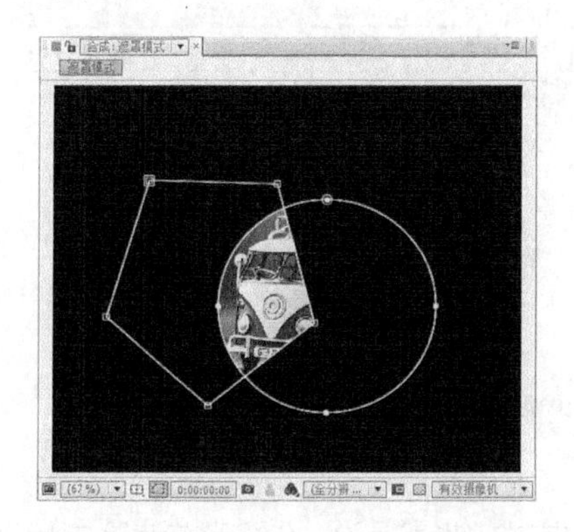

图 3-102

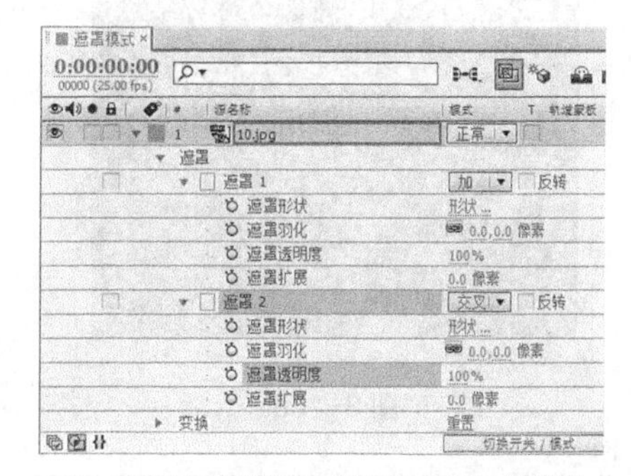

上、下两个遮罩透明度都为 100%的情况

图 3-103

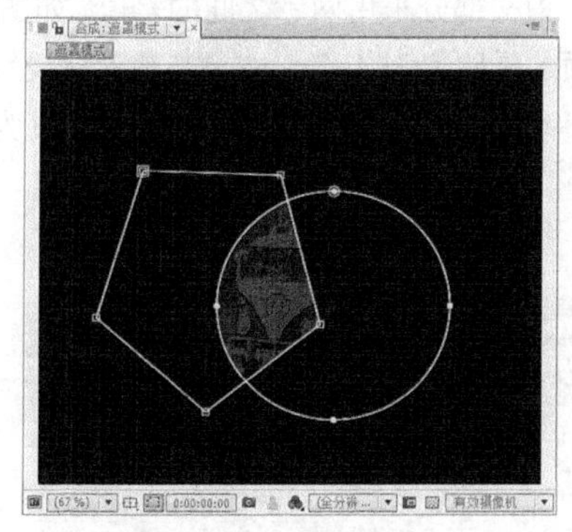

图 3-104

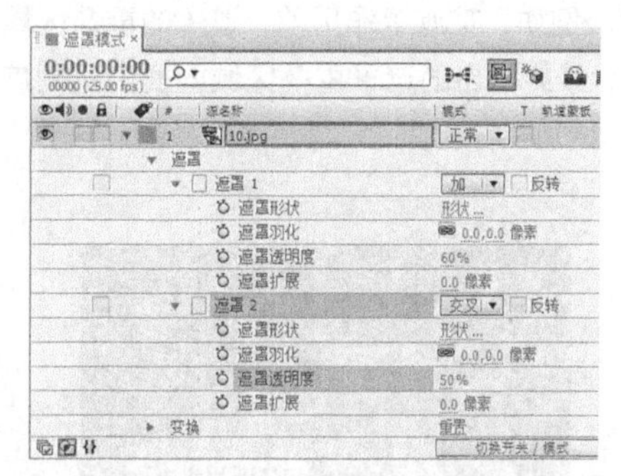

上面遮罩的透明度为 60%，下面遮罩的透明度为 50%的情况

图 3-105

变亮：对于可视区域范围，此模式与“加”模式一样，但是对于遮罩重叠处的透明度，则采用较高的透明度值。例如，某遮罩作用前，遮罩的重叠区域画面透明度为 60%，如果当前遮罩设置的透明度为 80%，运算后最终得出的遮罩重叠区域画面的透明度为 80%，如图 3-106 和图 3-107 所示。

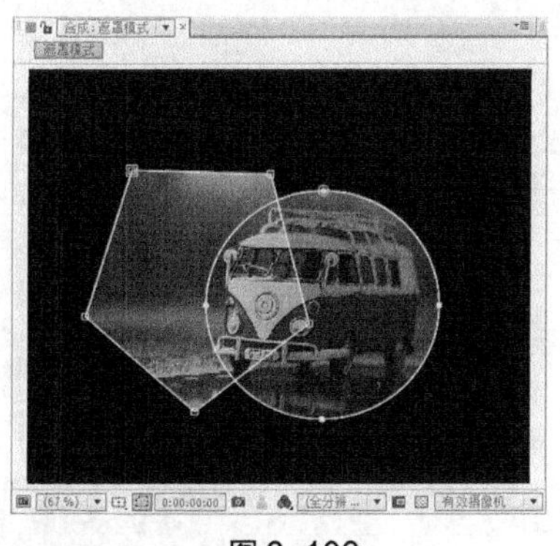

图 3-106

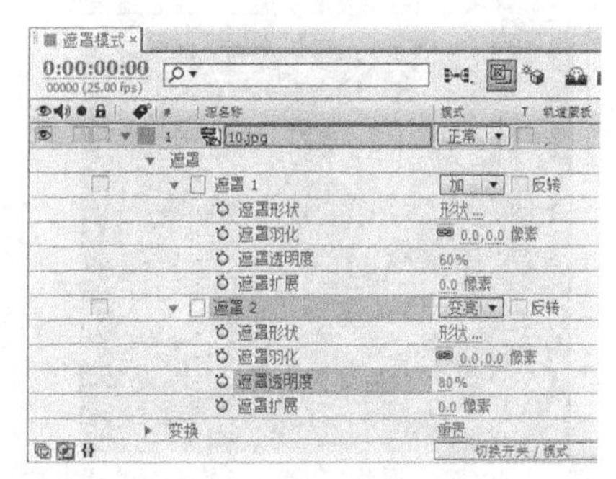

图 3-107

变暗：对于可视区域范围，此模式与“减”模式一样，但是对于遮罩重叠处的透明度则采用较低的透明度值。例如，某遮罩作用前，遮罩的重叠区域画面透明度是 40%，如果当前遮罩设置的透明度为 100%，运算后最终得出的遮罩重叠区域画面的透明度为 40%，如图 3-108 和图 3-109 所示。

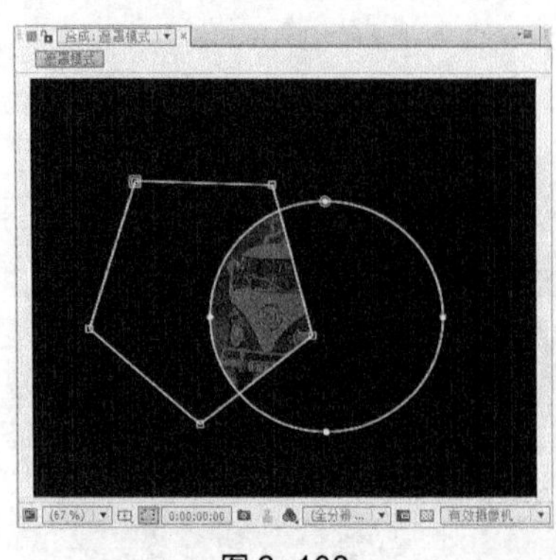

图 3-108

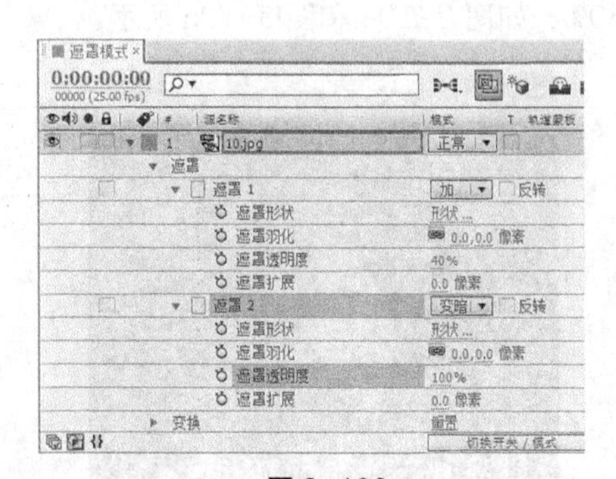

图 3-109

差值：此模板对于可视区域采取的是并集减交集的方式。也就是说，先将当前遮罩与上面所有遮罩组合的结果进行并集运算，然后再将当前遮罩与上面所有遮罩组合的结果相交部分进行相减。关于透明度，与上面遮罩结果未相交部分采取当前遮罩的透明度设置，相交部分采用两者之间的差值，如图 3-110 和图 3-111 所示。例如，某遮罩作用前，遮罩的重叠区域画面的透明度为 40%，如果当前遮罩设置的透明度为 60%，运算后最终得出的遮罩重叠区域画面的透明度为 20%。当前遮罩未重叠区域的透明度为 60%，如图 3-112 和图 3-113 所示。

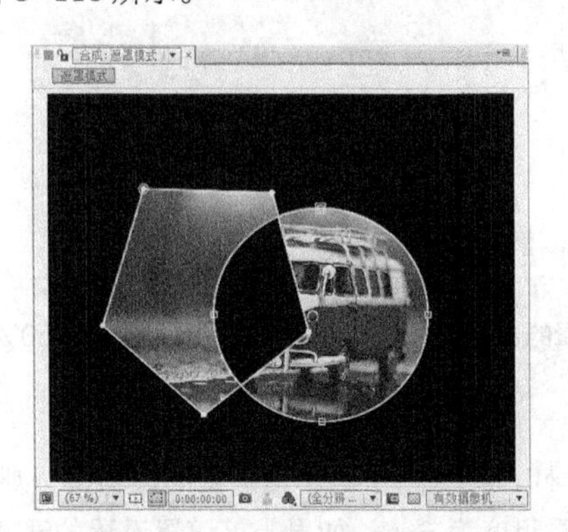

图 3-110

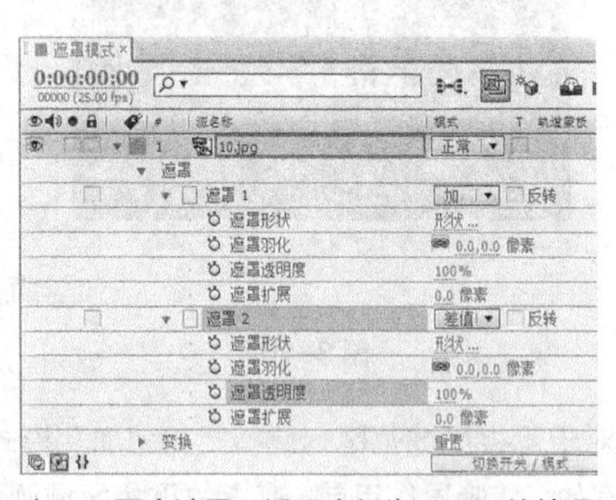

上、下两个遮罩不透明度都为 100%的情况

图 3-111

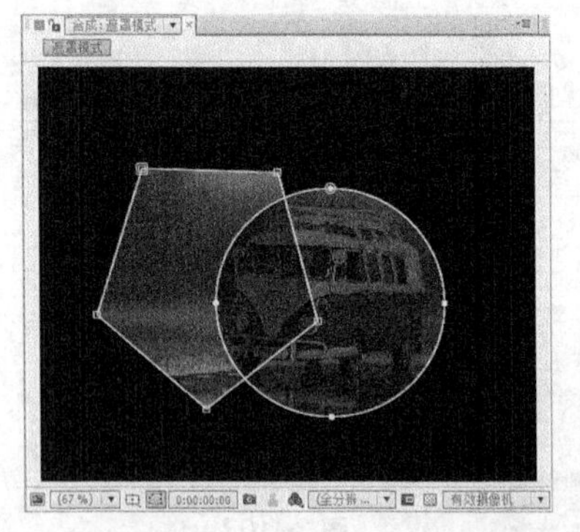

图 3-112

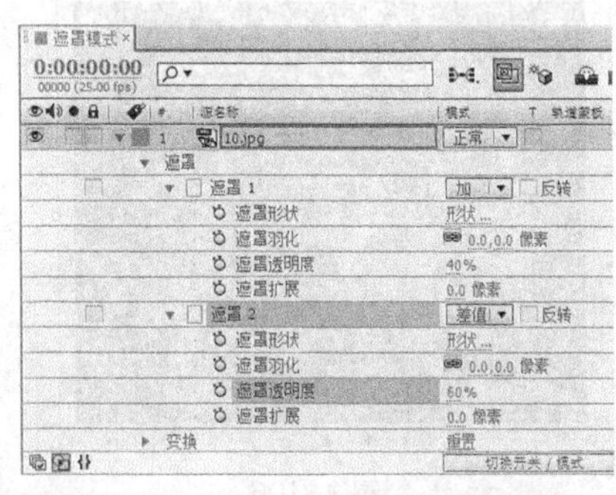

上面遮罩的透明度为 40%，下面遮罩的透明度为 60%的情况

图 3-113

反转：将遮罩进行反向处理，如图 3-114 和图 3-115 所示。

未激活反转时的状况

图 3-114

激活了反转时的状况

图 3-115

◎ **设置遮罩动画的属性区**

在此可以设置关键帧动画处理的遮罩属性。

遮罩形状：遮罩形状设置，单击右侧的“形状”文字按钮，弹出“遮罩形状”对话框，操作同选择“图层 > 遮罩 > 遮罩形状”命令一样。

遮罩羽化：遮罩羽化控制，可以通过羽化遮罩得到更自然的融合效果，并且 x 轴向和 y 轴向可以有不同的羽化程度。单击按钮，可以将两个轴向锁定和释放，如图 3-116 所示。

遮罩不透明度：遮罩不透明度的调整，如图 3-117 和图 3-118 所示。

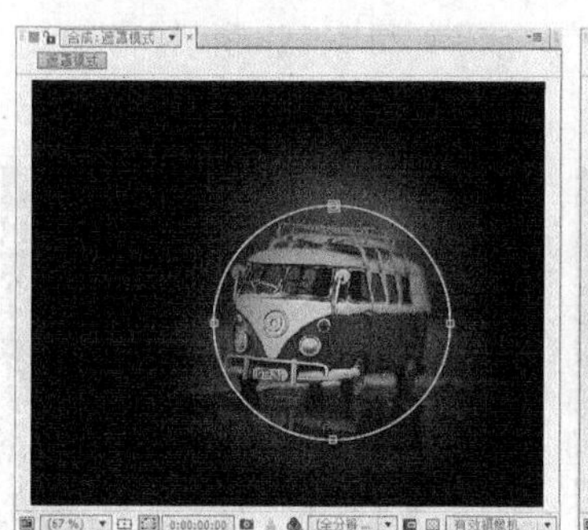

图 3-116

透明度为 100%时的情况

图 3-117

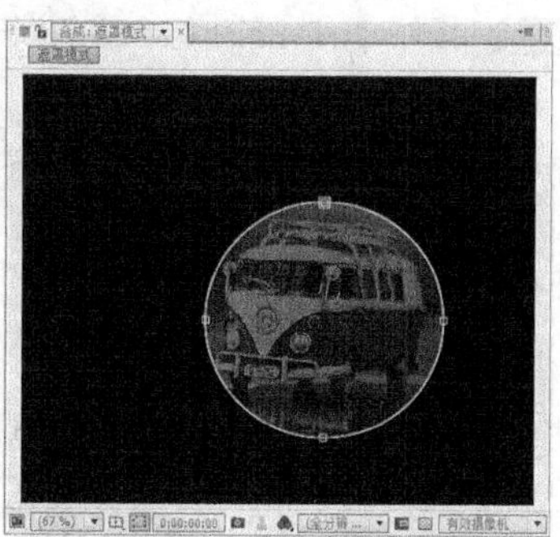

透明度为 50%时的情况

图 3-118

遮罩扩展：调整遮罩的扩展程度，正值为扩展遮罩区域，负值为收缩遮罩区域，如图 3-119 和图 3-120 所示。

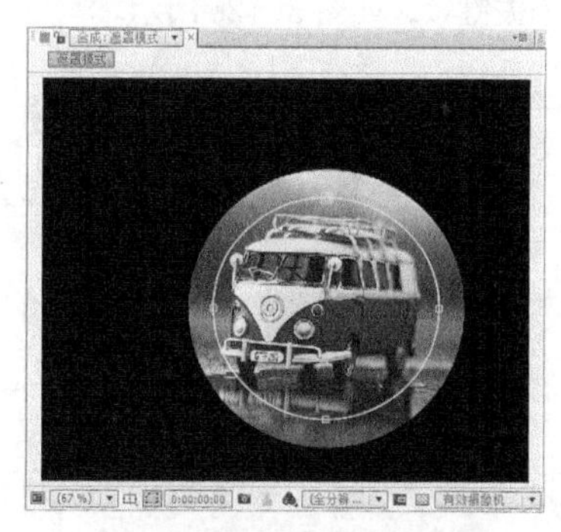

遮罩扩展设置为 40 时的情况

图 3-119

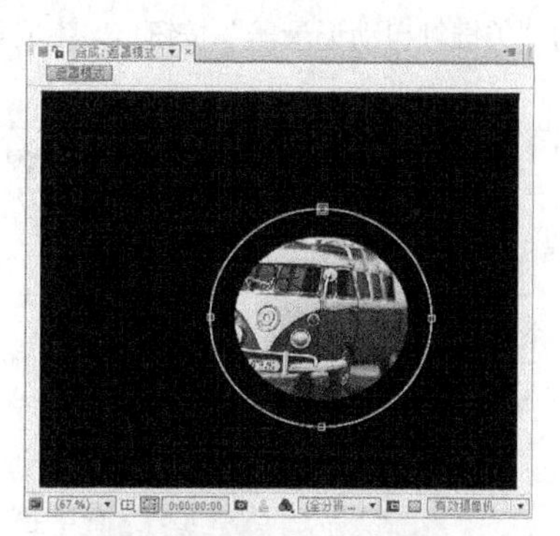

遮罩扩展设置为-40 时的情况

图 3-120

3. 用遮罩制作动画

步骤① 在“时间线”面板中，选择图层，选择“工具”面板中的“多边形”工具，在“合成”预览窗口中，拖曳鼠标绘制 1 个多边形遮罩，如图 3-121 所示。

步骤② 在“工具”面板中选择“顶点添加”工具，在刚刚绘制的多边形遮罩上添加 8 个节点，如图 3-122 所示。

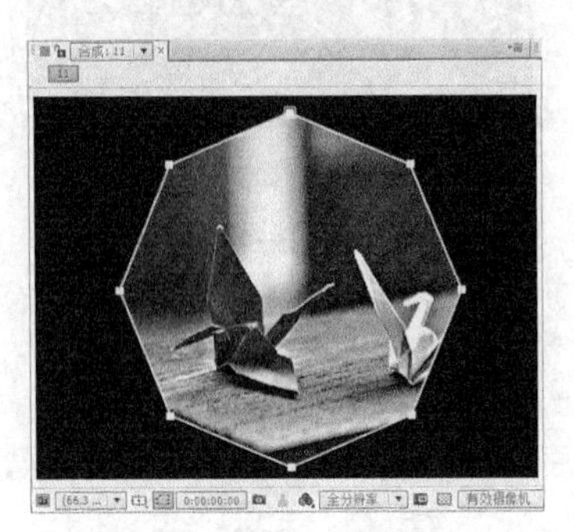

图 3-121

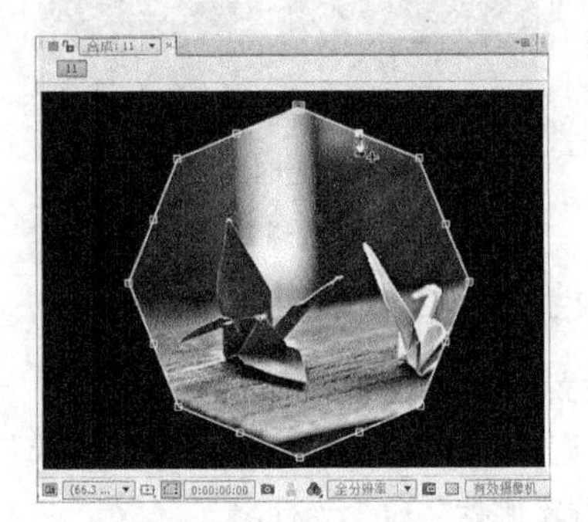

图 3-122

步骤③ 选择“选择”工具，以框选的形式选择新添加的节点，如图 3-123 所示，按住 Shift 键的同时，框选其他新添加的节点。选择“图层 > 遮罩与形状路径 > 自由变换点”命令，出现控制框，如图 3-124 所示。

步骤④ 按住 Ctrl+Shift 组合键的同时，将左上角的控制点向右下方拖曳，效果如图 3-125 所示。

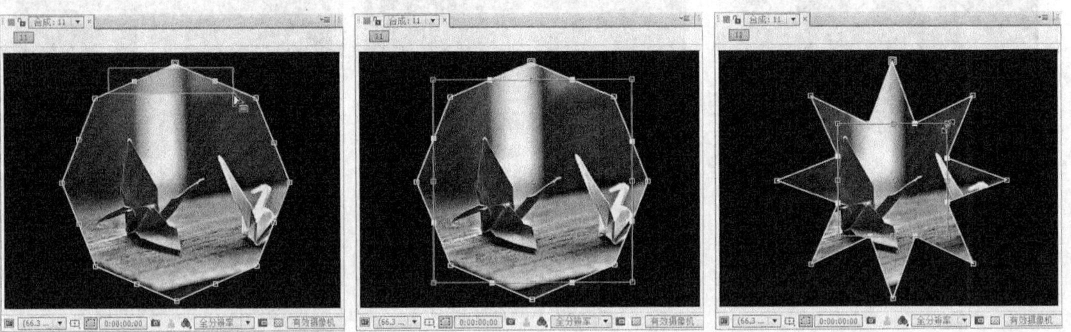

图 3-123　　图 3-124　　图 3-125

步骤⑤ 调整完成后，按 Enter 键。在“时间线”面板中，按两次 M 键，展开遮罩的所有属性，单击“遮罩形状”属性左侧的“关键帧自动记录器”按钮，生成第 1 个关键帧，如图 3-126 所示。

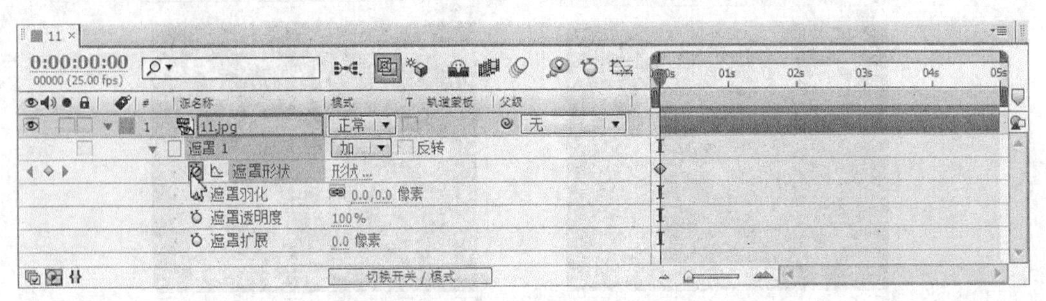

图 3-126

步骤⑥ 将当前时间标签移动到 3s 的位置，选择最外侧的 8 个节点，如图 3-127 所示，按 Ctrl+T 组合键，出现控制框，按住 Ctrl+Shift 组合键的同时，将左上角的控制点向右下方拖曳，效果如图 3-128 所示。

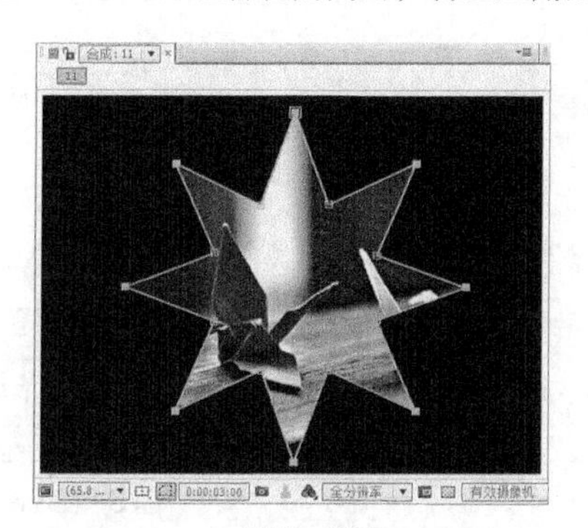

图 3-127

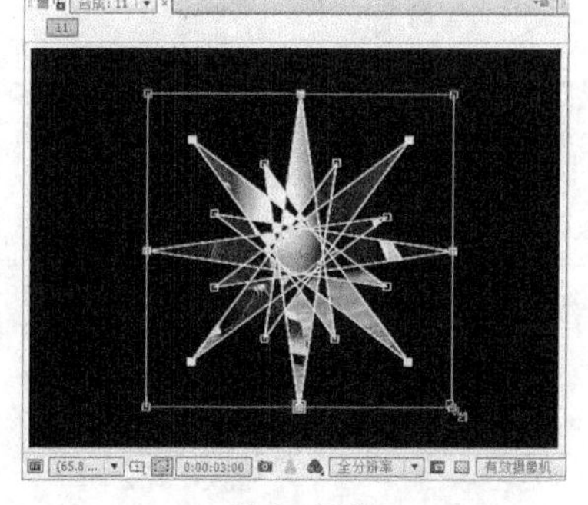

图 3-128

步骤⑦ 调整完成后，按 Enter 键。在“时间线”面板中，“遮罩形状”属性自动生成第 2 个关键帧，如图 3-129 所示。

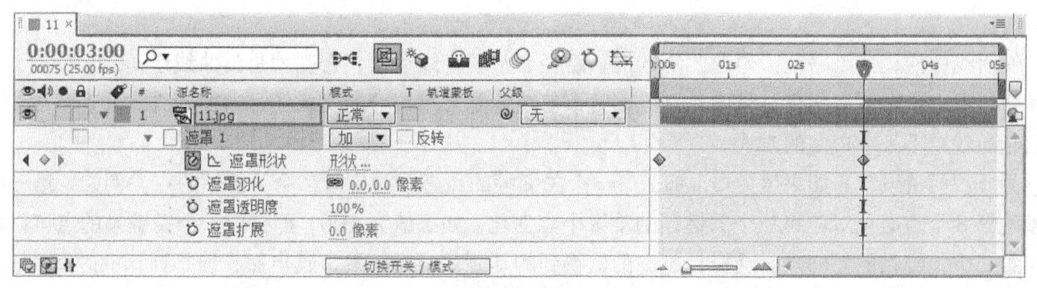

图 3-129

步骤⑧ 选择“效果 > 生成 > 描边”命令，在“特效控制台”面板中进行设置，为遮罩路径添加描边特效，如图 3-130 所示。

步骤⑨ 选择“效果 > 风格化 > 辉光”命令，在“特效控制台”面板中进行设置，为遮罩路径添加辉光特效，如图 3-131 所示。

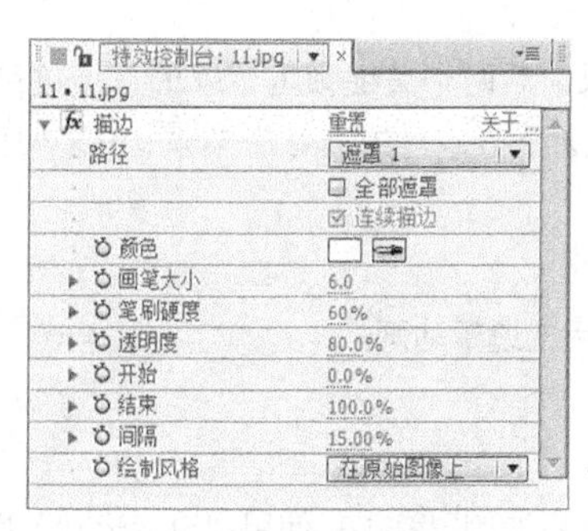

图 3-130

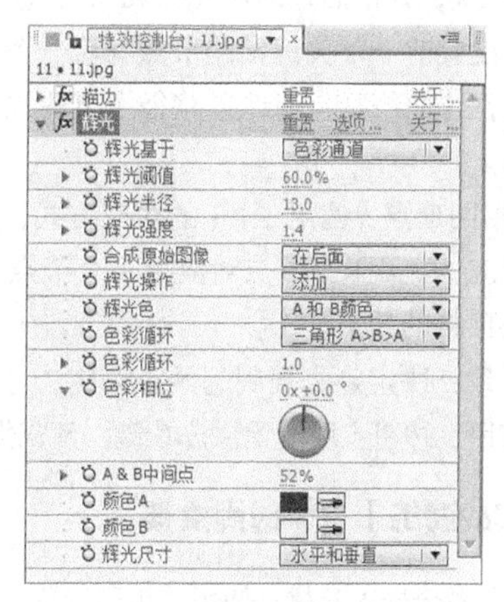

图 3-131

步骤⑩ 按 0 键，预览遮罩动画，按任意键结束预览。

步骤⑪ 在“时间线”面板中单击“遮罩形状”属性名称，同时选中两个关键帧，如图 3-132 所示。

步骤⑫ 选择“窗口 > 智能遮罩插值”命令，打开“遮罩插值”面板，在面板中进行设置，如图 3-133 所示。

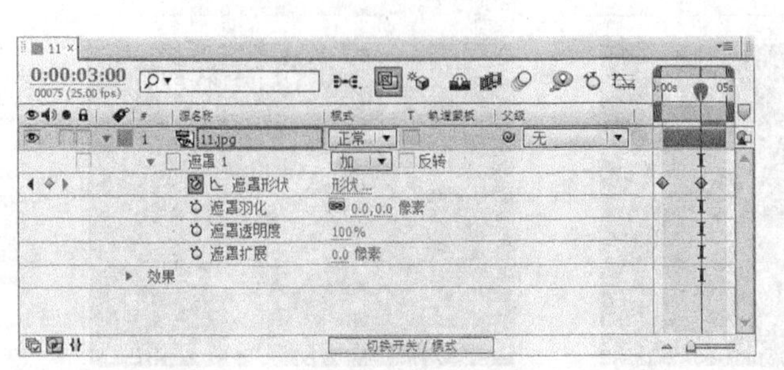

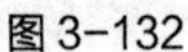
图 3-132

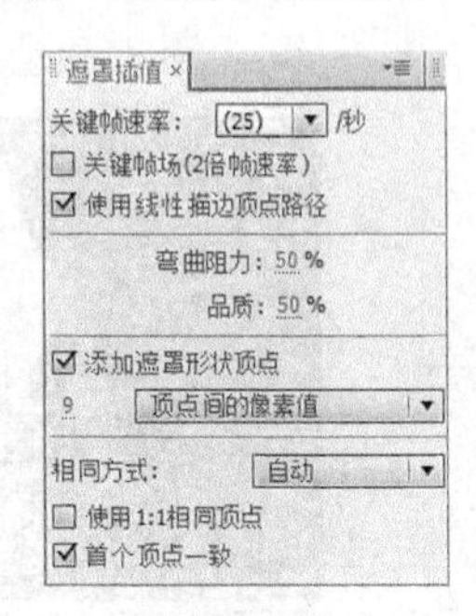

图 3-133

关键帧速率：决定每秒在两个关键帧之间产生多少个关键帧。

关键帧场（2 倍帧速率）：勾选此复选框，关键帧数目会增加到设定在“关键帧速率”中的两倍，因为关键帧是按场计算的。还有一种情况会在场中生成关键帧，那就是当“关键帧速率”大于合成项目的帧速率时。

使用线性描边顶点路径：勾选此复选框，路径会沿着直线运动，否则就是沿曲线运动。

弯曲阻力：在节点变化过程中，可以设置该值决定是采用拉伸的方式还是弯曲的方式处理节点变化，此值越高就越不采用弯曲的方式。

品质：质量设置。如果值为 0，那么第一个关键帧的点必须对应第二个关键帧的点。例如，第一个关键帧的第 8 个点必须对应第二个关键帧的第 8 个点变化。如果值为 100，那么第一个关键帧的点可以模糊对应第二个关键帧的任何点。这样，越高的值得到的动画效果越平滑、越自然，但是计算的时间越长。

添加遮罩形状顶点：勾选此复选框，将在变化过程中自动增加遮罩节点。第一个选项是数值设置，第二个选项是选择 After Effects 提供的 3 种增加节点的方式。“顶点间的像素值”表示每多少像素增加一个节点，如果前面的数值设置为 18，则每 18 像素增加一个节点；“总计顶点数”。决定节点的总数，如果前面的数值设为 60，则由 60 个节点组成一个遮罩；“概要百分比”，以遮罩周长的百分比距离放置节点，如果前面的数值设置为 5，则表示每隔 5%遮罩周长的距离放置一个节点，最后遮罩将由 20 个节点构成，如果设置为 1%，则最后遮罩将由 100 个节点构成。

相同方法：设置前一个关键帧的节点与后一个关键帧的节点在动画过程中的匹配，有 3 个选项：“自动”，自动处理；“曲线”，当遮罩路径上有曲线时，选用此选项；“多段线”，当遮罩路径上没有曲线时，选用此选项。

使用 1∶1 相同顶点：使用 1∶1 的对应方式，如果前后两个关键帧里遮罩的节点数目相同，此选项将强制节点绝对对应，即第 1 个节点对应第 1 个节点，第 2 个节点对应第 2 个节点，但是如果节点数目不同，会出现一些无法预料的效果。

首个顶点一致：决定是否强制起始点对应。

步骤⑬ 单击“应用”按钮应用设置，按 0 键，预览优化后的遮罩动画。

3.2.4 【实战演练】——时尚女孩

使用“导入”命令导入素材；使用“矩形遮罩”工具添加遮罩效果；使用“遮罩形状”属性添加关键帧制作动画效果；使用“效果预置”面板中的“随机淡入”命令制作文字动画效果。最终效果参看云盘中的“Ch03 > 时尚女孩 > 时尚女孩.aep”，如图 3-134 所示。

微课：时尚女孩

图 3-134

3.3 综合演练——流动的线条

使用“钢笔”工具绘制线条效果；使用“3D Stroke”命令制作线条描边动画；使用“辉光”命令制作线条发光效果；使用“Starglow”命令制作线条流光效果。最终效果参看云盘中的“Ch03 > 流动的线条 > 流动的线条.aep”，如图 3-135 所示。

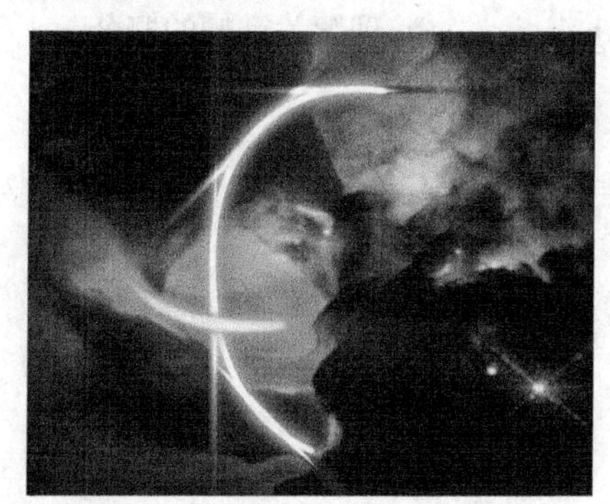

微课：流动的线条 1

微课：流动的线条 2

图 3-135

3.4 综合演练——调色效果

使用“粒子运动”“变换”和“快速模糊”命令制作线条效果；使用“缩放”属性制作缩放效果。最终效果参看云盘中的“Ch03 > 调色效果 > 调色效果.aep”，如图 3-136 所示。

微课：调色效果

图 3-136

第 4 章　应用时间线制作特效

应用时间线制作特效是 After Effects 的重要功能，本章详细讲解时间线、重置时间、理解关键帧概念、关键帧的基本操作等内容。读者学习本章内容，能够应用时间线制作视频特效。

课堂学习目标

- 掌握时间线和重置时间的操作方法
- 掌握关键帧的基本操作方法
- 理解关键帧的概念

4.1　粒子汇集文字

4.1.1　【操作目的】

使用“横排文字”工具编辑文字；使用“CC 像素多边形”命令制作文字粒子特效；使用“辉光”命令、“Shine”命令制作文字发光；使用“时间伸缩”命令制作动画倒放效果。最终效果参看云盘中的“Ch04 > 粒子汇集文字 > 粒子汇集文字.aep”，如图 4-1 所示。

图 4-1

4.1.2　【操作步骤】

1. 输入文字

步骤① 按 Ctrl+N 组合键，弹出“图像合成设置”对话框，在“合成组名称”文本框中输入“粒子发散”，其他选项的设置如图 4-2 所示，单击“确定”按钮，创建一个新的合成“粒子发散”。

微课：粒子汇集文字 1

步骤② 选择“横排文字”工具T，在“合成”窗口中输入文字“POLAR REGIONS”。选中文字，在“文字”面板中设置文字参数，如图 4-3 所示，“合成”窗口中的效果如图 4-4 所示。

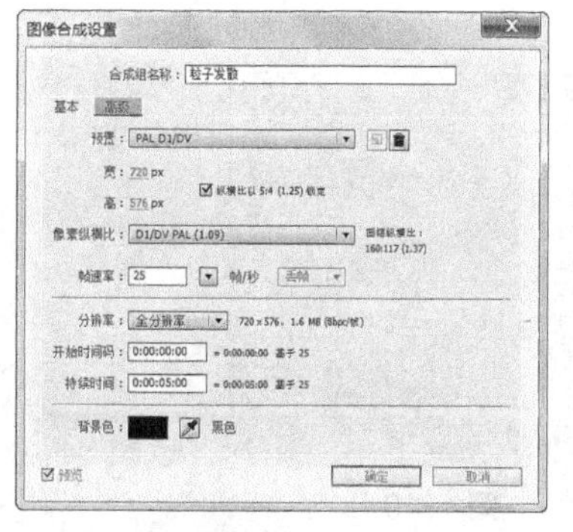

图 4-2

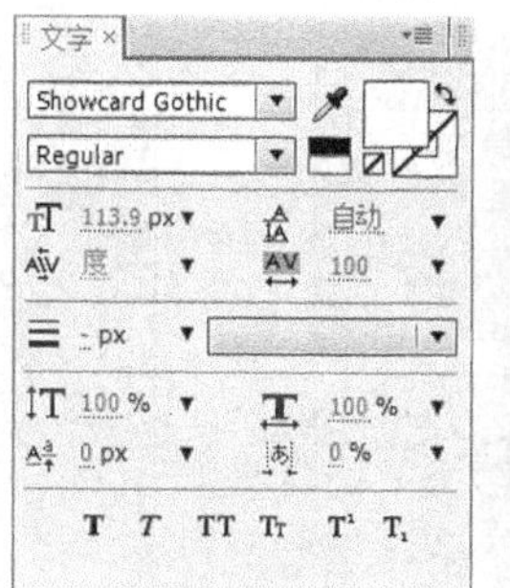

图 4-3

图 4-4

2. 添加文字特效

步骤① 选中“文字”层，选择“效果 > 模拟仿真 > CC 像素多边形”命令，在“特效控制台”面板中进行参数设置，如图 4-5 所示。“合成”窗口中的效果如图 4-6 所示。

微课：粒子汇集文字 2

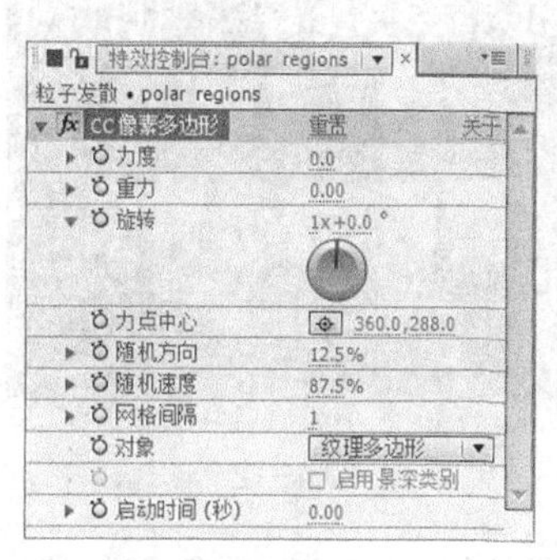

图 4-5

图 4-6

步骤② 在“时间线”面板中将时间标签放置在 0s 的位置，在“特效控制台”面板中，单击“力度”选项左侧的“关键帧自动记录器”按钮，记录第 1 个关键帧，如图 4-7 所示。将时间标签放置在 4:24s 的位置，在“特效控制台”面板中，设置“力度”选项的数值为-0.6，如图 4-8 所示，记录第 2 个关键帧。

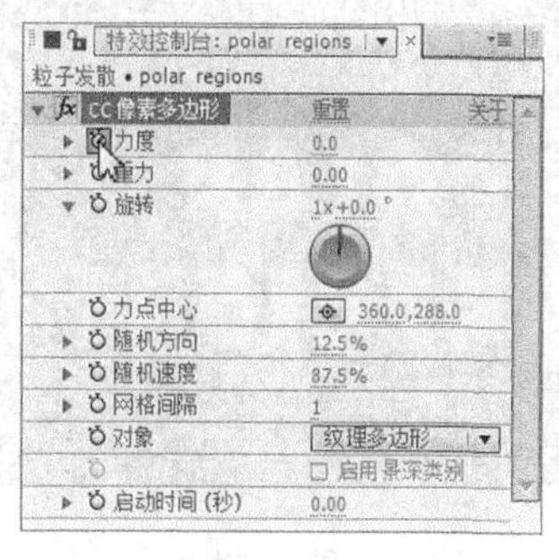

图 4-7

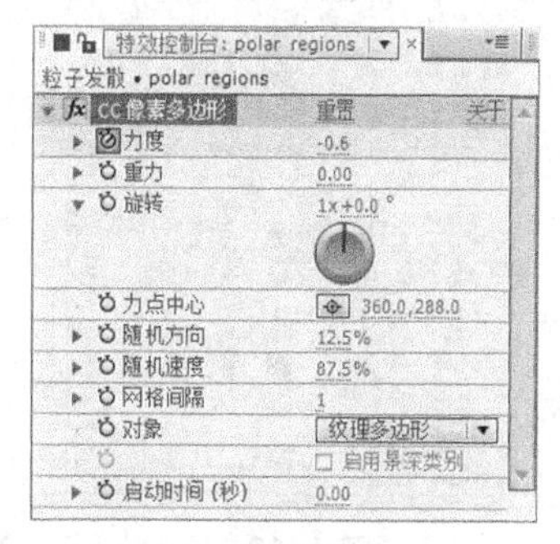

图 4-8

步骤③ 将时间标签放置在 3s 的位置，在“特效控制台”面板中，单击“重力”选项左侧的“关键帧自动记录器”按钮，记录第 1 个关键帧，如图 4-9 所示。将时间标签放置在 4s 的位置，设置“重力”选项的数值为 3，如图 4-10 所示，记录第 2 个关键帧。

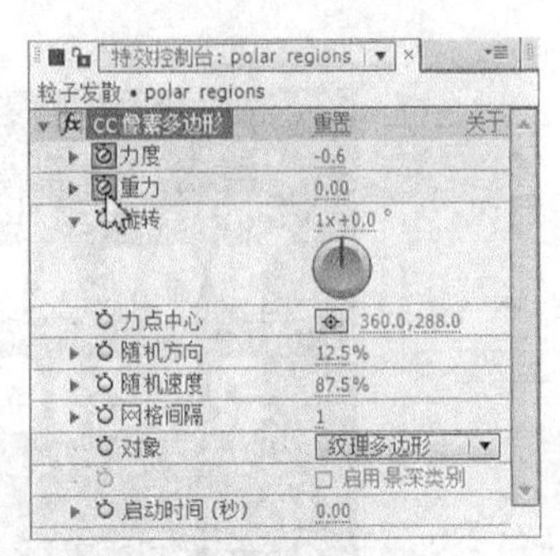

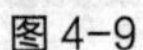
图 4-9

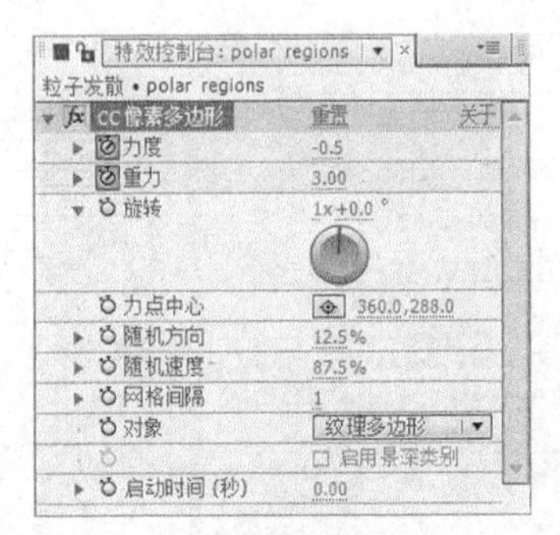

图 4-10

步骤④ 选择“效果 > 风格化 > 辉光”命令，在“特效控制台”面板中设置“颜色 A”为蓝色（其 R、G、B 的值分别为 0、24、255），“颜色 B”为白色，其他参数设置如图 4-11 所示。“合成”窗口中的效果如图 4-12 所示。

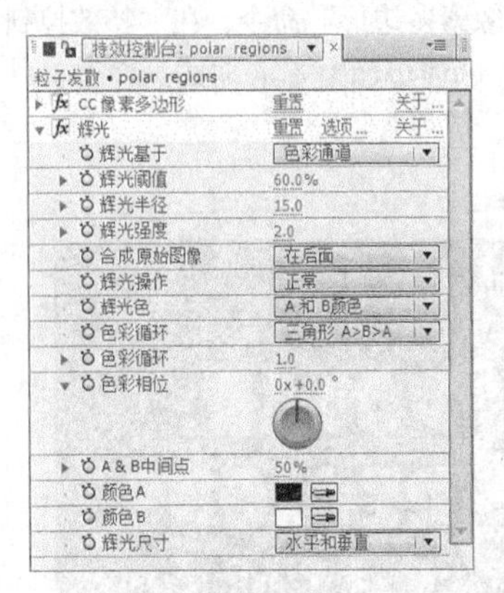

图 4-11

图 4-12

步骤⑤ 选择“效果 > Trapcode > Shine”命令，在“特效控制台”面板中进行参数设置，如图 4-13 所示。“合成”窗口中的效果如图 4-14 所示。

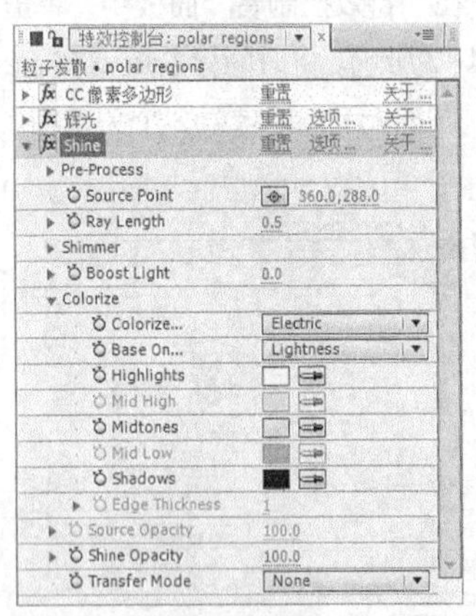

图 4-13

图 4-14

3. 制作动画倒放效果

步骤① 按 Ctrl+N 组合键，弹出“图像合成设置”对话框，在“合成组名称”文本框中输入“粒子汇集”，其他选项的设置如图 4-15 所示，单击“确定”按钮，创建一个新的合成“粒子汇集”。选择“文件 > 导入 > 文件”命令，弹出“导入文件”对话框，选择云盘中的“Ch04 > 粒子汇集文字 >（Footage）> 01”文件，单击“打开”按钮，导入背景图片，并将“粒子发散”合成和“01.jpg”文件拖曳到“时间线”面板中，如图 4-16 所示。

微课：粒子汇集文字 3

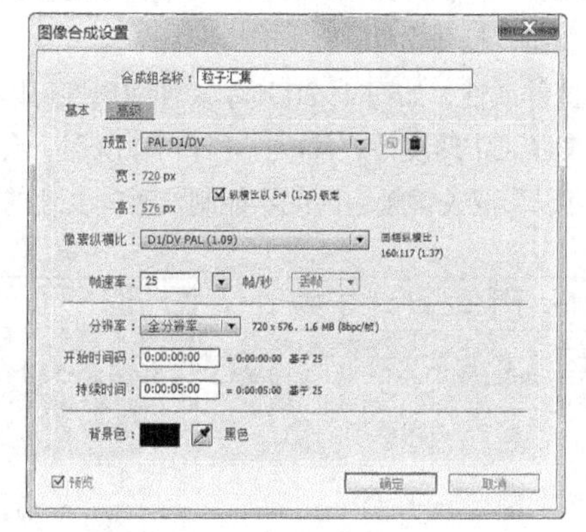

图 4-15

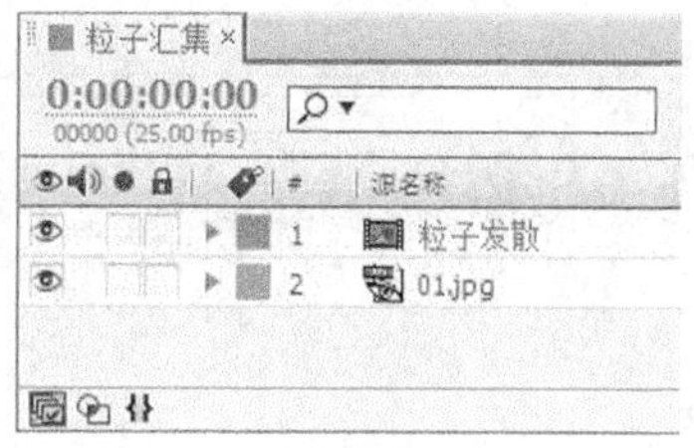

图 4-16

步骤 2 选中“粒子发散”层，选择“图层 > 时间 > 时间伸缩”命令，弹出“时间伸缩”对话框，在对话框中设置“伸缩比率”为-100，如图 4-17 所示，单击“确定”按钮。将时间标签放置在 0s 的位置，按 [键将素材对齐，如图 4-18 所示，实现倒放功能。

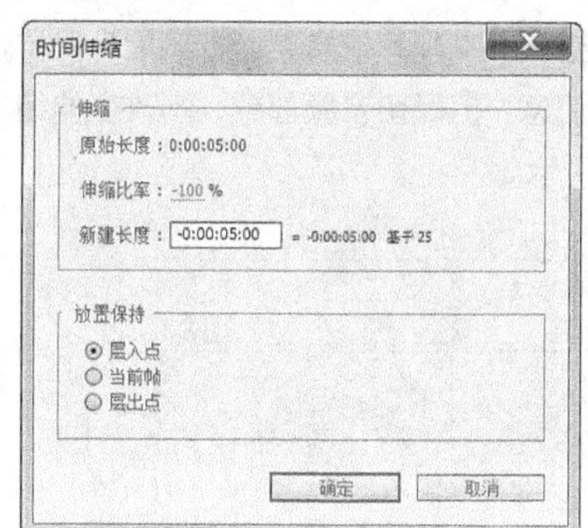

图 4-17

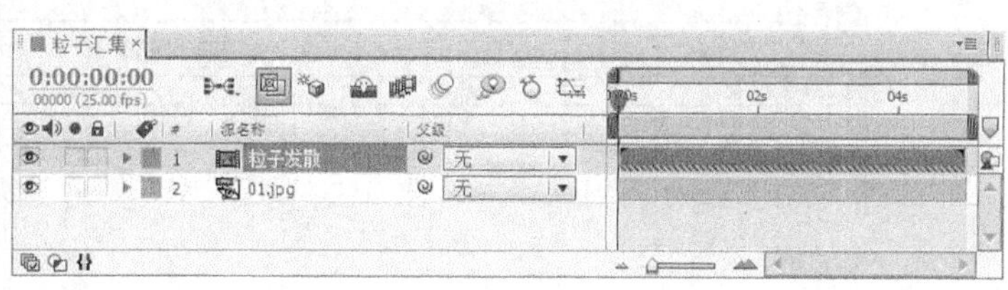

图 4-18

步骤 3 粒子汇集文字制作完成，效果如图 4-19 所示。

图 4-19

4.1.3 【相关工具】

1. 使用时间线控制速度

选择“文件 > 打开项目”命令，或按 Ctrl+O 组合键，在弹出的“打开”对话框中选择云盘中的“基础素材 > Ch04 > 时间调整.aep”文件，单击“打开”按钮，打开文件。

在“时间线”面板中，单击 按钮，展开时间拉伸属性，如图 4-20 所示。伸缩属性可以加快或者放慢动态素材层的时间，默认情况下伸缩值为 100%，代表以正常速度播放片段；小于 100%时，会加快播放速度；大于 100%时，将减慢播放速度。不过时间拉伸不可以形成关键帧，因此不能制作时间变速的动画特效。

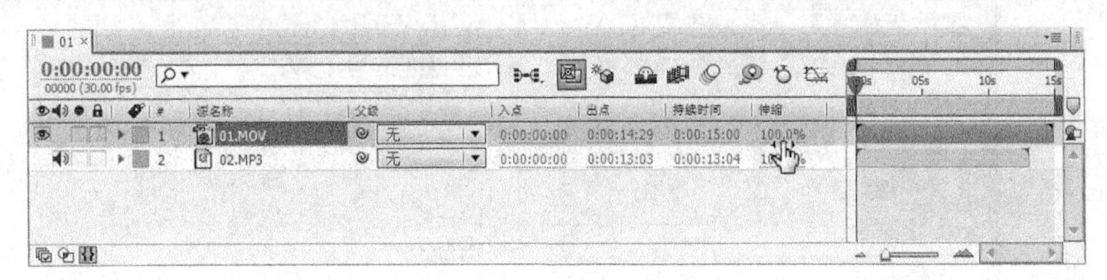

图 4-20

2. 设置声音的时间线属性

除了视频，在 After Effects 中还可以对音频应用伸缩功能。调整音频层中的伸缩值，随着伸缩值的变化，可以听到声音的变化，如图 4-21 所示。

如果某个素材层同时包含音频和视频信息，在调整伸缩速度时，希望只影响视频信息，而音频信息保持正常速度播放，就需要将该素材层复制一份，两个层中的一个层关闭视频信息，但保留音频部分，不改变伸缩速度；另一个关闭音频信息，保留视频部分，调整伸缩速度，如图 4-21 所示。

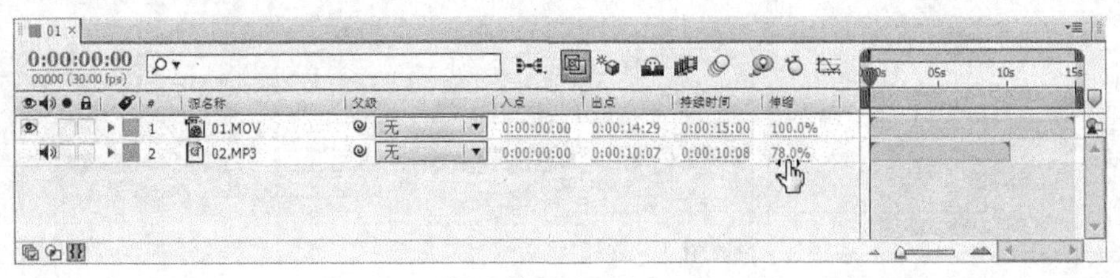

图 4-21

3. 使用入点和出点控制面板

入点和出点参数面板不但可以方便地控制层的入点和出点信息，而且隐藏了一些快捷功能，通过它们同样可以改变素材片段的播放速度和伸缩值。

在“时间线”面板中，调整当前时间标签到某个时间位置，在按住 Ctrl 键的同时，单击入点或者出点参数，即可改变素材片段播放的速度，如图 4-22 所示。

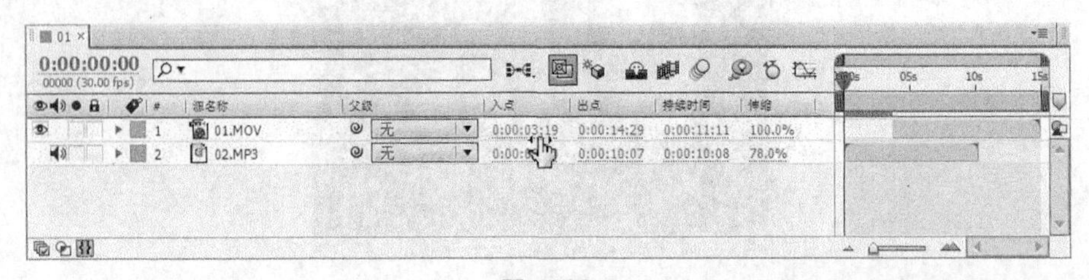

图 4-22

4. 时间线上的关键帧

如果素材层上已经制作了关键帧动画，那么在改变其伸缩值时，不仅会影响其本身的播放速度，关键帧之间的时间距离还会随之改变。例如，将伸缩值设置为 50%，原来关键帧之间的距离就会缩短一半，关键帧动画速度同样也会加快一倍，如图 4-23 所示。

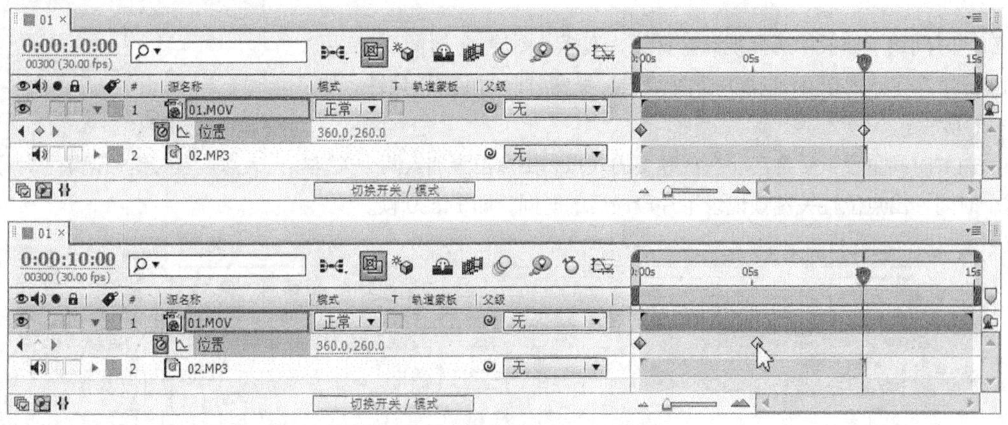

图 4-23

如果不希望改变伸缩值时影响关键帧时间位置，则需要全选当前层的所有关键帧，然后选择“编辑 > 剪切”命令，或按 Ctrl+X 组合键，暂时将关键帧信息剪切到系统剪贴板中，调整伸缩值，在改变素材层的播放速度后，选取使用关键帧的属性，再选择“编辑 > 粘贴”命令，或按 Ctrl+V 组合键，将关键帧粘贴回当前层。

5. 颠倒时间

在视频节目中，经常会看到倒放的动态影像，把伸缩值调整为负值即可实现，例如，保持片段原来的播放速度，只是倒放，将伸缩值设置为-100 即可，如图 4-24 所示。

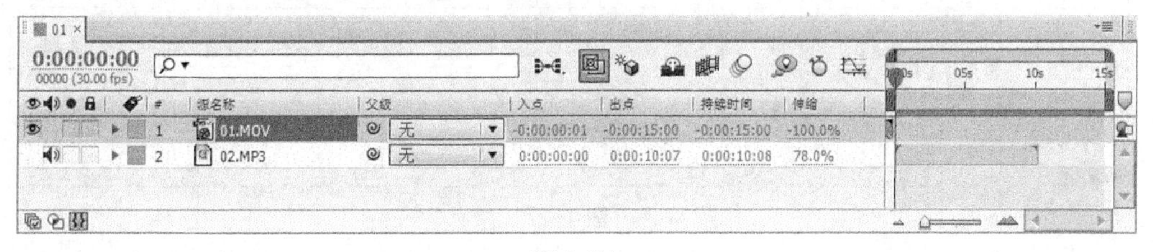

图 4-24

当伸缩属性设置为负值时，图层上会出现红色的斜线，这表示已经颠倒了时间。但是，图层会移动到其他地方，这是因为在颠倒时间过程中，是以图层的入点为变化基准，所以反向时会导致位置上的变动，将其拖曳到合适位置即可。

6. 确定时间调整基准点

在拉伸时间的过程中，发现变化时的基准点在默认情况下是以入点为标准的，特别是在颠倒时间的练习中更明显地感受到了这一点。其实在 After Effects 中，时间调整的基准点同样是可以改变的。

单击伸缩参数，弹出“时间伸缩”对话框，在“放置保持”设置区域可以设置在改变时间拉伸值时层变化的基准点，如图 4-25 所示。

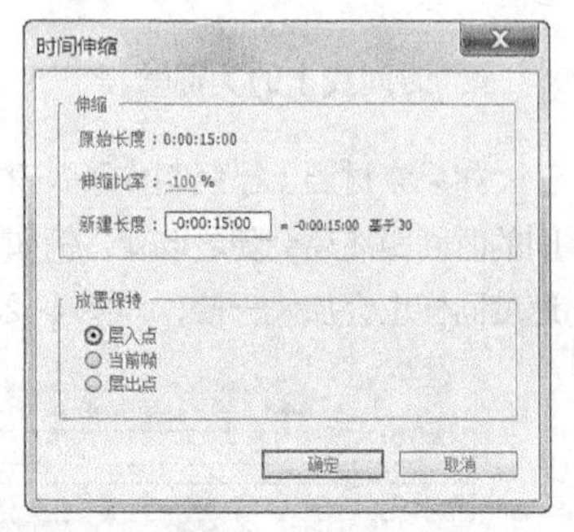

图 4-25

层入点：以层入点为基准，也就是在调整过程中，固定入点位置。

当前帧：以当前时间指针为基准，也就是在调整过程中，同时影响入点和出点位置。

层出点：以层出点为基准，也就是在调整过程中，固定出点位置。

7. 应用重置时间命令

在“时间线”面板中选择视频素材层，选择“图层 > 时间 > 启用时间重置”命令，或按 Ctrl+Alt+T 组合键，激活“时间重置”属性，如图 4-26 所示。

添加“时间重置”后会自动在视频层的入点和出点位置加入两个关键帧，入点位置关键帧记录了片段 0s0 帧这个时间，出点位置关键帧记录了片段最后的时间，即 14s29 帧。

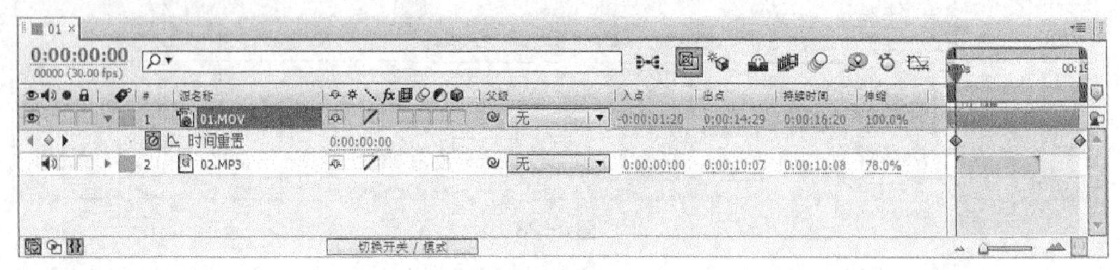

图 4-26

8. 重置时间的方法

步骤① 在“时间线”面板中，移动当前时间标签到 5s 位置，在“关键帧”面板中，单击“关键帧”按钮◇，生成 1 个关键帧，这个关键帧记录了片段 5s 这个时间，如图 4-27 所示。

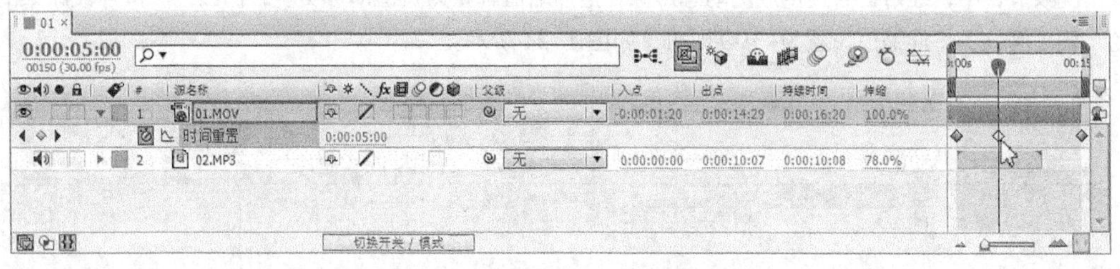

图 4-27

步骤② 将刚刚生成的关键帧往左边拖动到 3s 的位置，这样得到的结果从开始一直到 3s 位置，会播放片段 0s0 帧到 5s 的片段内容。因此，从开始到第 3s 时，素材片段会快速播放，而过了 3s 以后，素材片段会慢速播放，因为最后的关键帧并没有发生位置移动，如图 4-28 所示。

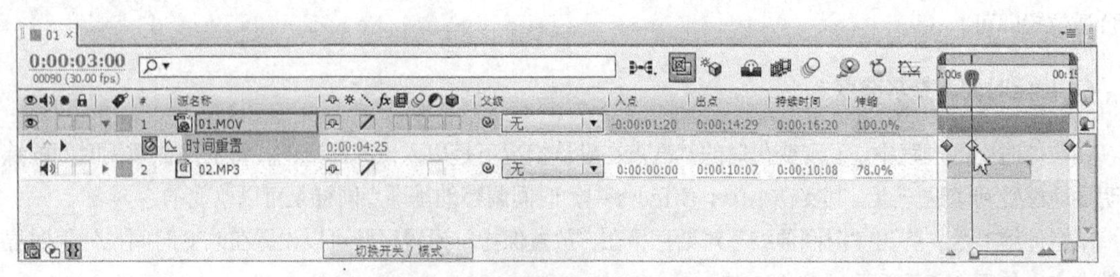

图 4-28

步骤③ 按 0 键预览动画效果，按任意键结束预览。

步骤④ 再次将当前时间标签移动到 5s 位置，在“关键帧”面板中，单击“关键帧”按钮◇，生成 1 个关键帧，这个关键帧记录了片段 06s17 帧这个时间，如图 4-29 所示。

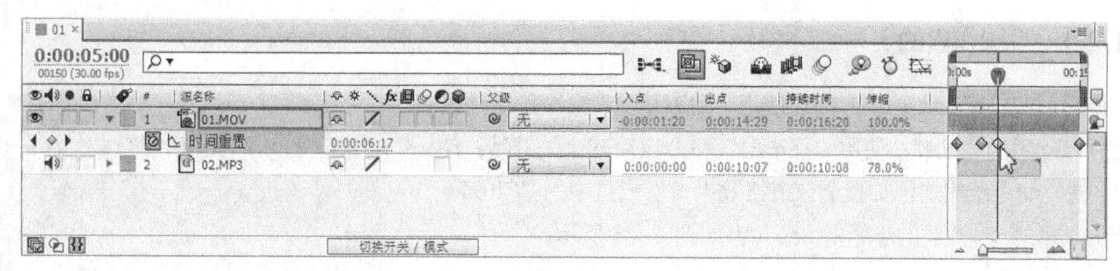

图 4-29

步骤⑤ 将记录了片段 06s17 帧的这个关键帧，移动到第 2s 位置，会播放片段 0s0 帧到 06s17 帧的片段内容，速度非常快；然后从 2s 到 3s 位置，反向播放片段 06s17 帧到 5s 的内容；过了 3s 直到最后，会重新播放 5s 到 14s29 帧的内容，如图 4-30 所示。

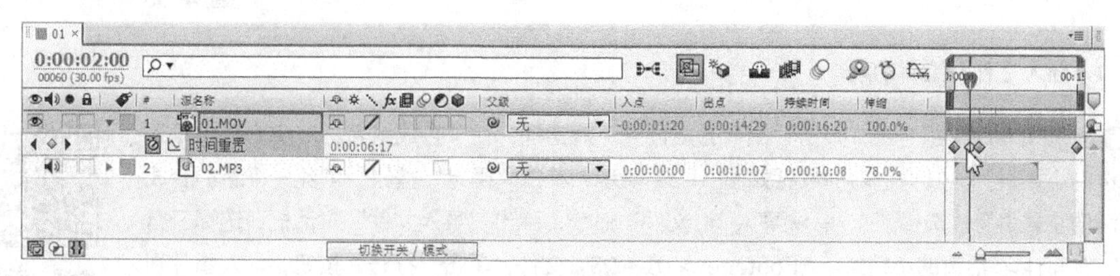

图 4-30

步骤⑥ 可以切换到“图形编辑器”模式下，调整这些关键帧的运动速率，形成各种变速时间变化，如图 4-31 所示。

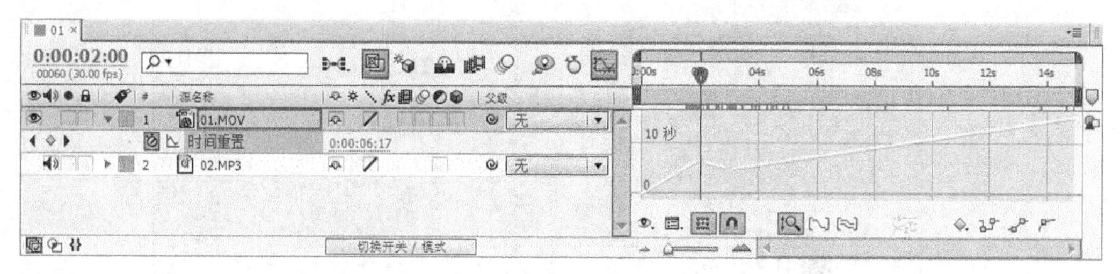

图 4-31

4.1.4 【实战演练】——体育世界

使用“时间伸缩”命令控制视频的播放时间；使用“时间线”面板控制动画的入点和出点；使用“透明度”属性制作不透明度动画。最终效果参看云盘中的“Ch04 > 体育世界 > 体育世界.aep”，如图 4-32 所示。

图 4-32

微课：体育世界

4.2 活泼的小蝌蚪

4.2.1 【操作目的】

使用层编辑蝌蚪大小或方向；使用“动态草图”命令绘制动画路径并自动添加关键帧；使用“平滑器”命令自动减少关键帧；使用“阴影”命令给蝌蚪添加投影。最终效果参看云盘中的“Ch04 > 活泼的小蝌蚪 > 活泼的小蝌蚪.aep”，如图 4-33 所示。

图 4-33

4.2.2 【操作步骤】

1. 导入文件并编辑动画

微课：活泼的小蝌蚪 1

步骤① 按 Ctrl+N 组合键，弹出“图像合成设置”对话框，在“合成组名称”文本框中输入“活泼的小蝌蚪”，其他选项的设置如图 4-34 所示，单击“确定”按钮，创建一个新的合成“活泼的小蝌蚪”。选择“文件 > 导入 > 文件”命令，弹出“导入文件”对话框，选择云盘中的“Ch04 > 活泼的小蝌蚪 > (Footage) > 01～03”文件，单击“打开”按钮，导入图片到“项目”面板中，如图 4-35 所示。

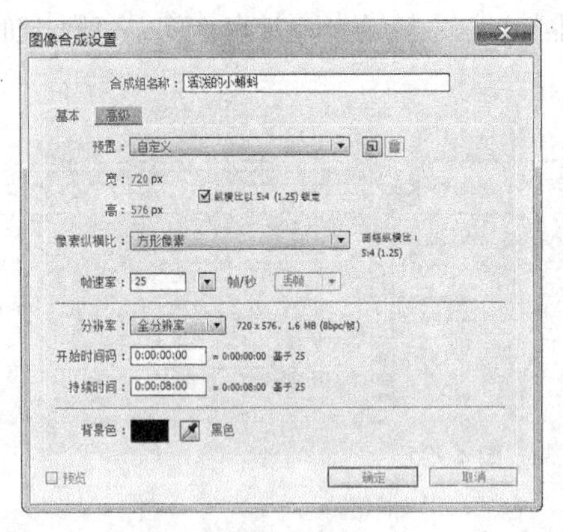

图 4-34

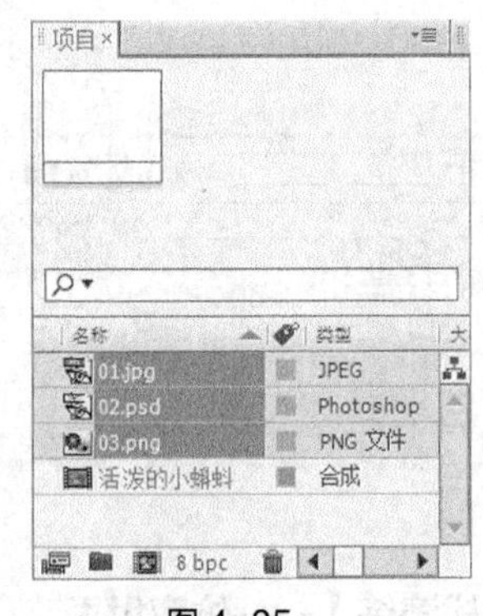

图 4-35

步骤② 在“项目”面板中，选择“01”和“02”文件并将其拖曳到“时间线”面板中，如图 4-36 所示。选中“02”文件，按 P 键展开“位置”属性，设置“位置”选项的数值为 232、416，如图 4-37 所示。

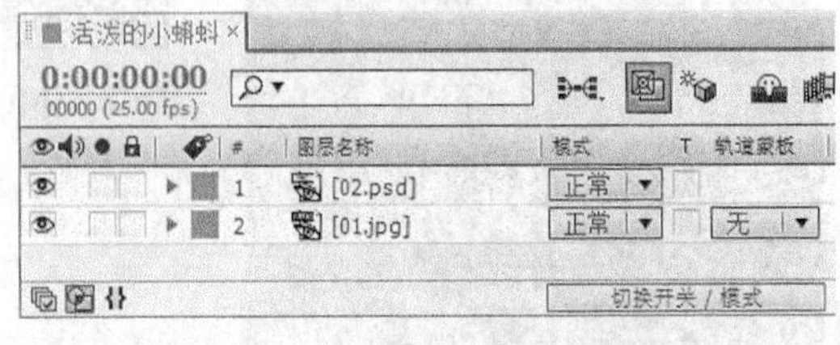

图 4-36

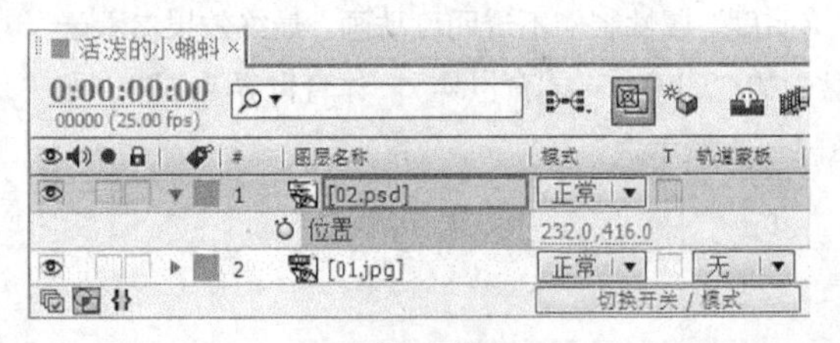

图 4-37

步骤③ 选中“02”层，按S键展开“缩放”属性，设置“缩放”选项的数值为52，如图4-38所示。选择“定位点”工具，在“合成”窗口中，用鼠标调整蝌蚪的中心点位置，如图4-39所示。

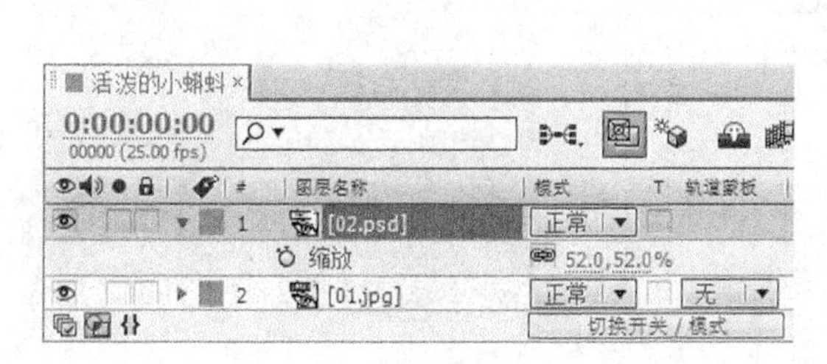

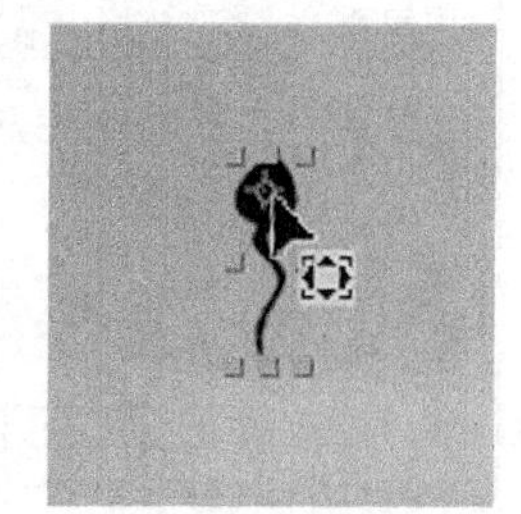

图4-38　　图4-39

步骤④ 按R键展开“旋转”属性，设置“旋转”选项的数值为0、100，如图4-40所示。“合成”窗口中的效果如图4-41所示。

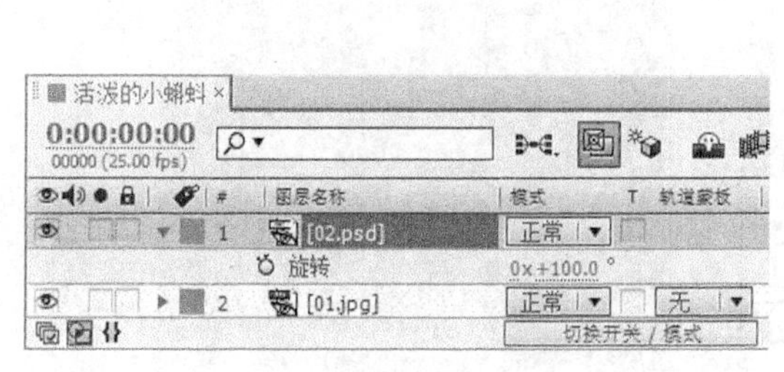

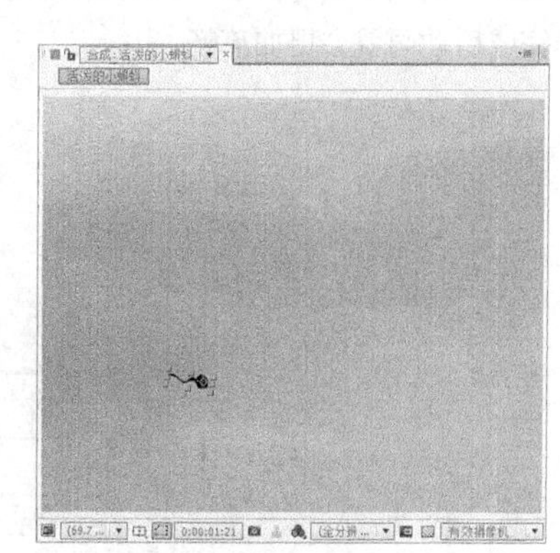

图4-40　　图4-41

步骤⑤ 选择“窗口 > 动态草图”命令，弹出“动态草图”面板，在面板中设置参数，如图4-42所示，单击“开始采集”按钮。当“合成”窗口中的鼠标指针变成十字形状时，在窗口中绘制运动路径，如图4-43所示。

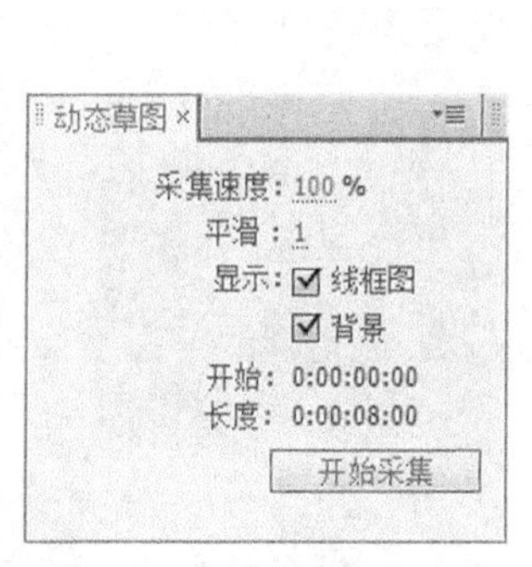

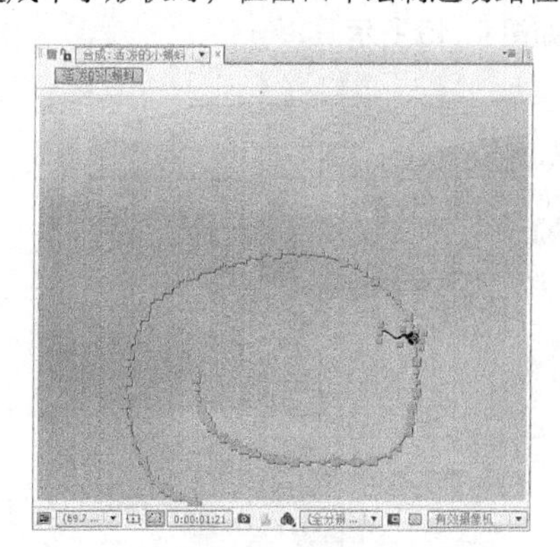

图4-42　　图4-43

步骤⑥ 选择“图层 > 变换 > 自动定向”命令，弹出“自动定向”对话框，在对话框中选择“沿路径方向设置”选项，如图4-44所示，单击“确定”按钮。“合成”窗口中的效果如图4-45所示。

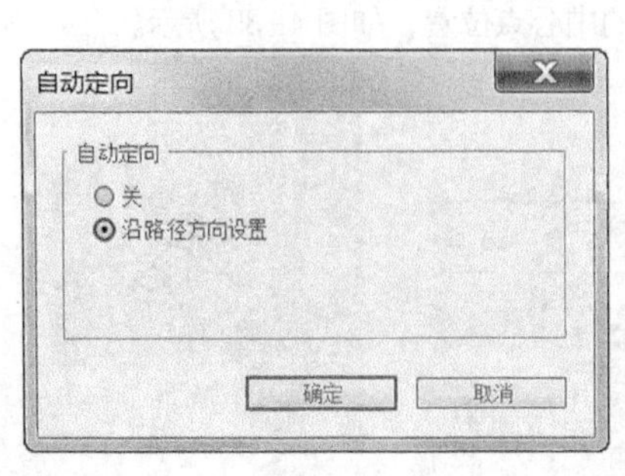

图 4-44

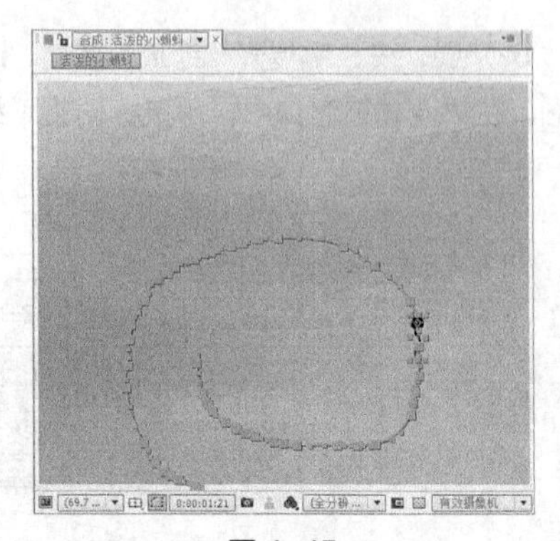

图 4-45

步骤⑦ 按 P 键展开“位置”属性，用框选的方法选中所有的关键帧，选择“窗口 > 平滑器”命令，打开“平滑器”面板，在面板中设置参数，如图 4-46 所示，单击“应用”按钮。“合成”窗口中的效果如图 4-47 所示。制作完成后动画就会更加流畅。

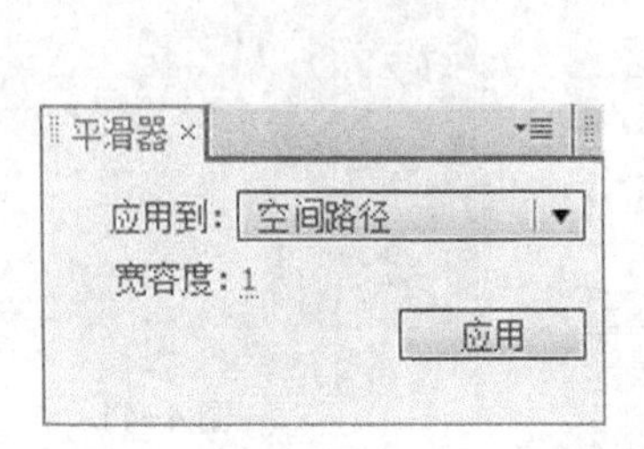

图 4-46

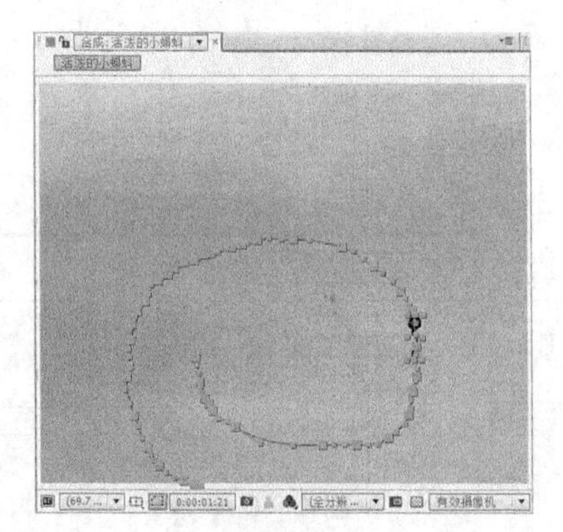

图 4-47

步骤⑧ 选择“效果 > 透视 > 阴影”命令，在“特效控制台”面板中进行参数设置，如图 4-48 所示。“合成”窗口中的效果如图 4-49 所示。

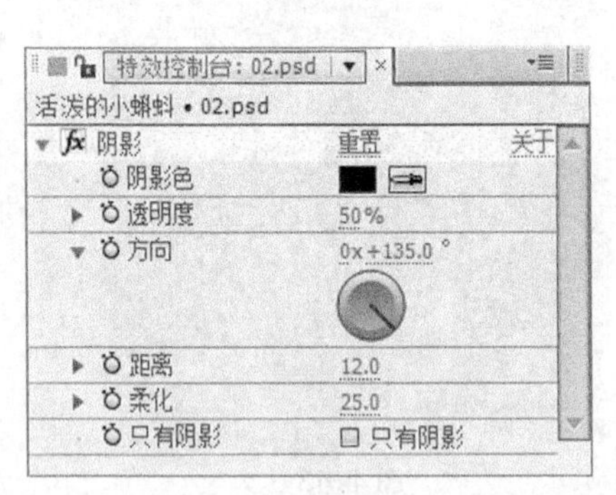

图 4-48

图 4-49

步骤⑨ 单击鼠标右键，选择“切换开关 > 动态模糊”命令，在“时间线”面板中打开动态模糊开关，如图 4-50 所示。“合成”窗口中的效果如图 4-51 所示。

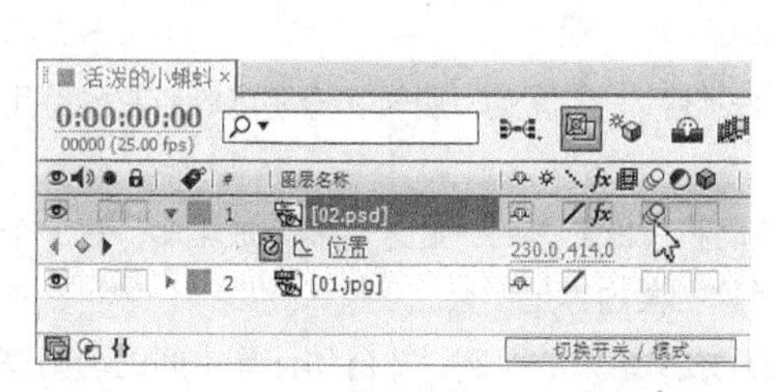

图 4-50

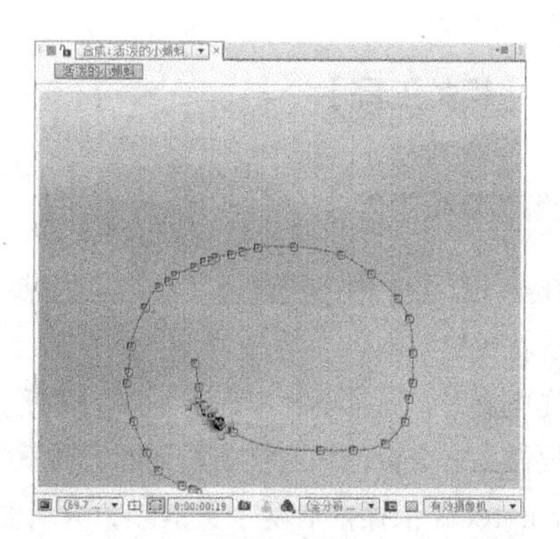

图 4-51

2. 编辑复制层

步骤① 选中“02”层，按 Ctrl+D 组合键复制一层，如图 4-52 所示。按 P 键展开新复制层的“位置”属性，单击“位置”选项左侧的“关键帧自动记录器”按钮，取消所有的关键帧，如图 4-53 所示。按照上述的方法再制作出另外一个蝌蚪的路径动画。

微课：活泼的小蝌蚪 2

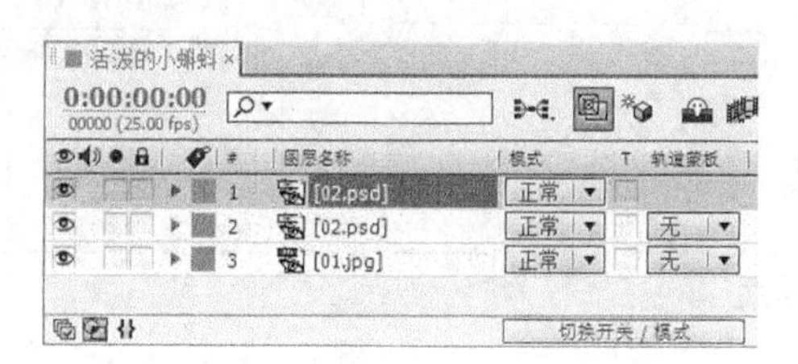

图 4-52

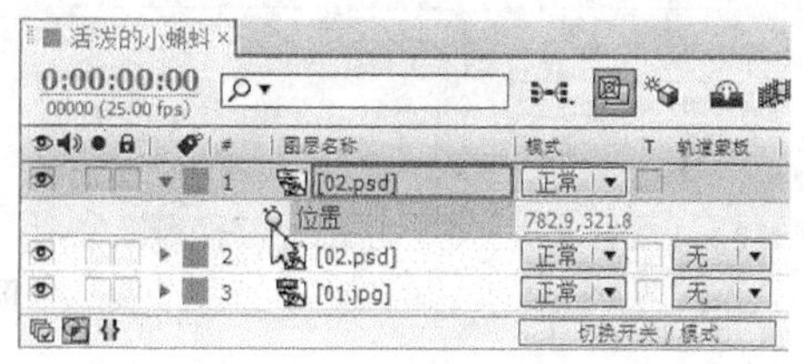

图 4-53

步骤② 选中新复制的“02”层，将时间标签移动到 1:20s 的位置，如图 4-54 所示。在“项目”面板中选中“03”文件并将其拖曳到“时间线”面板中，如图 4-55 所示。活泼的小蝌蚪制作完成，如图 4-56 所示。

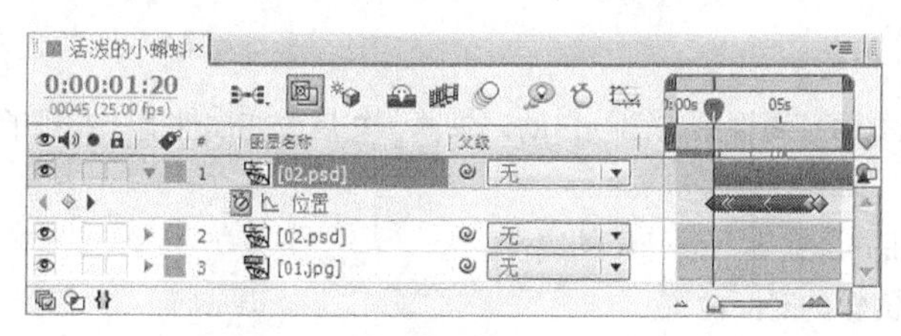

图 4-54

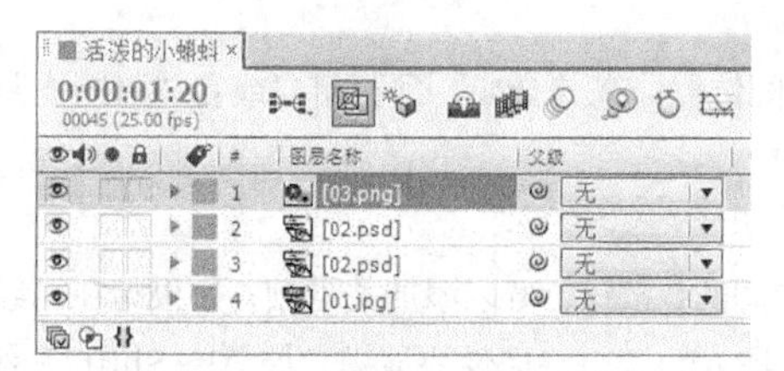

图 4-55

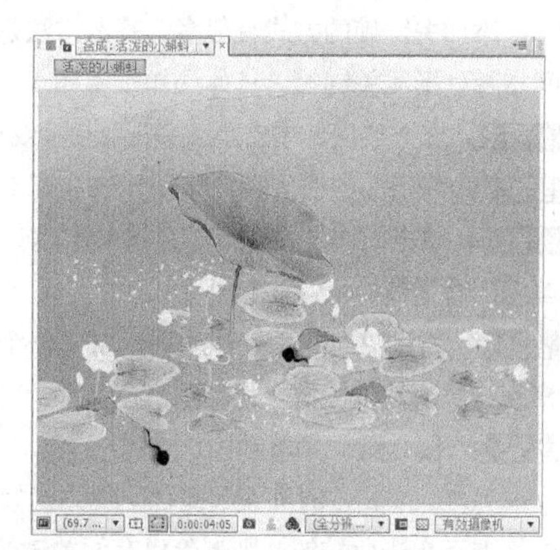

图 4-56

4.2.3 【相关工具】

1. 理解关键帧概念

在 After Effects 中，把包含关键信息的帧称为关键帧。定位点、旋转和透明度等所有能够用数值表示的信息都包含在关键帧中。

在制作电影时，通常要制作许多不同的片断，然后将片断连接到一起才能制作成电影。每一个片段的开头和结尾都要做上一个标记，这样在看到标记时就知道这一段内容是什么。

After Effects 依据前后两个关键帧，识别动画开始和结束的状态，并自动计算中间的动画过程（此过程也叫插值运算），产生视觉动画。这也就意味着，要产生关键帧动画，就必须拥有两个或两个以上有变化的关键帧。

2. 关键帧自动记录器

After Effects 提供了非常丰富的手段调整和设置层的各个属性，但是在普通状态下，这种设置被看作针对整个持续时间的，如果要进行动画处理，则必须单击“关键帧自动记录器”按钮，记录两个或两个以上的、含有不同变化信息的关键帧，如图 4-57 所示。

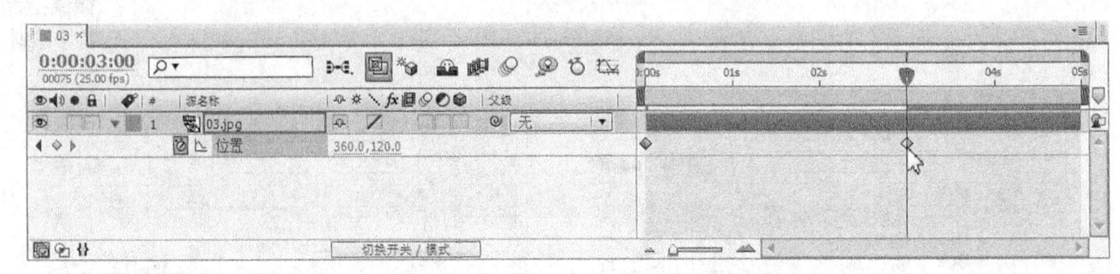

图 4-57

“关键帧自动记录器”为启用状态，此时 After Effects 自动记录当前时间指针下该层该属性的任何变动，形成关键帧。如果关闭属性“关键帧自动记录器”，则此属性所有已有的关键帧将被删除，由于缺少关键帧，动画信息将会丢失，再次调整属性时，被视为针对整个持续时间的调整。

3. 添加关键帧

添加关键帧的方式有很多，基本方法是首先激活某属性的关键帧自动记录器，然后改变属性值，在当前时间指针处形成关键帧，具体操作步骤如下。

步骤① 选择某层，单击小三角形按钮▸或按属性的快捷键，展开层的属性。

步骤② 将当前的时间指针移动到建立第 1 个关键帧的时间位置。

步骤③ 单击某属性左侧的“关键帧自动记录器”按钮，当前时间指针位置将产生第 1 个关键帧◇，调整此属性到合适值。

步骤④ 将当前时间指针移动到建立下一个关键帧的时间位置，在“合成”预览窗口或者“时间线”面板调整相应的层属性，关键帧将自动产生。

步骤⑤ 按 0 键，预览动画。

另外，单击“时间线”控制区中关键帧面板◀ ◇ ▶中间的◇按钮，可以添加关键帧；如果是在已经有关键帧的情况下单击此按钮，则删除已有的关键帧，其快捷键是 Alt+Shift+属性快捷键，如 Alt+Shift+P 组合键。

如果某层的遮罩属性打开了关键帧自动记录器，那么在“图层”预览窗口中调整遮罩时也会产生关键帧信息。

4. 关键帧导航

在上一小节中，提到了“时间线”控制区的关键帧面板，此面板最主要的功能就是关键帧导航，通过关键帧导航可以快速跳转到上一个或下一个关键帧位置，还可以方便地添加或者删除关键帧。如果此面板没有出现，则单击“时间线”右上方的按钮，在弹出的列表中选择“显示栏目 > A/V 功能”命令，即可打开此面板，如图 4-58 所示。

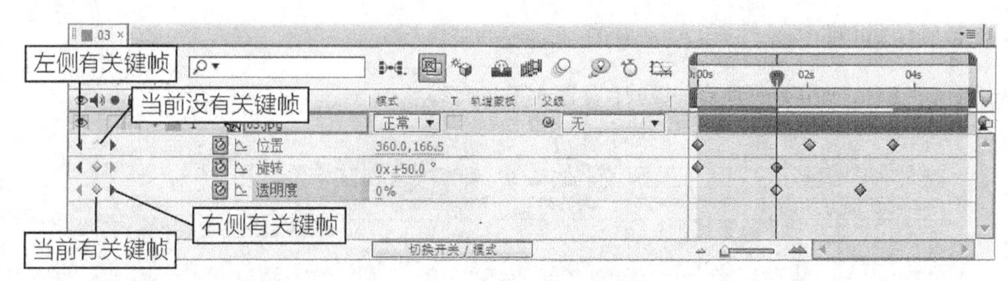

图 4-58

要对关键帧进行导航操作，就必须将关键帧呈现出来，按 U 键，可展示层中所有关键帧动画信息。

◀跳转到上一个关键帧位置的快捷键是 J。

▶跳转到下一个关键帧位置的快捷键是 K。

关键帧导航按钮仅针对本属性的关键帧进行导航，快捷键 J 和 K 则可以针对画面中展现的所有关键帧进行导航，这是有区别的。

“添加删除关键帧”按钮：当前无关键帧状态，单击此按钮将生成关键帧。

“添加删除关键帧”按钮◇：当前已有关键帧状态，单击此按钮将删除关键帧。

5. 选择关键帧

◎ 选择单个关键帧

在“时间线”面板中，展开某个含有关键帧的属性，单击某个关键帧，此关键帧即被选中。

◎ **选择多个关键帧**

在“时间线”面板中，按住 Shift 键的同时，逐个选择关键帧，即可选择多个关键帧。

在“时间线”面板中，用鼠标拖曳出一个选取框，选取框内的所有关键帧即被选中，如图 4-59 所示。

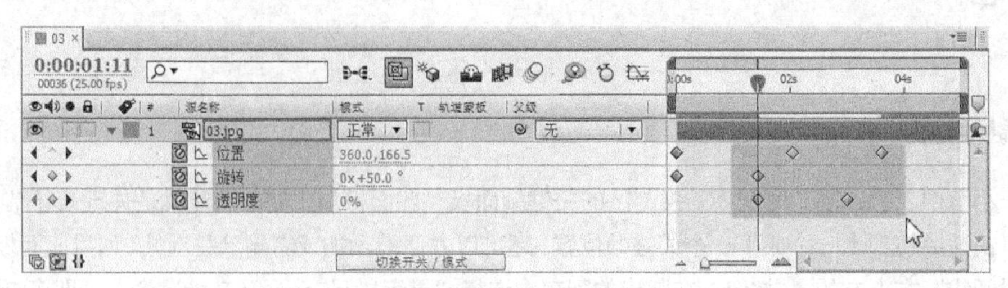

图 4-59

◎ **选择所有关键帧**

单击层属性名称，即可选择所有关键帧，如图 4-60 所示。

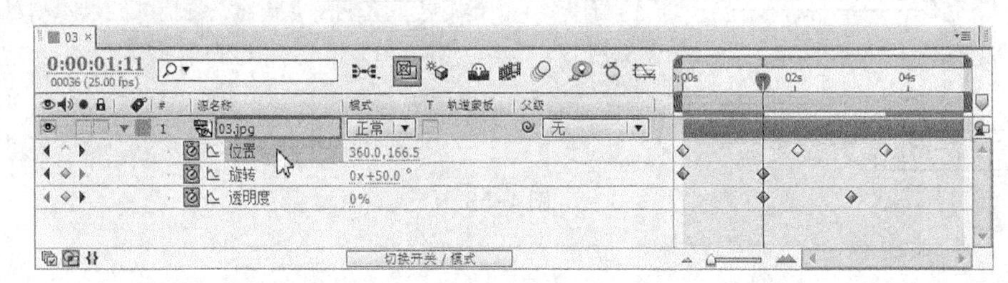

图 4-60

6. 编辑关键帧

◎ **编辑关键帧值**

在关键帧上双击，在弹出的对话框中进行设置，如图 4-61 所示。

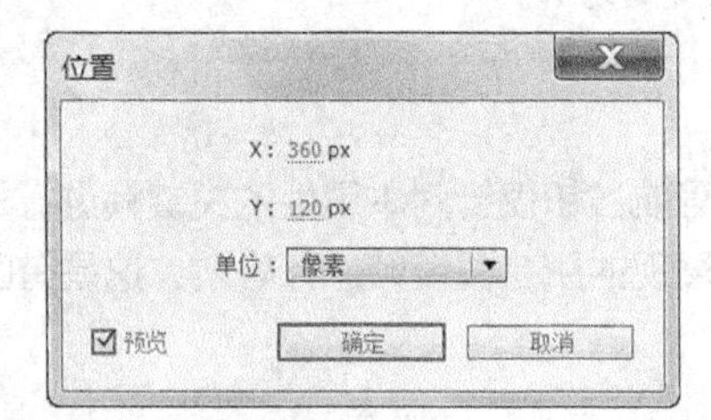

图 4-61

不同的属性对话框中呈现的内容也会不同，图 4-61 为双击“位置”属性关键帧时弹出的对话框。

要在“合成”预览窗口，或者“时间线”面板中调整关键帧，就必须选中当前关键帧，否则编辑关键帧将变成生成新的关键帧，如图 4-62 所示。

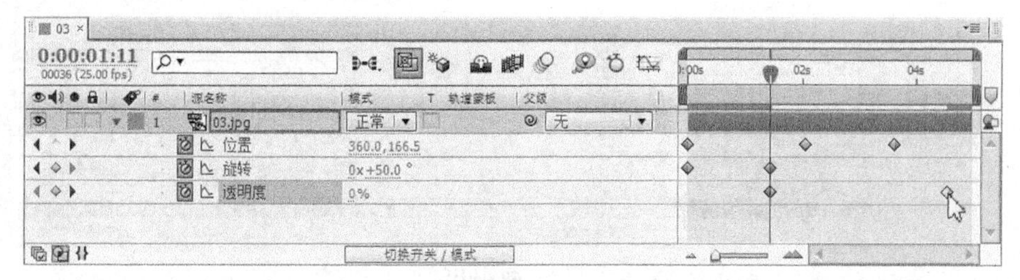

图 4-62

在按住 Shift 键的同时，移动当前时间指针，当前指针将自动对齐最近的一个关键帧，如果在按住 Shift 键的同时，移动关键帧，关键帧将自动对齐当前时间指针。

同时改变某属性的几个或所有关键帧的值，还需要同时选中几个或者所有关键帧，并确定当前时间指针刚好对齐选中的某一个关键帧，再修改，如图 4-63 所示。

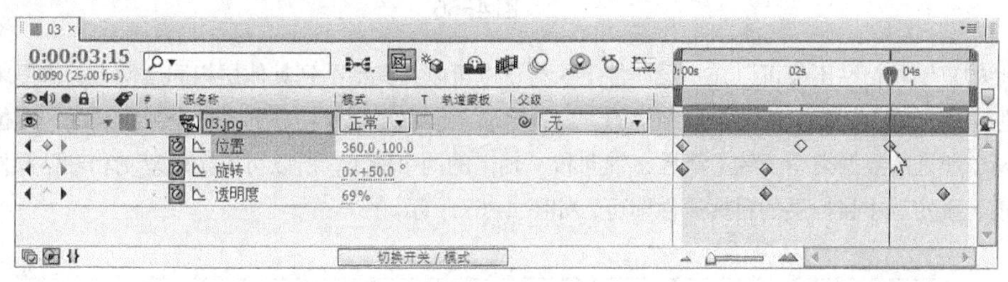

图 4-63

◎ 移动关键帧

选中单个或者多个关键帧，按住鼠标，将其拖曳到目标时间位置即可移动关键帧；还可以在按住 Shift 键的同时，锁定到当前时间指针位置。

◎ 复制关键帧

复制关键帧可以大大提高创作效率，避免一些重复性的操作，但是在粘贴操作前一定要注意当前选择的目标层、目标层的目标属性，以及当前时间指针所在位置，因为这是粘贴操作的重要依据。具体操作步骤如下。

步骤 1 选中要复制的单个或多个关键帧，甚至是多个属性的多个关键帧，如图 4-64 所示。

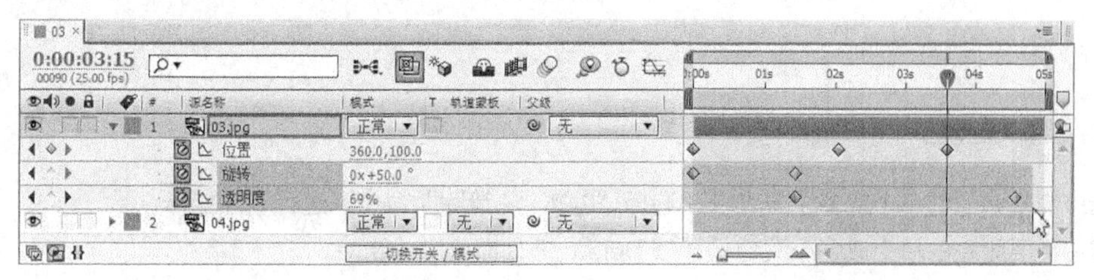

图 4-64

步骤② 选择“编辑 > 复制”命令，复制选中的多个关键帧。选择目标层，将时间指针移动到目标时间位置，如图 4-65 所示。

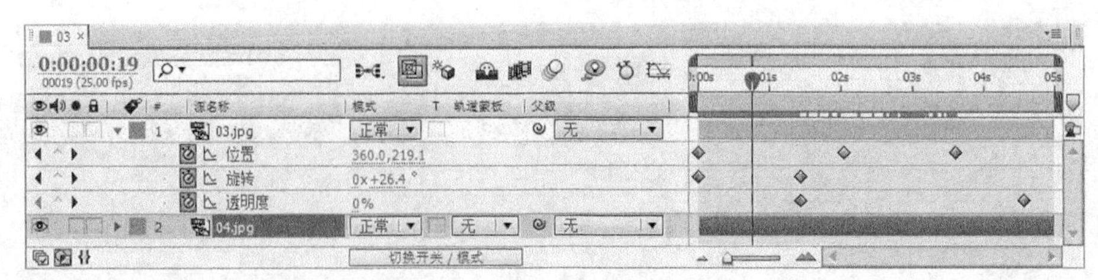

图 4-65

步骤③ 选择“编辑 > 粘贴”命令，粘贴复制的关键帧，如图 4-66 所示。

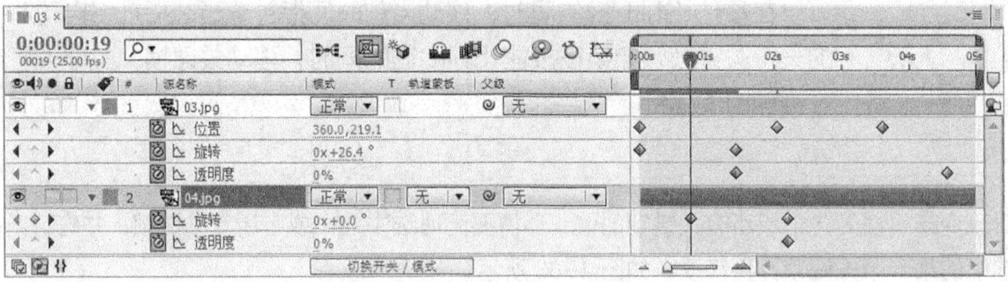

图 4-66

关键帧的复制和粘贴不仅可以在本层属性上执行，也可以将其粘贴到其他层相同属性上，这要求两个属性的数据类型必须一致。例如，将某个二维层的“位置”动画信息复制并粘贴到另一个二维层的“定位点”属性上，由于两个属性的数据类型一致（都是 x 轴向和 y 轴向的两个值），所以可以实现复制和粘贴操作。只要在粘贴操作前，确定选中目标层的目标属性即可，如图 4-67 所示。

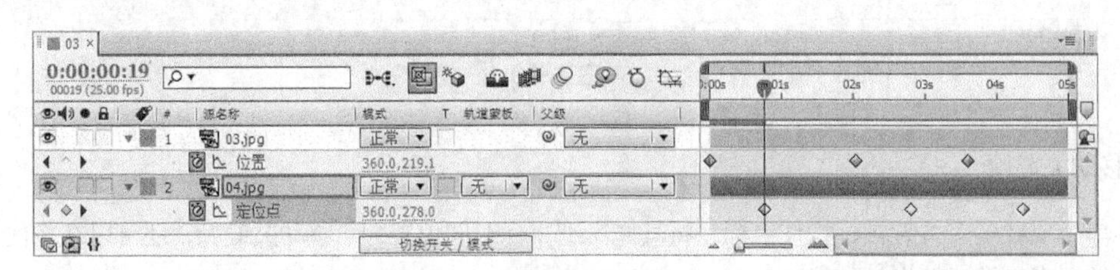

图 4-67

如果粘贴的关键帧与目标层上的关键帧在同一时间位置，将覆盖目标层上原来的关键帧。另外，层的属性值在无关键帧时也可以进行复制，通常用于不同层间的属性统一操作。

◎ **删除关键帧**

选中需要删除的单个或多个关键帧，选择“编辑 > 清除”命令，进行删除操作。

选中需要删除的单个或多个关键帧，按 Delete 键，即可完成删除。

当前时间帧对齐关键帧，关键帧面板中的添加删除关键帧按钮呈现◇状态，单击此状态下的该按钮或按

Alt+Shift+属性快捷键，如 Alt+Shift+P 组合键，将删除当前关键帧。

如果要删除某属性的所有关键帧，则单击属性的名称选中全部关键帧，然后按 Delete 键；或者单击关键帧属性前的“关键帧自动记录器”按钮，将其关闭，也起到删除关键帧的作用。

4.2.4 【实战演练】——可爱小熊

使用层编辑小熊大小或方向；使用“动态草图”命令绘制动画路径并自动添加关键帧；使用“平滑器”命令自动减少关键帧；使用“阴影”命令为小熊添加投影。最终效果参看云盘中的“Ch04 > 可爱小熊 > 可爱小熊.aep”，如图 4-68 所示。

图 4-68

微课：可爱小熊

4.3 综合演练——水墨过渡效果

使用“复合模糊”命令制作快速模糊；使用“置换映射”命令制作置换效果；使用“透明度”属性添加关键帧并编辑不透明度；使用“矩形遮罩”工具绘制遮罩形状效果。最终效果参看云盘中的“Ch04 > 水墨过渡效果 > 水墨过渡效果.aep”，如图 4-69 所示。

图 4-69

微课：水墨过渡效果 1

微课：水墨过渡效果 2

微课：水墨过渡效果 3

微课：水墨过渡效果 4

4.4 综合演练——花开放

使用“导入”命令导入视频与图片；使用“缩放”属性缩放效果；使用“位置”属性改变形状位置；使用“色阶”命令调整颜色；使用“启用时间重置”命令添加并编辑关键帧效果。最终效果参看云盘中的“Ch04 > 花开放 > 花开放.aep”，如图 4-70 所示。

图 4-70

微课：花开放

第 5 章　创建文字

本章对创建文字的方法进行详细讲解，其中包括文字工具、文字层、文字特效等。通过本章的学习可以掌握 After Effects 的文字创建技巧。

- 掌握文本工具的使用方法
- 掌握编码和时间码特效的应用
- 掌握基本文字与路径文字的输入

5.1 打字效果

5.1.1 【案例操作】

使用“横排文字”工具输入或编辑文字；使用“应用动画预置”命令制作打字动画。最终效果参看云盘中的“Ch05 > 打字效果 > 打字效果.aep”，如图 5-1 所示。

微课：打字效果

图 5-1

5.1.2 【操作步骤】

1. 输入文字

步骤① 按 Ctrl+N 组合键，弹出“图像合成设置”对话框，在“合成组名称”文本框中输入“打字效果”，其他选项的设置如图 5-2 所示，单击“确定”按钮，创建一个新的合成“打字效果”。选择“文件 > 导入 >

文件”命令，弹出“导入文件”对话框，选择云盘中的“Ch05 > 打字效果 >（Footage）> 01”文件，如图 5-3 所示，单击“打开”按钮，导入背景图片，并将其拖曳到“时间线”面板中。

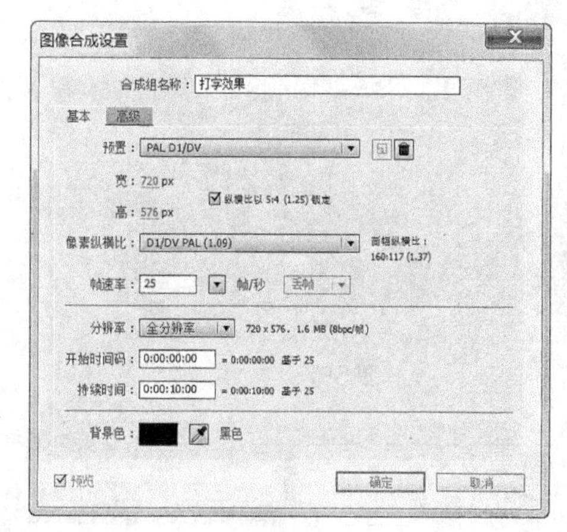

图 5-2

图 5-3

步骤 2 选择“横排文字”工具T，在“合成”窗口输入文字“童年，是欢乐的海洋在回忆的大海，有无数的珍珠，也有灰暗的勾起一段伤心的往事有灿烂的，使人想起童年趣事我在那回忆的海岸寻觅着最美丽的童真啊，找到了……”。选中文字，在“文字”面板中设置文字参数，如图 5-4 所示。“合成”窗口中的效果如图 5-5 所示。

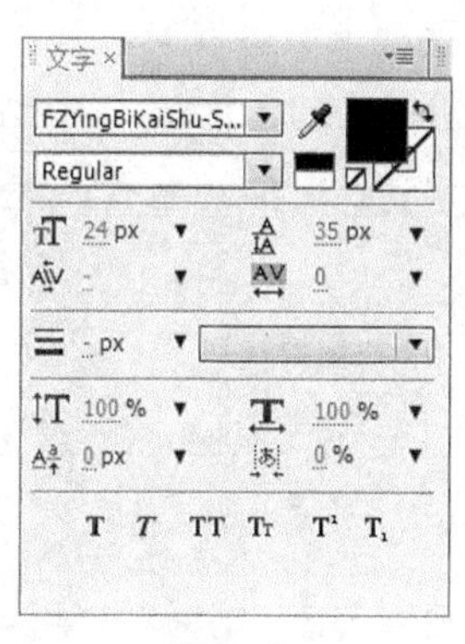

图 5-4

图 5-5

2. 制作打字文字效果

步骤 1 选中“文字”层，将时间标签放置在 0s 的位置，选择“窗口 > 效果和预置”命令，打开“效果和预置”面板，展开“动画预置”选项，双击“Text > Multi-line > Word Processor”命令，如图 5-6 所示，应用效果。“合成”窗口中的效果如图 5-7 所示。

步骤 2 按 U 键展开所有关键帧属性，如图 5-8 所示，选中第 2 个关键帧，设置“光标”选项的数值为 100，并将其移至 08:03s 位置，如图 5-9 所示。

步骤 3 打字效果制作完成，如图 5-10 所示。

图 5-6

图 5-7

图 5-8

图 5-9

图 5-10

5.1.3 【相关工具】

1. 文字工具

在 After Effects CS6 中创建文字非常方便，有以下几种方法。

单击工具面板中的“横排文字”工具T，如图 5-11 所示。

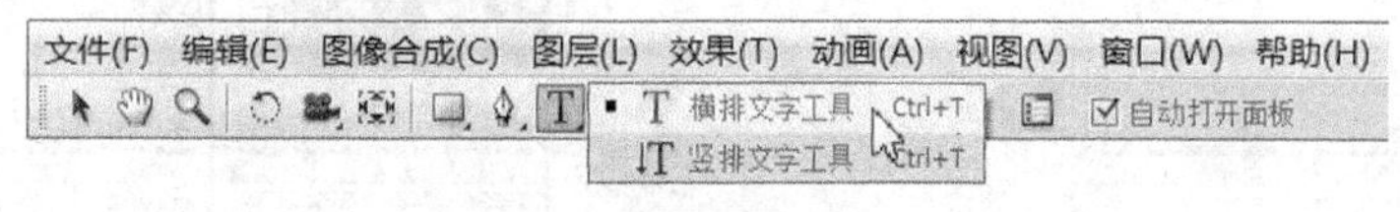

图 5-11

或选择“图层 > 新建 > 文本”命令，或按 Ctrl+Alt+Shift+T 组合键，如图 5-12 所示。

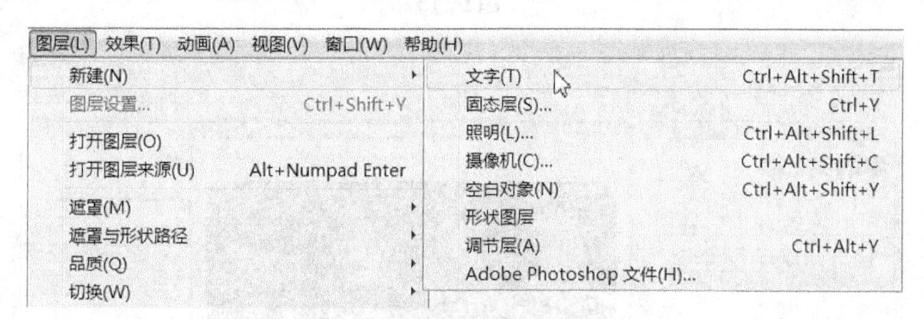

图 5-12

工具面板中提供了建立文本的工具，包括选择“横排文字”工具T和“竖排文字”工具IT，可以根据需要建立水平文字和垂直文字，如图 5-13 所示。文本界面中的“文字”面板提供了字体类型、字号、颜色、字间距、行间距和比例关系等。“段落”面板提供了文本左对齐、中心对齐和右对齐等段落设置，如图 5-14 所示。

图 5-13

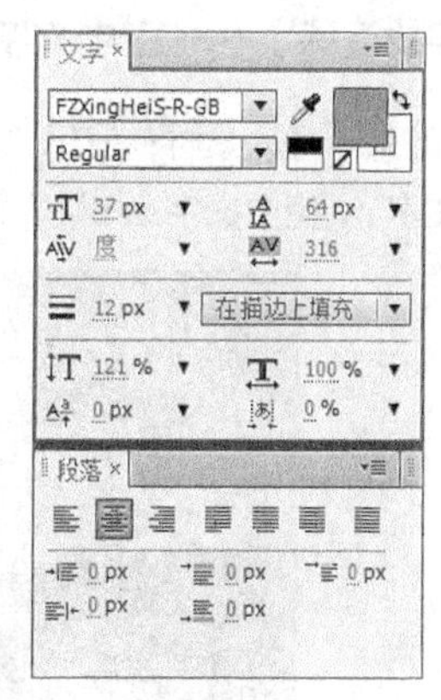

图 5-14

2. 文字层

在菜单栏中选择“图层 > 新建 > 文本”命令，可以建立一个文字层，如图 5-15 所示。建立文字层后，可以直接在窗口中输入需要的文字，如图 5-16 所示。

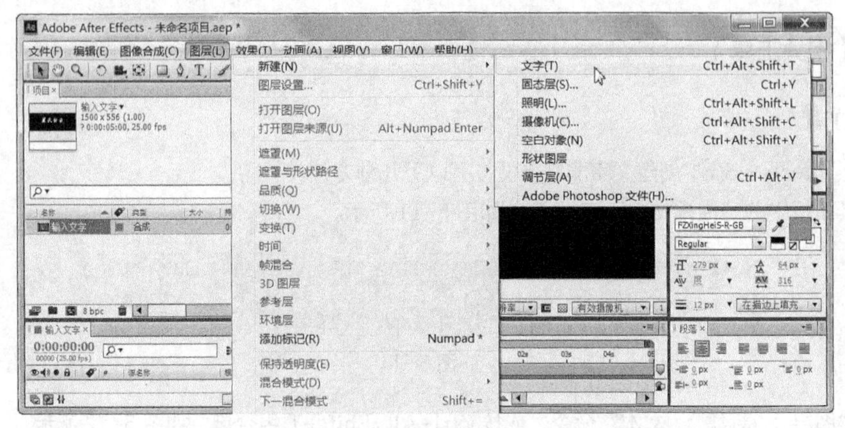

图 5-15

图 5-16

5.1.4 【实战演练】——空中文字

使用“导入”命令导入素材；使用“置换映射”命令制作文字嵌入天空中的效果。最终效果参看云盘中的“Ch05 > 空中文字 > 空中文字.aep”，如图 5-17 所示。

微课：空中文字

图 5-17

5.2 烟飘文字

5.2.1 【操作步骤】

使用"横排文字"工具输入文字；使用"分形噪波"命令制作背景效果；使用"矩形遮罩"工具制作遮罩效果；使用"复合模糊"命令、"置换映射"命令制作烟飘效果。最终效果参看云盘中的"Ch05 > 烟飘文字 > 烟飘文字.aep"，如图 5-18 所示。

图 5-18

5.2.2 【操作步骤】

1. 输入文字

微课：烟飘文字 1

步骤① 按 Ctrl+N 组合键，弹出"图像合成设置"对话框，在"合成组名称"文本框中输入"文字"，单击"确定"按钮，创建一个新的合成"文字"，如图 5-19 所示。

步骤② 选择"横排文字"工具[T]，在"合成"窗口中输入文字"Beautiful GIRL"。选中文字，在"文字"面板中设置"填充色"为蓝色（其 R、G、B 的值分别为 0、132、202）。其他参数设置如图 5-20 所示，"合成"窗口中的效果如图 5-21 所示。

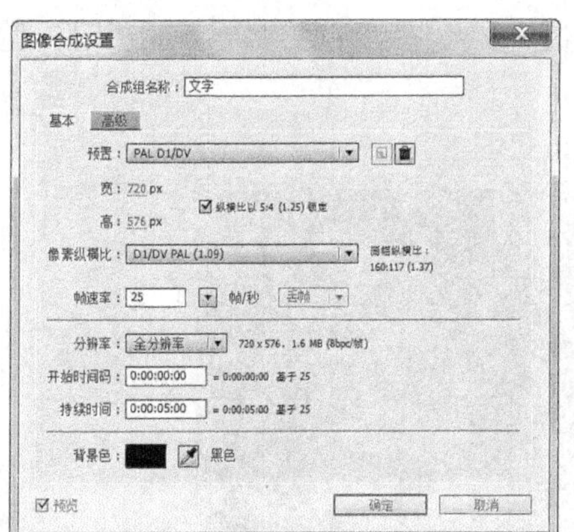

图 5-19

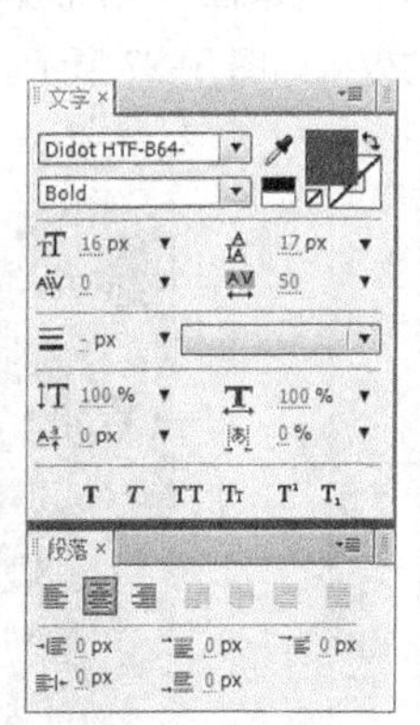

图 5-20

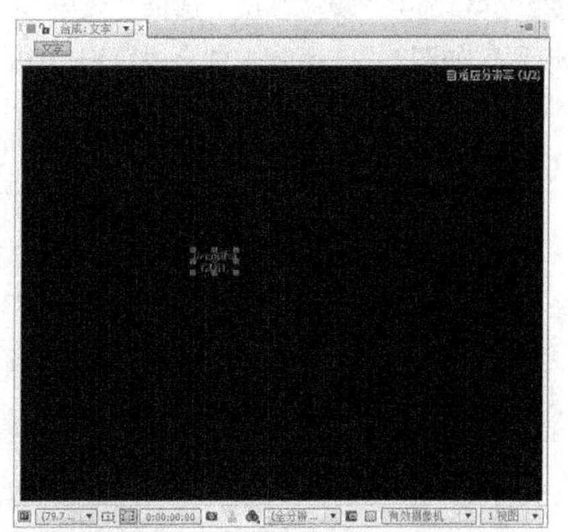

图 5-21

步骤③ 选中文字层，按 S 键展开"缩放"属性，设置"缩放"选项的数值为 599.1，如图 5-22 所示。"合成"窗口中的效果如图 5-23 所示。

图 5-22

图 5-23

步骤④ 按 Ctrl+N 组合键，弹出“图像合成设置”对话框，在“合成组名称”文本框中输入“噪波”，如图 5-24 所示，单击“确定”按钮。创建一个新的合成“噪波”。选择“图层 > 新建 > 固态层”命令，弹出“固态层设置”对话框，在“名称”文本框中输入文字“噪波”，将“颜色”设为灰色（其 R、G、B 的值均为 135），单击“确定”按钮，在“时间线”面板中新增一个灰色固态层，如图 5-25 所示。

图 5-24

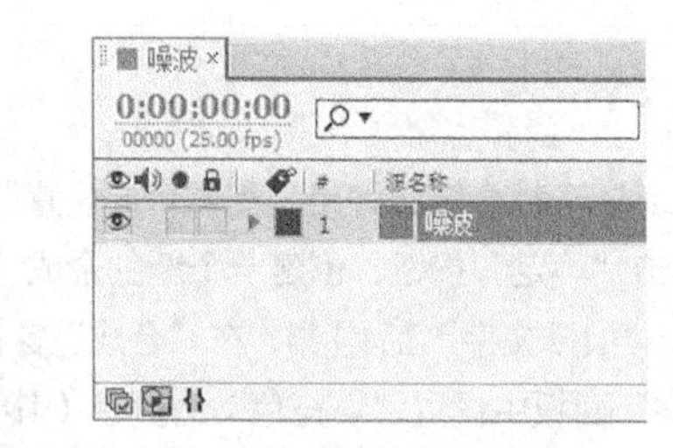

图 5-25

步骤⑤ 选中“噪波”层，选择“效果 > 杂波与颗粒 > 分形噪波”命令，在“特效控制台”面板中进行参数设置，如图 5-26 所示。“合成”窗口中的效果如图 5-27 所示。

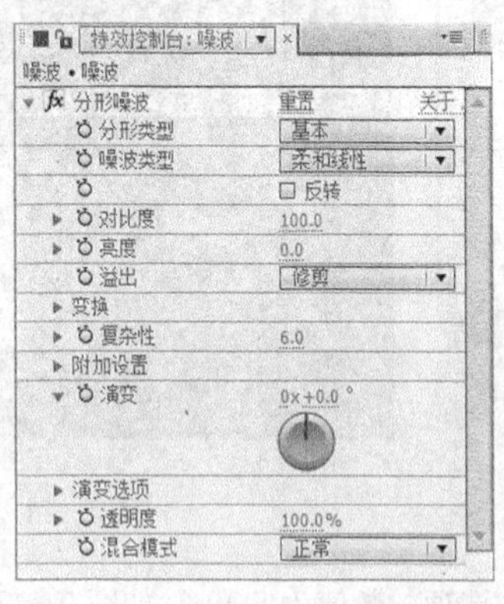

图 5-26

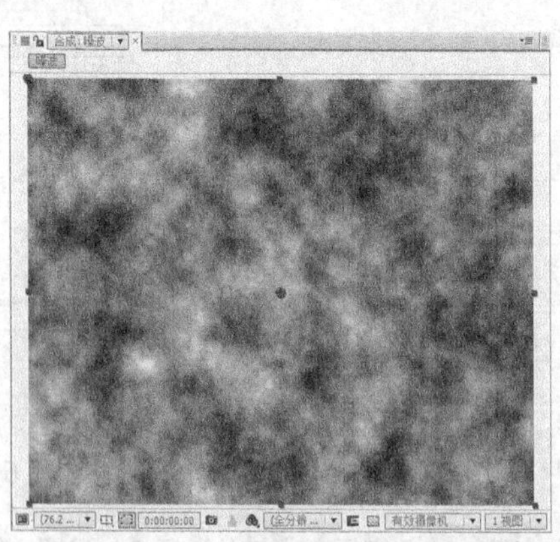
图 5-27

步骤⑥ 在“时间线”面板中，将时间标签放置在0s的位置，在“特效控制台”面板中，单击“演变”选项左侧的“关键帧自动记录器”按钮，如图5-28所示，记录第1个关键帧。将时间标签放置在4:24s的位置，在“特效控制台”面板中，设置“演变”选项的数值为3、0，如图5-29所示，记录第2个关键帧。

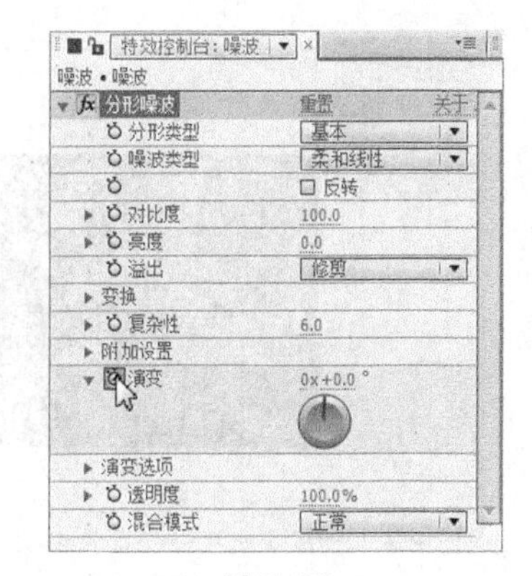

图5-28

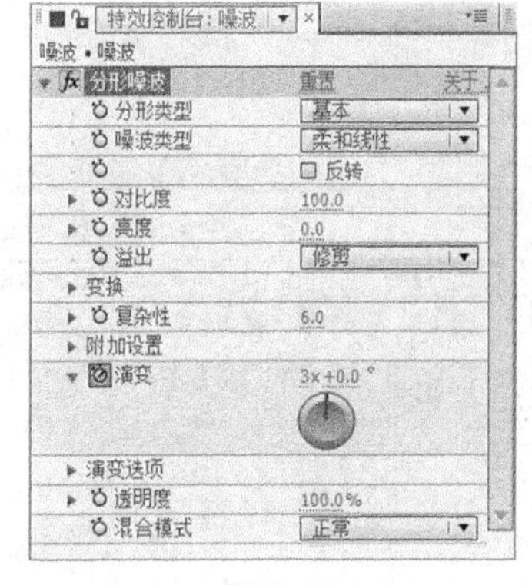

图5-29

2. **添加蒙版效果**

步骤① 选择“矩形遮罩”工具，在“合成”窗口中拖曳鼠标绘制一个矩形遮罩，如图5-30所示。按F键展开“遮罩羽化”属性，设置“遮罩羽化”选项的数值为70，如图5-31所示。

微课：烟飘文字2

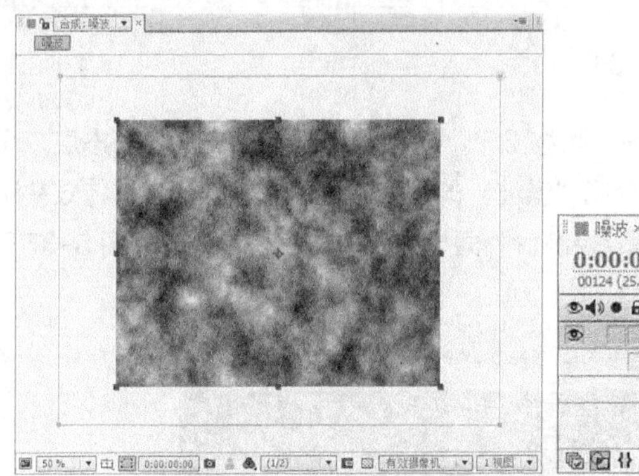

图5-30

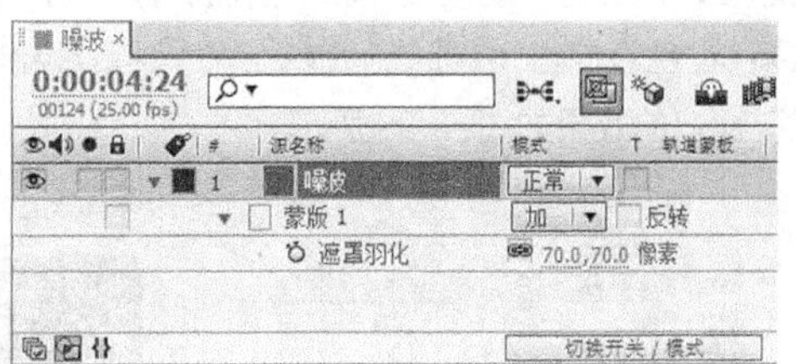

图5-31

步骤② 选中“噪波”层，按两次M键展开“遮罩”属性，如图5-32所示。将时间标签放置在0s的位置，单击“遮罩形状”选项左侧的“关键帧自动记录器”按钮，如图5-33所示，记录第1个遮罩形状关键帧。

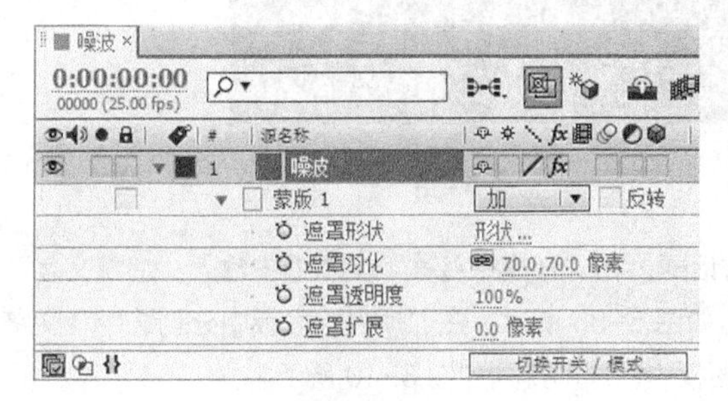

图5-32

图5-33

步骤③ 将时间标签放置在 04:24s 的位置，如图 5-34 所示。选择“选择”工具，在“合成”窗口中同时选中遮罩左边的两个控制点，将控制点向右拖动，如图 5-35 所示，记录第 2 个遮罩形状关键帧，如图 5-36 所示。

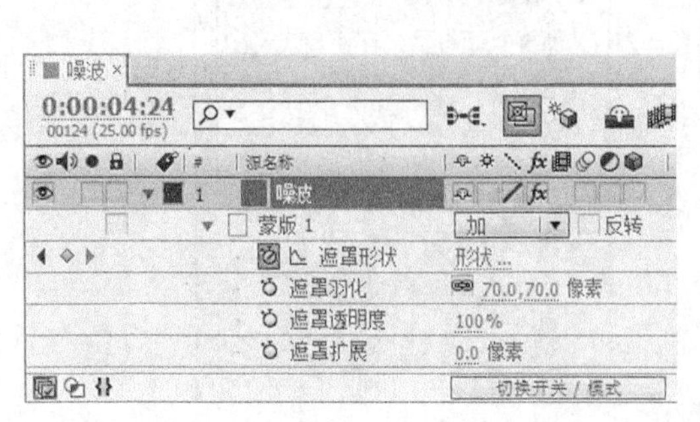

图 5-34

图 5-35

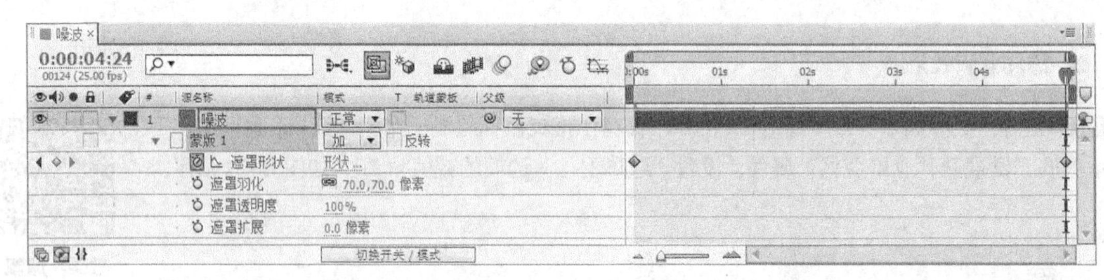

图 5-36

步骤④ 按 Ctrl+N 组合键，创建一个新的合成，命名为“噪波 2”。选择“图层 > 新建 > 固态层”命令，新建一个灰色固态层，命名为“噪波 2”。与前面制作合成“噪波”的步骤一样，添加分形噪波特效并添加关键帧。选择“效果 > 色彩校正 > 曲线”命令，在“特效控制台”面板中调节曲线的参数，如图 5-37 所示。调节后，“合成”窗口的效果如图 5-38 所示。

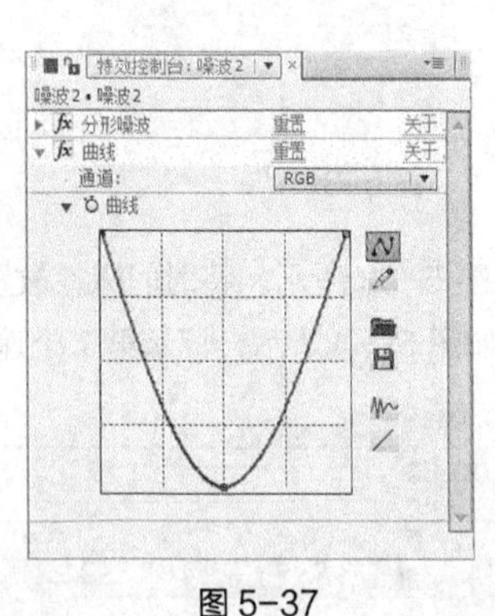

图 5-37

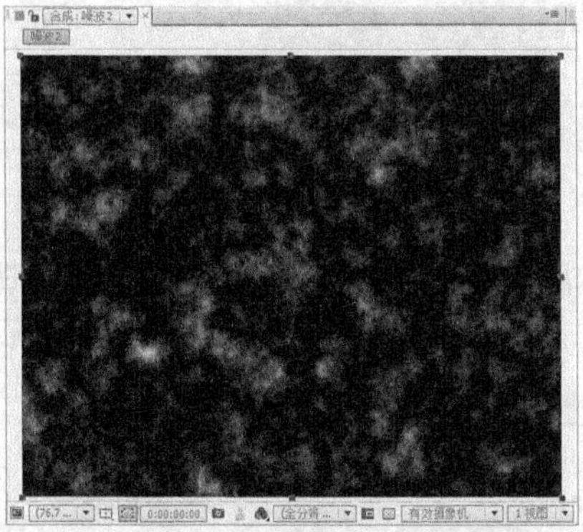

图 5-38

步骤⑤ 按 Ctrl+N 组合键，弹出“图像合成设置”对话框，在“合成组名称”文本框中输入“烟飘文字”，单击“确定”按钮，创建一个新的合成“烟飘文字”，如图 5-39 所示。在“项目”面板中分别选中“文字”“噪波”和“噪波 2”合成并将它们拖曳到“时间线”面板中，层的排列如图 5-40 所示。

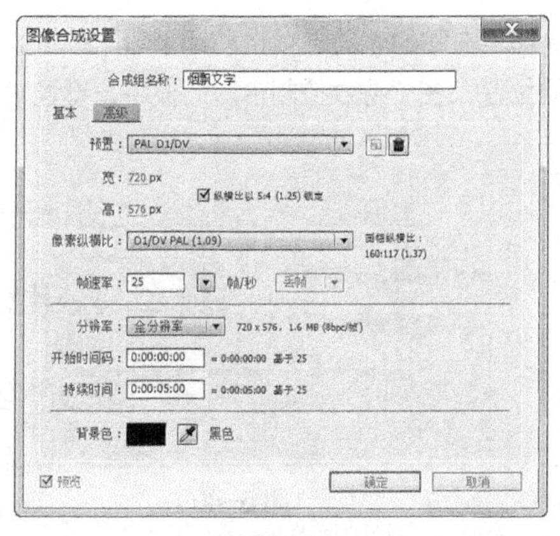

图 5-39

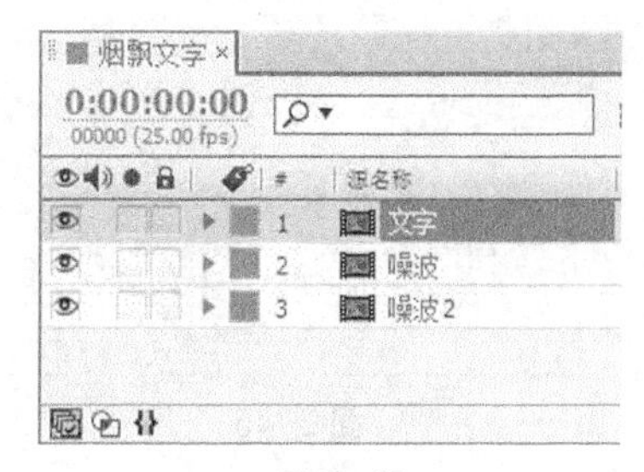

图 5-40

步骤⑥ 选择"文件 > 导入 > 文件"命令，弹出"导入文件"对话框，选择云盘中的"Ch05 > 烟飘文字 > (Footage) > 01"文件，如图 5-41 所示，单击"打开"按钮，导入背景图片，并将其拖曳到"时间线"面板中，如图 5-42 所示。

图 5-41

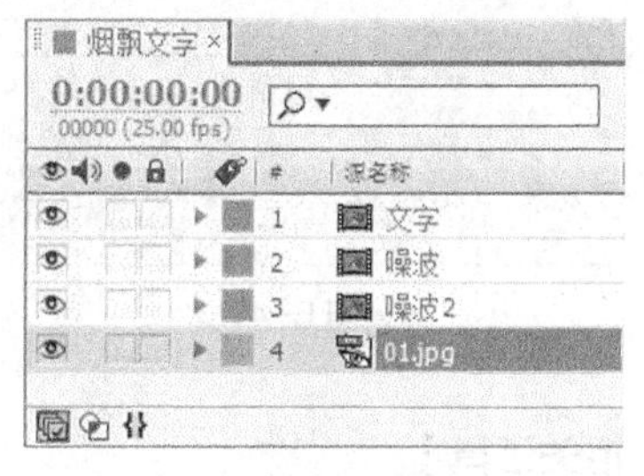

图 5-42

步骤⑦ 分别单击"噪波"和"噪波 2"层左侧的眼睛按钮，将层隐藏。选中"文字"层，选择"效果 > 模糊与锐化 > 复合模糊"命令，在"特效控制台"面板中进行参数设置，如图 5-43 所示。"合成"窗口中的效果如图 5-44 所示。

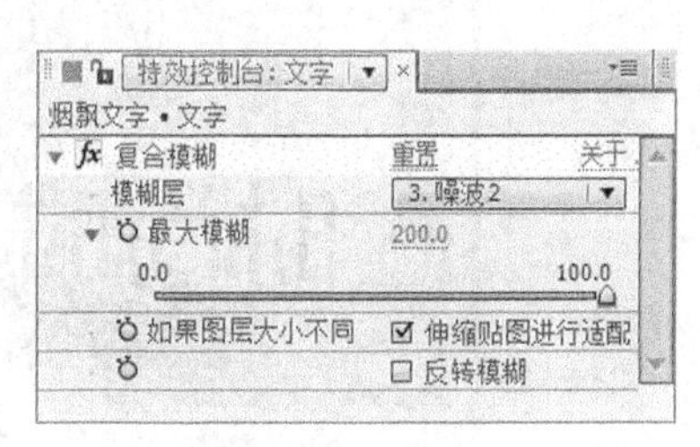

图 5-43

图 5-44

步骤⑧ 在“特效控制台”面板中，单击“最大模糊”选项左侧的“关键帧自动记录器”按钮，如图 5-45 所示，记录第 1 个关键帧。将时间标签放置在 4:24s 的位置，在“特效控制台”面板中，设置“最大模糊”选项的数值为 0，如图 5-46 所示，记录第 2 个关键帧。

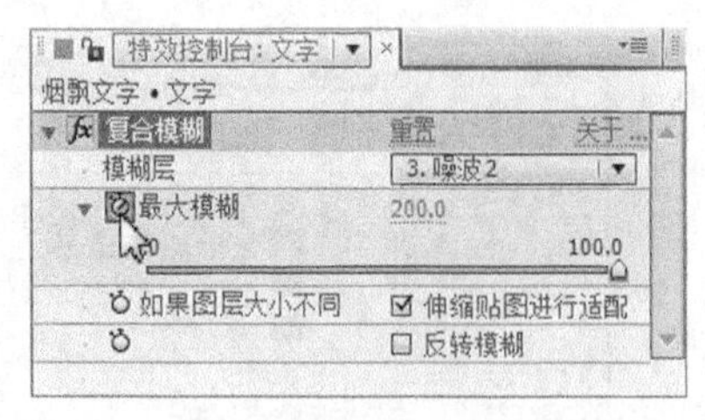

图 5-45

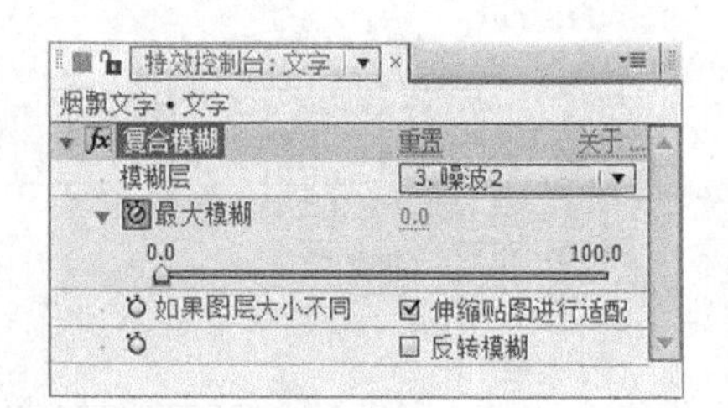

图 5-46

步骤⑨ 选中“文字”层，选择“效果 > 扭曲 > 置换映射”命令，在“特效控制台”面板中进行参数设置，如图 5-47 所示。烟飘文字制作完成，效果如图 5-48 所示。

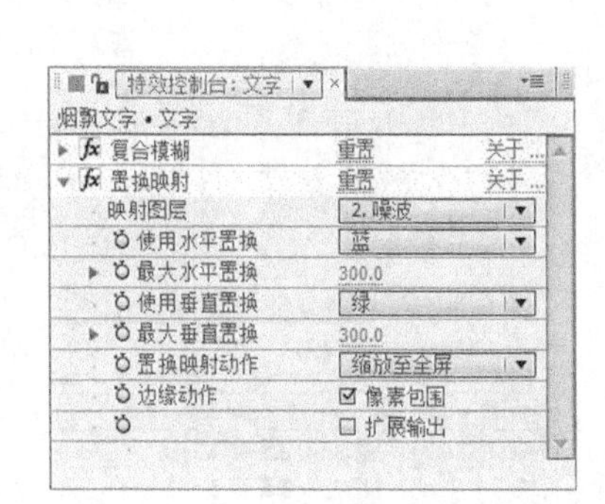

图 5-47

图 5-48

5.2.3 【相关工具】

1. 基本文字

“基本文字”特效用于创建文本或文本动画，可以指定文本的字体、样式、方向以及排列，如图 5-49 所示。

该特效还可以将文字创建在一个现有的图像层中，通过选择合成与原始图像选项，可以将文字与图像融合在一起，或者取消选择该选项，单独只使用文字，还提供了位置、填充与描边、大小、跟踪和行距等信息，如图 5-50 所示。

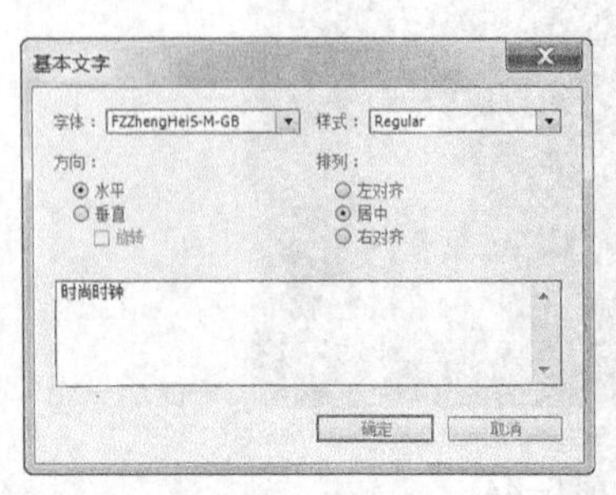

图 5-49

图 5-50

2. 路径文字特效

“路径文字”特效用于制作字符沿某一条路径运动的动画效果。该特效对话框中提供了字体和样式设置，如图 5-51 所示。

路径文字“特效控制台”面板中还提供了信息以及路径选项、填充与描边、字符、段落、高级等设置，如图 5-52 所示。

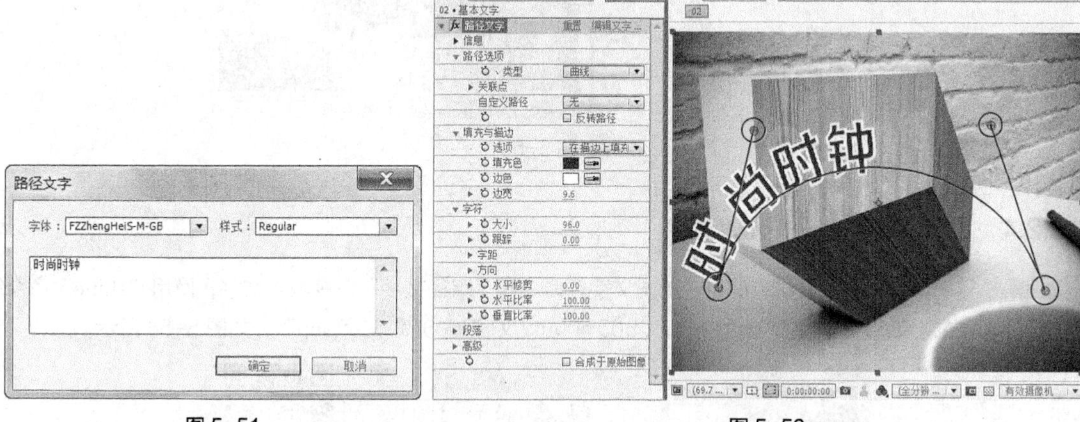

图 5-51　　图 5-52

3. 编号

编号效果生成不同格式的随机数或序数，如小数、日期和时间码，甚至是当前日期和时间（在渲染时）。使用编码效果创建各种各样的计数器。序数的最大偏移是 30，000。此效果适用于 8-bpc 颜色。在“编号”对话框中可以设置字体、样式、方向和对齐方式等，如图 5-53 所示。

编号“特效控制台”面板中还提供格式、填充和描边、大小和跟踪等设置，如图 5-54 所示。

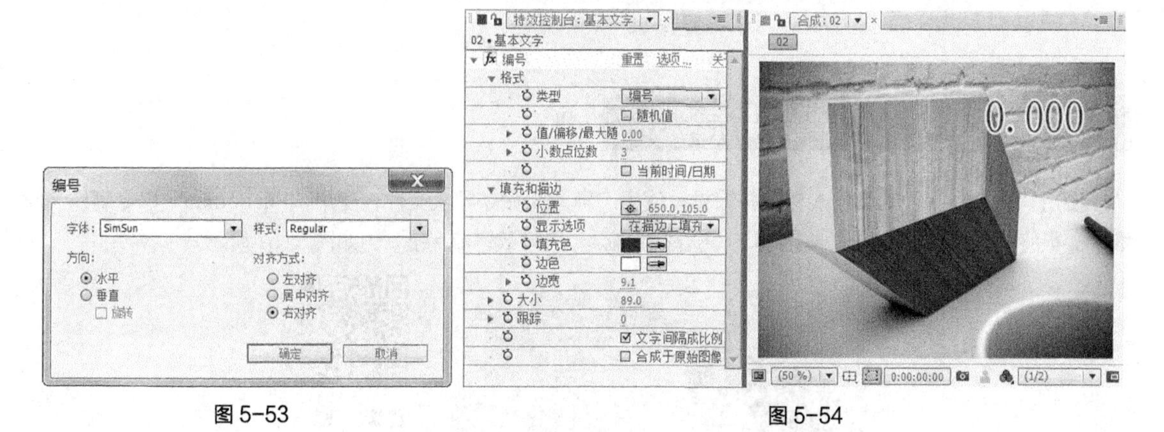

图 5-53　　图 5-54

4. 时间码特效

“时间码”特效主要用于在素材层中显示时间信息或者关键帧上的编码信息，还可以将时间码的信息译成密码并保存于层中以供显示。在“时间码”控制面板中可以设置显示格式、时间单位、丢帧、起始帧、文字位置、文字大小和文字色等，如图 5-55 所示。

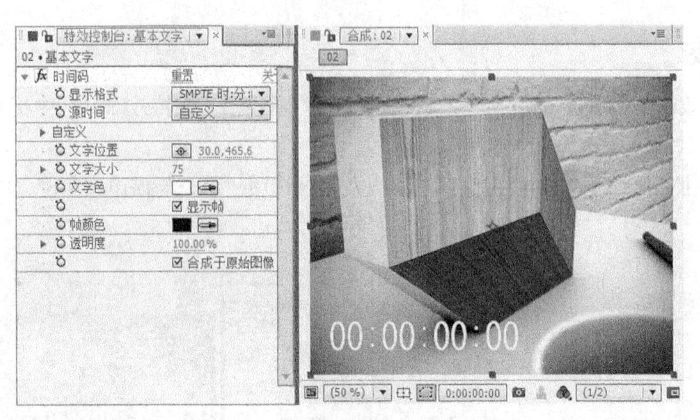

图 5-55

5.2.4 【实战演练】——光效文字

使用“导入”命令导入素材；使用“基本文字”命令和“路径文字”命令输入文字；使用“shine”命令制作文字发光效果。最终效果参看云盘中的“Ch05 > 光效文字 > 光效文字.aep”，如图 5-56 所示。

微课：光效文字

图 5-56

5.3 综合演练——飞舞数字流

使用“横排文字”工具输入文字并编辑；使用“导入”命令导入文件；使用“Particular”命令制作飞舞数字。最终效果参看云盘中的“Ch05 > 飞舞数字流 > 飞舞数字流.aep”，如图 5-57 所示。

微课：飞舞数字流

图 5-57

5.4 综合演练——运动模糊文字

使用“横排文字”工具输入文字；使用“镜头光晕”命令添加镜头效果；使用“模式”编辑图层的混合模式。最终效果参看云盘中的“Ch05 > 运动模糊文字 > 运动模糊文字.aep”，如图 5-58 所示。

图 5-58

微课：运动模糊文字

第 6 章　应用特效

本章主要介绍 After Effects 中各种效果控制面板及应用方式和参数设置，对有实用价值、存在一定难度的特效将重点讲解。通过本章的学习，读者可以快速了解并掌握 After Effects 特效制作的精髓部分。

- 了解效果和掌握模糊、锐化
- 掌握颗粒、模拟仿真和风格化
- 掌握色彩校正、生成、扭曲和杂波

6.1 精彩闪白

6.1.1 【操作目的】

使用“导入”命令导入素材；使用“快速模糊”命令、“色阶”命令制作图片编辑；使用“阴影”命令制作文字的投影效果；使用“预置特效”命令制作文字动画特效。最终效果参看云盘中的“Ch06 > 精彩闪白 > 精彩闪白.aep”，如图 6-1 所示。

图 6-1

6.1.2 【操作步骤】

1. 导入素材

步骤 1 按 Ctrl+N 组合键，弹出“图像合成设置”对话框，在“合成组名称”文本框中输入“闪白效果”，其他选项的设置如图 6-2 所示，单击“确定”按钮，创建一个新的合成“闪白效果”。选择“文件 > 导入 > 文件”命令，弹出“导入文件”对话框，选择云盘中的“Ch06 > 精彩闪白 > (Footage) > 01 ~ 07”文件，如图 6-3 所示，单击“打开”按钮，导入文件。

微课：精彩闪白 1

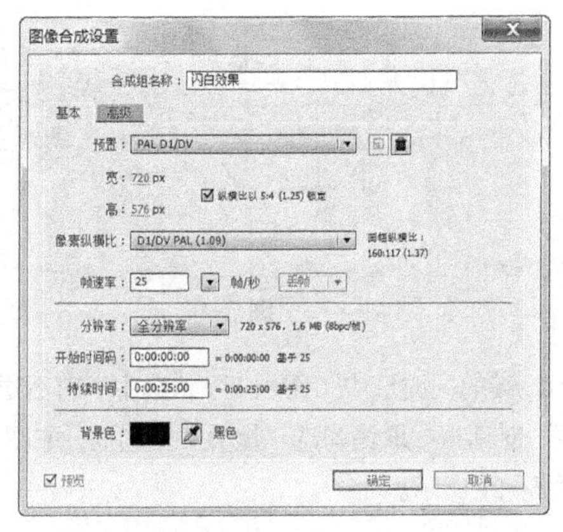

图 6-2

图 6-3

步骤❷ 在“项目”面板中选中“01、02、03、04、05”文件并将其拖曳到“时间线”面板中，层的排列如图 6-4 所示。将时间标签放置在 3s 的位置，如图 6-5 所示。

图 6-4

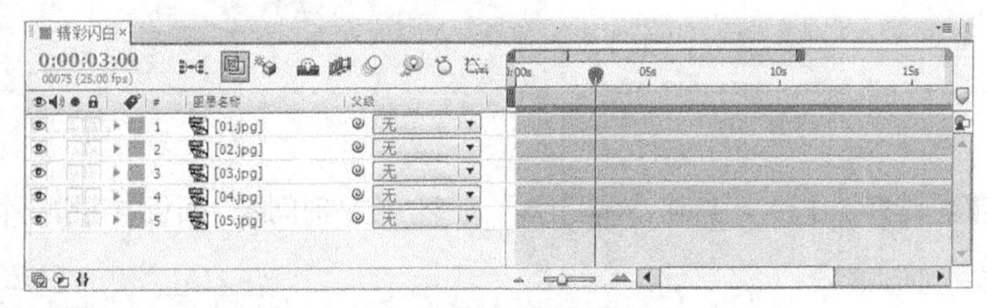

图 6-5

步骤❸ 选中“图层 1”，按 Alt+] 组合键，设置动画的出点，“时间线”面板如图 6-6 所示。用相同的方法设置“图层 3”“图层 4”和“图层 5”，“时间线”面板如图 6-7 所示。

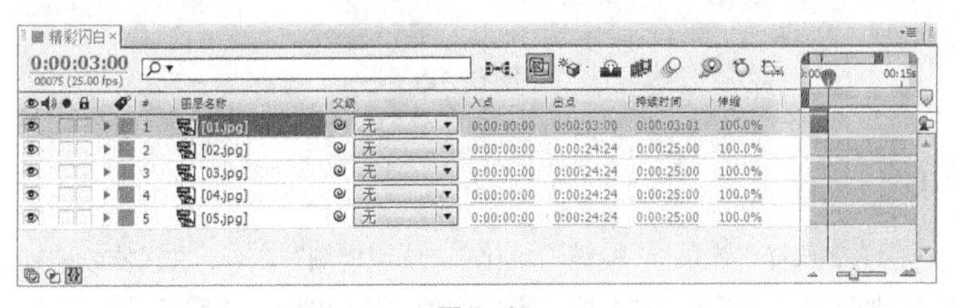

图 6-6

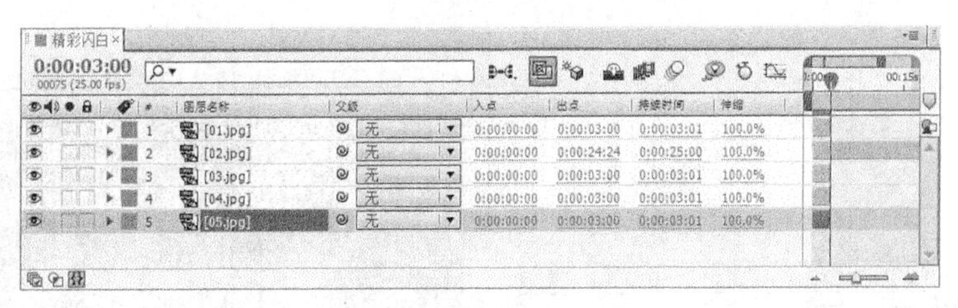

图 6-7

步骤❹ 将时间标签放置在 4s 的位置，如图 6-8 所示。选中“图层 2”，按 Alt+] 组合键，设置动画的出点，“时间线”面板如图 6-9 所示。

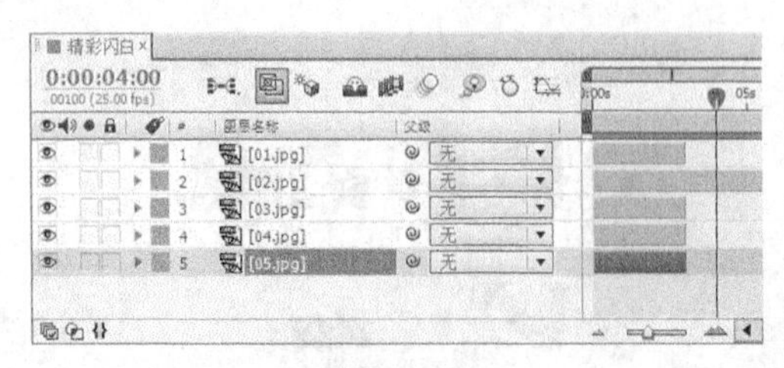

图 6-8

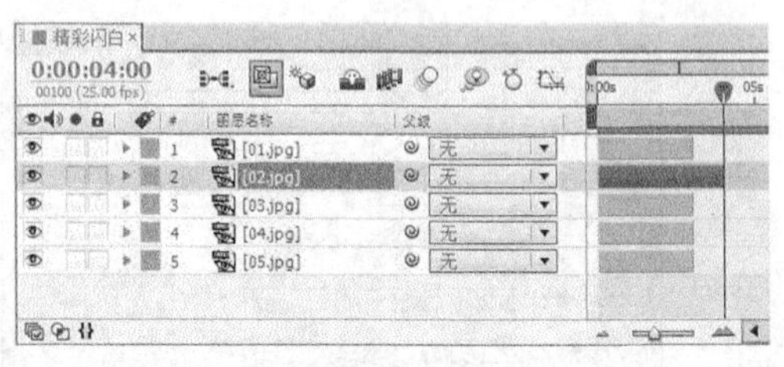

图 6-9

步骤⑤ 在“时间线”面板中选中“图层 1”，按住 Shift 键的同时选中“图层 5”，选中所有图层，选择“动画 > 关键帧辅助 > 序列图层”命令，弹出“序列图层”对话框，取消勾选“重叠”复选框，如图 6-10 所示，单击“确定”按钮，每个层依次排序，首尾相接，如图 6-11 所示。

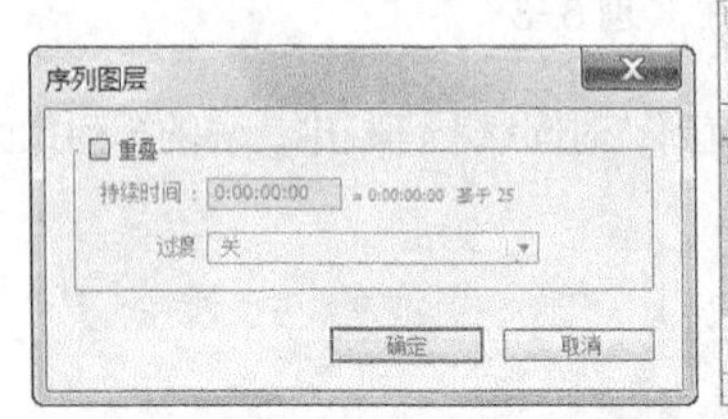

图 6-10

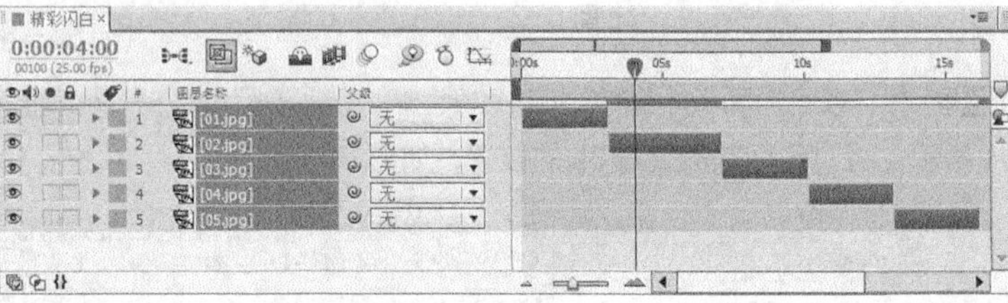

图 6-11

步骤⑥ 选择“图层 > 新建 > 调节层”命令，在“时间线”面板中新增一个“调节层 1”，如图 6-12 所示。

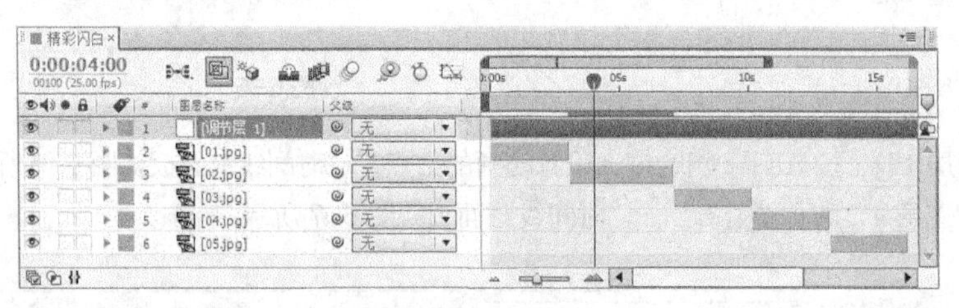

图 6-12

2. 制作图像闪白

步骤① 选中“调节层 1”，选择“效果 > 模糊与锐化 > 快速模糊”命令，在“特效控制台”面板中进行参数设置，如图 6-13 所示。“合成”窗口中的效果如图 6-14 所示。

微课：精彩闪白 2

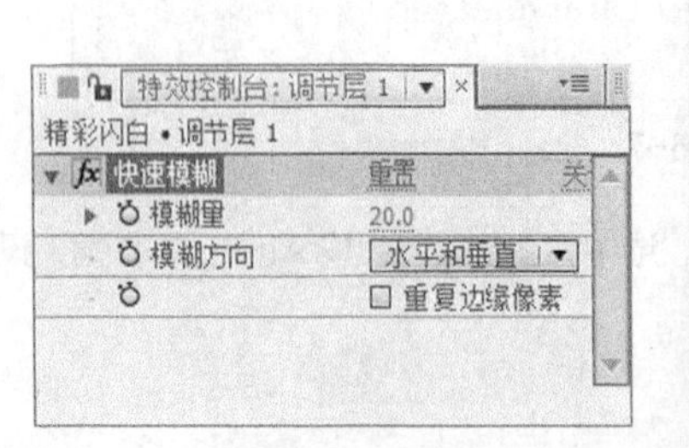

图 6-13

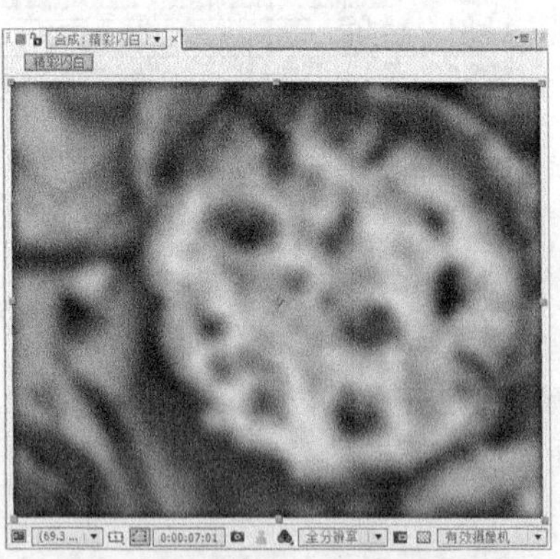

图 6-14

步骤② 选择“效果 > 色彩校正 > 色阶”命令，在“特效控制台”面板中进行参数设置，如图 6-15 所示。“合成”窗口中的效果如图 6-16 所示。

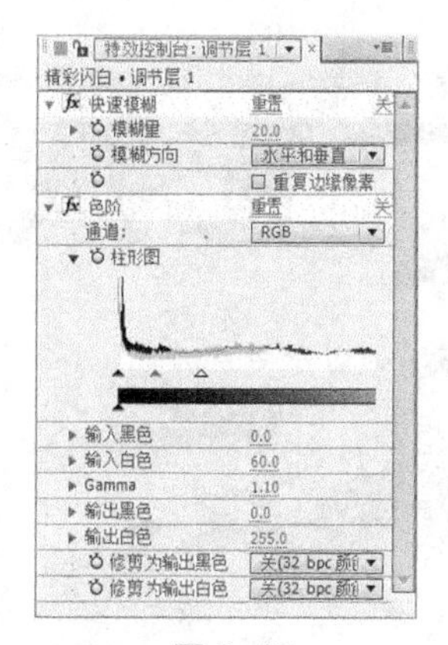

图 6-15

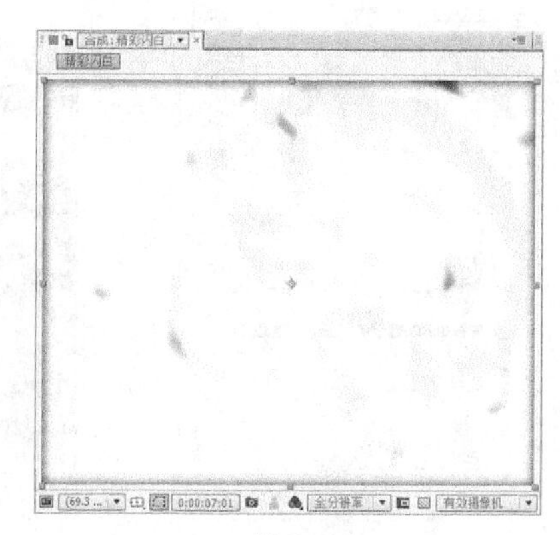

图 6-16

步骤③ 在“时间线”面板中，将时间标签放置在 0s 的位置，在“特效控制台”面板中，分别单击“快速模糊”特效中的“模糊量”选项和“色阶”特效中的“柱形图”选项左侧的“关键帧自动记录器”按钮，记录第 1 个关键帧，如图 6-17 所示。

步骤④ 将时间标签放置在 0:06s 的位置，在“特效控制台”面板中设置“模糊量”选项的数值为 0，“输入白色”选项的数值为 255，如图 6-18 所示，记录第 2 个关键帧。“合成”窗口中的效果如图 6-19 所示。

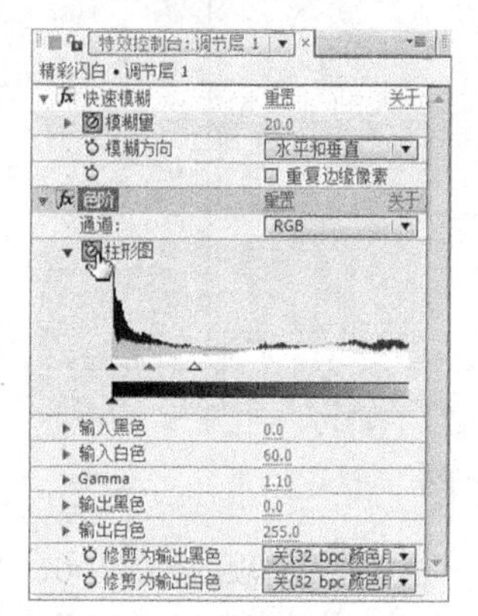

图 6-17

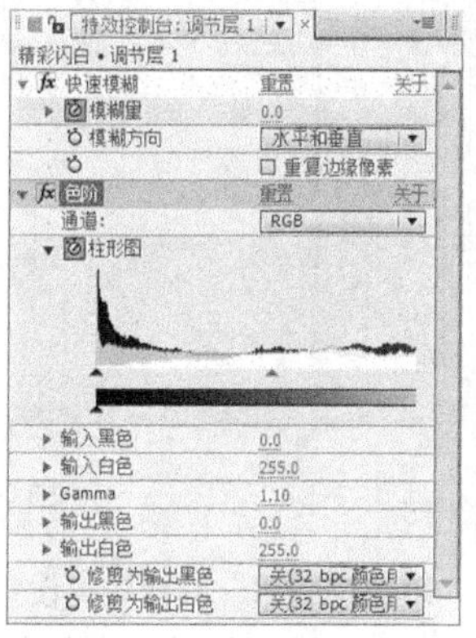

图 6-18

图 6-19

步骤⑤ 将时间标签放置在 2:04s 的位置，按 U 键展开所有关键帧。单击“时间线”面板中“模糊量”选项和“柱形图”选项左侧的添加关键帧按钮，记录第 3 个关键帧，如图 6-20 所示。

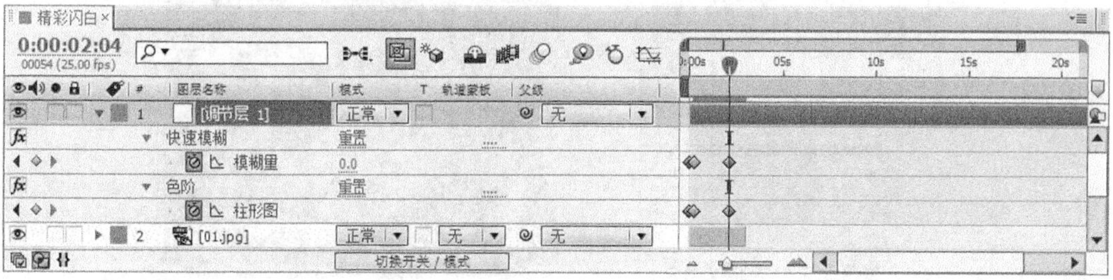

图 6-20

步骤⑥ 将时间标签放置在 2:14s 的位置，在“特效控制台”面板中，设置“模糊量”选项的数值为 7，“输入白色”选项的数值为 94，如图 6-21 所示，记录第 4 个关键帧。“合成”窗口中的效果如图 6-22 所示。

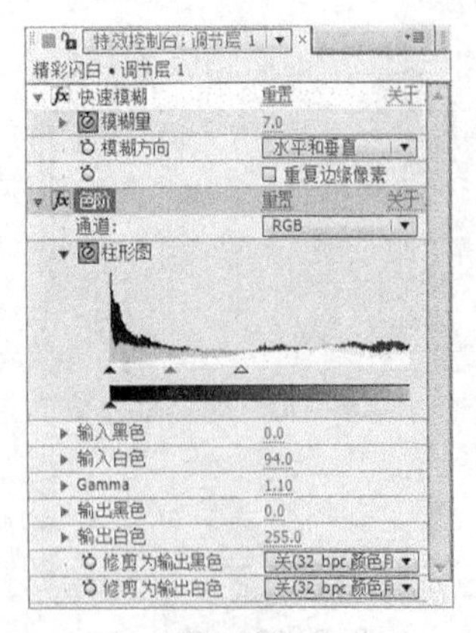

图 6-21

图 6-22

步骤⑦ 将时间标签放置在 3:08s 的位置，在“特效控制台”面板中，设置“模糊量”选项的数值为 20，“输入白色”选项的数值为 58，如图 6-23 所示，记录第 5 个关键帧。“合成”窗口中的效果如图 6-24 所示。

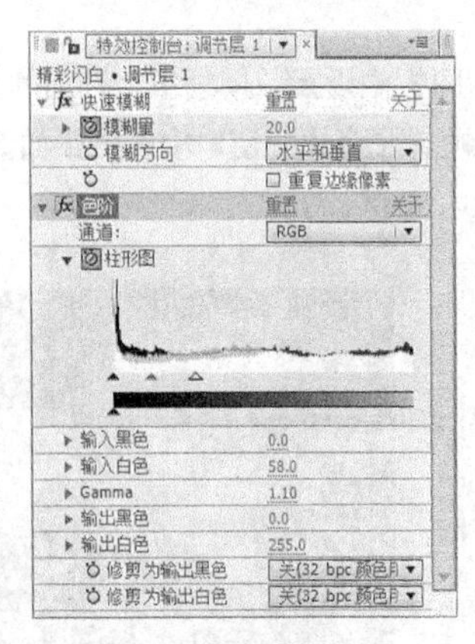

图 6-23

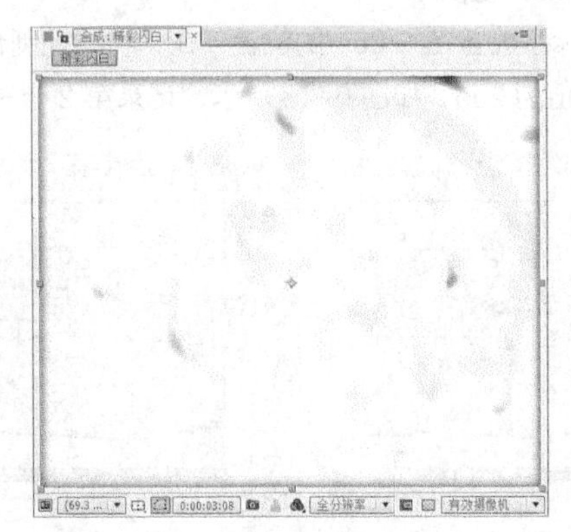

图 6-24

步骤⑧ 将时间标签放置在 3:18s 的位置，在“特效控制台”面板中，设置“模糊量”选项的数值为 0，“输入白色”选项的数值为 255，如图 6-25 所示，记录第 6 个关键帧。“合成”窗口中的效果如图 6-26 所示。

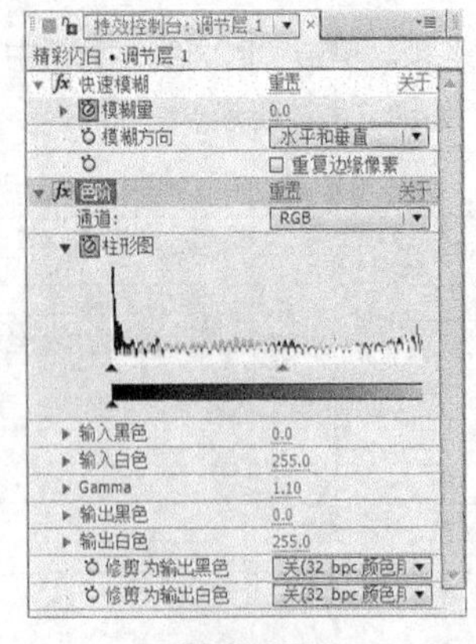

图 6-25

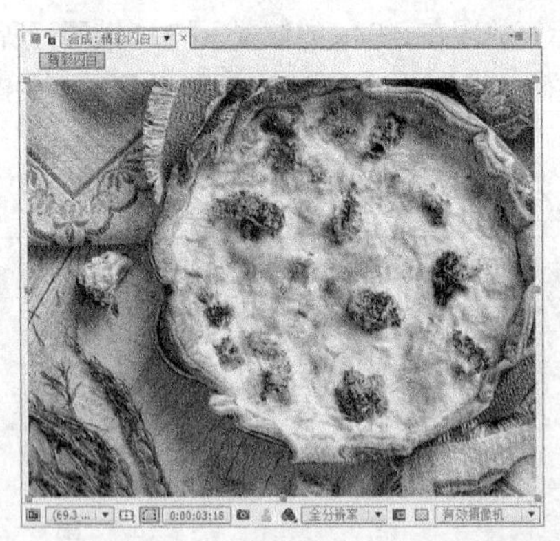

图 6-26

步骤⑨ 至此第一段素材与第二段素材之间的闪白动画制作完成。用相同的方法设置其他素材的闪白动画，如图6-27所示。

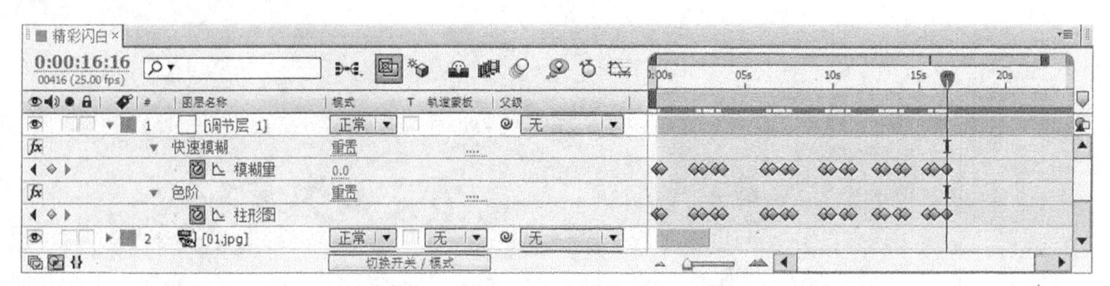

图6-27

3. 编辑文字

步骤① 在“项目”面板中选中“06”文件并将其拖曳到“时间线”面板中，层的排列如图6-28所示。将时间标签放置在15:23s的位置，按Alt+ [组合键，设置动画的入点，“时间线”面板如图6-29所示。

微课：精彩闪白 2

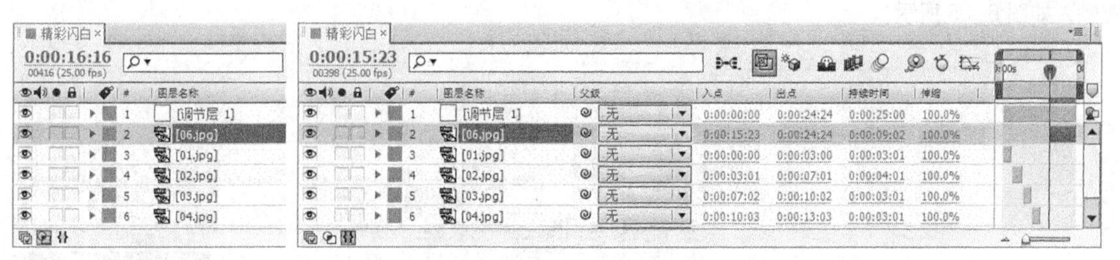

图6-28　　图6-29

步骤② 将时间标签放置在20s的位置，选择“横排文字”工具T，在“合成”窗口中输入文字“舌尖上的食客”。选中文字，在“文字”面板中设置“填充色”为蓝色（其R、G、B的值分别为21、56、86），在“段落”面板中设置对齐方式为文字居中，其他参数设置如图6-30所示，“合成”窗口中的效果如图6-31所示。

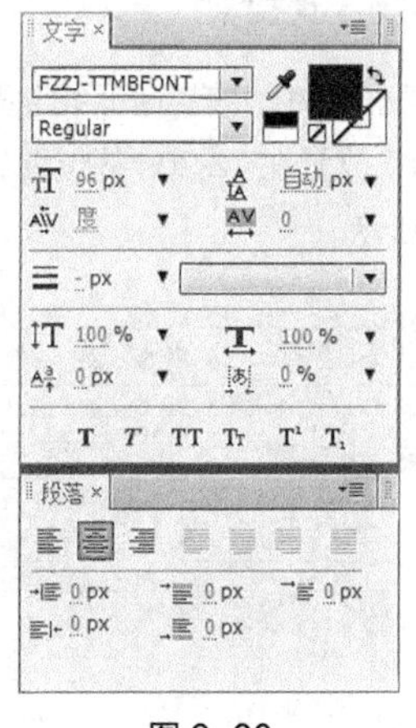

图6-30

图6-31

步骤③ 选中“文字”层，把该层拖曳到调整层的下面，选择“效果 > 透视 > 阴影”命令，在“特效控制台”面板中进行参数设置，如图 6-32 所示。“合成”窗口中的效果如图 6-33 所示。

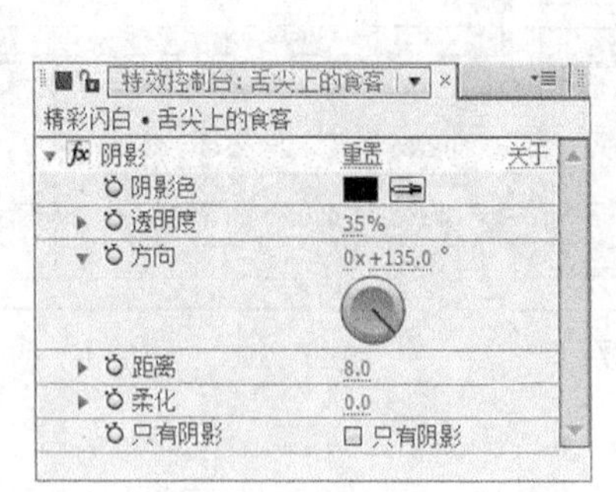

图 6-32

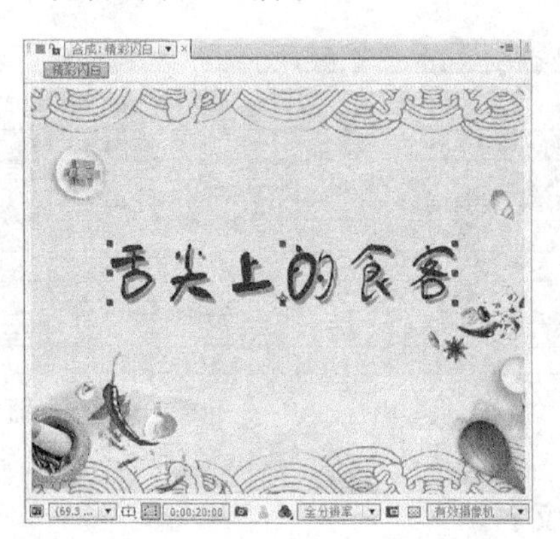

图 6-33

步骤④ 将时间标签放置在 16:07s 的位置，选择“窗口 > 效果和预置”命令，打开“效果和预置”面板，展开“动画预设”选项，双击“Text > Animate In > Smooth Move In”选项，文字层会自动添加动画效果，“合成”窗口中的效果如图 6-34 所示。

步骤⑤ 在“时间线”面板中选择文字层，按 U 键展开所有关键帧，可以看到“Smooth Move In”动画的关键帧，如图 6-35 所示。

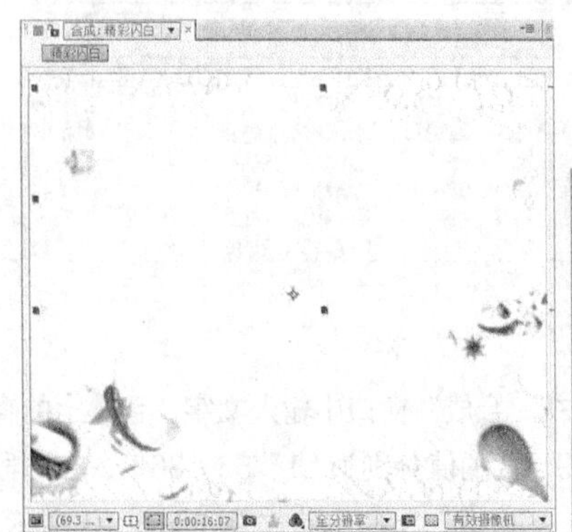

图 6-34

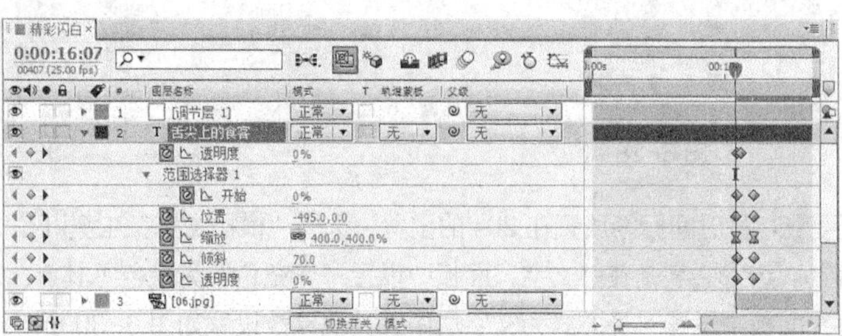

图 6-35

步骤⑥ 在“项目”面板中选中“07”文件并将其拖曳到“时间线”面板中，在“时间线”面板中设置“07.jpg”图层的混合模式为“添加”，层的排列如图 6-36 所示。将时间标签放置在 18:20s 的位置，选中“07.jpg”层，按 Alt+ [组合键，设置动画的入点，“时间线”面板如图 6-37 所示。

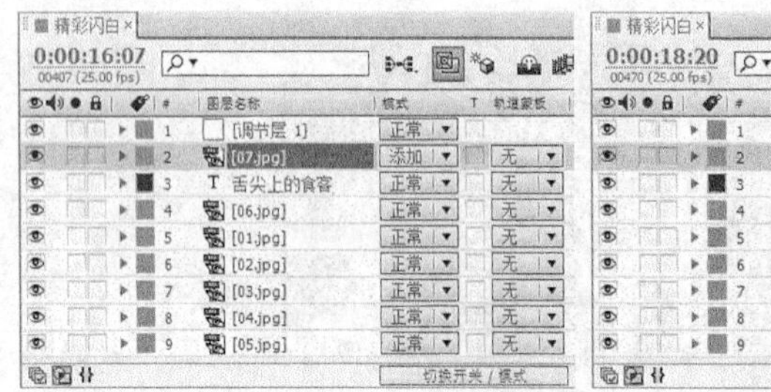

图 6-36

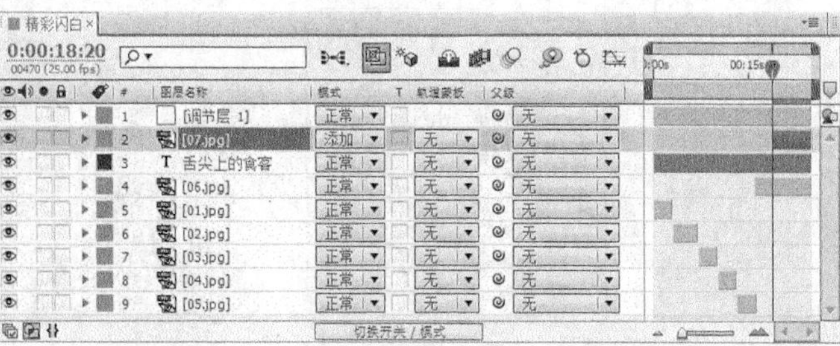

图 6-37

步骤 7 选中“07.jpg”层，按 P 键展开“位置”属性，单击“位置”选项左侧的“关键帧自动记录器”按钮，设置“位置”选项的数值为 72、313，记录第 1 个关键帧，如图 6-38 所示。将时间标签放置在 20:13s 的位置，设置“位置”选项的数值为 826、313，记录第 2 个关键帧，如图 6-39 所示。

图 6-38

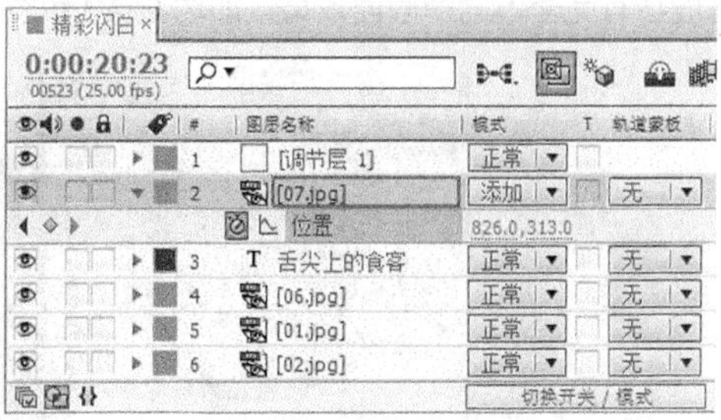

图 6-39

步骤 8 精彩闪白制作完成，如图 6-40 所示。

图 6-40

6.1.3 【相关工具】

1. 初步了解效果

After Effects 软件自带了许多效果，包括音频、模糊与锐化、色彩校正、扭曲、键控、模拟仿真、风格化和文字等。效果不仅能对影片进行丰富的艺术加工，还可以提高影片的画面质量和播放效果。

2. 为图层添加效果

为图层添加效果的方法很简单，方式也有很多种，可以根据情况灵活应用。

在“时间线”面板中，选中某个图层，选择“效果”命令中的各项效果命令即可。

在“时间线”面板中的某个图层上单击鼠标右键，在弹出的菜单中选择“效果”中的各项效果命令即可。

选择“窗口 > 效果和预置”命令，或按 Ctrl+5 组合键，打开“效果和预置”面板，从分类中选中需要的效果，然后拖曳到“时间线”面板中的某层上即可，如图 6-41 所示。

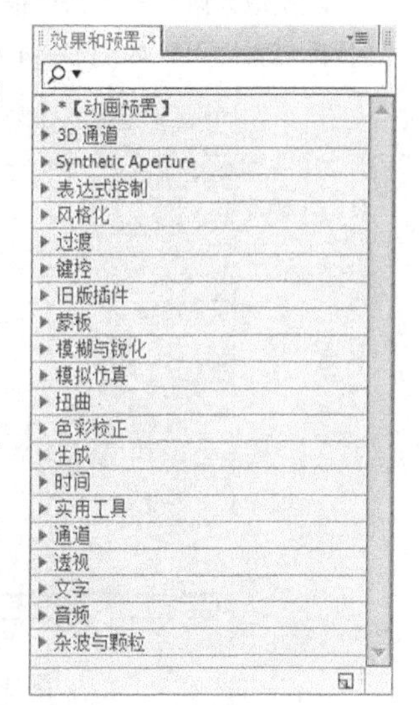

图 6-41

在“时间线”面板中，选择某层，然后选择“窗口 > 效果和预置”命令，打开“效果和预置”面板，双击分类中选中的效果即可。

图层中的一个效果常常不能完全满足创作需要。只有使用以上描述的任意一种方法，为图层添加多个效果，才可以制作出复杂而千变万化的效果。但是，在同一图层应用多个效果时，一定要注意上下顺序，因为不同的顺序可能会有完全不同的画面效果，如图 6-42 和图 6-43 所示。

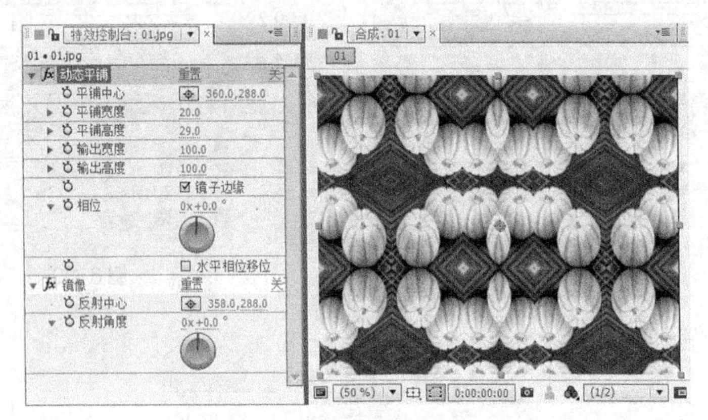

图 6-42

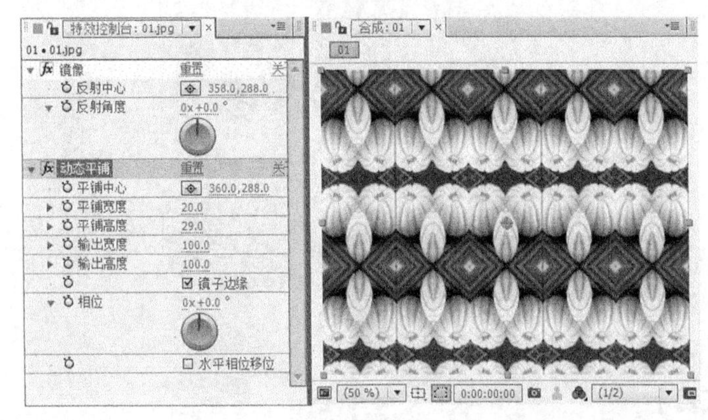

图 6-43

改变效果顺序的方法也很简单，只要在“特效控制台”面板或者“时间线”面板中，上下拖曳所需的效果到目标位置即可，如图 6-44 和图 6-45 所示。

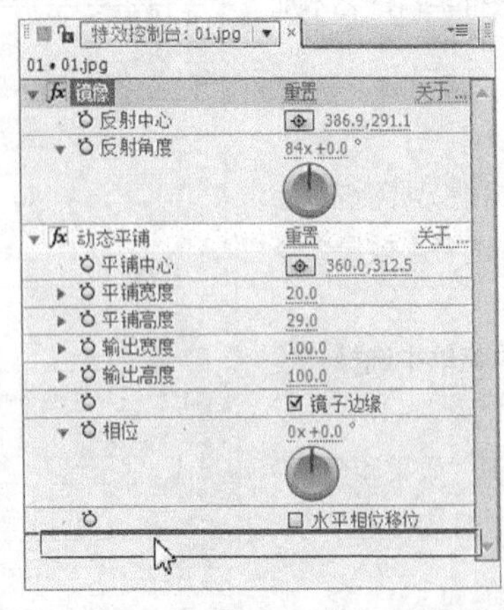

图 6-44

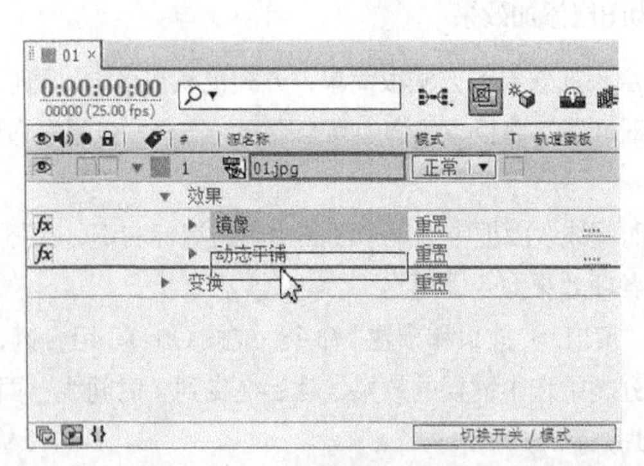

图 6-45

3. 调整、复制和删除效果

◎ 调整效果

在为图层添加特效时，一般会自动打开“特效控制台”面板，如果并未打开该面板，可以选择“窗口 > 特效控制台”命令，将“特效控制台”面板打开。

After Effects 有多种效果，且各个功能有所不同，调整效果的方法分为 5 种。

位置点定义：一般用来设置特效的中心位置。调整的方法有两种：一种是直接调整后面的参数值；另一种是单击按钮，在“合成”预览窗口中的合适位置单击，效果如图 6-46 所示。

图 6-46

选择下拉菜单：一般不能通过设置关键帧制作动画。如果是可以设置关键帧动画的，也会如图 6-47 所示，产生硬性停止关键帧，这种变化是一种突变，不能出现连续性的渐变效果。

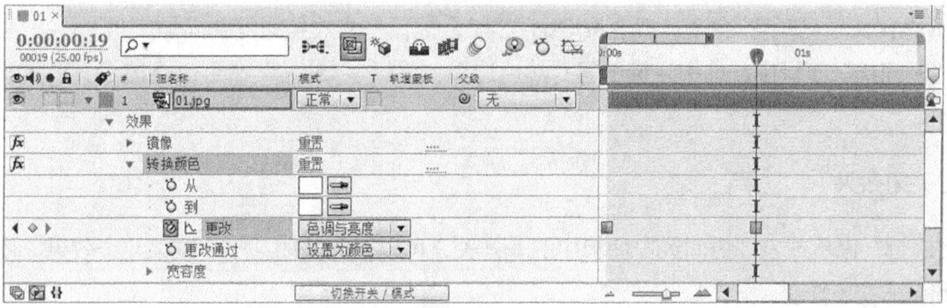

图 6-47

调整滑块：左右拖动滑块调整数值。不过需要注意：滑块并不能显示参数的极限值。例如，复合模糊特效，虽然在调整滑块中看到的调整范围是 0～100，但是如果用直接输入数值的方法调整，最大值则能输入到 4000，因此在滑块中看到的调整范围一般是常用的数值段，如图 6-48 所示。

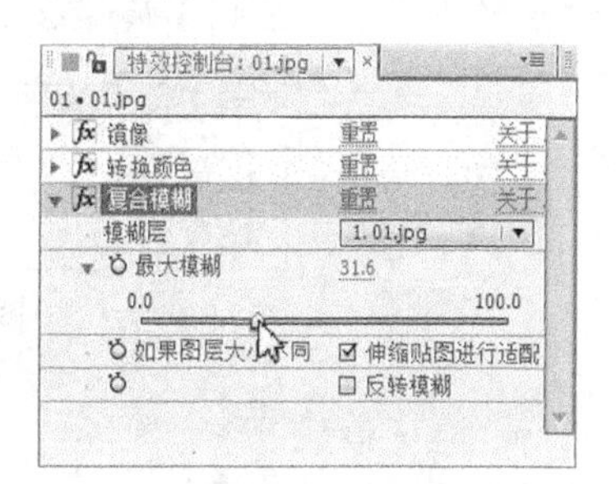

图 6-48

颜色选取框：主要用于选取或者改变颜色，单击将会弹出如图 6-49 所示的色彩选择对话框。

角度旋转器：一般与角度和圈数设置有关，如图 6-50 所示。

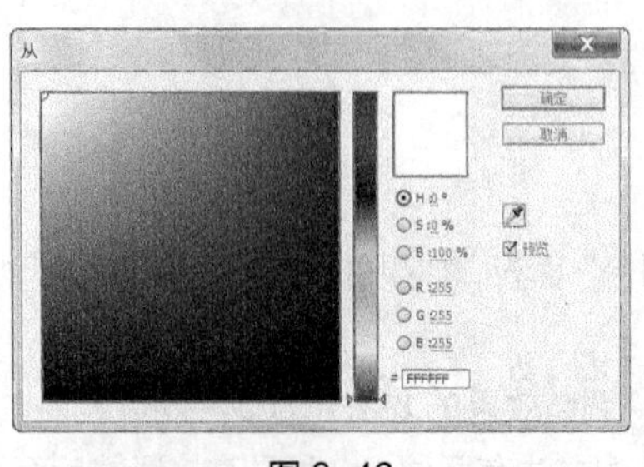

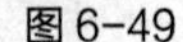
图 6-49

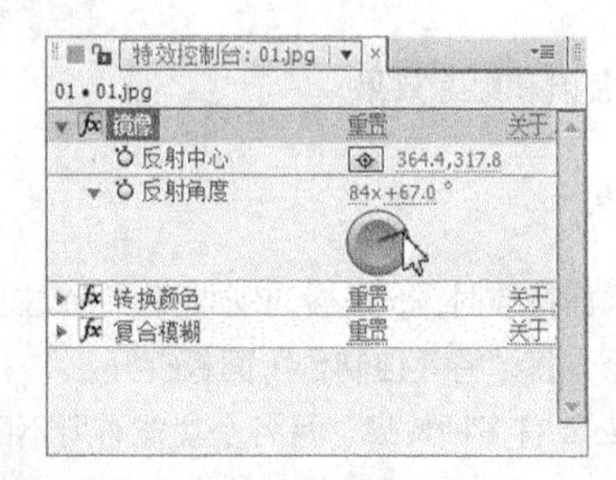

图 6-50

◎ **删除效果**

删除效果只需要在“特效控制台”面板或者“时间线”面板中选择某个特效滤镜名称，按 Delete 键即可。

在“时间线”面板中快速展开效果的方法是：选中含有效果的图层，按 E 键。

◎ **复制效果**

如果只是在本图层中复制特效，只需要在“特效控制台”面板或者“时间线”面板中选中特效，按 Ctrl+D 组合键即可。

如果是将特效复制到其他层使用，可以执行如下操作步骤。

步骤① 在“特效控制台”面板或者“时间线”面板中选中原图层的一个或多个效果。

步骤② 选择“编辑 > 复制”命令，或者按 Ctrl+C 组合键，完成效果的复制操作。

步骤③ 在“时间线”面板中，选中目标图层，然后选择“编辑 > 粘贴”命令，或按 Ctrl+V 组合键，完成效果的粘贴操作。

◎ **暂时关闭效果**

“特效控制台”面板或者“时间线”面板中的 fx 开关，可以暂时关闭某一个或某几个效果，使其不起作用，如图 6-51 和图 6-52 所示。

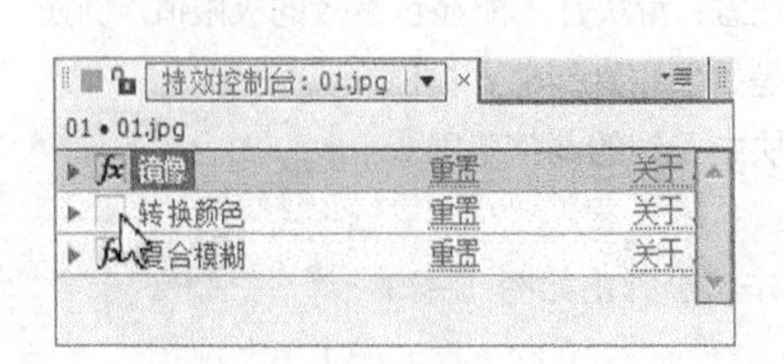

图 6-51

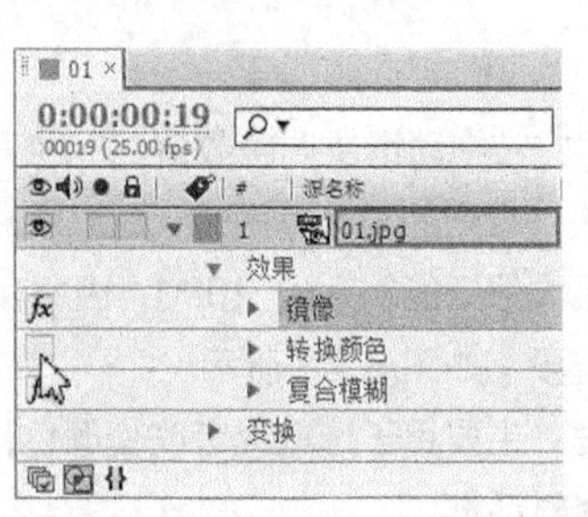

图 6-52

4. 制作关键帧动画

◎ **在“时间线”面板中制作动画**

步骤❶ 在“时间线”面板中选择某层，选择“效果 > 模糊与锐化 > 高斯模糊”命令，添加高斯模糊效果。
步骤❷ 按 E 键出现特效属性，单击“高斯模糊”效果名称左侧的小三角形按钮 ▶，展开各项具体参数设置。
步骤❸ 单击“模糊量”左侧的“关键帧自动记录器”按钮 ⏱，生成 1 个关键帧，如图 6-53 所示。

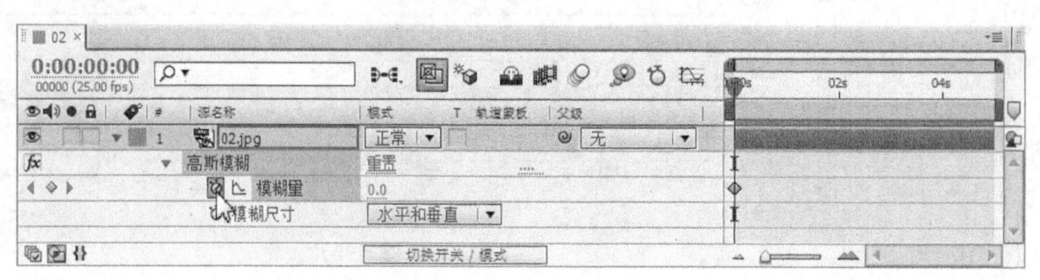

图 6-53

步骤❹ 将当前时间标签移动到另一个时间位置，调整“模糊量”的数值，After Effects 将自动生成第 2 个关键帧，如图 6-54 所示。
步骤❺ 按数字键盘上的 0 键，预览动画。

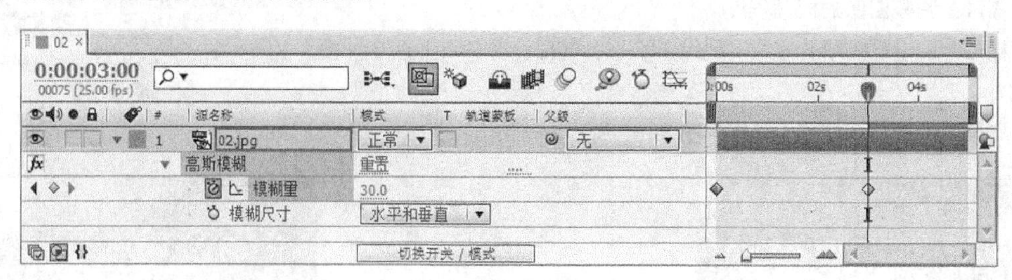

图 6-54

◎ **在“特效控制台”面板中制作关键帧动画**

步骤❶ 在“时间线”面板中选择某层，选择“效果 > 模糊与锐化 > 高斯模糊”命令，添加高斯模糊效果。
步骤❷ 在“特效控制台”面板中，单击“模糊量”左侧的“关键帧自动记录器”按钮 ⏱，如图 6-55 所示，或在按住 Alt 键的同时，单击“模糊量”名称，生成第 1 个关键帧。

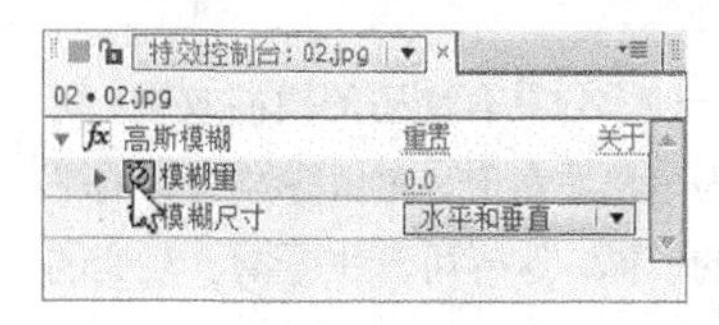

图 6-55

步骤❸ 将当前时间标签移动到另一个时间位置，在“特效控制台”面板中，调整“模糊量”的数值，自动生成第 2 个关键帧。

5. 使用特效预置

在赋予特效预置前，必须确定时间标签所处的时间位置，因为赋予的特效预置如果含有动画信息，将会以当前时间标签位置为动画的起始点，如图 6-56 和图 6-57 所示。

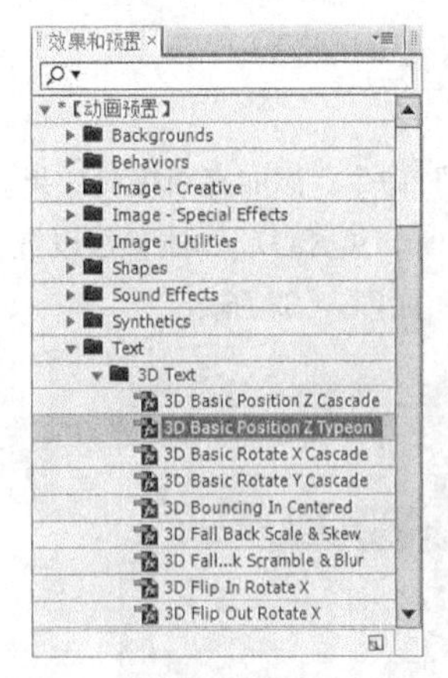

图 6-56

图 6-57

6. 高斯模糊

高斯模糊特效用于模糊和柔化图像，可以去除杂点。高斯模糊能产生更细腻的模糊效果，尤其是单独使用时，其参数设置如图 6-58 所示。

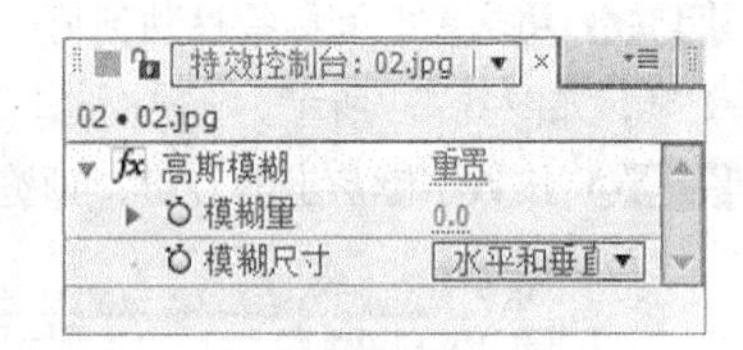

图 6-58

模糊量：调整图像的模糊程度。

模糊尺寸：设置模糊的方式。提供了水平、垂直、水平和垂直 3 种模糊方式。

高斯模糊特效演示如图 6-59～图 6-61 所示。

图 6-59

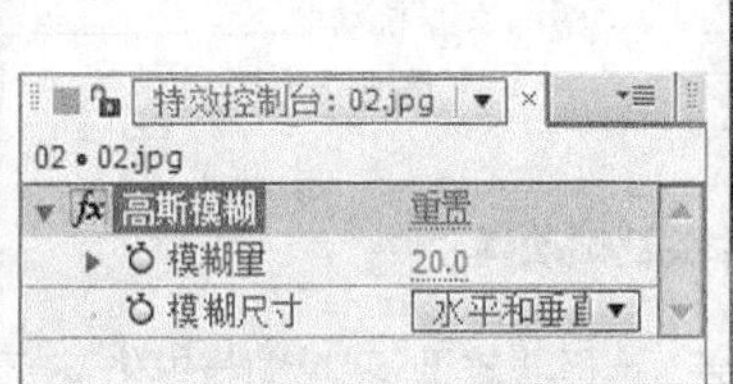

图 6-60

图 6-61

7. 方向模糊

方向模糊也称为定向模糊。这是一种十分具有动感的模糊效果，可以产生任何方向的运动视觉。当图层为草稿质量时，应用图像边缘的平均值；为最高质量时，应用高斯模式的模糊，这样可产生平滑、渐变的模糊效果。其参数设置如图 6-62 所示。

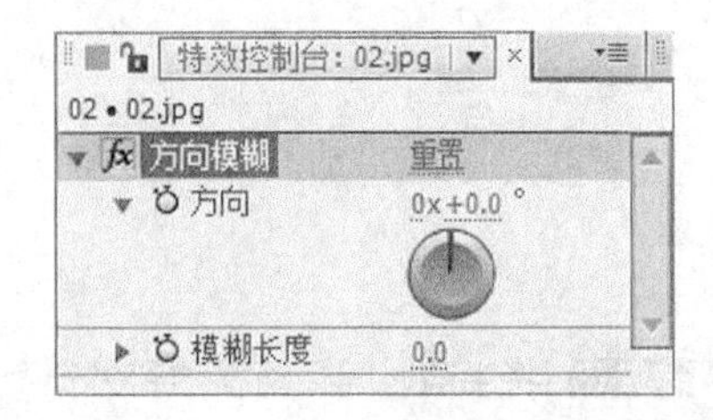

图 6-62

方向：调整模糊的方向。

模糊长度：调整效果的模糊程度，数值越大，模糊的程度也就越大。

定向模糊特效演示如图 6-63～图 6-65 所示。

图 6-63

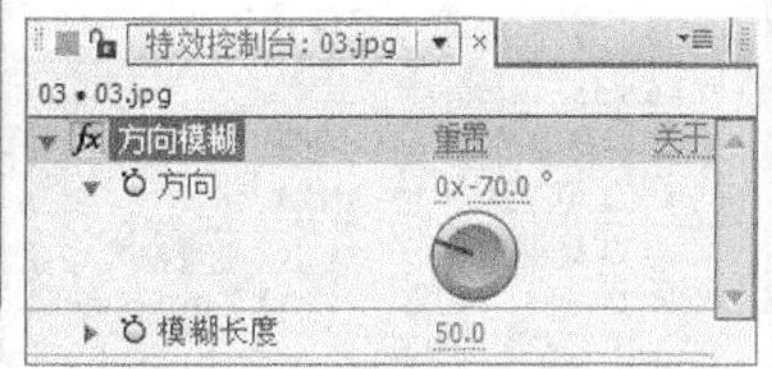

图 6-64

图 6-65

8. 径向模糊

径向模糊特效可以在层中围绕特定点为图像增加移动或旋转模糊的效果，径向模糊特效的参数设置如图 6-66 所示。

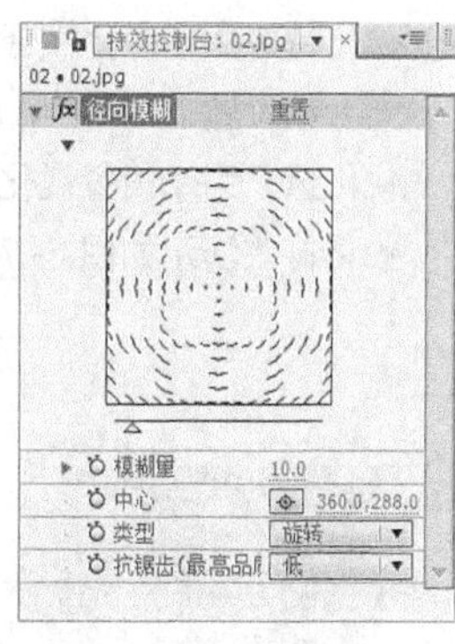

图 6-66

模糊量：控制图像的模糊程度。模糊程度的大小取决于模糊量，在旋转类型状态下，模糊量表示旋转模糊程度；而在缩放类型下模糊量表示缩放模糊程度。

中心：调整模糊中心点的位置。可以通过单击按钮在视频窗口中指定中心点位置。

类型：设置模糊类型。提供了旋转和缩放 2 种模糊类型。

抗锯齿（最高品质）：该功能只在图像的最高品质下起作用。

径向模糊特效演示如图 6-67 ~ 图 6-69 所示。

图 6-67

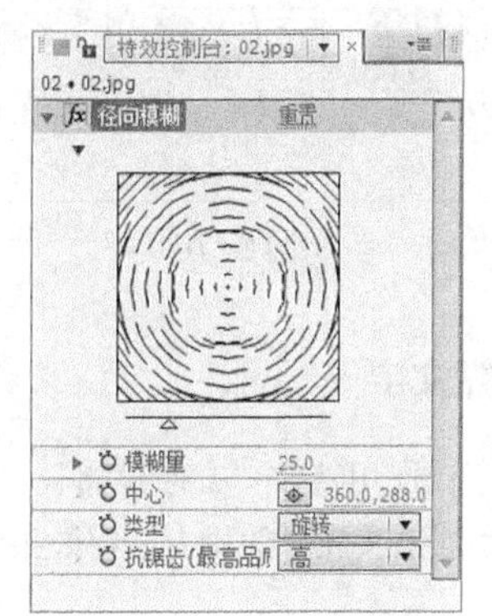

图 6-68

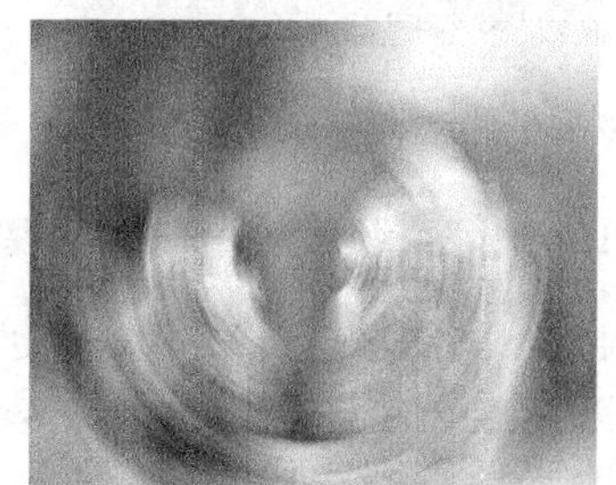

图 6-69

9. 快速模糊

快速模糊特效用于设置图像的模糊程度，它和高斯模糊十分类似，而它在大面积应用时的实现速度更快，效果更明显。其参数设置如图 6-70 所示。

模糊量：用于设置模糊程度。

模糊方向：设置模糊方向，分别有水平、垂直、水平和垂直 3 种方式。

重复边缘像素：勾选“重复边缘像素”复选框，可让边缘保持清晰度。

快速模糊特效演示如图 6-71 ~ 图 6-73 所示。

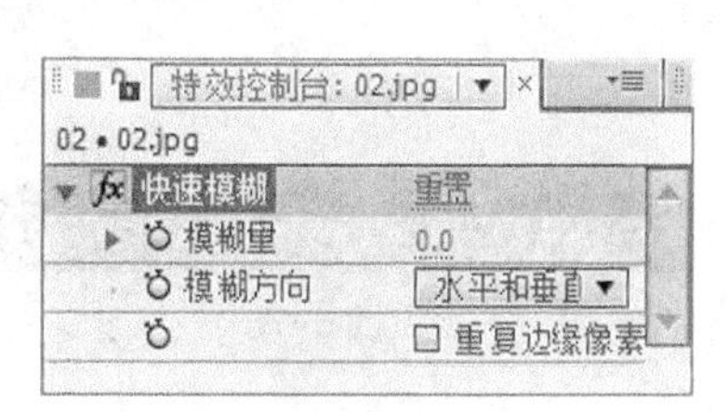

图 6-70

图 6-71

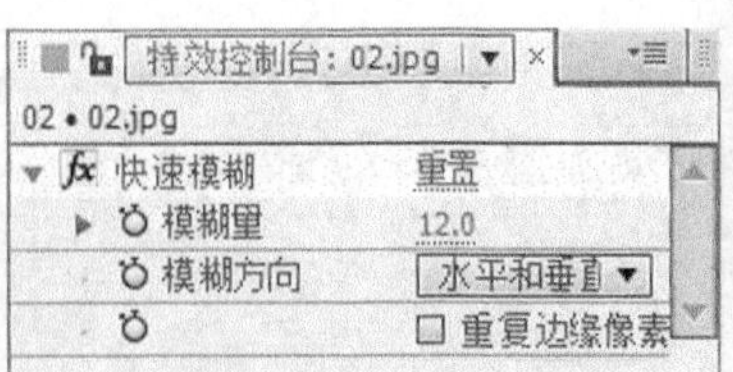

图 6-72

图 6-73

10. 锐化

锐化特效用于锐化图像，在图像颜色发生变化的地方提高图像的对比度。其参数设置如图 6-74 所示。

锐化量：用于设置锐化的程度。

锐化特效演示如图 6-75 ~ 图 6-77 所示。

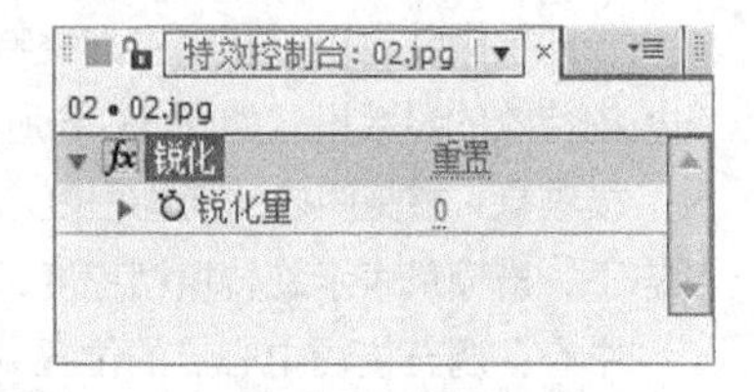

图 6-74

图 6-75

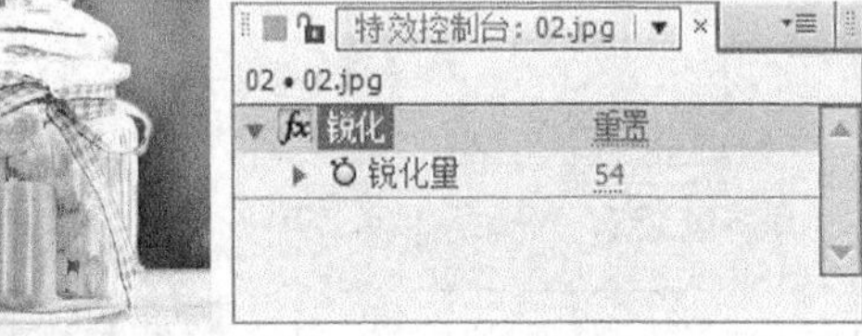

图 6-76

图 6-77

6.1.4 【实战演练】——动感模糊文字

使用“卡片擦除”命令制作动感文字；使用特效“方向模糊”“色阶”和“Shine”命令制作文字发光并改变发光颜色；使用“镜头光晕”命令添加镜头光晕效果。最终效果参看云盘中的“Ch06 > 动感模糊文字 > 动感模糊文字.aep”，如图 6-78 所示。

图 6-78

微课：动感模糊文字 1

微课：动感模糊文字 2

微课：动感模糊文字 3

微课：动感模糊文字 4

6.2 水墨画效果

6.2.1 【操作目的】

使用“查找边缘”“色相位/饱和度”“曲线”和“高斯模糊”命令制作水墨画效果。最终效果参看云盘中的“Ch06 > 水墨画效果 > 水墨画效果.aep”，如图6-79所示。

图6-79

6.2.2 【操作步骤】

1. 导入并编辑素材

步骤① 按Ctrl+N组合键，弹出“图像合成设置”对话框，在“合成组名称”文本框中输入“水墨画效果”，其他选项的设置如图6-80所示，单击“确定”按钮，创建一个新的合成“水墨画效果”。

微课：水墨画效果 1.

步骤② 选择“文件 > 导入 > 文件”命令，弹出“导入文件”对话框，选择云盘中的“Ch06 > 水墨画效果 > (Footage) > 01”文件，如图6-81所示，单击“打开”按钮，导入图片，并将“01.jpg”文件拖曳到“时间线”面板中。

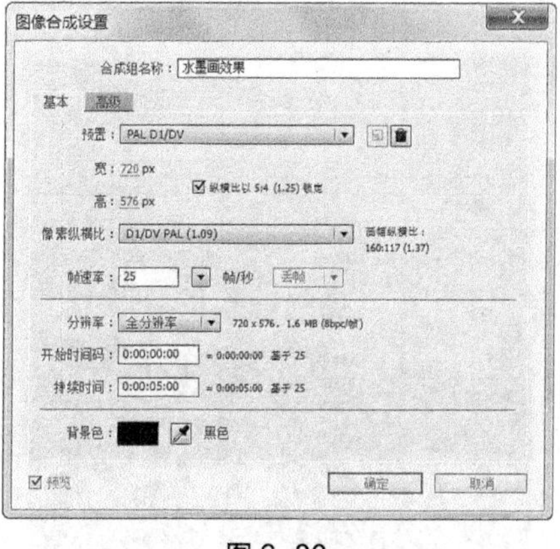

图6-80

图6-81

步骤③ 选中“01.jpg”层，按Ctrl+D组合键复制一层，单击复制层左侧的眼睛按钮👁，关闭该层的可视性，如图6-82所示。“合成”窗口中的效果如图6-83所示。

步骤④ 选中“图层2”，选择“效果 > 风格化 > 查找边缘”命令，在“特效控制台”面板中进行参数设置，如图6-84所示。“合成”窗口中的效果如图6-85所示。

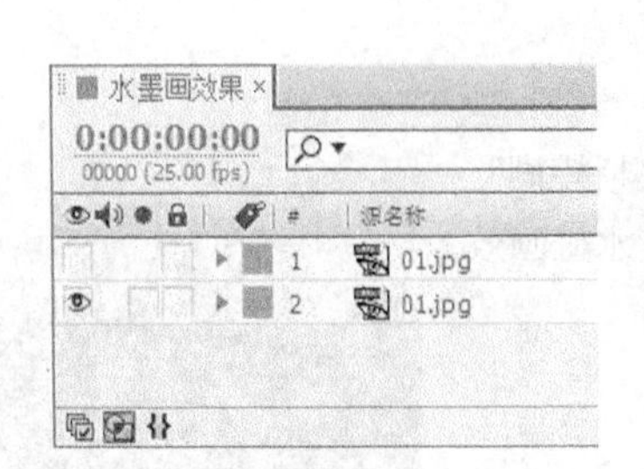

图 6-82

图 6-83

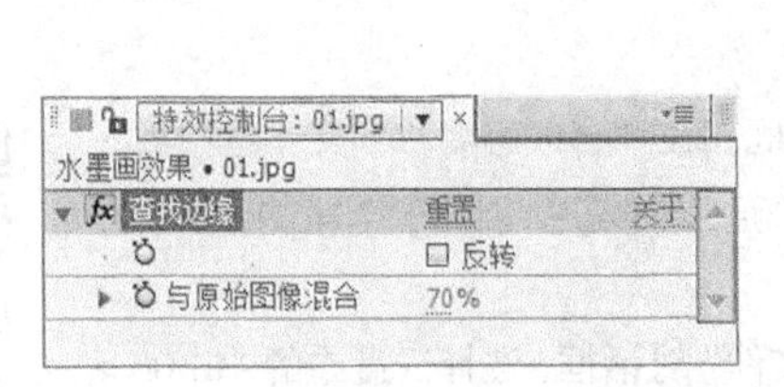

图 6-84

图 6-85

步骤⑤ 选择“效果 > 色彩校正 > 色相位/饱和度”命令，在“特效控制台”面板中进行参数设置，如图 6-86 所示。“合成”窗口中的效果如图 6-87 所示。

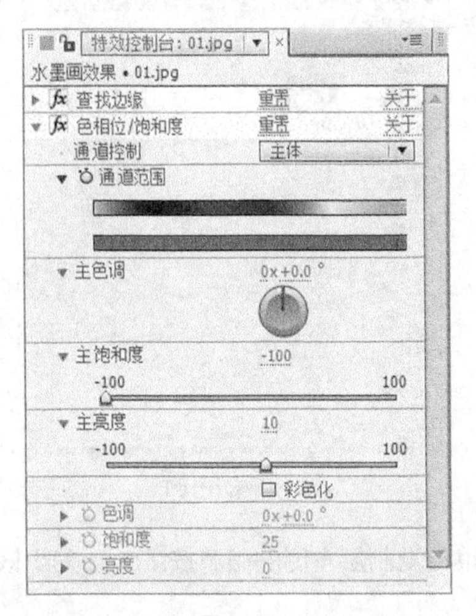

图 6-86

图 6-87

步骤⑥ 选择“效果 > 色彩校正 > 曲线”命令，在“特效控制台”面板中调整曲线，如图 6-88 所示。“合成”窗口中的效果如图 6-89 所示。

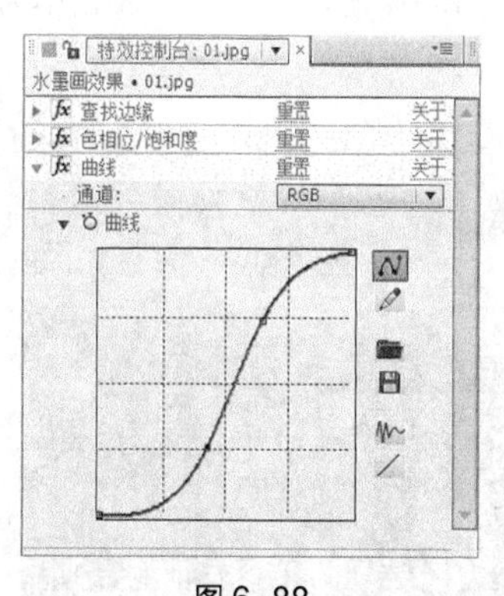

图 6-88

图 6-89

步骤 7 选择“效果 > 模糊与锐化 > 高斯模糊”命令，在“特效控制台”面板中进行参数设置，如图 6-90 所示。“合成”窗口中的效果如图 6-91 所示。

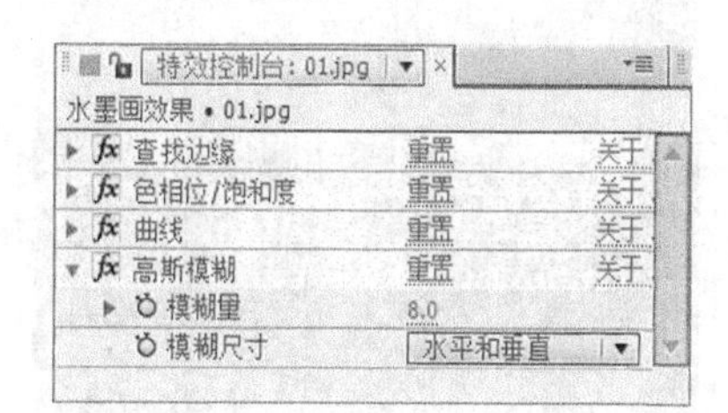

图 6-90

图 6-91

2. 制作水墨画效果

步骤 1 单击“图层 1”左侧的“眼睛”按钮，打开该层的可视性。按 T 键展开“透明度”属性，在“时间线”面板中，设置“透明度”选项的数值为 70，如图 6-92 所示。“合成”窗口中的效果如图 6-93 所示。

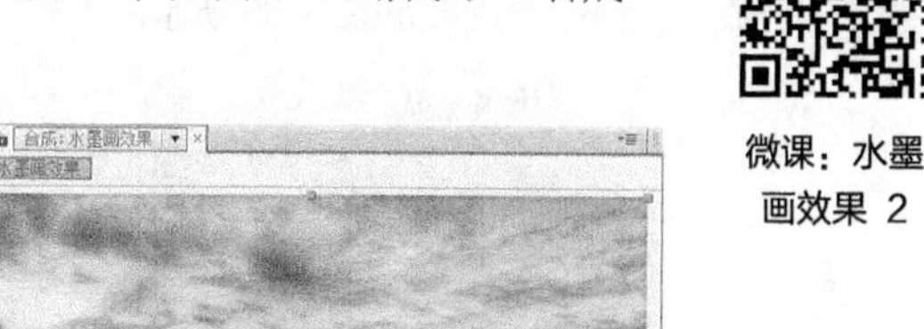

微课：水墨画效果 2

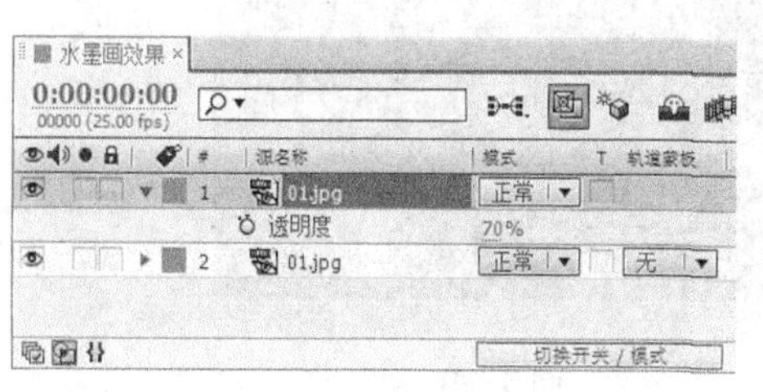

图 6-92

图 6-93

步骤② 在“时间线”面板中设置“模式”为“正片叠底”，如图 6-94 所示。“合成”窗口中的效果如图 6-95 所示。

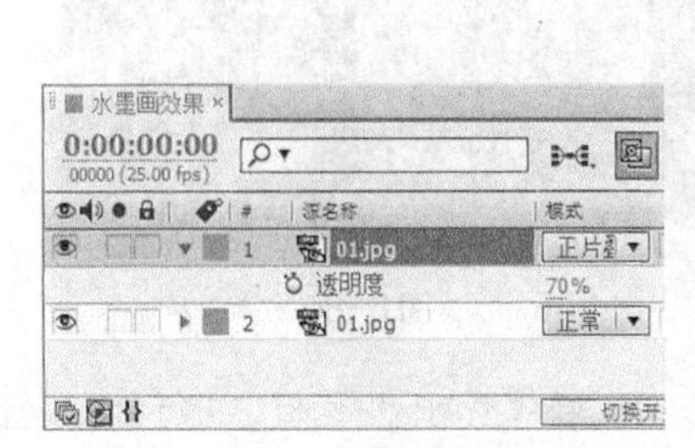

图 6-94　　图 6-95

步骤③ 选中“图层 1”，选择“效果 > 风格化 > 查找边缘”命令，在“特效控制台”面板中进行参数设置，如图 6-96 所示。“合成”窗口中的效果如图 6-97 所示。

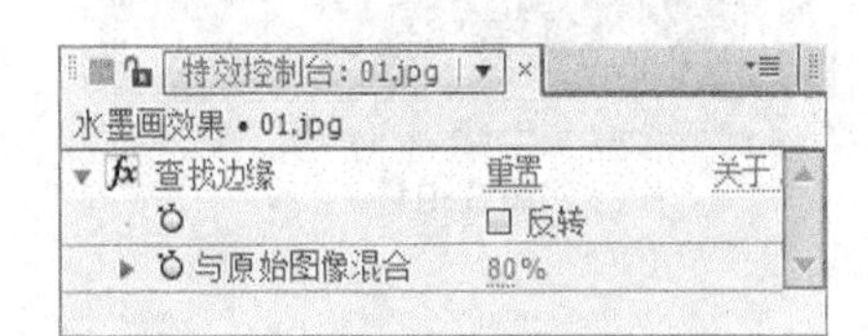

图 6-96　　图 6-97

步骤④ 选择“效果 > 色彩校正 > 色相位/饱和度”命令，在“特效控制台”面板中进行参数设置，如图 6-98 所示。“合成”窗口中的效果如图 6-99 所示。

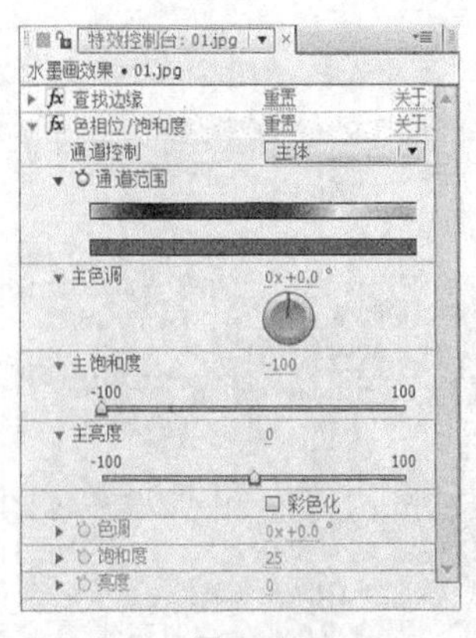

图 6-98　　图 6-99

步骤⑤ 选择“效果 > 色彩校正 > 曲线”命令，在“特效控制台”面板中调整曲线，如图 6-100 所示。“合成”窗口中的效果如图 6-101 所示。

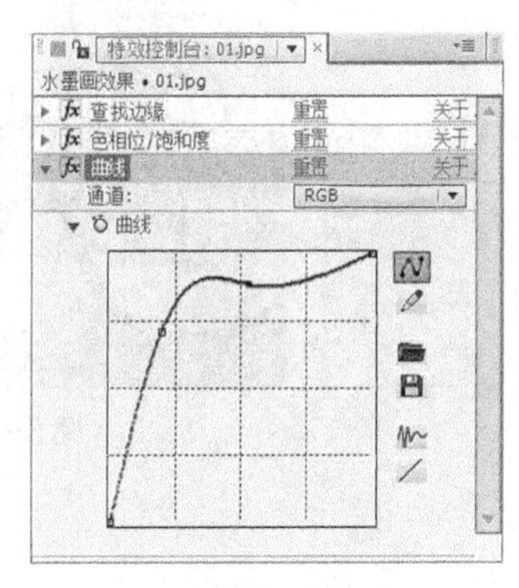

图 6-100

图 6-101

步骤⑥ 选择“效果 > 模糊与锐化 > 快速模糊”命令，在“特效控制台”面板中进行参数设置，如图 6-102 所示。“合成”窗口中的效果如图 6-103 所示。水墨画效果制作完成。

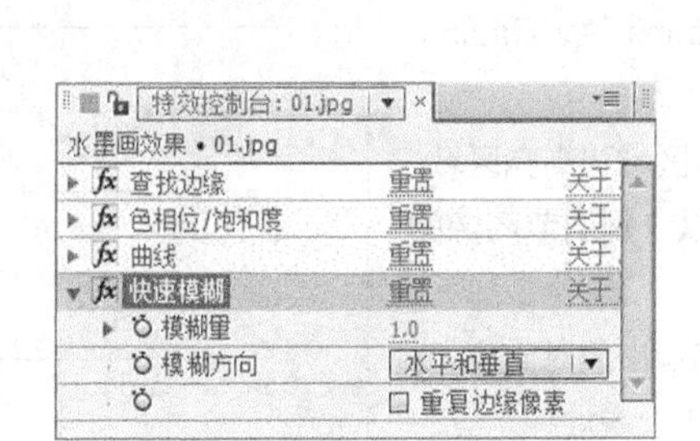

图 6-102

图 6-103

6.2.3 【相关工具】

1. 亮度与对比度

亮度与对比度特效用于调整画面的亮度与对比度，可以同时调整所有像素的高亮、暗部和中间色，操作简单有效，但不能调节单一通道。其参数设置如图 6-104 所示。

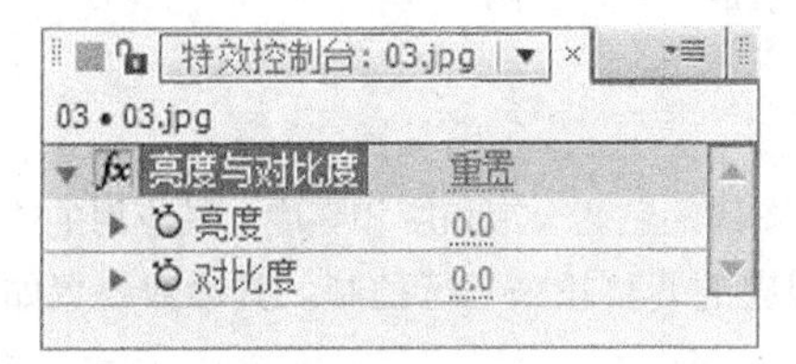

图 6-104

亮度：用于调整亮度值。正值为增加亮度，负值为降低亮度。

对比度：用于调整对比度值。正值为增加对比度，负值为降低对比度。

亮度与对比度特效演示如图 6-105 ~ 图 6-107 所示。

图 6-105

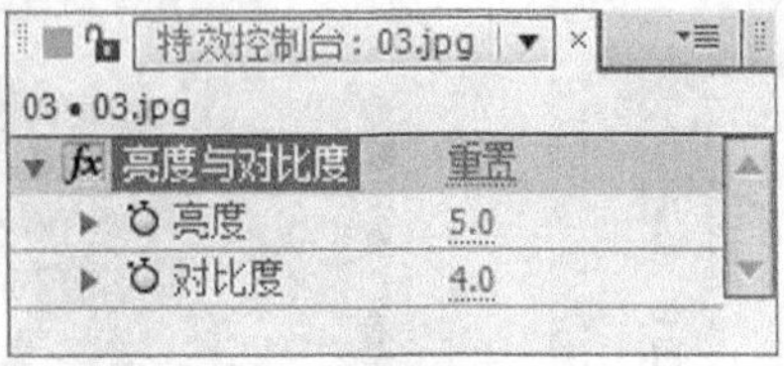

特效控制台：03.jpg
03 • 03.jpg
fx 亮度与对比度 重置
亮度 5.0
对比度 4.0

图 6-106

图 6-107

2. 曲线

曲线特效用于调整图像的色调曲线。After Effects 中的曲线控制与 Photoshop 中的曲线控制功能类似，可控制图像的各个通道，调节图像色调范围。可以用 0 ~ 255 的灰阶调节颜色，用 Level 也可以完成同样的工作，但是曲线（Curves）控制能力更强。曲线（Curves）特效控制台是 After Effects 中非常重要的调色工具。

After Effects 可通过坐标来调整曲线。图 6-108 中的水平坐标代表像素的原始亮度级别，垂直坐标代表输出亮度值。可以移动曲线上的控制点编辑曲线，任何曲线的 Gamma 值都表示为输入、输出值的对比度。向上移动曲线控制点可降低 Gamma 值，向下移动可增加 Gamma 值，Gamma 值决定了影响中间色调的对比度。

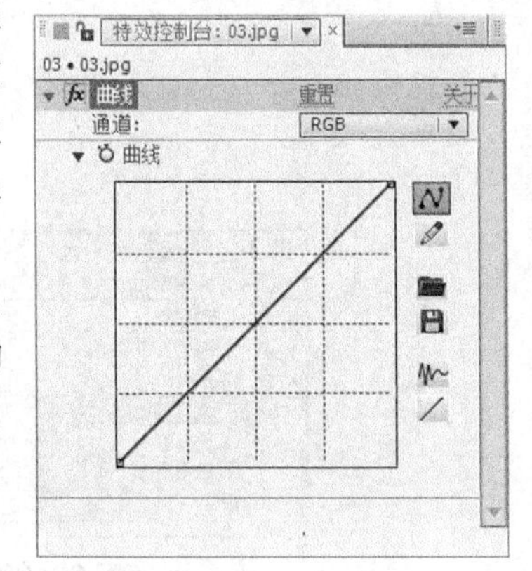

图 6-108

在曲线图表中，可以调整图像的阴影部分、中间色调区域和高亮区域。

通道：在“通道”下拉列表中指定调控的通道。可以分别调节图像的 RGB 红、绿、蓝和 Alpha 通道。

曲线：用来调整 Gamma 值，即输入（原始亮度）和输出的对比度。

曲线工具：选中曲线工具并单击曲线，可以在曲线上增加控制点。要删除控制点，可在曲线上选中要删除的控制点，将其拖曳至坐标区域外即可。按住鼠标拖曳控制点，可对曲线进行编辑。

铅笔工具：选中铅笔工具，可以在坐标区域中拖曳光标，绘制一条曲线。

平滑工具：使用平滑工具，可以平滑曲线。

直线工具：可以将坐标区域中的曲线恢复为直线。

存储工具：可以将调节完成的曲线存储为一个.amp 或.acv 文件，以供再次使用。

打开工具：可以打开存储的曲线调节文件。

3. 色相位/饱和度

色相位/饱和度特效用于调整图像的色调、饱和度和亮度。其应用的效果和色彩平衡一样，但利用颜色相应的调整轮来进行控制。其参数设置如图 6-109 所示。

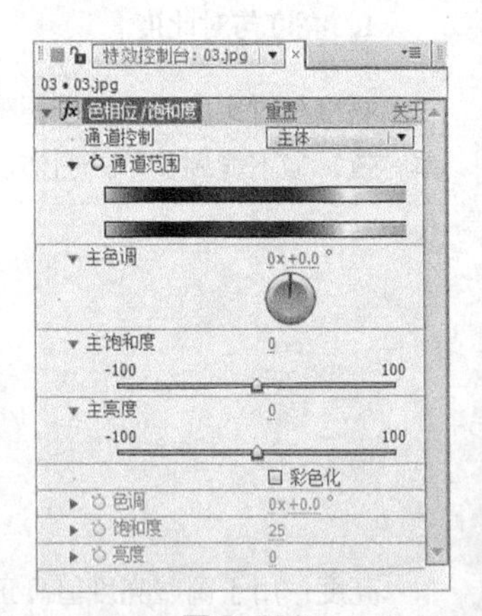

图 6-109

通道控制：用于选择颜色通道，选择“主”时，对所有颜色应用效果，如果分别选择红、黄、绿、青、蓝和品红通道，则对所选颜色应用效果。

通道范围：显示颜色映射的谱线，用于控制通道范围。上面的色条表示调节前的颜色，下面的色条表示在满饱和度的情况下调节整个色调。当对单独的通道进行调节时，下面的色条会显示控制滑杆。拖曳竖条可调节颜色范围，拖曳三角可调整羽化量。

主色调：控制所调节的颜色通道色调，可利用颜色控制轮盘（代表色轮）改变总色调。

主饱和度：用于调整主饱和度。通过调节滑块，控制所调节颜色通道的饱和度。

主亮度：用于调整主亮度。通过调节滑块，控制所调节颜色通道的亮度。

色调：通过颜色控制轮盘，控制彩色化图像后的色调。

饱和度：通过调节滑块，控制彩色化图像后的饱和度。

亮度：通过调节滑块，控制彩色化图像后的亮度。

色相位/饱和度特效是 After Effects 中非常重要的调色工具，在更改对象色相属性时很方便。在调节颜色的过程中，可以使用色轮来预测一个颜色成分中的更改是如何影响其他颜色的，并了解这些更改如何在 RGB 色彩模式间转换。

色相位/饱和度特效演示如图 6-110 ~ 图 6-112 所示。

图 6-110

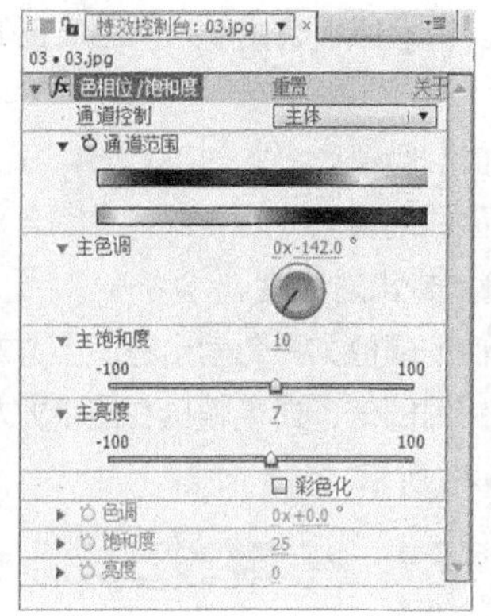

图 6-111

图 6-112

4. 色彩平衡

色彩平衡特效用于调整图像的色彩平衡。通过对图像的红、绿、蓝通道分别进行调节，可调节颜色在暗部、中间色调和高亮部分的强度。其参数设置如图 6-113 所示。

阴影红色/绿色/蓝色平衡：用于调整 RGB 彩色的阴影范围平衡。

中值红色/绿色/蓝色平衡：用于调整 RGB 彩色的中间亮度范围平衡。

高光红色/绿色/蓝色平衡：用于调整 RGB 彩色的高光范围平衡。

保持亮度：用于保持图像的平均亮度，进而保持图像的整体平衡。

色彩平衡特效演示如图 6-114 ~ 图 6-116 所示。

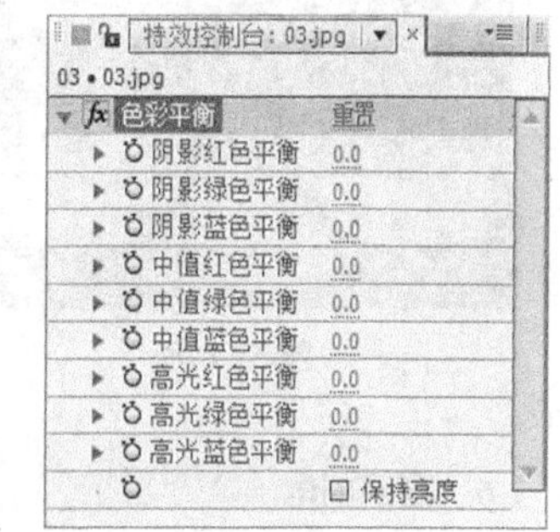

图 6-113

图 6-114

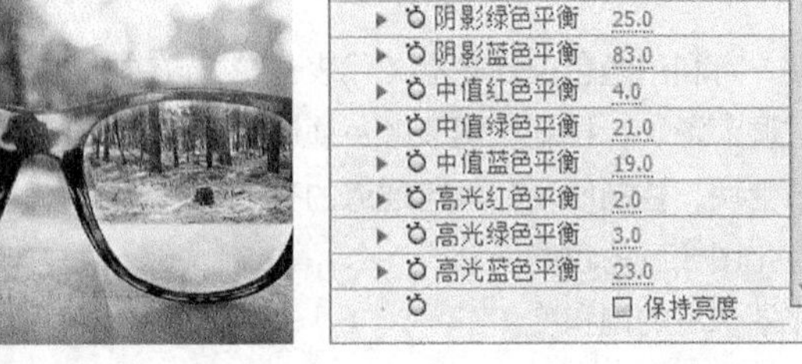

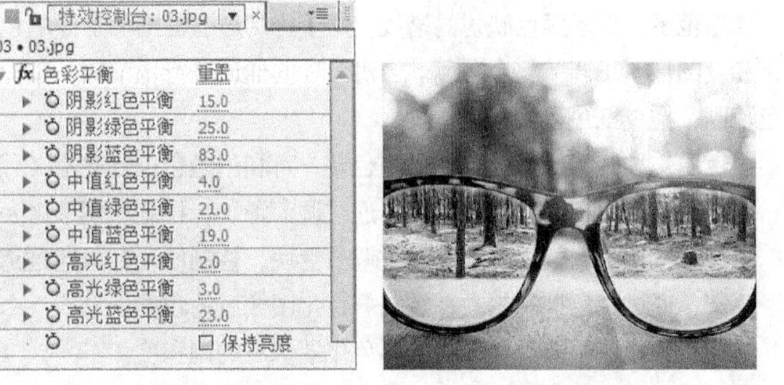

图 6-115　图 6-116

5. 色阶

色阶特效是常用的调色特效工具，用于将输入的颜色范围重新映射到输出的颜色范围，还可以改变 Gamma 校正曲线。色阶主要用于调整基本的影像质量。其参数设置如图 6-117 所示。

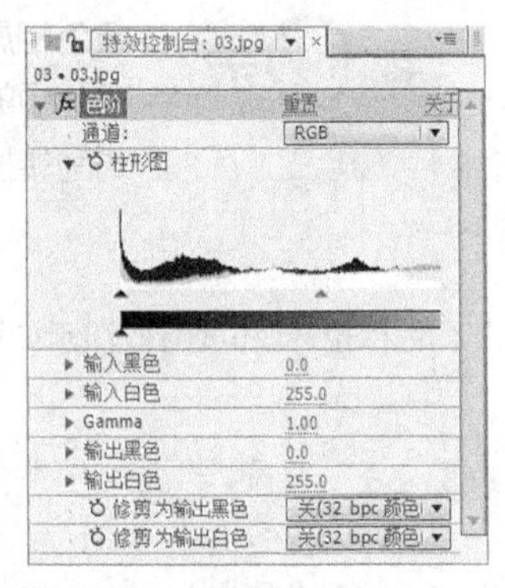

图 6-117

通道：用于选择要调控的通道。可以分别调控 RGB 彩色通道、Red 红色通道、Green 绿色通道、Blue 蓝色通道和 Alpha 透明通道。

柱形图：可以通过该图了解像素在图像中的分布情况。水平方向表示亮度值，垂直方向表示该亮度值的像素值。像素值不会比输入黑色值更低，也不会比输入白色值更高。

输入黑色：用于限定输入图像黑色值的阈值。

输入白色：用于限定输入图像白色值的阈值。

Gamma：设置伽玛值，用于调整输入输出对比度。

输出黑色：用于限定输出图像黑色值的阈值，黑色输出在图下方灰阶条中。

输出白色：用于限定输出图像白色值的阈值，白色输出在图下方灰阶条中。

色阶特效演示如图 6-118 ~ 图 6-120 所示。

图 6-118

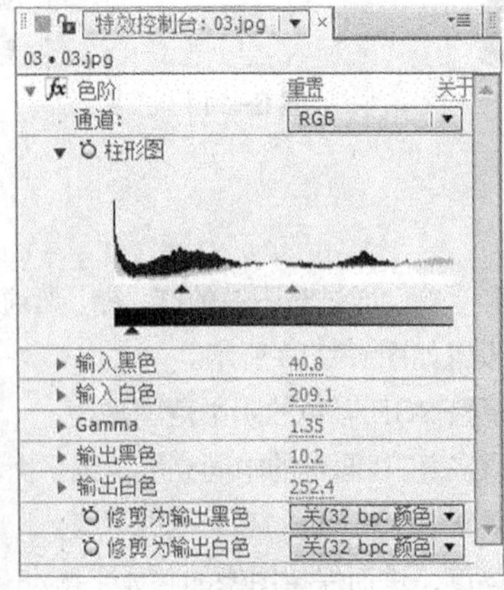

图 6-119

图 6-120

6. 高级闪电

闪电特效可以用来模拟真实的闪电和放电效果，并自动设置动画，其参数设置如图 6-121 所示。

闪电类型：设置闪电的种类。

起点：闪电的起始位置。

方向：闪电的结束拉置。

传导状态：设置闪电的主干变化。

核心半径：设置闪电主干的宽度。

核心透明度：设置闪电主干的不透明度。

核心颜色：设置闪电主干的颜色。

辉光半径：设置闪电光晕的大小。

辉光透明度：设置闪电光晕的不透明度。

辉光颜色：设置闪电光晕的颜色。

Alpha 障碍：设置闪电障碍的大小。

紊乱：设置闪电的流动变化。

分叉：设置闪电的分叉数量。

衰减：设置闪电的衰减数量。

主核心衰减：设置闪电的主核心衰减量。

与原始图像混合：勾选此选项可以直接针对图片设置闪电。

复杂度：设置闪电的复杂程度。

最小分叉距离：分叉之间的距离。值越高，分叉越少。

结束界限：为低值时闪电更容易终止。

图 6-121

仅主核心振动碰撞：勾选该复选框，只有主核心会受到 Alpha 障碍的影响，从主核心衍生出的分叉不会受到影响。

不规则分形类型：设置闪电主干的线条样式。

核心消耗：设置闪电主干的渐隐结束。

分叉强度：设置闪电分叉的强度。

分叉变化：设置闪电分叉的变化。

高级闪电特效演示如图 6-122 ~ 图 6-124 所示。

图 6-122

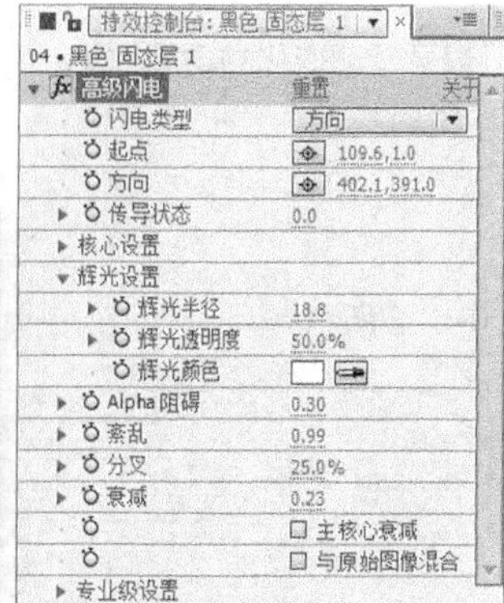

图 6-123

图 6-124

7. 镜头光晕

镜头光晕特效可以模拟镜头拍摄到发光物体时，经过多片镜头而产生的很多光环效果，这是后期制作经常使用的提升画面效果的手法。其参数设置如图 6-125 所示。

光晕中心：设置发光点的中心位置。

光晕亮度：设置光晕的亮度。

镜头类型：选择镜头的类型，有 50～300 变焦、35mm 聚焦和 105mm 聚焦几种。

与原始图像混合：和原素材图像的混合程度。

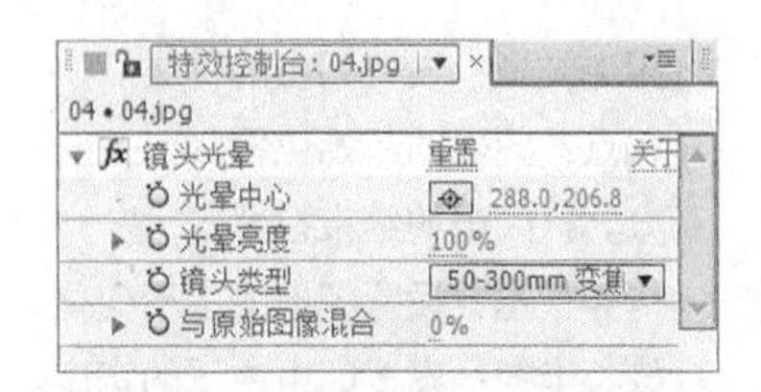

图 6-125

镜头光晕特效演示如图 6-126～图 6-128 所示。

图 6-126

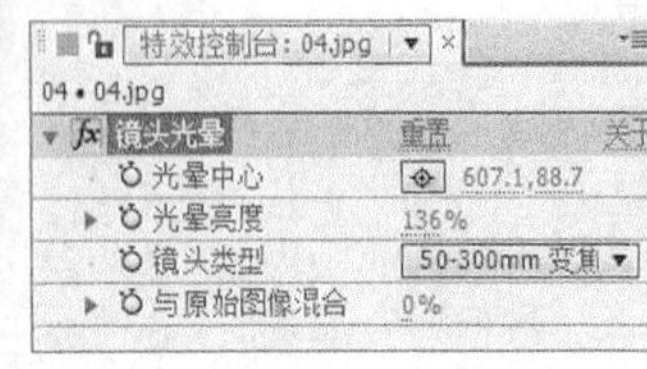

图 6-127

图 6-128

8. 蜂巢图案

蜂巢图案特效可以创建多种类型的类似细胞图案的蜂巢图案拼合效果。其参数设置如图 6-129 所示。

蜂巢图案：选择图案的类型，包括“气泡”“结晶”“盘面”“静盘面”“结晶化”“枕状”“高品质结晶”“高品质盘面”“高品质静态盘面”“高品质结晶化”“混合结晶”和“管状”。

反转：反转图案效果。

对比度：设置单元格的颜色对比度。

溢出：包括“修剪”“柔和夹住”“背面包围”。

分散：设置图案的分散程度。

大小：设置单个图案大小尺寸。

偏移：设置图案偏离中心点的量。

平铺选项：在该选项下勾选“启用平铺”复选框后，可以设置水平单元格和垂直单元格的数值。

展开：为这个参数设置关键帧，可以记录运动变化的动画效果。

展开选项：设置图案的各种扩展变化。

循环（周期）：设置图案的循环。

随机种子：设置图案的随机速度。

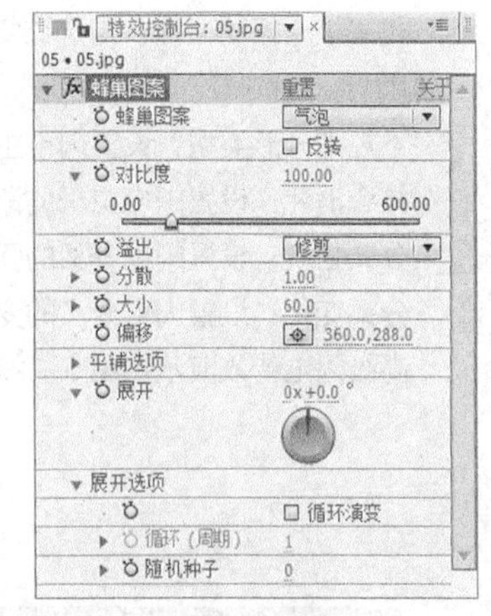

图 6-129

蜂巢图案特效演示如图 6-130～图 6-132 所示。

图 6-130

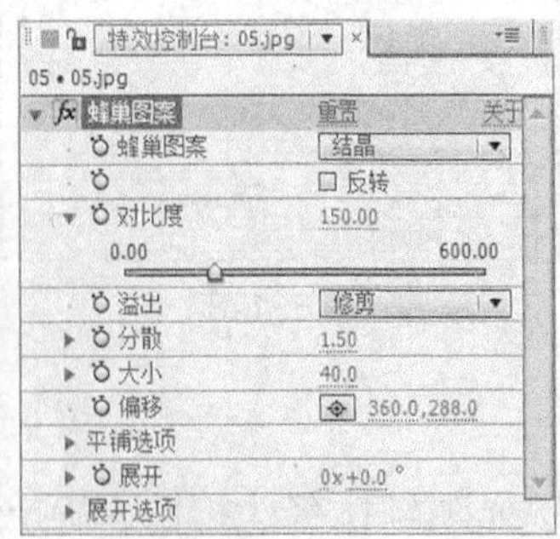

图 6-131

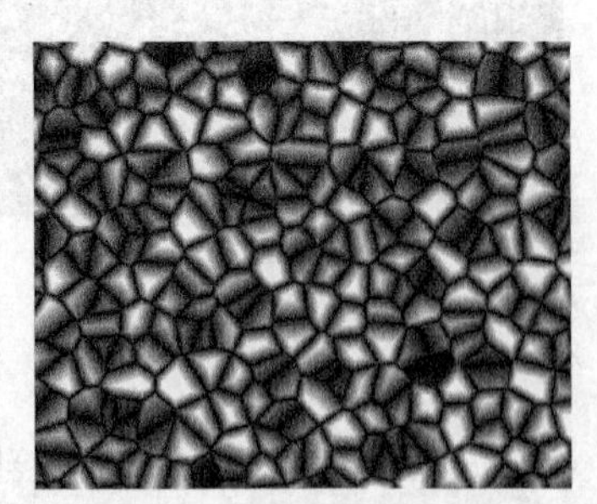

图 6-132

9. 棋盘

棋盘特效能在图像上创建棋盘格的图案效果。其参数设置如图 6-133 所示。

定位点：设置棋盘格的位置。

大小来自：选择棋盘的尺寸类型，包括“边角点”“宽度滑块”“宽度和高度滑块”。

角点：只有在“大小依据”中选中“边角点”选项，才能激活此选项。

宽：只有在“大小依据”中选中“宽度滑块”或“宽度和高度滑块”选项，才能激活此选项。

高：只有在“大小依据”中选中“宽度滑块”或“宽度和高度滑块”选项，才能激活此选项。

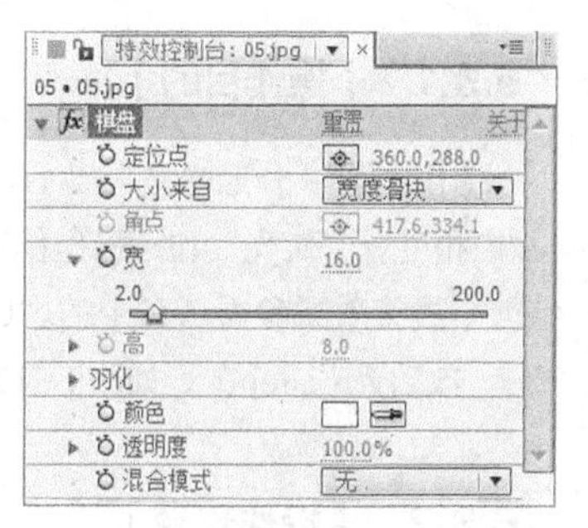

图 6-133

羽化：设置棋盘格子水平或垂直边缘的羽化程度。

颜色：选择格子的颜色。

透明度：设置棋盘的不透明度。

混合模式：设置棋盘与原图的混合方式。

棋盘特效演示如图 6-134 ~ 图 6-136 所示。

图 6-134

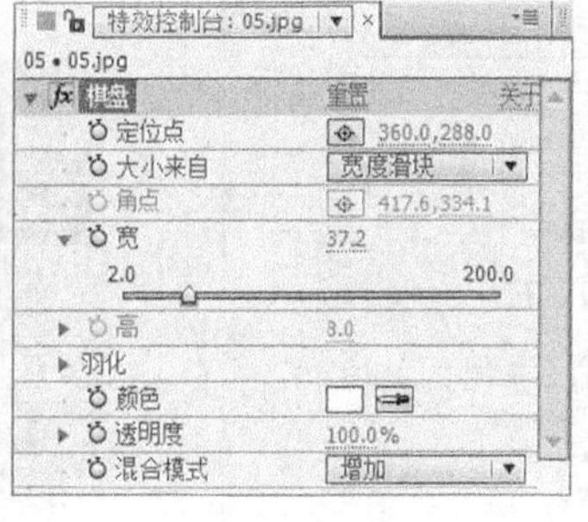

图 6-135

图 6-136

6.2.4 【实战演练】——透视光芒

使用特效“蜂巢图案”命令、“亮度与对比度”命令、“快速模糊”命令和“辉光”命令制作光芒形状；使用“3D 图层”编辑透视效果。最终效果参看云盘中的“Ch06 > 透视光芒 > 透视光芒.aep”，如图 6-137 所示。

图 6-137

微课：透视光芒 1

微课：透视光芒 2

6.3 放射光芒

6.3.1 【操作目的】

使用特效“分形噪波”“方向模糊”“色相位/饱和度”“辉光”和“极坐标”命令制作光芒特效。最终效果参看云盘中的“Ch06 > 放射光芒 > 放射光芒.aep”，如图 6-138 所示。

图 6-138

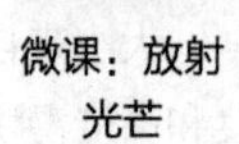

微课：放射光芒

6.3.2 【操作步骤】

步骤① 按 Ctrl+N 组合键，弹出“图像合成设置”对话框，在“合成组设置”文本框中输入“放射光芒”，其他选项的设置如图 6-139 所示，单击“确定”按钮，创建一个新的合成“放射光芒”。

步骤② 选择“文件 > 导入 > 文件”命令，弹出“导入文件”对话框，选择云盘中的“Ch06 >放射光芒 >（Footage）> 01”文件，单击“打开”按钮，导入素材到“项目”面板中，如图 6-140 所示。

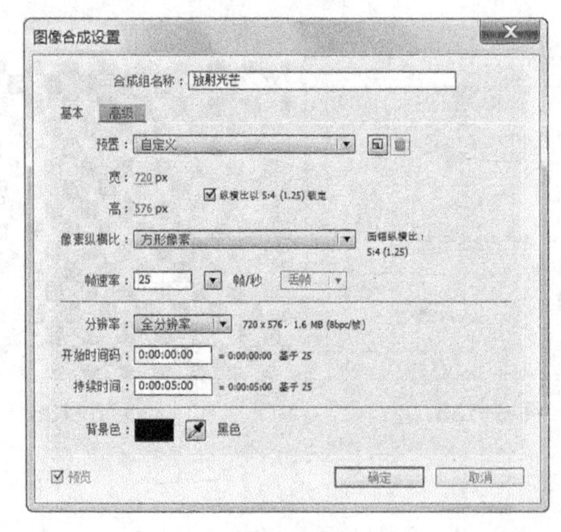

图 6-139

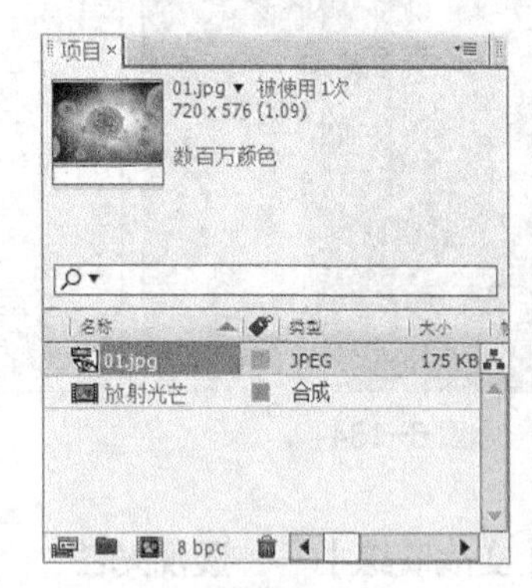

图 6-140

步骤③ 在“项目”面板中选中“01.jpg”文件，将其拖曳到“时间线”面板中，如图 6-141 所示。选择“图层 > 新建 > 固态层”命令，弹出“固态层设置”对话框，在“名称”文本框中输入“放射光芒”，将“颜色”设置为黑色，单击“确定”按钮，在“时间线”面板中新增一个黑色固态层，如图 6-142 所示。

图 6-141

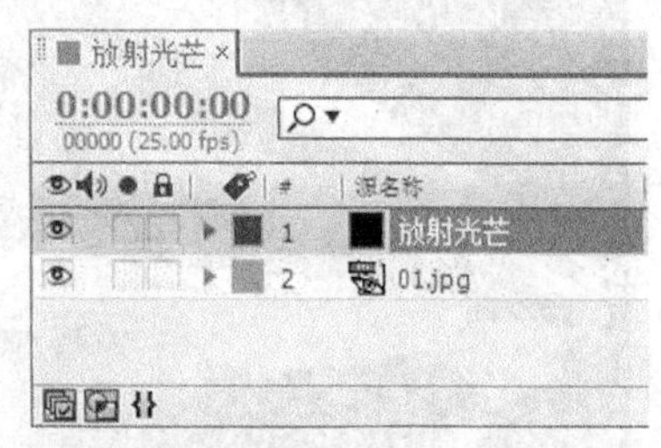

图 6-142

步骤④ 选中“放射光芒”层，选择“效果 > 杂波与颗粒 > 分形噪波”命令，在“特效控制台”面板中进行参数设置，如图 6-143 所示。“合成”窗口中的效果如图 6-144 所示。

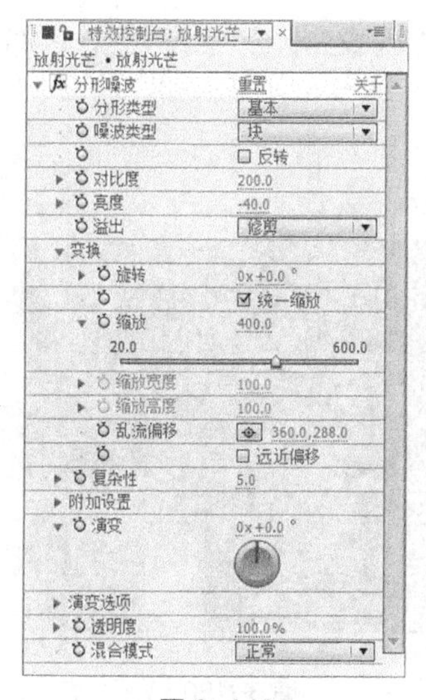

图 6-143

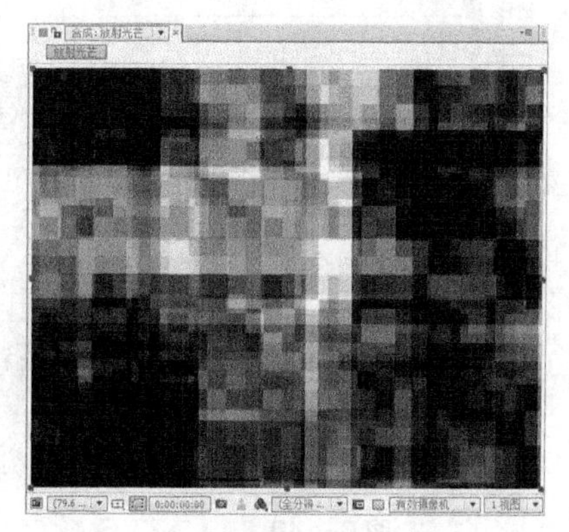

图 6-144

步骤⑤ 将时间标签放置在 0s 的位置，在“特效控制台”面板中单击“演变”选项左侧的“关键帧自动记录器”按钮⏱，如图 6-145 所示，记录第 1 个关键帧。将时间标签放置在 04:24s 的位置，在“特效控制台”面板中，设置“演变”选项的数值为 10、0，如图 6-146 所示，记录第 2 个关键帧。

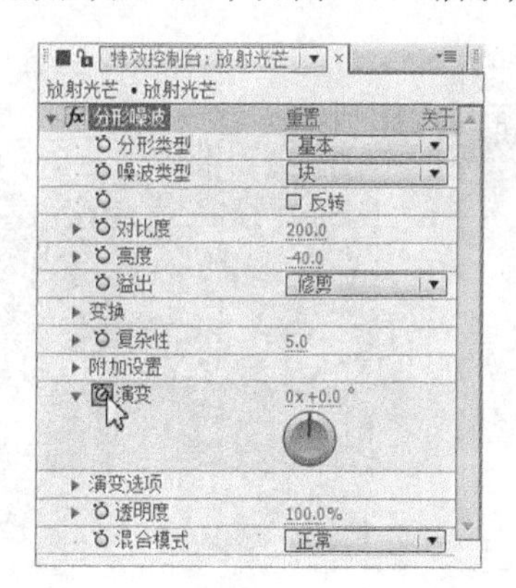

图 6-145

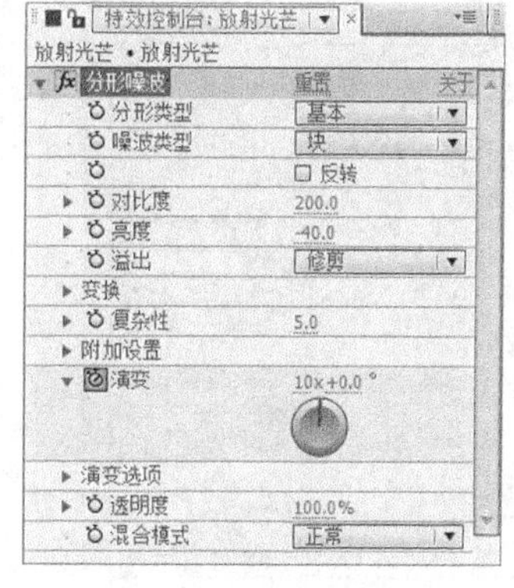

图 6-146

步骤⑥ 选中“放射光芒”层，选择“效果 > 模糊与锐化 > 方向模糊”命令，在“特效控制台”面板中进行参数设置，如图 6-147 所示。“合成”窗口中的效果如图 6-148 所示。

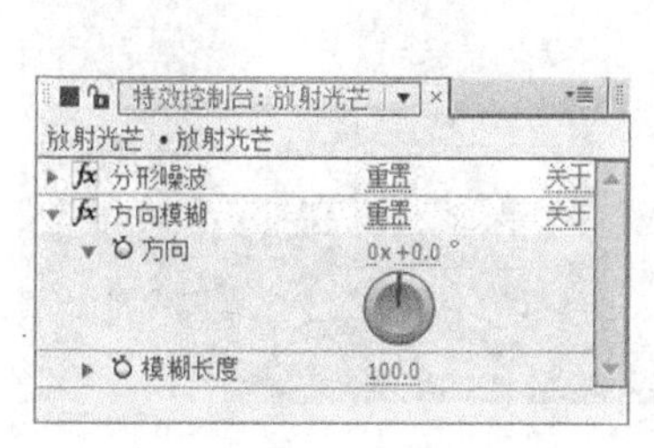

图 6-147

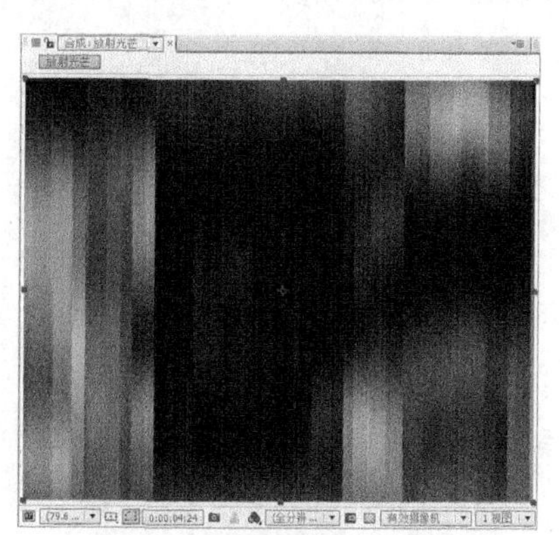

图 6-148

步骤⑦ 选择“效果 > 色彩校正 > 色相位/饱和度”命令，在“特效控制台”面板中进行参数设置，如图 6-149 所示。“合成”窗口中的效果如图 6-150 所示。

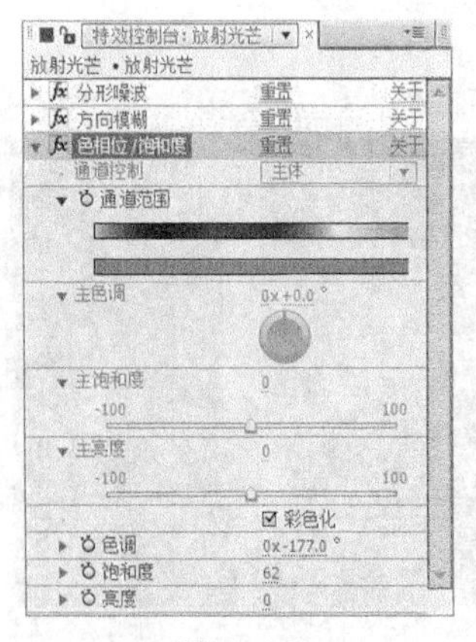

图 6-149

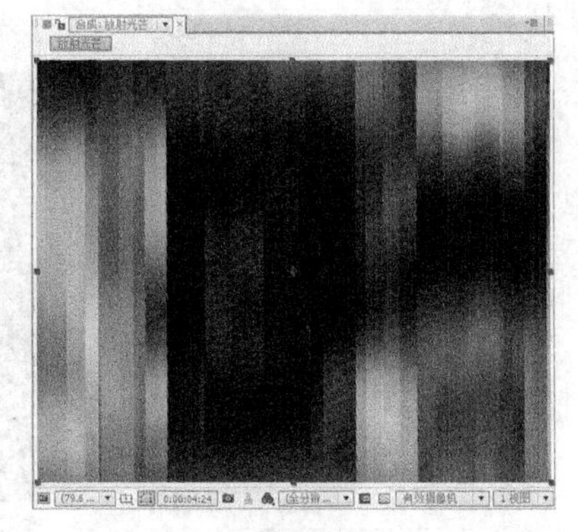

图 6-150

步骤⑧ 选择“效果 > 风格化 > 辉光”命令，在“特效控制台”面板中将“颜色 A”设置为蓝色（其 R、G、B 的值分别为 36、98、255），将“颜色 B”设置为黄色（其 R、G、B 的值分别为 255、234、0），其他参数的设置如图 6-151 所示。“合成”窗口中的效果如图 6-152 所示。

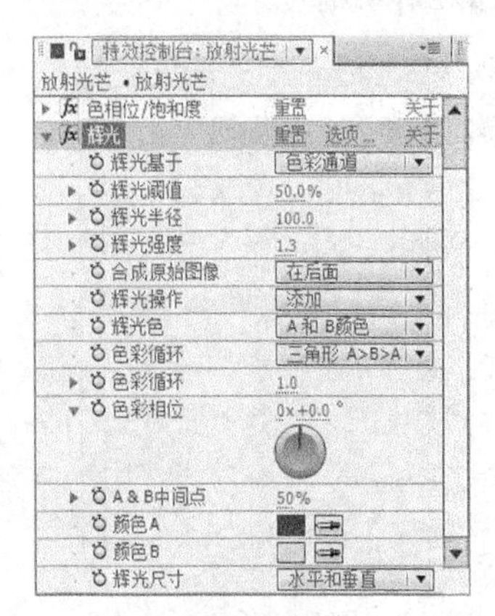

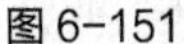

图 6-151

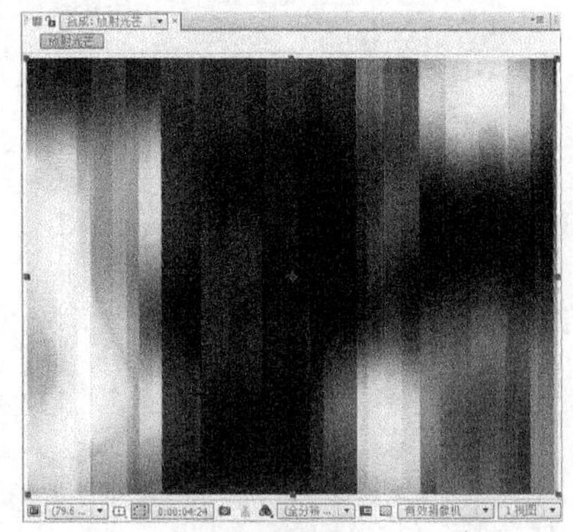

图 6-152

步骤⑨ 选择“效果 > 扭曲 > 极坐标”命令，在“特效控制台”面板中进行参数设置，如图 6-153 所示。“合成”窗口中的效果如图 6-154 所示。

图 6-153

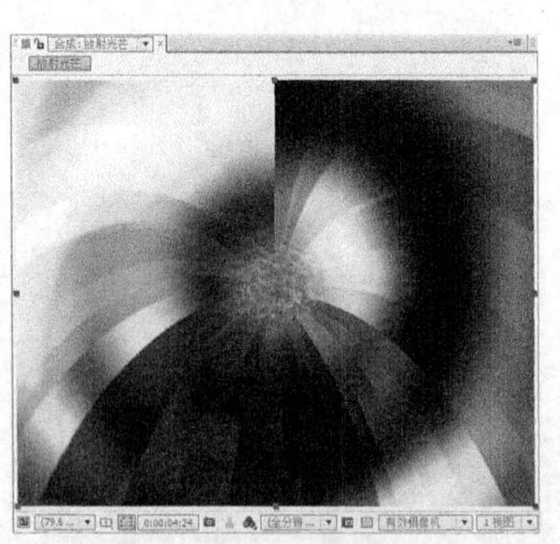

图 6-154

步骤 ⑩ 在“时间线”面板中设置“放射光芒”层的模式为“正片叠底”，如图 6-155 所示。放射光芒制作完成，如图 6-156 所示。

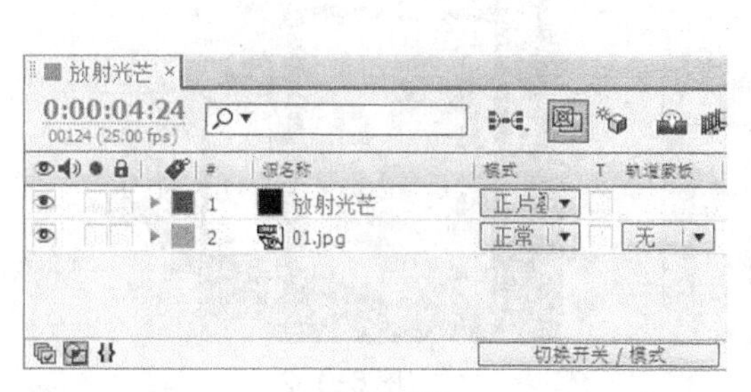

图 6-155

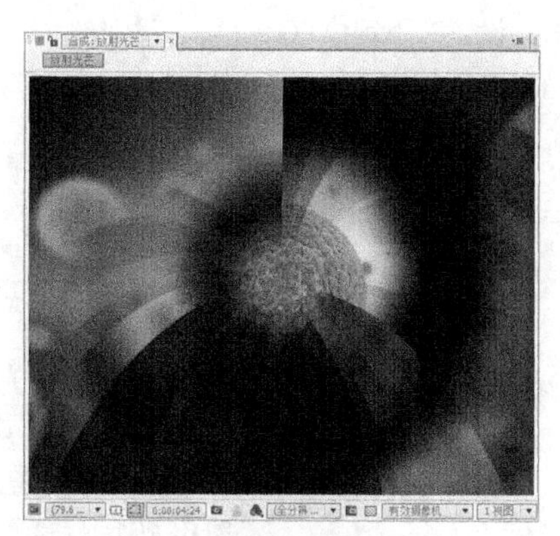

图 6-156

6.3.3 【相关工具】

1. 膨胀

膨胀特效可以模拟图像透过气泡或放大镜时产生的放大效果。其参数设置如图 6-157 所示。

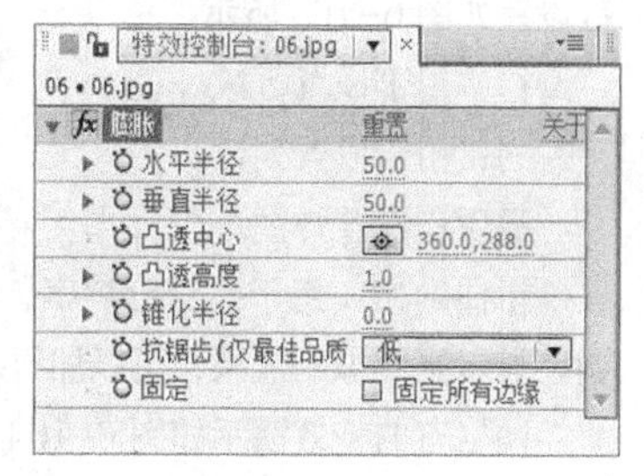

图 6-157

水平半径：设置膨胀效果的水平半径。

垂直半径：设置膨胀效果的垂直半径。

凸透中心：设置膨胀效果的中心定位点。

凸透高度：设置膨胀程度。正值为膨胀，负值为收缩。

锥化半径：用来设置膨胀边界的锐利程度。

抗锯齿（仅最佳品质）：设置反锯齿，只用于最高质量。

固定：勾选“固定所有边缘”复选框可以固定住所有边界。

膨胀特效演示如图 6-158 ~ 图 6-160 所示。

图 6-158

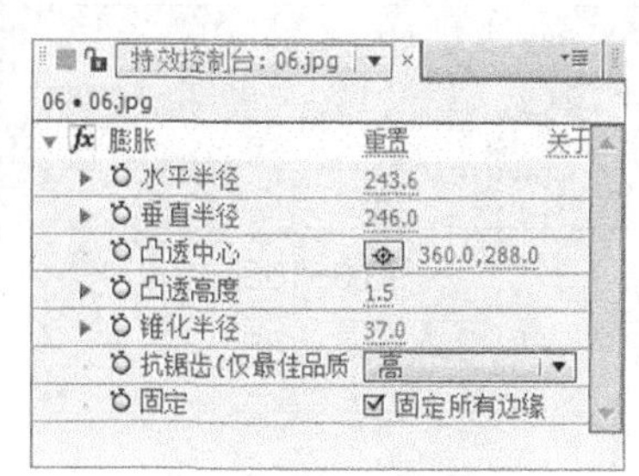

图 6-159

图 6-160

2. 边角固定

边角固定特效通过改变 4 个角的位置来使图像变形，可根据需要来定位。其可以拉伸、收缩、倾斜和扭曲图形，可以用来模拟透视效果，还可以和运动遮罩层相结合，形成画中画的效果。其参数设置如图 6-161 所示。

上左：设置左上定位点。

上右：设置右上定位点。

下左：设置左下定位点。

下右：设置右下定位点。

边角固定特效演示如图 6-162 所示。

特效控制台：08.jpg

合成 1 • 08.jpg

边角固定	重置	关于
上左	-20.8,160.5	
上右	316.8,153.0	
下左	-14.2,630.5	
下右	324.4,627.0	

图 6-161

图 6-162

3. 网格弯曲

网格弯曲特效使用网格化的曲线切片控制图像的变形区域。对于控制网格变形的效果，在确定好网格数量之后，更多的操作是在合成图像中拖曳鼠标网格的节点来完成。其参数设置如图 6-163 所示。

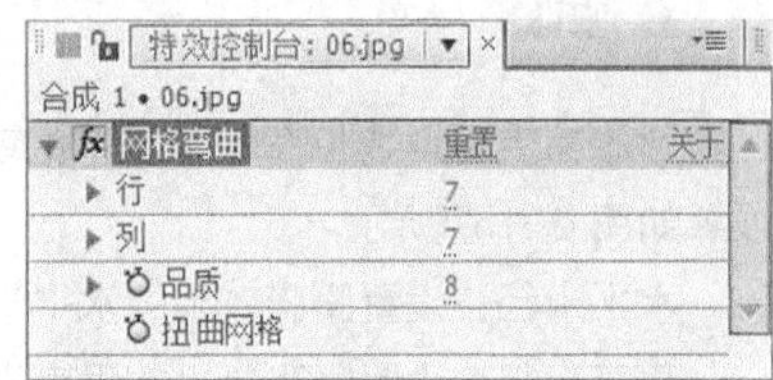

图 6-163

行：用于设置行数。

列：用于设置列数。

品质：设置弹性。

扭曲网格：用于改变分辨率，在行列数发生变化时显示。如果要调整显示更细微的效果，可以加行/列数（控制节点）。

网格弯曲特效演示如图 6-164 ~ 图 6-166 所示。

图 6-164

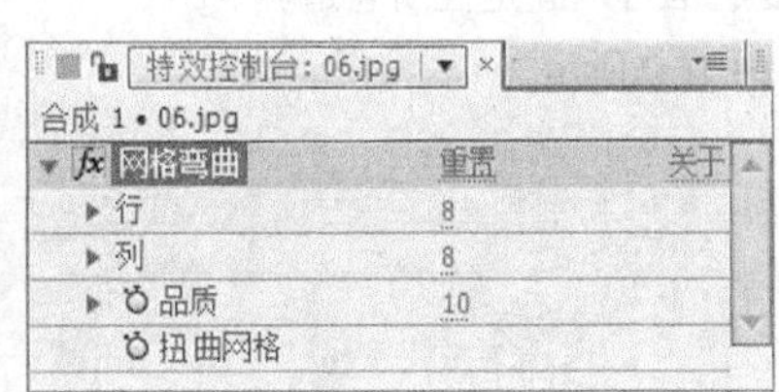

图 6-165

图 6-166

4. 极坐标

极坐标特效用来将图像的直角坐标转化为极坐标，以产生扭曲效果。其参数设置如图 6-167 所示。

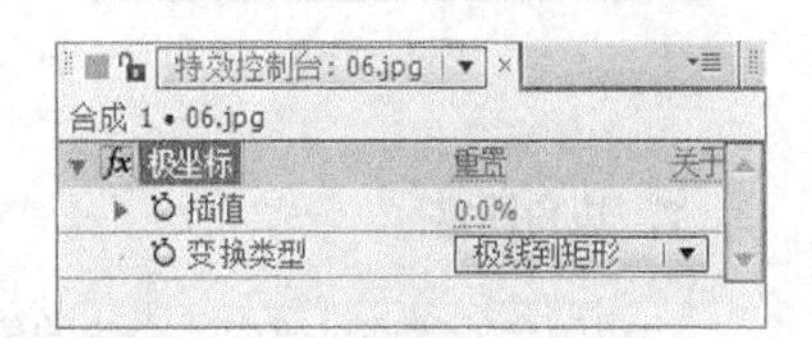

图 6-167

插值：设置扭曲程度。

变换类型：设置转换类型。“极线到矩形”表示将极坐标转化为直角坐标，“矩形到极线”表示将直角坐标转化为极坐标。

极坐标特效演示如图 6-168 ~ 图 6-170 所示。

图6-168

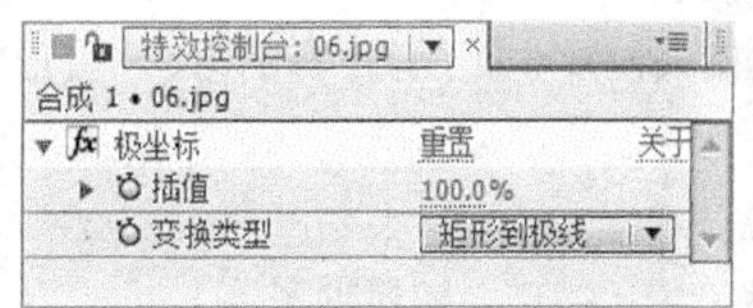

图6-169

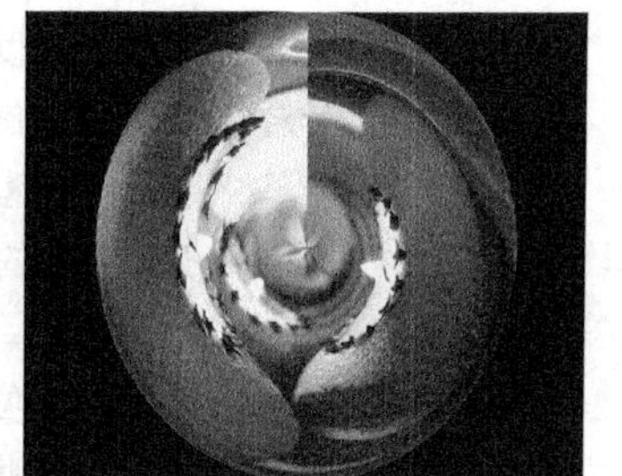
图6-170

5. 置换映射

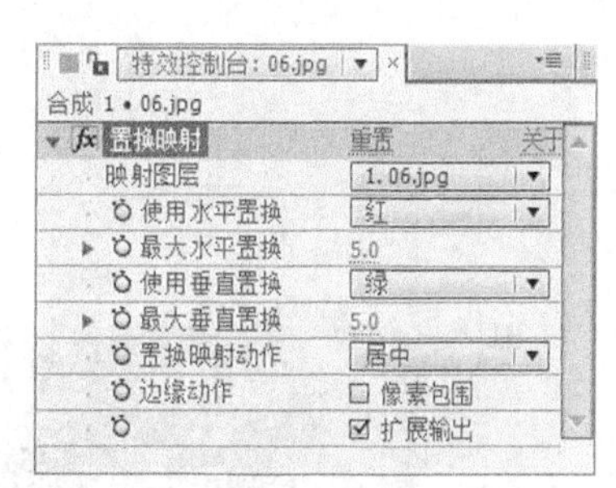

图6-171

置换映射特效是用另一张作为映射层的图像的像素来置换原图像的像素，通过映射的像素颜色值对本层变形，变形分为水平和垂直两个方向。其参数设置如图 6-171 所示。

映射图层：选择作为映射层的图像。

使用水平/垂直置换：调节水平或垂直方向的通道，默认值范围为-100 ~ 100，最大范围为-32000 ~ 32000。

最大水平/垂直置换：调节映射层的水平或垂直位置，在水平方向上，数值为负表示向左移动，为正表示向右移动；在垂直方向上，数值为负是向下移动，正数是向上移动，默认数值范围为-100 ~ 100，最大范围为-32000 ~ 32000。

置换映射动作：选择映射方式。

边缘动作：设置边缘行为。

像素包围：锁定边缘像素。

扩展输出：设置特效伸展到原图像边缘外。

置换映射特效演示如图 6-172 ~ 图 6-174 所示。

图6-172

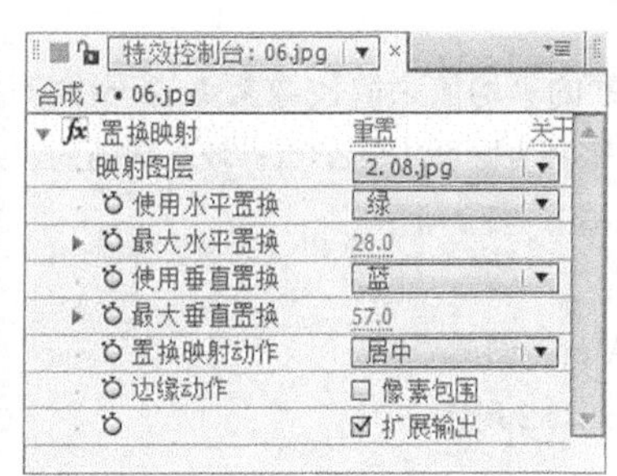

图6-173

图6-174

6. 分形噪波

分形噪波特效可以模拟烟、云、水流等纹理图案。其参数设置如图 6-175 所示。

分形类型：选择分形类型。

噪波类型：选择噪波类型。

反转：反转图像的颜色，将黑色和白色反转。

对比度：调节生成噪波图像的对比度。

亮度：调节生成噪波图像的亮度。

溢出：选择噪波图案的比例、旋转和偏移等。

复杂性：设置杂波图案的复杂程度。

附加设置：噪波的子分形变化的相关设置（如子分形影响力、子分形缩放等）。

演变：控制噪波的分形变化相位。

演化选项：控制分形变化的一些设置（循环、随机种子等）。

透明度：设置生成的噪波图像的不透明度。

混合模式：生成的杂波图像与原素材图像的叠加模式。

分形噪波特效演示如图 6-176 ~ 图 6-178 所示。

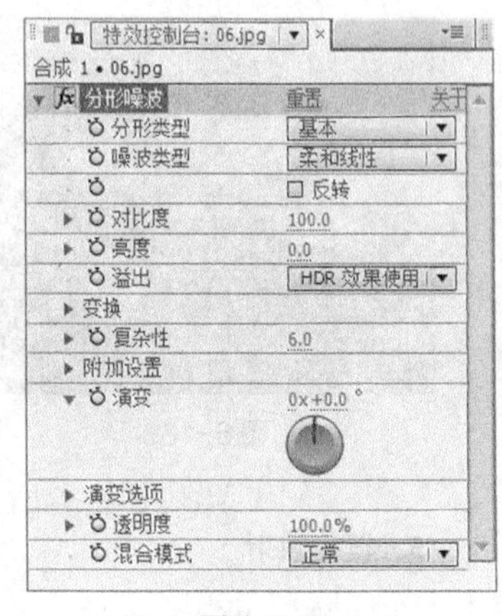

图 6-175

图 6-176

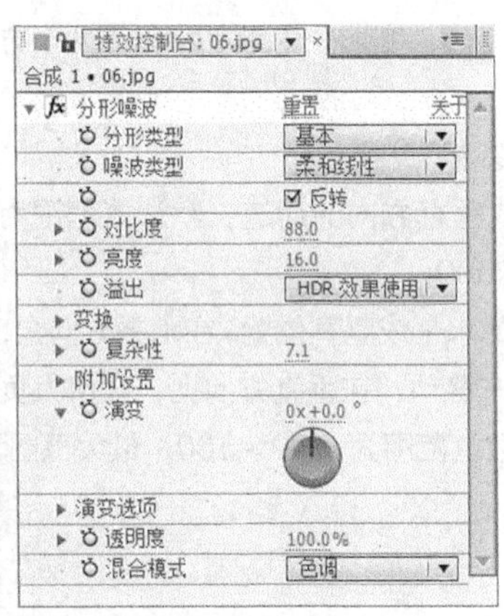

图 6-177

图 6-178

7. 中值

中值是使用指定半径范围内像素的平均值来取代像素值的一种特效。指定较低数值时，该效果可以用来减少画面中的杂点；较高数值时，会产生一种绘画效果。其参数设置如图 6-179 所示。

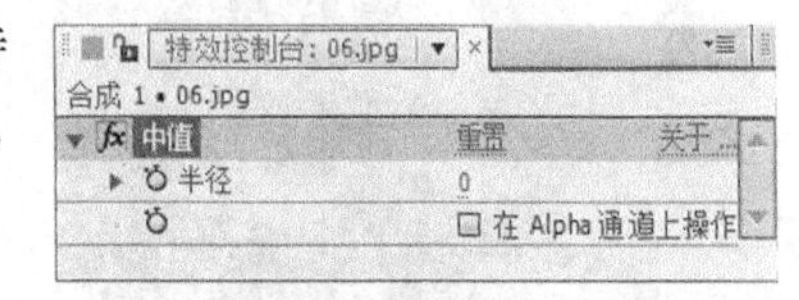

图 6-179

半径：指定像素半径。

在 Alpha 通道上操作：应用于 Alpha 通道。

中值特效演示如图 6-180 ~ 图 6-182 所示。

图 6-180

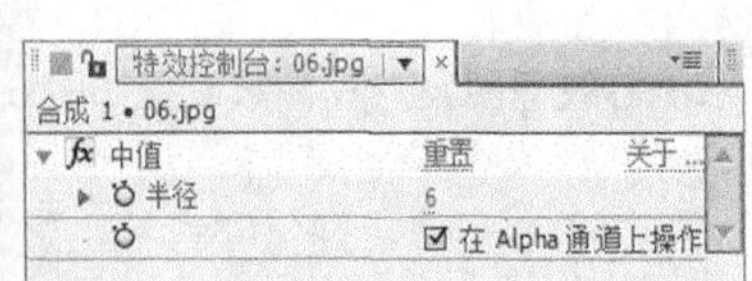

图 6-181

图 6-182

8. 移除颗粒

移除颗粒特效可以移除图像中的杂点或颗粒。其参数设置如图 6-183 所示。

查看模式：设置查看的模式，有“预览”“杂波取样”“混合蒙版”“最终输出”几种。

预览范围：设置预览区域的大小、位置等。

杂波减少设置：设置杂点或噪波。

精细调整：对材质、尺寸、色泽等进行精细设置。

临时过滤：是否开启实时过滤。

非锐化遮罩：设置反锐化遮罩。

取样：设置各种采样情况、采样点等参数。

与原始图像混合：混合原始图像。

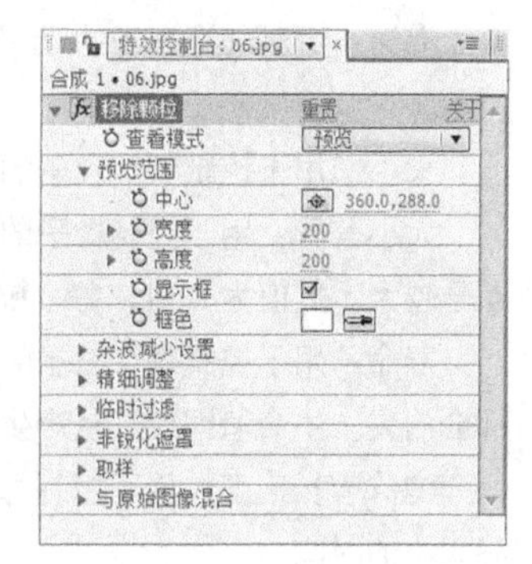

图 6-183

移除颗粒特效演示如图 6-184 ~ 图 6-186 所示。

图 6-184

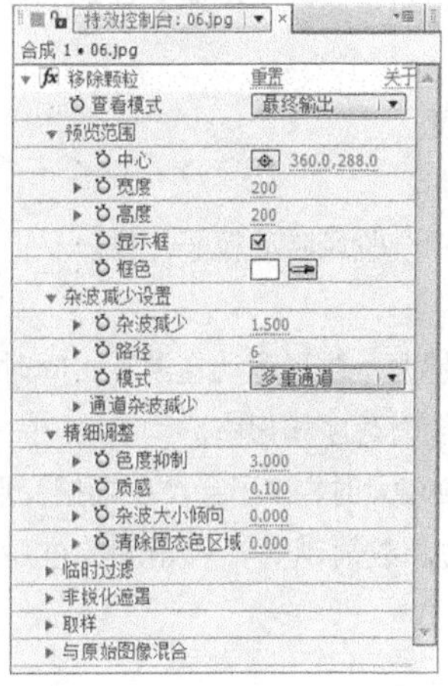

图 6-185

图 6-186

9. 泡沫

泡沫特效参数设置如图 6-187 所示。

查看：在该下拉列表中，可以选择气泡效果的显示方式。“草图”方式以草图模式渲染气泡效果，虽然不能在该方式下看到气泡的最终效果，但是可以预览气泡的运动方式和设置状态，该方式计算速度非常快速。为特效指定影响通道后，使用“草图+流动映射”方式可以看到指定的影响对象。在“已渲染”方式下可以预览气泡的最终效果，但是计算速度相对较慢。

生成：用于设置对气泡的粒子发射器相关参数，如图 6-188 所示。

产生点：用于控制发射器的位置。所有的气泡粒子都由发射器产生，就好像在水枪中喷出气泡一样。

制作 X/Y 大小：分别控制发射器的大小。在“草稿”或者“草稿+流动映射”状态下预览效果时，可以观察发射器。

产生方向：用于旋转发射器，使气泡产生旋转效果。

缩放产生点：可缩放发射器位置。如不勾选此复选框，则系统默认以发射效果点为中心缩放发射器的位置。

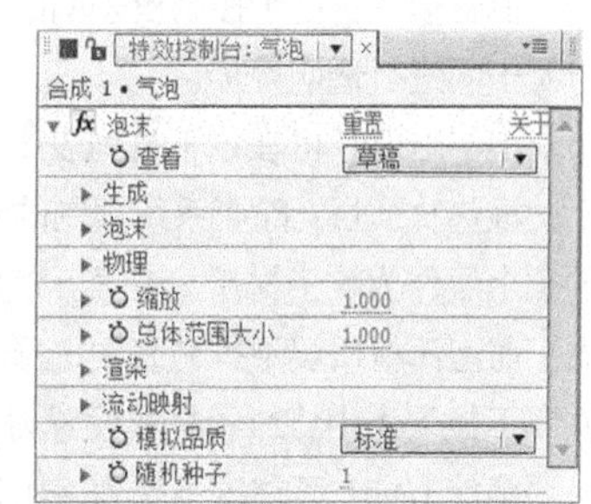

图 6-187

产生速率：用于控制发射速度。一般情况下，数值越高，发射速度越快，单位时间内产生的气泡粒子也越多。当数值为 0 时，不发射粒子。系统发射粒子时，在特效的开始位置，粒子数目为 0。

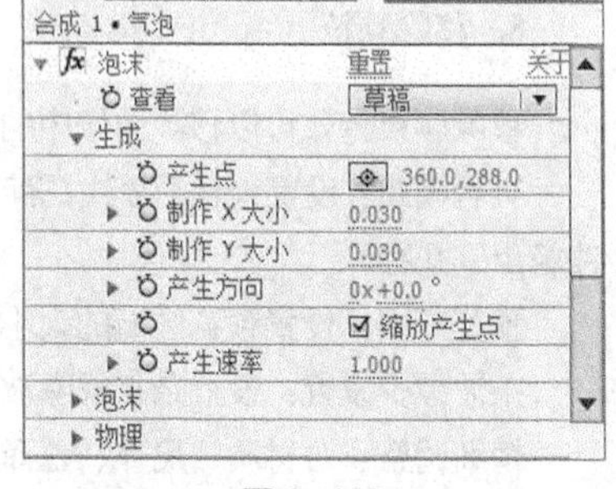

图 6-188

泡沫：可对气泡粒子的尺寸、生命以及强度进行控制，如图 6-189 所示。

大小：用于控制气泡粒子的尺寸。数值越大，每个气泡粒子越大。

大小差异：用于控制粒子的大小差异。数值越高，每个粒子的大小差异越大。数值为 0 时，每个粒子的最终大小相同。

寿命：用于控制每个粒子的生命值。每个粒子在发射产生后，最终都会消失。生命值即粒子从产生到消亡的时间。

泡沫增长速度：用于控制每个粒子生长的速度，即粒子从产生到最终大小的时间。

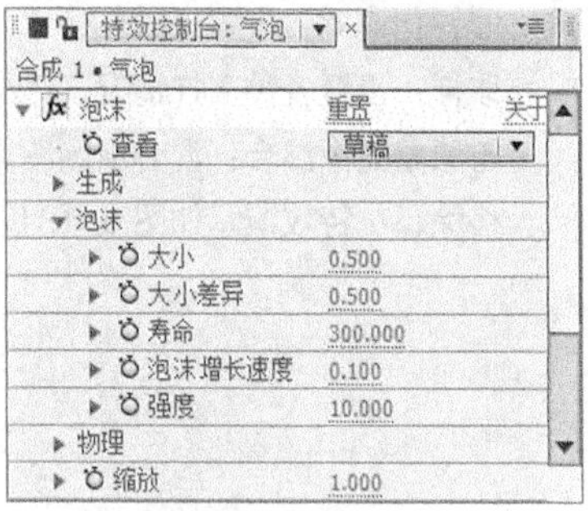

强度：用于控制粒子效果的强度。

图 6-189

物理：该参数影响粒子运动因素，如初始速度、风速、混乱度及活力等，如图 6-190 所示。

初始速度：控制粒子特效的初始速度。

初始方向：控制粒子特效的初始方向。

风速：控制影响粒子的风速，就好像一股风吹动粒子一样。

风向：控制风的方向。

乱流：控制粒子的混乱度。该数值越大，粒子运动越混乱，同时向四面八方发散；数值较小，则粒子运动较为有序和集中。

晃动量：控制粒子的摇摆强度。参数较大时，粒子会产生摇摆变形。

排斥力：用于在粒子间产生排斥力。数值越高，粒子间的排斥性越强。

弹跳速度：控制粒子的总速率。

粘度：控制粒子的粘度。数值越小，粒子堆砌得越紧密。

粘着性：控制粒子间的粘着程度。

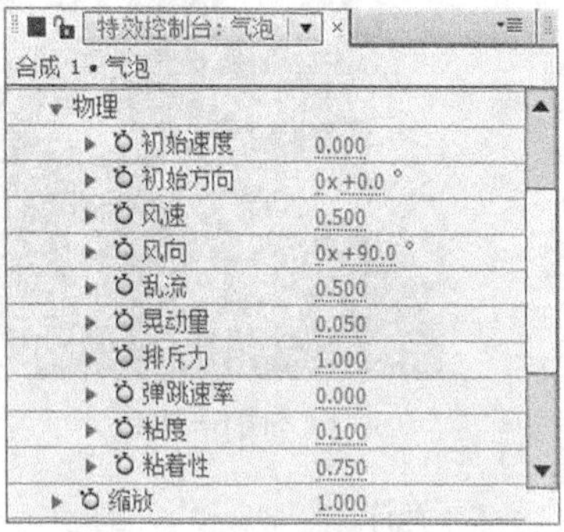

缩放：对粒子效果进行缩放。

图 6-190

总体范围大小：该参数控制粒子效果的综合尺寸。在草图或者草图+流动映射状态下预览效果时，可以观察综合尺寸范围框。

渲染：该参数栏控制粒子的渲染属性，如“混合模式”下的粒子纹理及反射效果等。该参数栏的设置效果仅在渲染模式下才能看到。渲染效果参数设置如图 6-191 所示。

混合模式：用于控制粒子间的融合模式。在“透明”方式下，粒子与粒子间进行透明叠加。

泡沫材质：可在该下拉列表中选择气泡粒子的材质。

泡沫材质层：除了系统预制的粒子材质外，还可以指定合成图像中的一个层作为粒子材质。该层可以是一个动画层，粒子将使用其动画材质。在泡沫材质层下拉列表中选择粒子材质层。注意，必须在“泡沫材质”下拉列表中将粒子材质设置为“Use Defined”才行。

泡沫方向：可在该下拉列表中设置气泡的方向。可以使用默认的坐标，也可以使用物理参数控制方向，还可以根据气泡速率进行控制。

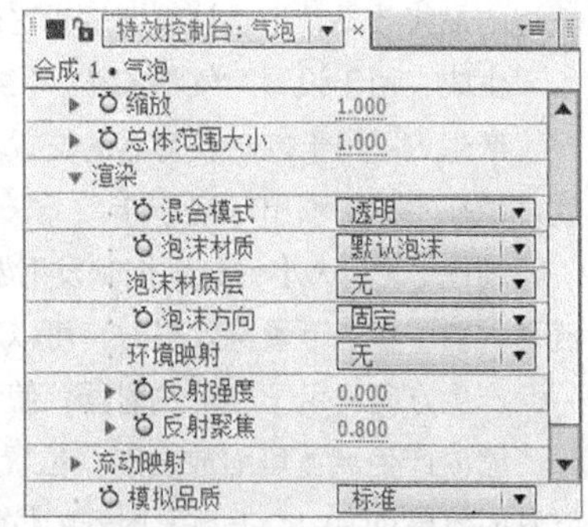

图 6-191

环境映射：所有的气泡粒子都可以对周围的环境进行反射。可以在该下拉列表中指定气泡粒子的反射层。

反射强度：控制反射的强度。

反射聚焦：控制反射的聚集度。

流动映射：可以在该参数栏中指定一个层来影响粒子效果。在“流动映射”下拉列表中，可以选择对粒子效果产生影响的目标层。选择目标层后，在“草图+流动映射”模式下可以看到流动映射，如图 6-192 所示。

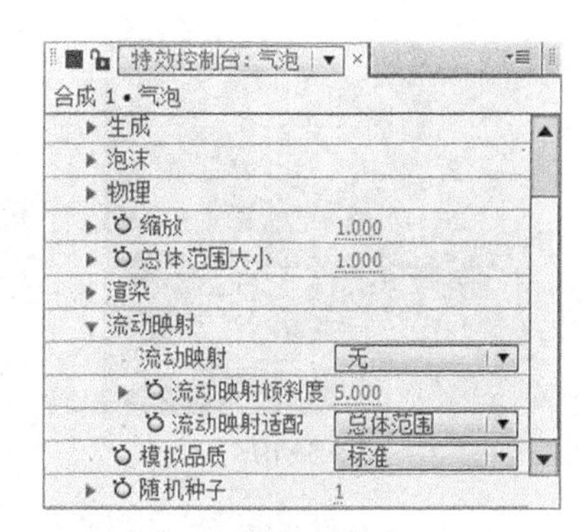

图 6-192

流动映射倾斜度：用于控制参考图对粒子的影响。

流动映射适配：在该下拉列表中，可以设置参考图的大小。可以使用合成图像屏幕大小和粒子效果的总体范围大小。

模拟品质：在该下拉列表中，可以设置气泡粒子的仿真质量。

气泡特效演示如图 6-193~ 图 6-195 所示。

图 6-193

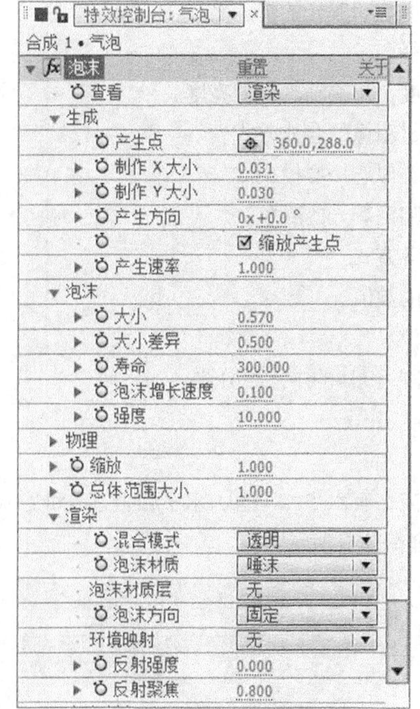

图 6-194

图 6-195

10. 查找边缘

查找边缘特效通过强化过渡像素来产生彩色线条。其参数设置如图 6-196 所示。

反转：用于反向勾边效果。

与原始图像混合：设置和原始素材图像的混合比例。

查找边缘特效演示如图 6-197 ~ 图 6-199 所示。

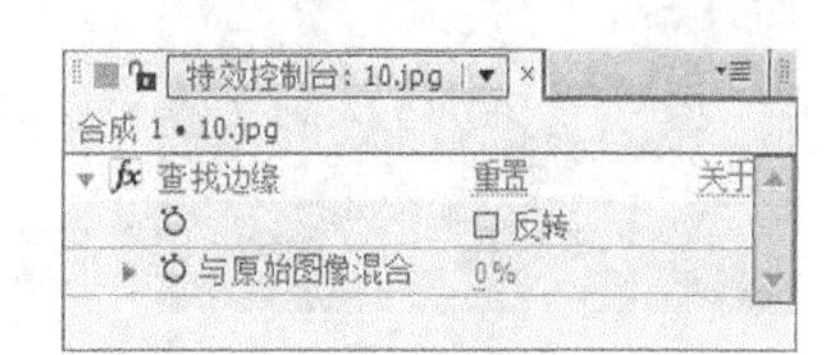

图 6-196

图 6-197

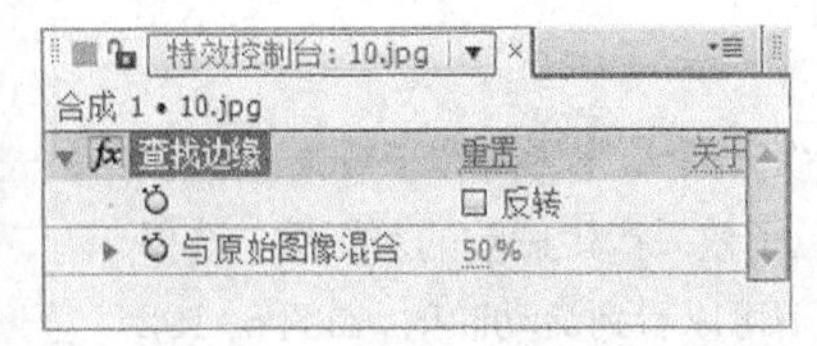

图 6-198

图 6-199

11. 辉光

辉光特效经常用于图像中的文字和带有 Alpha 通道的图像，可产生发光或光晕的效果。其参数设置如图 6-200 所示。

辉光基于：控制辉光效果基于的通道方式。

辉光阈值：设置辉光的阈值，影响到辉光的覆盖面。

辉光半径：设置辉光的发光半径。

辉光强度：设置辉光的发光强度，影响到辉光的亮度。

合成原始图像：设置和原始素材图像的合成方式。

辉光操作：辉光的发光模式，类似选择层模式。

辉光色：设置辉光的颜色，影响到辉光的颜色。

色彩循环：设置辉光颜色的循环方式。

色彩循环：设置辉光颜色循环的数值。

色彩相位：设置辉光的颜色相位。

A 和 B 中间点：设置辉光颜色 A 和 B 的中点百分比。

颜色 A：设置颜色 A。

颜色 B：设置颜色 B。

辉光尺寸：设置辉光作用的方向，有水平和垂直、水平和垂直 3 种方式。

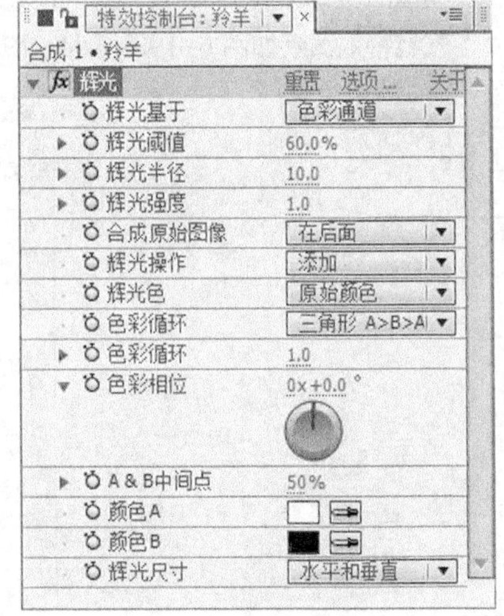

图 6-200

辉光特效演示如图 6-201 ~ 图 6-203 所示。

图 6-201

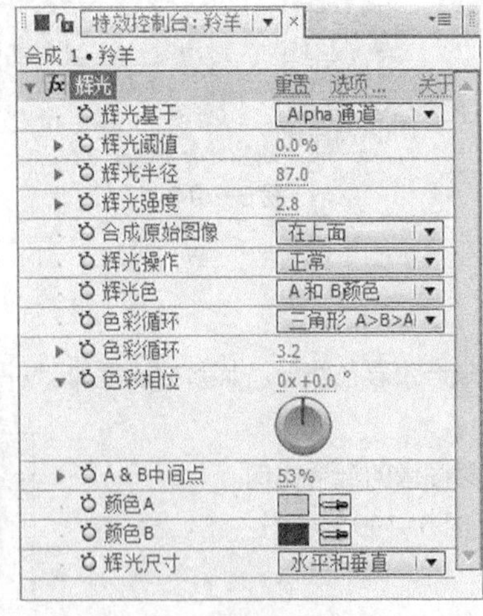

图 6-202

图 6-203

6.3.4 【实战演练】——气泡效果

使用“泡沫”命令制作气泡并编辑属性。最终效果参看云盘中的“Ch06 > 气泡效果 > 气泡效果.aep”，如图 6-204 所示。

图 6-204

微课：气泡效果

6.4 综合演练——单色保留

使用“曲线”命令、“分色”命令、“色相位/饱和度”命令调图片局部颜色效果；使用“横排文字”工具输入文字。最终效果参看云盘中的“Ch06 > 单色保留 > 单色保留.aep”，如图 6-205 所示。

图 6-205

微课：单色保留

6.5 综合演练——随机线条

使用“分形噪波”命令编辑线条并添加关键帧制作随机线条动画；使用“模式”选项更改叠加模式。最终效果参看云盘中的“Ch06 > 随机线条 > 随机线条.aep”，如图 6-206 所示。

图 6-206

微课：随机线条

第 7 章　跟踪与表达式

本章对 After Effects CS6 中的"跟踪与表达式"进行介绍，重点讲解运动跟踪中的单点跟踪和多点跟踪，表达式中的创建表达式和编辑表达式。通过对本章的学习，读者可以制作影片自动生成的动画，完成最终的影片效果。

课堂学习目标

- 熟练掌握单点跟踪的创建方式
- 掌握表达式的使用方法
- 熟练掌握四点跟踪的创建方式

7.1 单点跟踪

7.1.1 【操作目的】

使用"跟踪"命令添加跟踪点；使用"椭圆遮罩"工具绘制遮罩图形；使用"调节层"命令新建调节层；使用"色阶"命令调整亮度。最终效果参看云盘中的"Ch07 > 单点跟踪 > 单点跟踪.aep"，如图 7-1 所示。

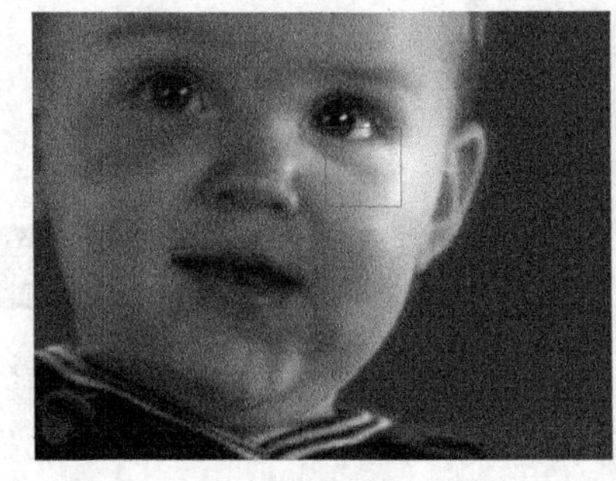

图 7-1

7.1.2 【操作步骤】

1. 制作跟踪点

步骤① 按 Ctrl+N 组合键，弹出"图像合成设置"对话框，在"合成组名称"文本框中输入"单点跟踪"，其他选项的设置如图 7-2 所示，单击"确定"按钮，新建一个合成"单点跟踪"。选择"文件 > 导入 > 文件"命令，弹出"导入文件"对话框，选择云盘中的"Ch07 > 单点跟踪 > (Footage) > 01"文件，如图 7-3 所示，单击"打开"按钮，导入视频文件，并将其拖曳到"时间线"面板中。

微课：单点跟踪 1

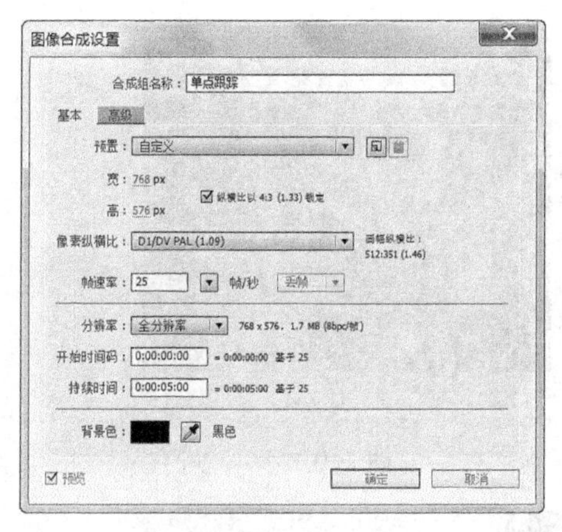

图 7-2

图 7-3

步骤② 选中“01.avi”层，按S键展开“缩放”属性，选项设置如图7-4所示。“合成”窗口中的效果如图7-5所示。

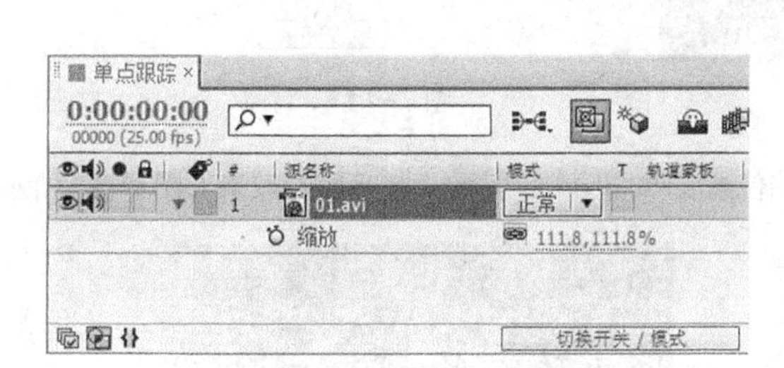

图 7-4

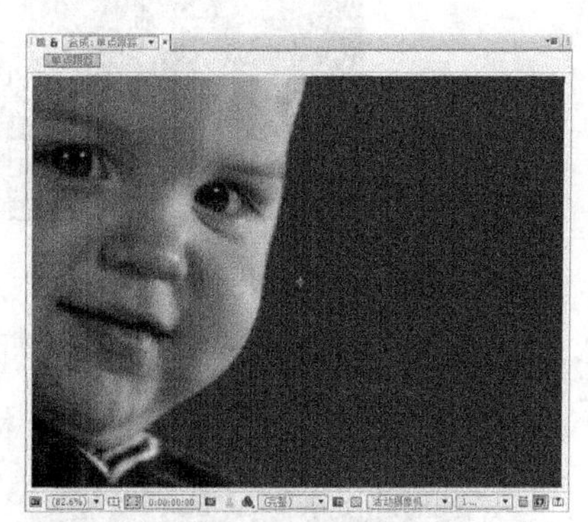

图 7-5

步骤③ 选择“图层 > 新建 > 空白对象”命令，在“时间线”面板中新增一个“空白1”层，如图7-6所示。选择“窗口 > 跟踪”命令，打开“跟踪”面板，如图7-7所示。

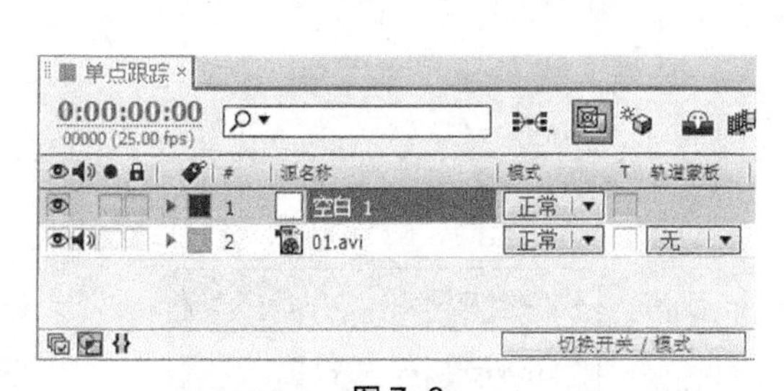

图 7-6

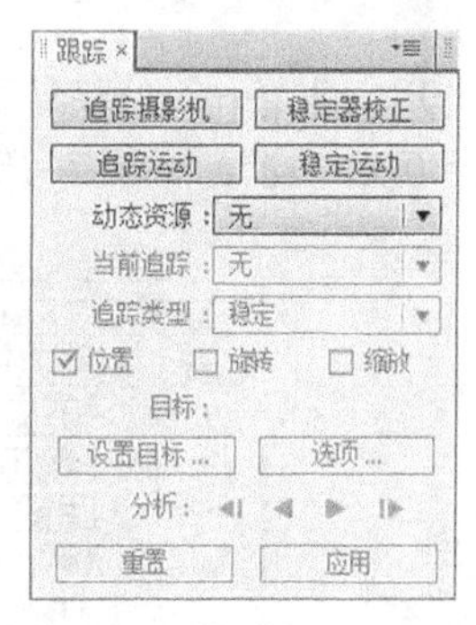

图 7-7

步骤④ 选中“01.avi”层，在“跟踪”面板中单击“追踪运动”按钮，面板处于激活状态，如图7-8所示。“合成”窗口中的效果如图7-9所示。

步骤⑤ 把控制点拖曳到眼睛的位置，如图7-10所示。在“跟踪”面板中单击“向前分析”按钮自动跟踪计算，如图7-11所示。

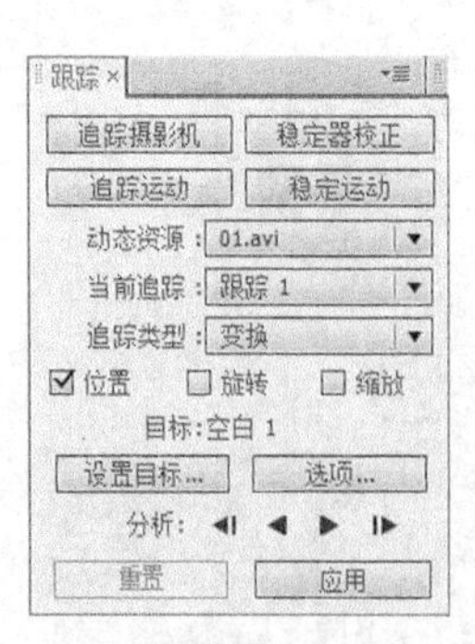

图 7-8

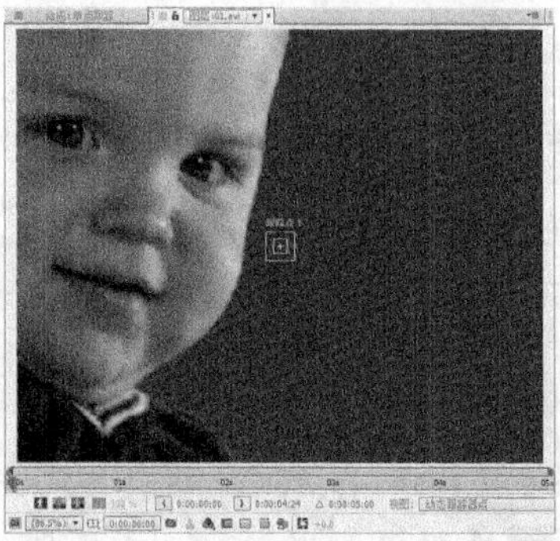

图 7-9

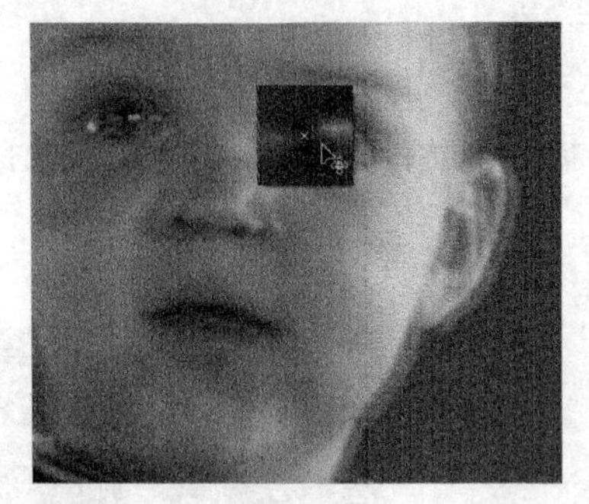

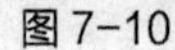

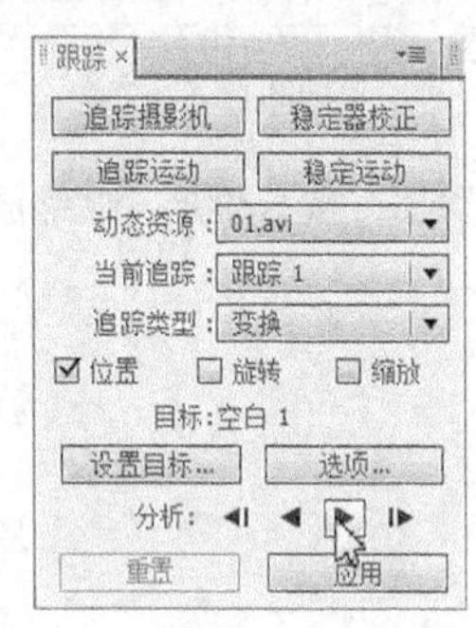

图 7-10

图 7-11

步骤⑥ 由于运动得太快，需要手动调整关键帧的位置，如图 7-12 所示。调整后的效果如图 7-13 所示。

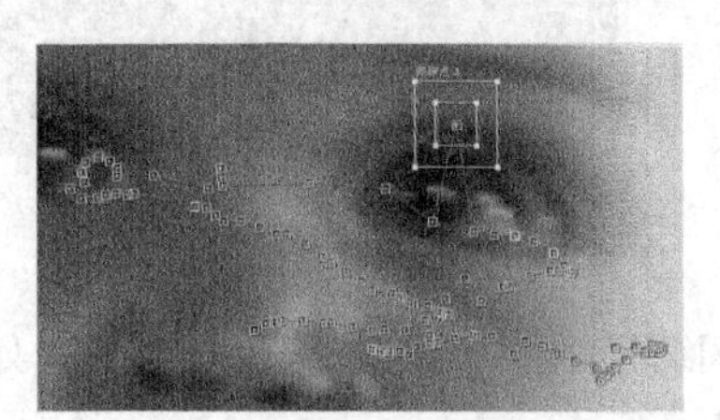

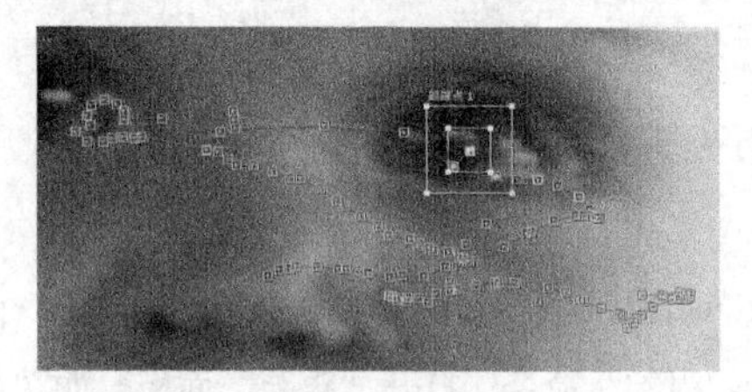

图 7-12

图 7-13

步骤⑦ 选中“01.avi”层，在“跟踪”面板中单击“应用”按钮，如图 7-14 所示，弹出“动态跟踪应用选项”对话框，单击“确定”按钮，如图 7-15 所示。

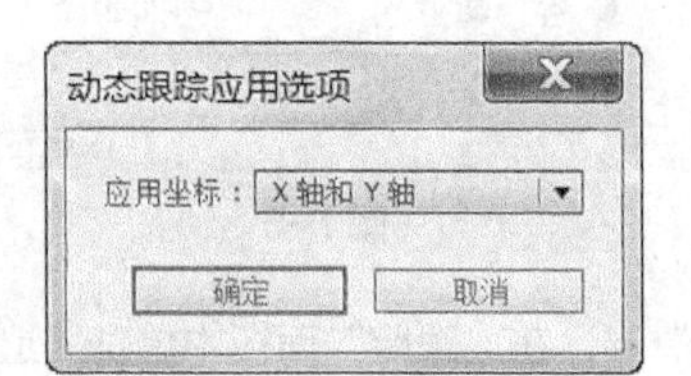

图 7-14

图 7-15

步骤⑧ 选中“01.avi”层，按 U 键展开所有关键帧，可以看到刚才的控制点经过跟踪计算后产生的一系列关键帧，如图 7-16 所示。

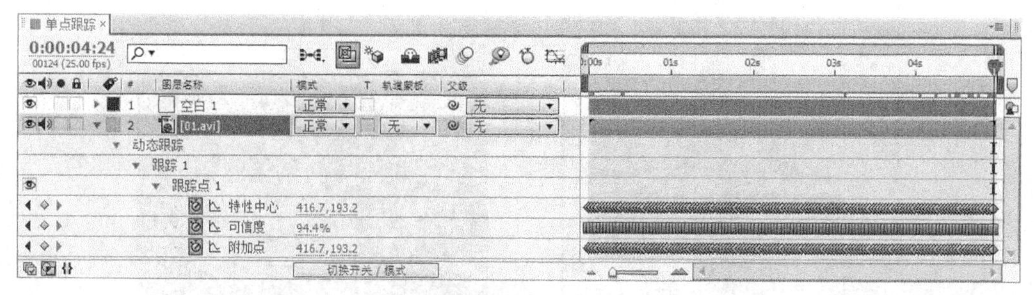

图 7-16

步骤⑨ 选中"空白 1"层，按 U 键展开所有关键帧，同样可以看到由于跟踪所产生的一系列关键帧，如图 7-17 所示。

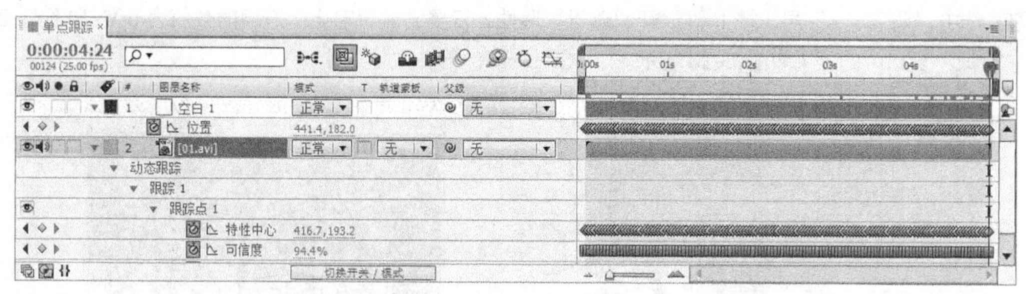

图 7-17

2. 编辑形状

步骤① 选择"图层 > 新建 > 调节层"命令，在"时间线"面板中新增一个调节层，如图 7-18 所示。选中"调节层 1"层，选择"椭圆形遮罩"工具，在"合成"窗口中拖曳鼠标绘制一个椭圆形遮罩，如图 7-19 所示。

微课：单点跟踪 2

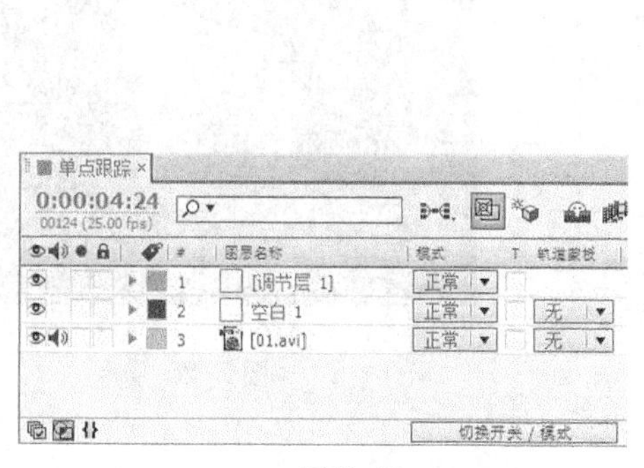

图 7-18

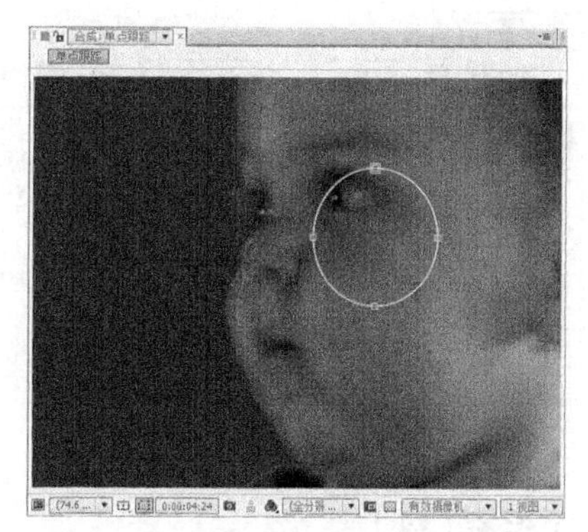

图 7-19

步骤② 选中"调节层 1"层，选择"效果 > 色彩校正 > 色阶"命令，在"特效控制台"面板中进行参数设置，如图 7-20 所示。"合成"窗口中的效果如图 7-21 所示。

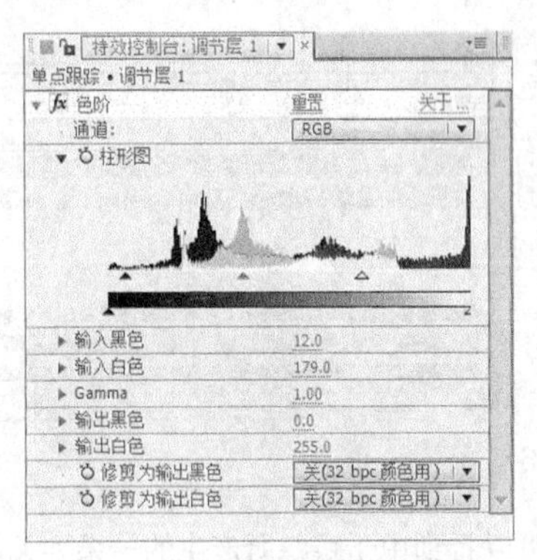

图 7-20

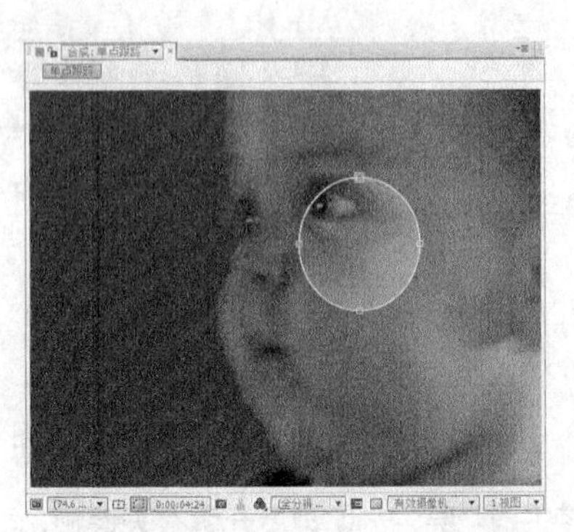

图 7-21

步骤③ 选中“调节层 1”层，按 F 键展开“遮罩”属性，设置“遮罩羽化”选项的数值为 60，如图 7-22 所示。“合成”窗口中的效果如图 7-23 所示。

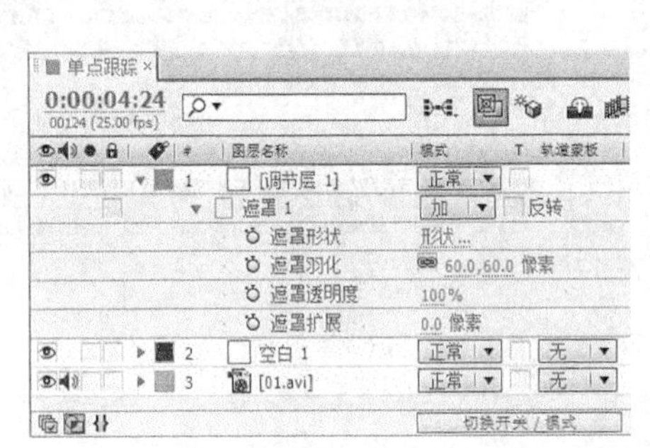

图 7-22

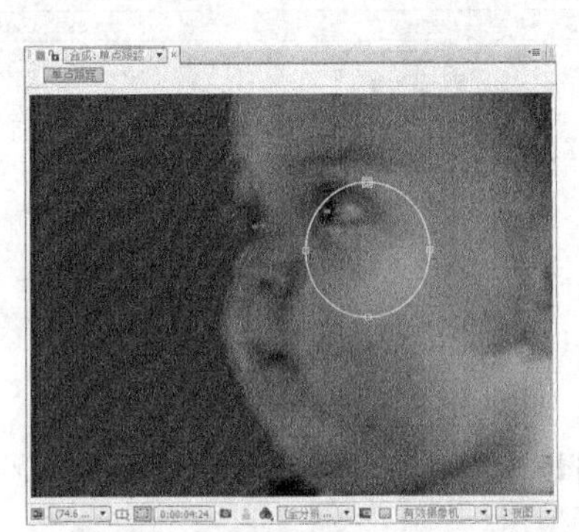

图 7-23

步骤④ 选中“调节层 1”层，在“时间线”面板中设置“调节层 1”层的模式为“变亮”，父级为“2.空白 1”，如图 7-24 所示。单点跟踪制作完成，如图 7-25 所示。

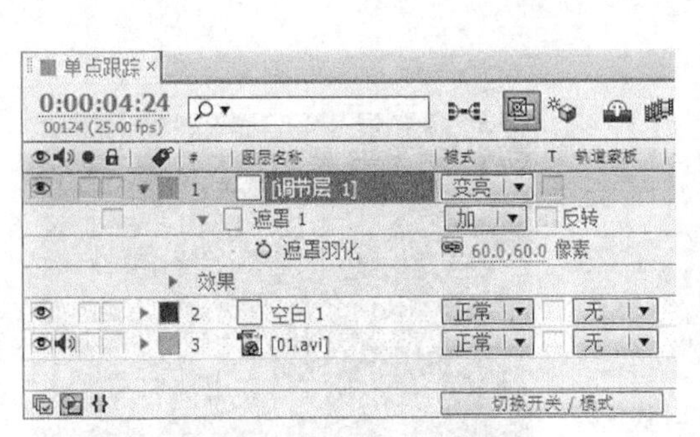

图 7-24

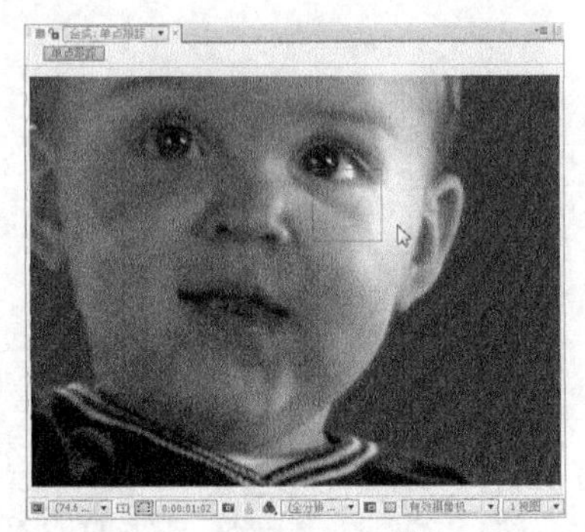

图 7-25

7.1.3 【相关工具】

1. 单点跟踪

在某些合成效果中可能需要将某种特效跟踪使用到另外一个物体运动上，从而创建出最佳效果。例如，动态跟踪通过追踪高尔夫球单独一个点的运动轨迹，使调节层与高尔夫球的运动轨迹相同，完成合成效果，如图 7-26 所示。

选择“动画 > 运动跟踪”或“窗口 > 跟踪”命令，打开“跟踪”控制面板，在“图层”视图中显示当前层。设置“追踪类型”为“变换”，制作单点跟踪效果。在该面板中还可以设置“追踪摄像机”“稳定器校正”“追踪运动”“稳定运动”“动态资源”“当前追踪”“追踪类型”“位置”“旋转”“缩放”“设置目标”“选项”“分析”“重置”和“应用”等，与图层视图相结合，可以设置单点跟踪，如图 7-27 所示。

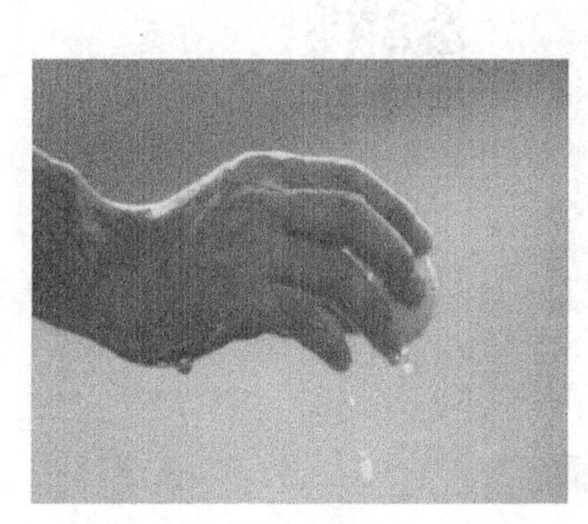

图 7-26

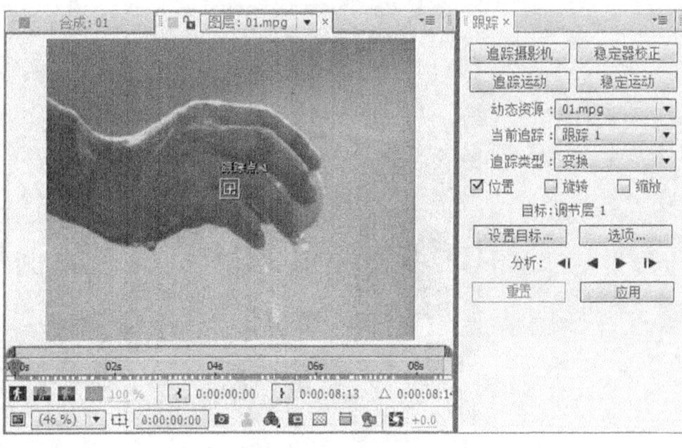

图 7-27

2. 多点跟踪

在某些影片的合成过程中，经常需要将动态影片中的某一部分图像设置成其他图像，并生成跟踪效果，制作出想要的结果。例如，将一段影片与另一指定的图像进行置换合成，动态跟踪标牌上 4 个点的运动轨迹，使指定置换的图像与标牌的运动轨迹相同，完成合成效果。合成前与合成后的效果分别如图 7-28 和图 7-29 所示。

图 7-28

图 7-29

多点跟踪效果的设置与单点跟踪效果的设置大部分相同，只是选择“跟踪类型”为“透视拐点”，指定类型以后，“图层”视图由原来的 1 个跟踪点变成定义 4 个跟踪点的位置来制作多点跟踪效果，如图 7-30 所示。

图 7-30

7.1.4 【实战演练】——四点跟踪

使用“导入”命令导入视频文件；使用“跟踪”命令添加跟踪点。最终效果参看云盘中的“Ch07 > 四点跟踪 > 四点跟踪.aep”，如图 7-31 所示。

图 7-31

微课：四点跟踪

7.2 放大镜效果

7.2.1 【操作目的】

使用“导入”命令导入图片；使用“定位点”工具改变中心点位置效果；使用“位置”“旋转”属性制作动画效果；使用“球面化”命令制作球面效果。最终效果参看云盘中的“Ch07 > 放大镜效果 > 放大镜效果.aep”，如图 7-32 所示。

图 7-32

7.2.2 【操作步骤】

1. 导入图片

步骤 1 按 Ctrl+N 组合键，弹出“图像合成设置”对话框，在“合成组名称”文本框中输入“放大镜效果”，其他选项的设置如图 7-33 所示，单击“确定”按钮，创建一个新的合成“放大镜效果”。

步骤 2 选择“导入 > 文件 > 导入”命令，弹出“导入文件”对话框，选择云盘中的“Ch07 > 放大镜效果 >（Footage）”中的 01、02 文件，如图 7-34 所示，单击“打开”按钮，导入图片。

微课：放大镜效果 1

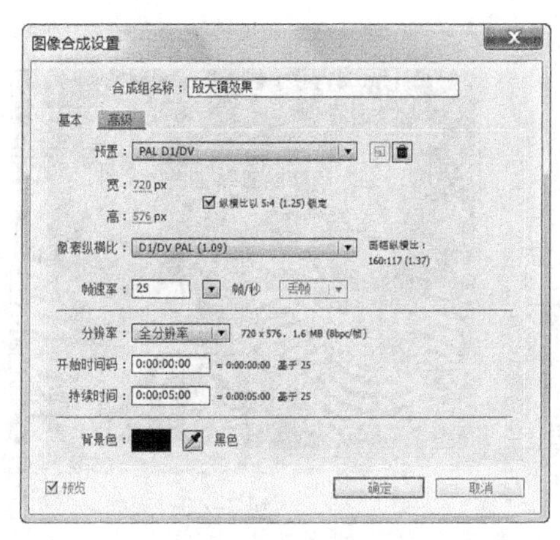

图 7-33

图 7-34

步骤③ 在“项目”面板中，选择“01.jpg、02.psd”文件并将它们拖曳到“时间线”面板中，层的排列如图 7-35 所示。“合成”窗口中的效果如图 7-36 所示。

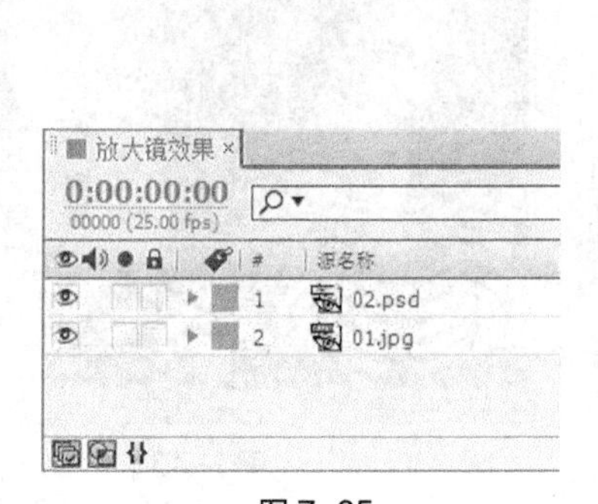

图 7-35

图 7-36

2. 制作放大镜效果

步骤① 选择“定位点”工具，在“合成”窗口中按住鼠标左键拖动，调整放大镜的中心点位置，如图 7-37 所示。选中“02.psd”层，按 P 键展开“位置”属性，设置“位置”选项的数值为 185.2、193，如图 7-38 所示。

微课：放大镜效果 2

图 7-37

图 7-38

步骤② 将时间标签放置在 0s 的位置，单击“位置”选项左侧的“关键帧自动记录器”按钮，如图 7-39 所示，记录第 1 个关键帧。“合成”窗口中的效果如图 7-40 所示。

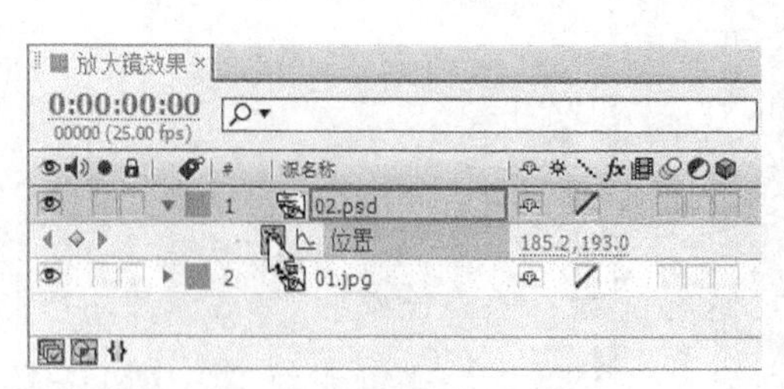

图 7-39

图 7-40

步骤③ 将时间标签放置在 2s 的位置，在“时间线”面板中，设置“位置”选项的数值为 298、358.4，如图 7-41 所示，记录第 2 个关键帧。“合成”窗口中的效果如图 7-42 所示。

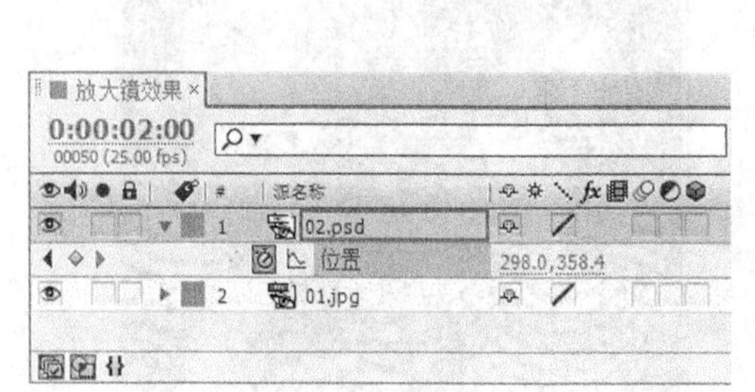

图 7-41

图 7-42

步骤④ 将时间标签放置在 04:24s 的位置，在“时间线”面板中，设置“位置”选项的数值为 632、366.9，如图 7-43 所示，记录第 3 个关键帧。“合成”窗口中的效果如图 7-44 所示。

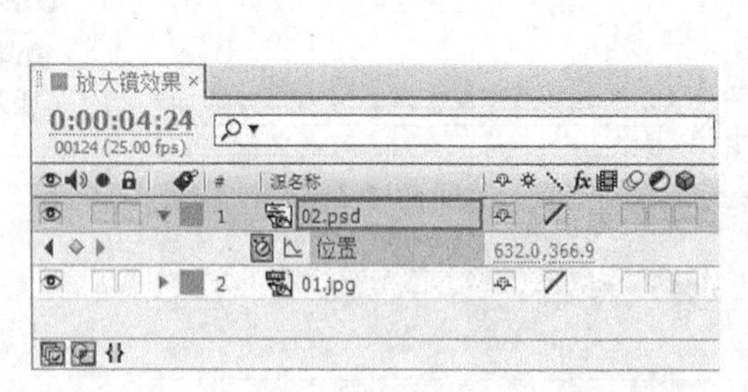

图 7-43

图 7-44

步骤⑤ 选中“02.psd”层，在按住 Shift 键的同时，按 R 键展开“旋转”属性，如图 7-45 所示。将时间标签放置在 0s 的位置，单击“旋转”选项左侧的“关键帧自动记录器”按钮，如图 7-46 所示，记录第 1 个关键帧。

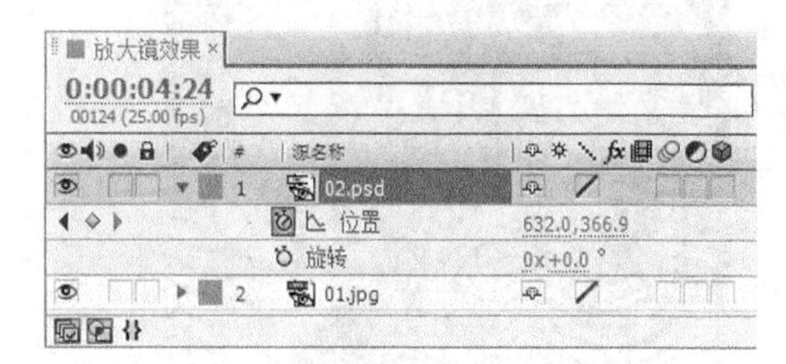
图 7-45

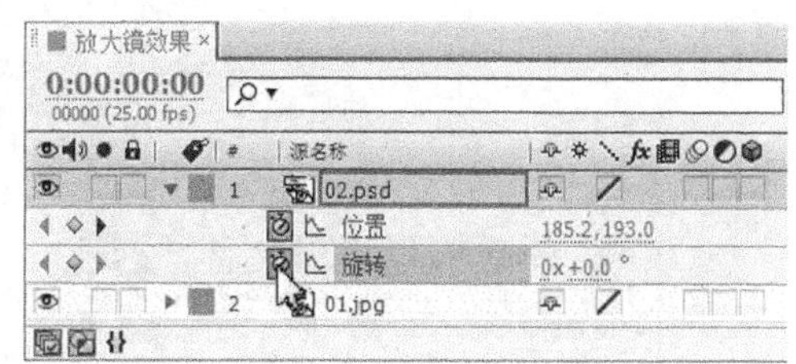
图 7-46

步骤 6 将时间标签放置在 2s 的位置，在“时间线”面板中，设置“旋转”选项的数值为 0、20，记录第 2 个关键帧，如图 7-47 所示。“合成”窗口中的效果如图 7-48 所示。

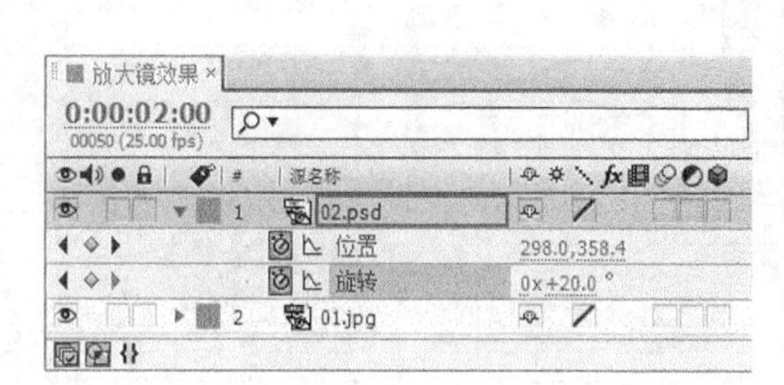
图 7-47

图 7-48

步骤 7 将时间标签放置在 04:24s 的位置，在“时间线”面板中，设置“旋转”选项的数值为 0、30，记录第 3 个关键帧，如图 7-49 所示。“合成”窗口中的效果如图 7-50 所示。

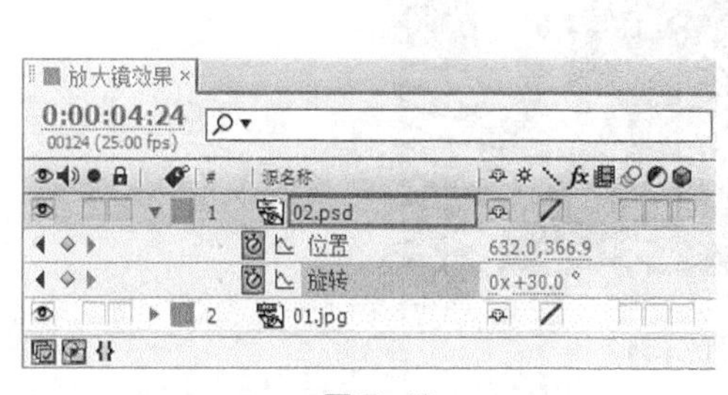
图 7-49

图 7-50

步骤 8 将时间标签放置在 0s 的位置，选中“01.jpg”层，选择“效果 > 扭曲 > 球面化”命令，在“特效控制台”面板中进行参数设置，如图 7-51 所示。“合成”窗口中的效果如图 7-52 所示。

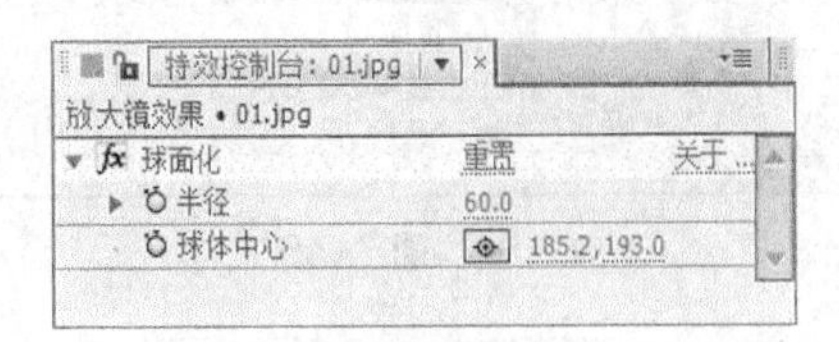

图 7-51

图 7-52

步骤 ⑨ 展开“球面化”属性，选中“球体中心”选项，选择“动画 > 添加表达式”命令，为“球体中心”属性添加一个表达式。在“时间线”面板右侧输入表达式代码：thisComp.layer("02.psd").position，如图 7-53 所示。

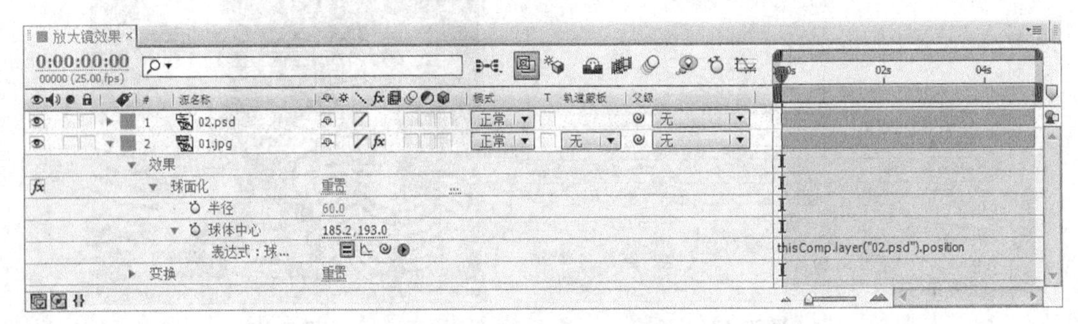

图 7-53

步骤 ⑩ 放大镜效果制作完成，如图 7-54 所示。

图 7-54

7.2.3 【相关工具】

1. 创建表达式

在“时间线”面板中选择一个需要增加表达式的控制属性，在菜单栏中选择“动画 > 添加表达式”命令激活该属性，如图 7-55 所示。属性被激活后可以在该属性条中直接输入表达式覆盖现有的文字，增加表达式的属性中会自动增加启用开关、显示图表、表达式拾取和语言菜单等工具，如图 7-56 所示。

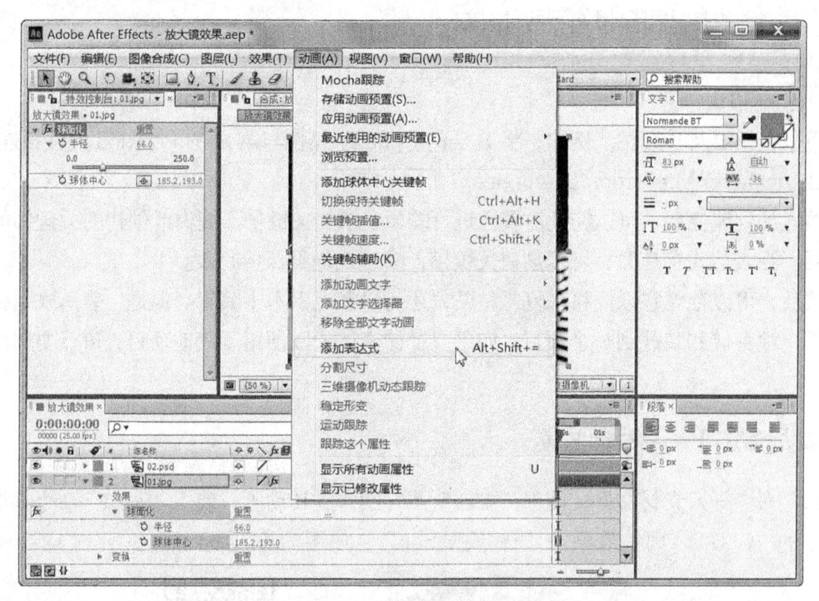

图 7-55

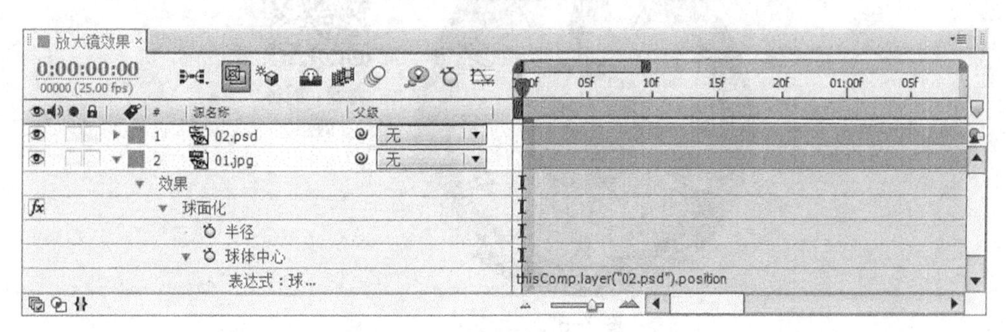

图 7-56

编写、增加表达式的工作都在“时间线”面板中完成，当增加一个层属性的表达式到“时间线”面板时，一个默认的表达式就出现在该属性下方的表达式编辑区中，在这个表达式编辑区中可以输入新的表达式或修改表达式的值。许多表达式依赖于层属性名，如果改变了一个表达式所在层的属性名或层名，这个表达式可能产生一个错误的消息。

2. 编写表达式

可以在“时间线”面板中的表达式编辑区中直接写表达式，或通过其他文本工具编写。如果在其他文本工具中编写表达式，只需将表达式复制粘贴到表达式编辑区中即可。在编写表达式时，可能需要一些 JavaScript 语法和数学基础知识。

编写表达式需要注意如下事项：JavaScript 语句区分大小写；在一段或一行程序后需要加“；”符号，忽略词间空格。

在 After Effects 中，可以用表达式语言访问属性值。访问属性值时，用“.”符号将对象连接起来，连接的对象在层水平。例如，连接 Effect、masks、文字动画，可以用“( )”符号；连接层 A 的 Opacity 到层 B 的高斯模糊的 Blurriness 属性，可以在层 A 的 Opacity 属性下输入如下表达式。

thisComp.layer("layer B").effect("Gaussian Blur") ("Blurriness")。

表达式的默认对象是表达式中对应的属性，接着是层中内容的表达，因此，没有必要指定属性。例如，在层的位置属性上写摆动表达式可以用如下两种方法。

wiggle(5,10)；

position.wiggle(5,10)。

表达式中可以包括层及其属性。例如，将 B 层的 Opacity 属性与 A 层的 Position 属性相连的表达式为：

thisComp.layer(layerA).position[0].wiggle(5,10)。

将一个表达式加到属性后，可以连续对属性进行编辑、增加关键帧。编辑或创建的关键帧的值将在表达式以外的地方使用。当表达式存在时，可以创建关键帧，表达式仍将保持有效。

写好表达式后，可以存储它以便将来复制粘贴，还可以在记事本中编辑。但是，表达式是针对层写的，不允许将表达式简单地存储和装载到一个项目。如果要存储表达式以便用于其他项目，可能要加注解或存储整个项目文件。

7.2.4 【实战演练】——时钟效果

使用“导入”命令导入素材文件；使用“旋转”属性制作旋转动画；使用“跟踪”命令添加跟踪点。最终效果参看云盘中的“Ch07 > 时钟效果 > 时钟效果.aep”，如图 7-57 所示。

微课：时钟效果

图 7-57

7.3 综合演练——跟踪户外运动

使用“导入”命令导入视频文件；使用“跟踪”命令编辑进行单点跟踪。最终效果参看云盘中的“Ch07 > 跟踪户外运动 > 跟踪户外运动.aep”，如图 7-58 所示。

微课：跟踪户外运动

图 7-58

7.4 综合演练——跟踪对象运动

使用“跟踪”命令编辑多个跟踪点，改变不同的位置。最终效果参看云盘中的“Ch07 > 跟踪对象运动 > 跟踪对象运动.aep”，如图 7-59 所示。

图 7-59

微课：跟踪对象运动

第 8 章　抠像

本章对 After Effects 中的抠像功能进行详细讲解，包括颜色差值键、颜色键、颜色范围、差值遮罩、提取、线性颜色键、亮度键、溢出抑制和外挂抠像等内容。通过对本章的学习，读者可以自如地应用抠像功能进行实际创作。

- 熟练掌握抠像效果的操作方法
- 熟练掌握外挂抠像的使用方法

8.1 抠像效果

8.1.1 【操作目的】

使用“颜色键”命令修复图片效果；设置“位置”和“缩放”属性编辑图片位置及缩放图像。最终效果参看云盘中的“Ch08 > 抠像效果 > 抠像效果.aep”，如图 8-1 所示。

微课：抠像效果

图 8-1

8.1.2 【操作步骤】

步骤 1 按 Ctrl+N 组合键，弹出“图像合成设置”对话框，在“合成组名称”文本框中输入“抠像”，其他选项的设置如图 8-2 所示，单击“确定”按钮，创建一个新的合成“抠像”。选择“文件 > 导入 > 文件”命令，弹出“导入文件”对话框，选择云盘中的“Ch08 > 抠像效果 >（Footage）> 01、02”文件，如图 8-3 所示，单击“打开”按钮，导入图片。

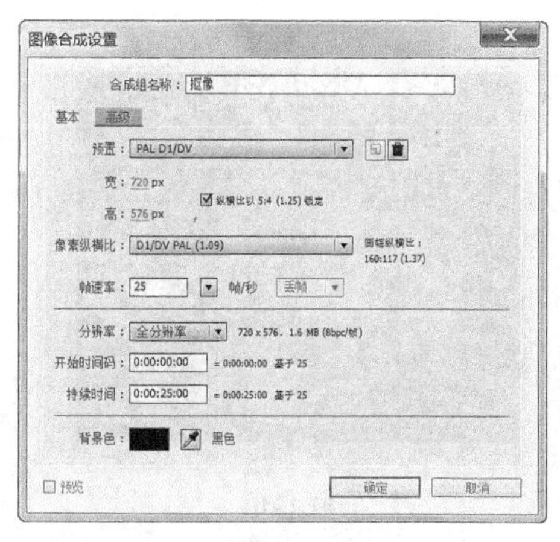

图 8-2

图 8-3

步骤② 在“项目”面板中选中“01.jpg”文件并将其拖曳到“时间线”面板中，如图 8-4 所示。“合成”窗口中的效果如图 8-5 所示。

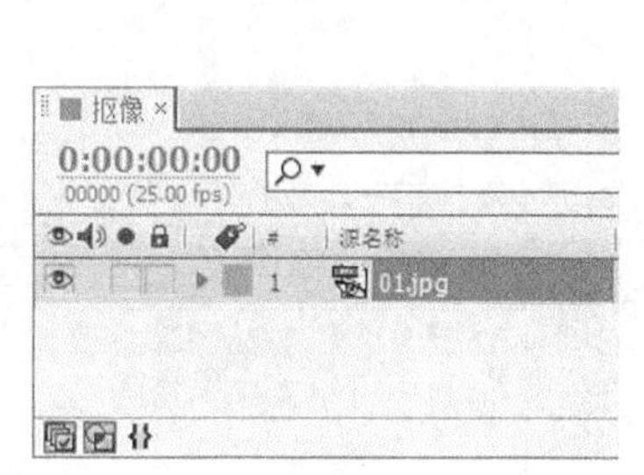

图 8-4

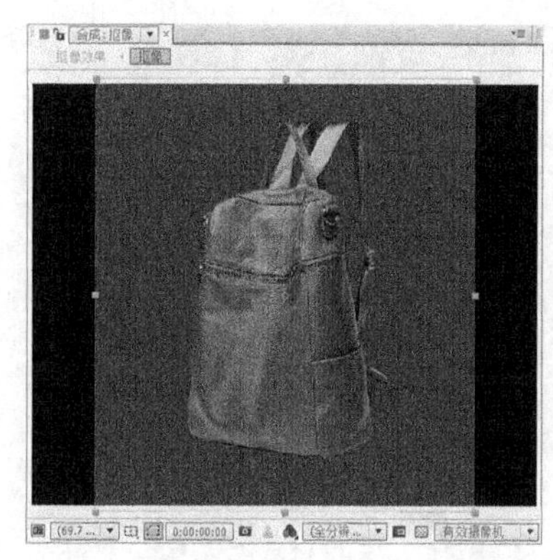

图 8-5

步骤③ 选中“01.jpg”层，选择“效果 > 键控 > 颜色键”命令，选择“键颜色”选项右侧的吸管工具，如图 8-6 所示，吸取背景素材上的蓝色，如图 8-7 所示。“合成”窗口中的效果如图 8-8 所示。

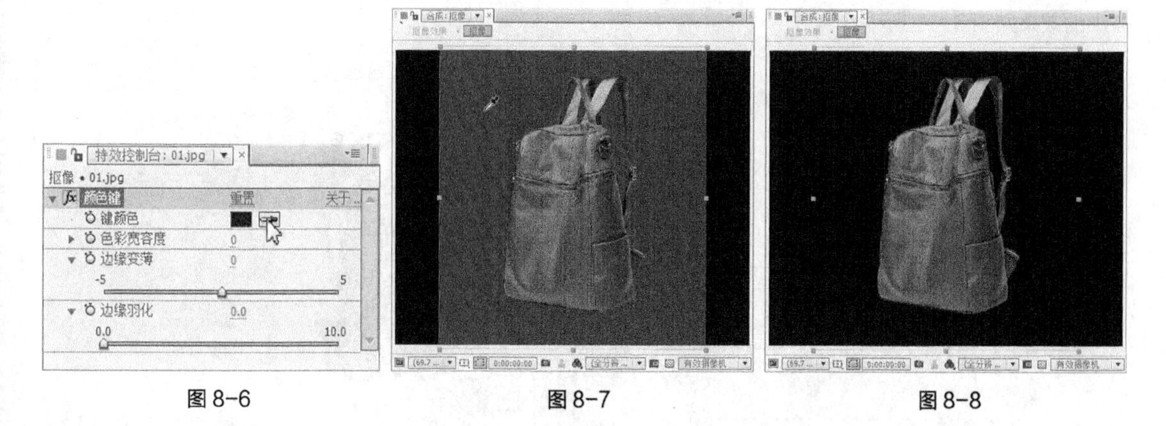

图 8-6　　图 8-7　　图 8-8

步骤④ 选中“01.jpg”层，在“特效控制台”面板中进行参数设置，如图 8-9 所示。“合成”窗口中的效果如图 8-10 所示。

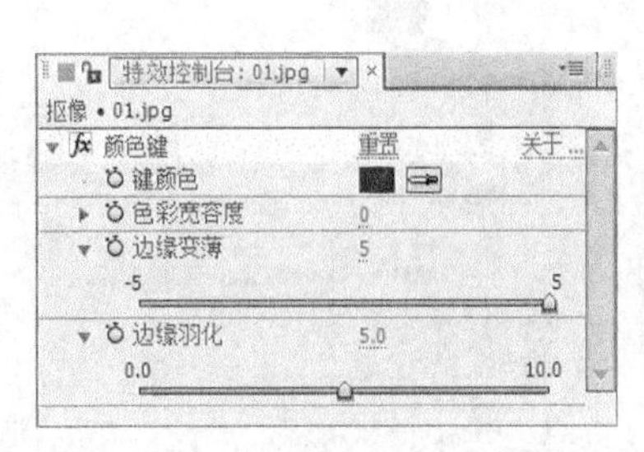

图 8-9

图 8-10

步骤⑤ 按 Ctrl+N 组合键，弹出“图像合成设置”对话框，在“合成组名称”文本框中输入“抠像效果”，其他选项的设置如图 8-11 所示，单击“确定”按钮，创建一个新的合成“抠像效果”。在“项目”面板中选择“02.jpg”文件，并将其拖曳到“时间线”面板中，如图 8-12 所示。

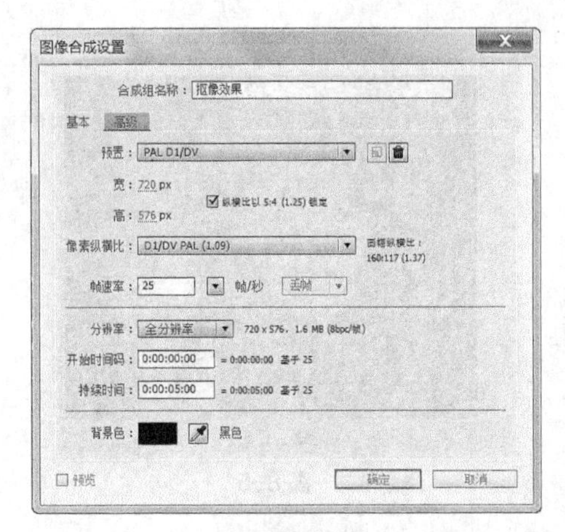

图 8-11

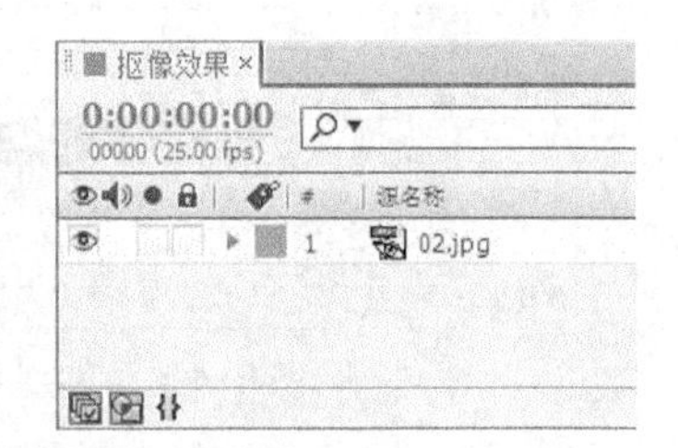

图 8-12

步骤⑥ 在“项目”面板中选中“抠像”合成并将其拖曳到“时间线”面板中，如图 8-13 所示。“合成”窗口中的效果如图 8-14 所示。

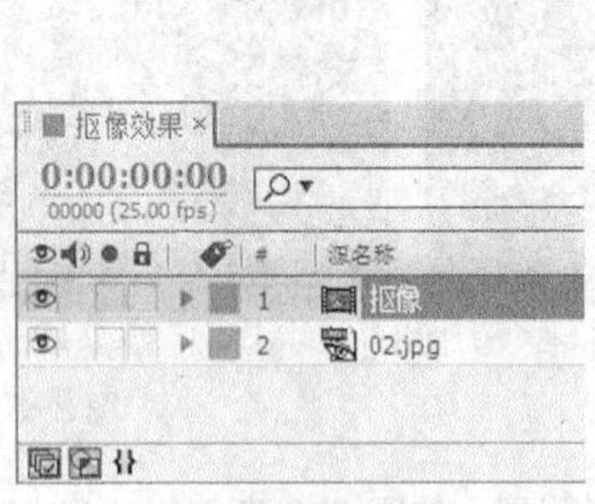

图 8-13

图 8-14

步骤 7 选中“抠像”层，按 S 键展开“缩放”属性，设置“缩放”选项的数值为 90%，如图 8-15 所示。“合成”窗口中的效果如图 8-16 所示。

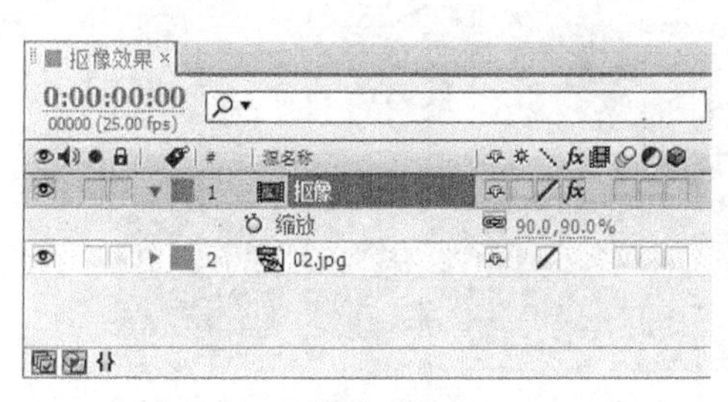

图 8-15

图 8-16

步骤 8 选中“抠像”层，按 P 键展开“位置”属性，设置“位置”选项的数值为 526、285，如图 8-17 所示。抠像效果制作完成如图 8-18 所示。

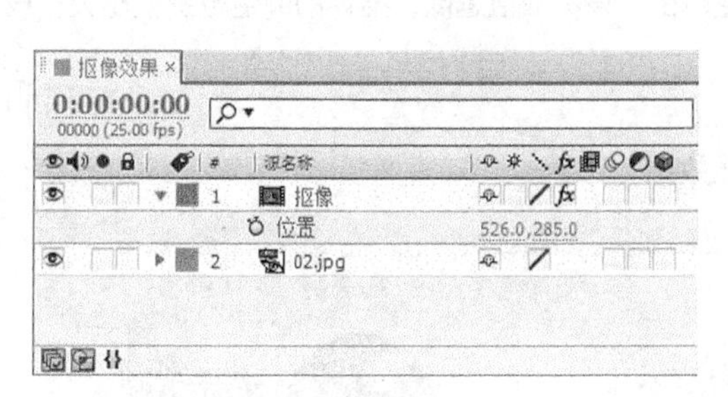

图 8-17

图 8-18

8.1.3 【相关工具】

1. 颜色差异键

颜色差异键把图像划分为两个蒙版透明效果。局部蒙版 B 使指定的抠像颜色变为透明，局部蒙版 A 使图像中不包含第二种不同颜色的区域变为透明。这两种蒙版效果联合起来就得到最终的第三种蒙版效果，即背景变为透明。

颜色差异抠像的左侧缩略图表示原始图像，右侧缩略图表示蒙版效果，吸管工具用于在原始图像缩略图中拾取抠像颜色，吸管工具用于在蒙版缩略图中拾取透明区域的颜色，吸管工具用于在蒙版缩略图中拾取不透明区域颜色，如图 8-19 所示。

查看：指定合成视图中显示的合成效果。

键色：通过吸管拾取透明区域的颜色。

色彩匹配精度：用于控制匹配颜色的精确度。屏幕上不包含主色调时会得到较好的效果。

蒙版控制：调整通道中的黑输入、白输入和 Gamma 参数值的设置，从而修改图像蒙版的透明度。

图 8-19

2. 颜色键

颜色键参数设置如图 8-20 所示。

键颜色：通过吸管工具拾取透明区域的颜色。

色彩宽容度：用于调节与抠像颜色相匹配的颜色范围。该参数值越高，抠掉的颜色范围就越大；该参数越低，抠掉的颜色范围就越小。

边缘变薄：减少所选区域边缘的像素值。

边缘羽化：设置抠像区域的边缘以产生柔和羽化效果。

图 8-20

3. 色彩范围

色彩范围特效可以通过去除 Lab、YUV 或 RGB 模式中指定的颜色范围来创建透明效果。可以对由多种颜色组成的背景屏幕图像，如不均匀光照并且包含同种颜色阴影的蓝色或绿色屏幕图像，应用该滤镜特效，如图 8-21 所示。

模糊性：设置选区边缘的模糊量。

色彩空间：设置颜色之间的距离，有“Lab”“YUV”和“RGB”3 个选项，每个选项对颜色的不同变化有不同的反映。

最大/最小值：对层的透明区域进行微调。

图 8-21

4. 差异蒙版

差异蒙版可以通过对比源层和对比层的颜色值，将源层中与对比层颜色相同的像素删除，从而创建透明效果。该滤镜特效的典型应用是将一个复杂背景中的移动物体合成到其他场景中，通常情况下，对比层采用源层的背景图像。其参数设置如图 8-22 所示。

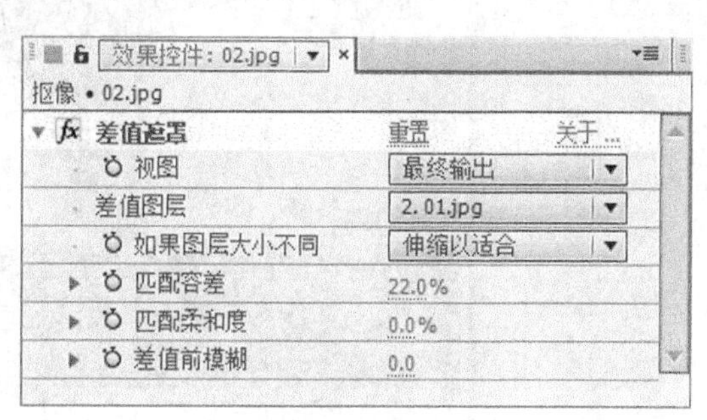

图 8-22

差值图层：设置哪一层将作为对比层。如果层大小不同，对比层与源图像层的大小匹配方式有“居中”和“拉伸”两种。

差值前模糊：细微模糊两个控制层中的颜色噪点。

5. 提取（抽出）

提取（抽出）效果可以创建透明度。具体方法是根据指定通道的直方图，抠出指定亮度范围。此效果最适用于在以下图像中创建透明度：在黑色或白色背景中拍摄的图像，或在包含多种颜色的黑暗或明亮的背景中拍摄的图像。如图 8-23 所示。

图 8-23

6. 内部/外部键

内部/外部键通过层的遮罩路径来确定要隔离的物体边缘，从而把前景物体从它的背景中隔离出来。利用该特效可以将具有不规则边缘的物体从它的背景中分离出来，这里使用的遮罩路径可以十分粗略，不一定正好在物体的四周边缘，如图 8-24 所示。

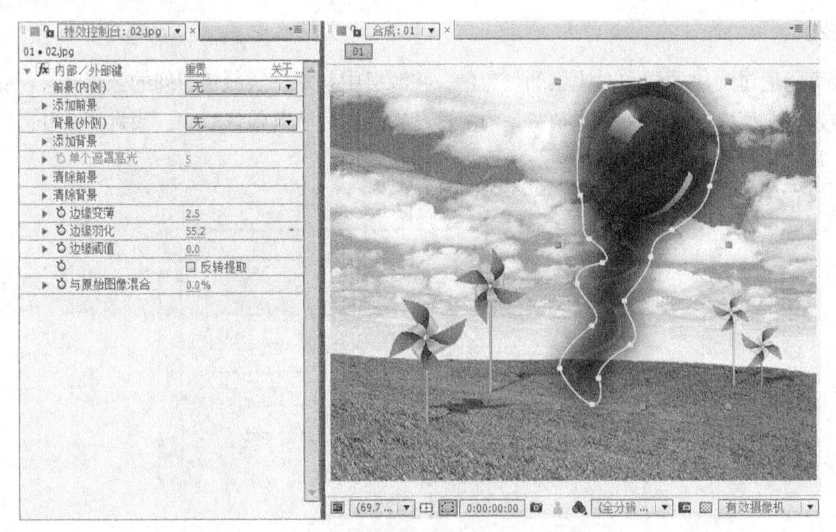

图 8-24

7. 线性色键

线性色键既可以用来进行抠像处理，又可以用来保护其他被误删除的颜色区域，如果在图像中抠出的物体包含被抠像颜色，当对其进行抠像时，这些区域可能也会变成透明区域，对图像应用该特效，然后在“特效控制台”面板中设置“键操作 > 保持颜色”选项，找回不该删除的部分，如图 8-25 所示。

图 8-25

8. 亮度键

亮度键是根据层的亮度对图像进行抠像处理，可以将图像中具有指定亮度的所有像素都删除，从而创建透明效果，而层质量设置不会影响滤镜效果，如图 8-26 所示。

键类型：包括“亮部抠出”“暗部抠出”“抠出相似区域”和“抠出非相似区域”等抠像类型。

阈值：设置抠像的亮度极限数值。

宽容度：指定接近抠像极限数值的像素范围，数值的大小可以直接影响抠像区域。

图 8-26

9. 溢出抑制

溢出抑制可以去除键控后图像残留的键控色的痕迹，消除图像边缘溢出的键控色，这些溢出的键控色常常是由于背景的反射造成的，如图 8-27 所示。

色彩抑制：选择要进一步删除的溢出颜色。

抑制量：控制溢出颜色程度。

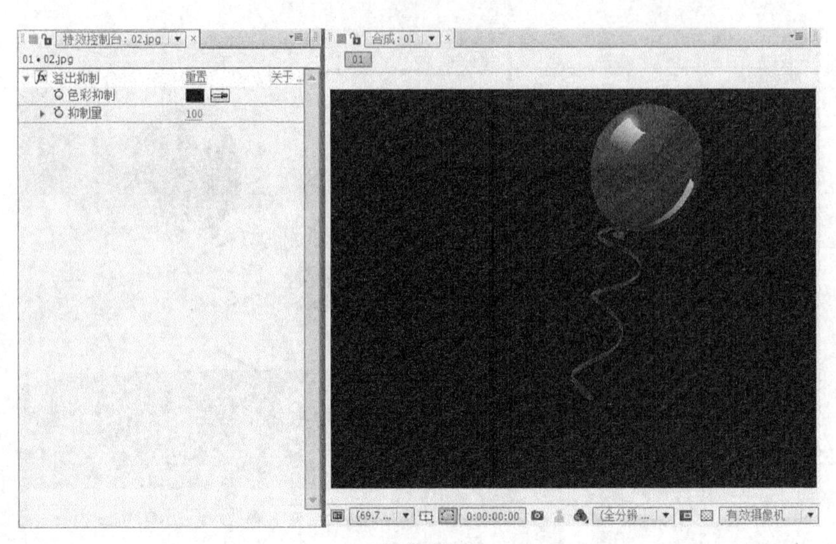

图 8-27

8.1.4 【实战演练】——卡通宇航员

使用“色彩范围”命令抠出图像；使用“色相位/饱和度”命令调整图像的饱和度；使用“阴影”命令为图像添加阴影效果。最终效果参看云盘中的“Ch08 > 卡通宇航员 > 卡通宇航员.aep”，如图 8-28 所示。

图 8-28

微课：卡通宇航员

8.2 复杂抠像

8.2.1 【操作目的】

使用“缩放”属性改变图片大小；使用“Keylight”命令修复图片效果。最终效果参看云盘中的“Ch08 > 复杂抠像 > 复杂抠像.aep”，如图 8-29 所示。

图 8-29

微课：复杂抠像

8.2.2 【操作步骤】

步骤① 按 Ctrl+N 组合键，弹出“图像合成设置”对话框，在“合成组名称”文本框中输入“抠像”，其他选项的设置如图 8-30 所示，单击“确定”按钮，创建一个新的合成“抠像”。选择“文件 > 导入 > 文件”

命令，弹出“导入文件”对话框，选择云盘中的“Ch08 > 复杂抠像 >（Footage）”中的 01、02 文件，如图 8-31 所示，单击“打开”按钮，导入图片。

图 8-30

图 8-31

步骤② 在“项目”面板中选中“02.jpg”文件，将其拖曳到“时间线”面板中，如图 8-32 所示。“合成”窗口中的效果如图 8-33 所示。

图 8-32

图 8-33

步骤③ 选中“02.jpg”层，选择“效果 > 键控 > Keylight（1.2）”命令，选择“屏幕颜色”选项右侧的吸管工具，如图 8-34 所示，吸取背景素材上的蓝色，如图 8-35 所示。

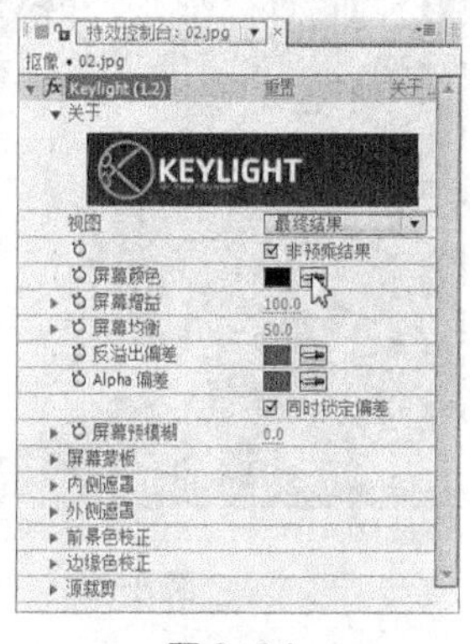

图 8-34

图 8-35

步骤④ 在“特效控制台”面板中进行参数设置，如图 8-36 所示。“合成”窗口中的效果如图 8-37 所示。

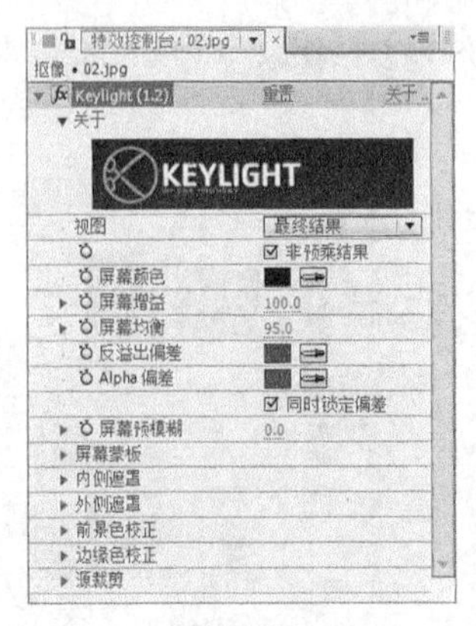

图 8-36

图 8-37

步骤⑤ 按 Ctrl+N 组合键，弹出“图像合成设置”对话框，在“合成组名称”文本框中输入“复杂抠像”，其他选项的设置如图 8-38 所示，单击“确定”按钮，创建一个新的合成“复杂抠像”。在“项目”面板中选择“01.jpg”文件，并将其拖曳到“时间线”面板中，如图 8-39 所示。

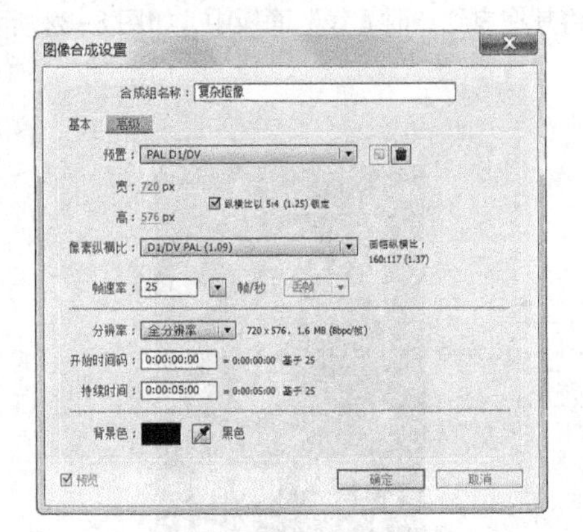

图 8-38

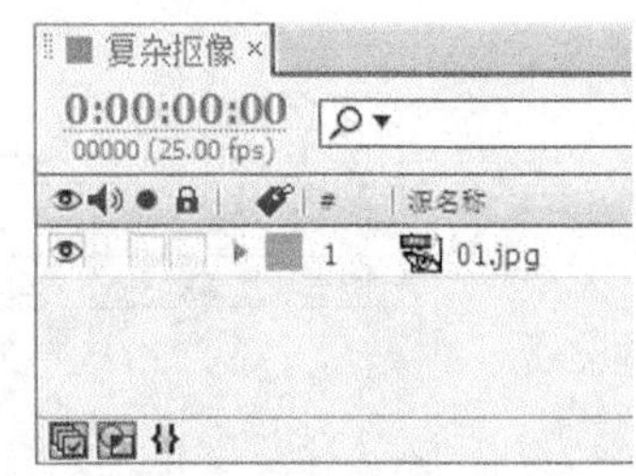

图 8-39

步骤⑥ 在“项目”面板中选中“抠像”合成，并将其拖曳到“时间线”面板中，如图 8-40 所示。“合成”窗口中的效果如图 8-41 所示。

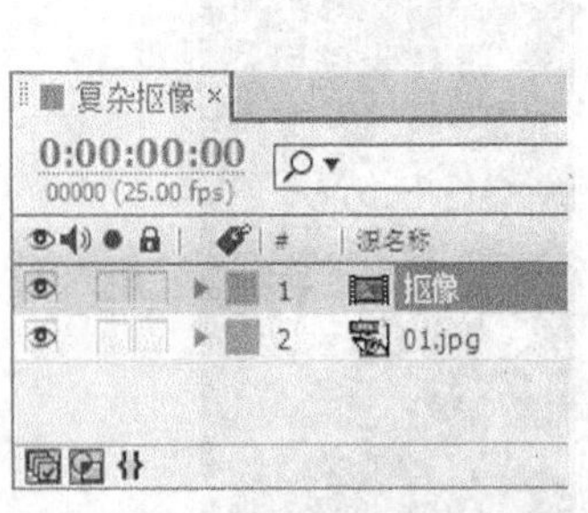

图 8-40

图 8-41

步骤⑦ 选中“抠像”层，按 S 键展开“缩放”属性，设置“缩放”选项的数值为 33%，如图 8-42 所示。“合成”窗口中的效果如图 8-43 所示。

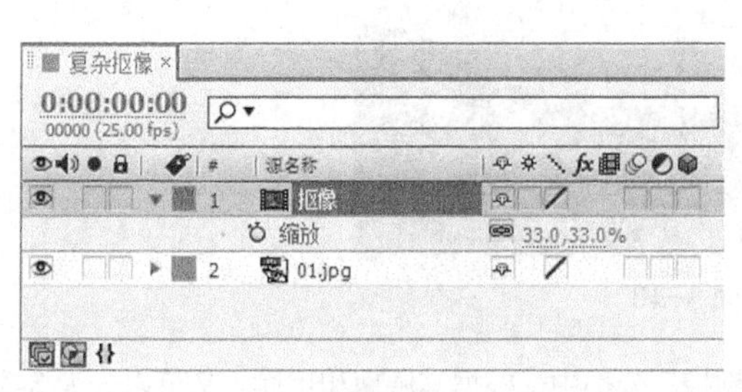

图 8-42

图 8-43

步骤⑧ 选中“抠像”层，按 P 键展开“位置”属性，设置“位置”选项的数值为 375、290，如图 8-44 所示。复杂抠像制作完成，如图 8-45 所示。

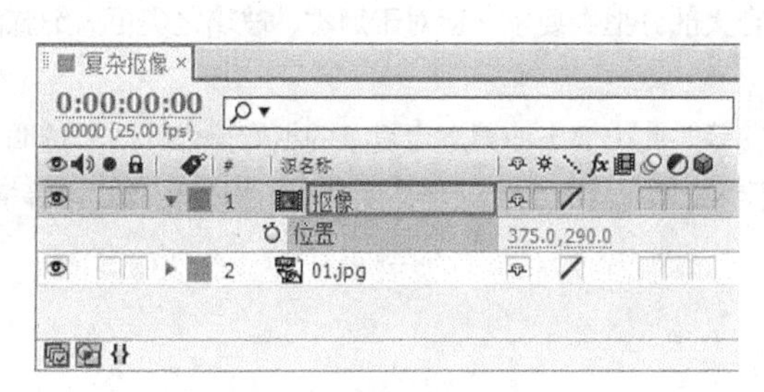

图 8-44

图 8-45

8.2.3 【相关工具】

“抠像”一词是从早期电视制作中得来的，英文称作“Keylight（1.2）”，意思就是吸取画面中的某一种颜色作为透明色，将它从画面中删除，从而使背景透出来，形成两层画面的叠加合成。这样，在室内拍摄的人物经抠像后与各景物叠加在一起，便形成了各种奇特效果，原图图片如图 8-46 和图 8-47 所示，叠加合成后的效果如图 8-48 所示。

图 8-46

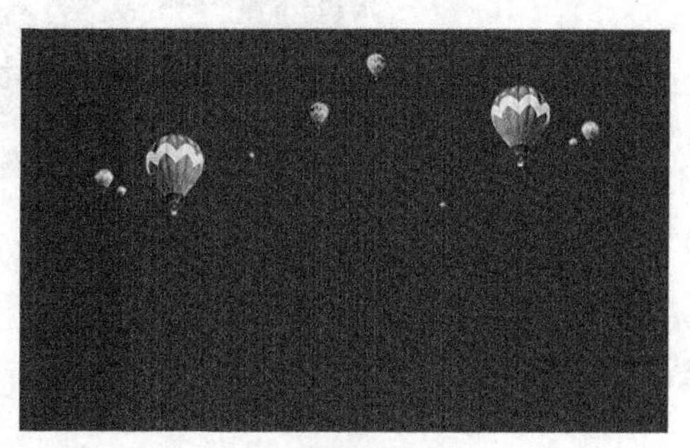

图 8-47

图 8-48

After Effects 中，实现抠图的滤镜都放置在“键控”分类中，根据其原理和用途，又可以分为 3 类：二元键出、线性键出和高级键出。其含义如下。

二元键出：诸如“颜色键”和“亮度键”等。这是一种比较简单的键出抠像，只能产生透明与不透明效果，对于半透明效果的抠像就力不从心了，适合前期拍摄较好的高质量视频，有明确的边缘，背景平整且颜色无太大变化。

线性键出：诸如“线性颜色键”“差值遮罩”和“提取”等。这类键出抠像可以对键出色与画面颜色进行比较，当两者不完全相同时，自动抠去键出色；当键出色与画面颜色不完全符合时，将产生半透明效果，但是此类滤镜产生的半透明效果是线性分布的，虽然适合大部分抠像要求，但对于烟雾、玻璃之类更为细腻的半透明抠像仍有局限，需要借助更高级的抠像滤镜。

高级键出：诸如“颜色差值键”和“颜色范围”等。此类键出滤镜适合复杂的抠像操作，对于透明、半透明的物体抠像十分适合，即使在实际拍摄时，背景不够平整、蓝屏或者绿屏亮度分布不均匀带有阴影等情况下，也能得到不错的键出抠像效果。

8.2.4 【实战演练】——电商广告

使用“位置”属性改变图片的位置；使用“Keylight”命令修复图片效果。最终效果参看云盘中的“Ch08 > 电商广告 > 电商广告.aep”，如图 8-49 所示。

微课：电商广告

图 8-49

8.3 综合演练——外挂抠图

使用“Keylight”命令去除图片背景；使用“添加颗粒”命令添加颗粒效果；使用“缩放”属性改变图片大小；使用“位置”属性改变图片位置。最终效果参看云盘中的“Ch08 > 外挂抠图 > 外挂抠图.aep”，如图 8-50 所示。

微课：外挂抠图

图 8-50

8.4 综合演练——替换人物背景

使用“颜色键”命令去除图片背景；使用“位置”和“缩放”属性改变图片位置及大小；使用“调节层”命令新建调节层；使用“色相位/饱和度”命令调整图片颜色。最终效果参看云盘中的“Ch08 > 替换人物背景 > 替换人物背景.aep”，如图 8-51 所示。

微课：替换人物背景

图 8-51

第 9 章　添加声音特效

本章对声音的导入和声音面板进行详细讲解，其中包括声音导入与监听、声音长度的缩放、声音的淡入淡出、声音的倒放、低音和高音、声音的延迟、变调与和声等内容。读者通过本章的学习，可以掌握 After Effects 的声音特效制作。

课堂学习目标

- 掌握导入声音的方法
- 熟练掌握声音特效面板
- 掌握声音的缩放和淡出

9.1 为影片添加背景音乐

9.1.1 【操作目的】

使用“导入”命令导入声音、视频文件；使用“音频电平”选项制作背景音乐效果。最终效果参看云盘中的“Ch09 > 为影片添加背景音乐 > 为影片添加背景音乐.aep”，如图 9-1 所示。

微课：为影片添加背景音乐

图 9-1

9.1.2 【操作步骤】

步骤 1 按 Ctrl+N 组合键，弹出“图像合成设置”对话框，在“合成组名称”文本框中输入“最终效果”，其他选项的设置如图 9-2 所示，单击“确定”按钮，创建一个新的合成“最终效果”，“项目”面板如图 9-3 所示。

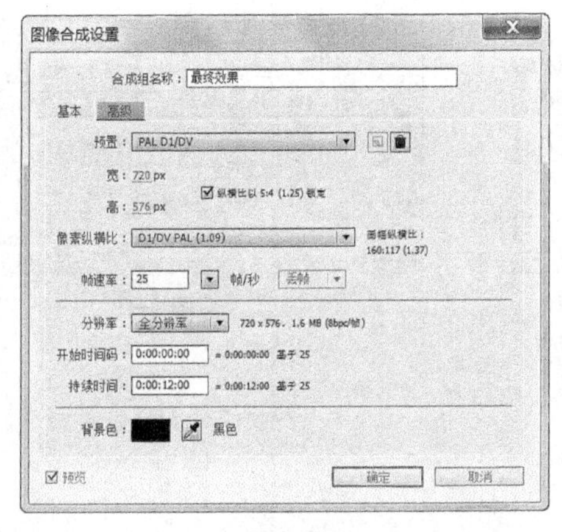

图 9-2

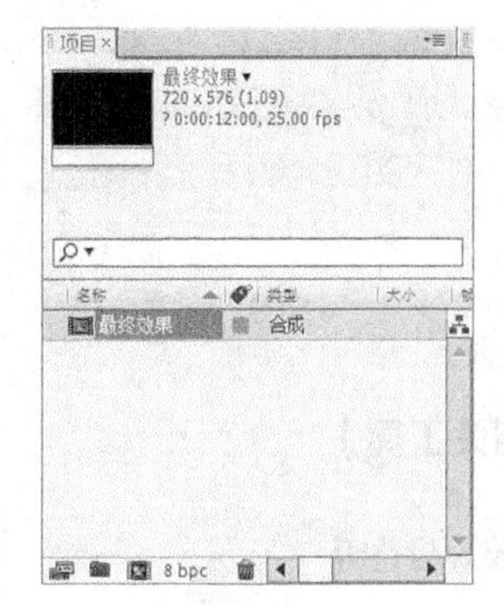

图 9-3

步骤 2 选择“文件 > 导入 > 文件”命令，弹出“导入文件”对话框，选择云盘中的“Ch09 > 为影片添加背景音乐 >（Footage）”中的 01、02 文件，如图 9-4 所示，单击“打开”按钮，导入视频，并将其拖曳到“时间线”面板中。层的排列如图 9-5 所示。

图 9-4

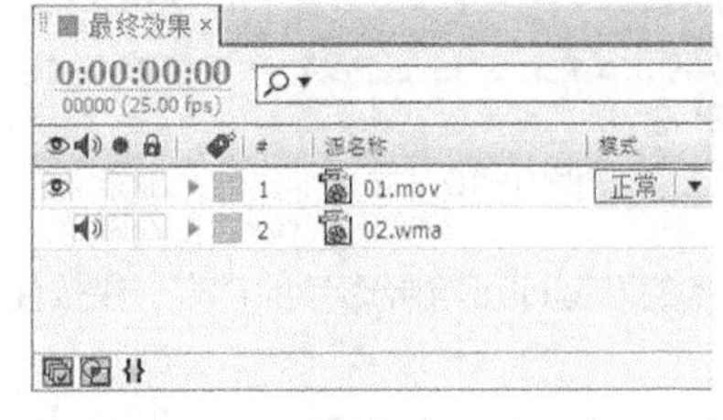

图 9-5

步骤 3 选中“02.wma”层，展开“音频”属性，在“时间线”面板中将时间标签放置在 10s 的位置，如图 9-6 所示。在“时间线”面板中，单击“音频电平”选项左侧的“关键帧自动记录器”按钮，记录第 1 个关键帧，如图 9-7 所示。

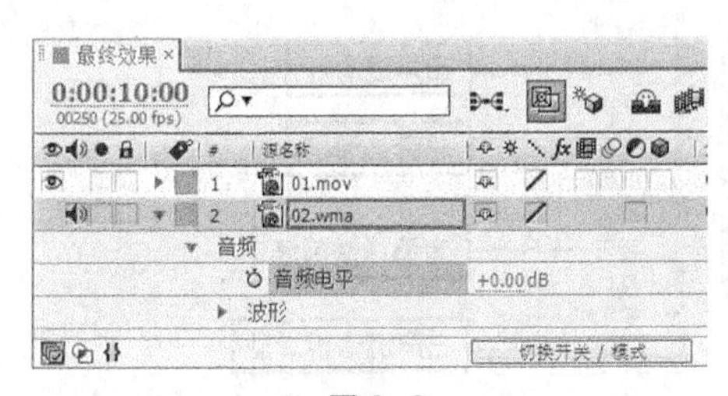

图 9-6

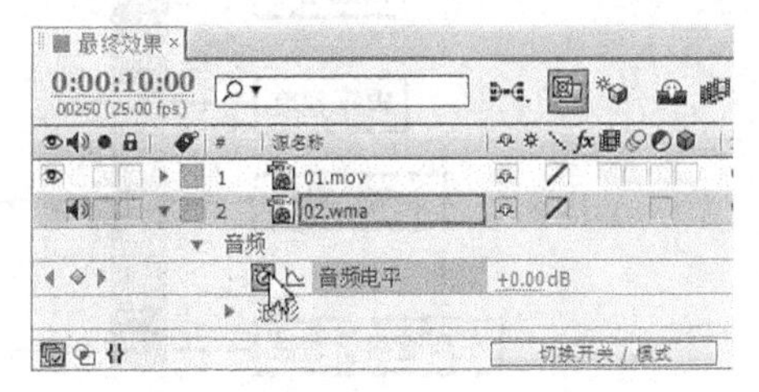

图 9-7

步骤 4 将时间标签放置在 11:24s 的位置，如图 9-8 所示。在“时间线”面板中，设置“音频电平”选项的数值为-30，如图 9-9 所示，记录第 2 个关键帧。

步骤 5 为影片添加背景音乐制作完成。

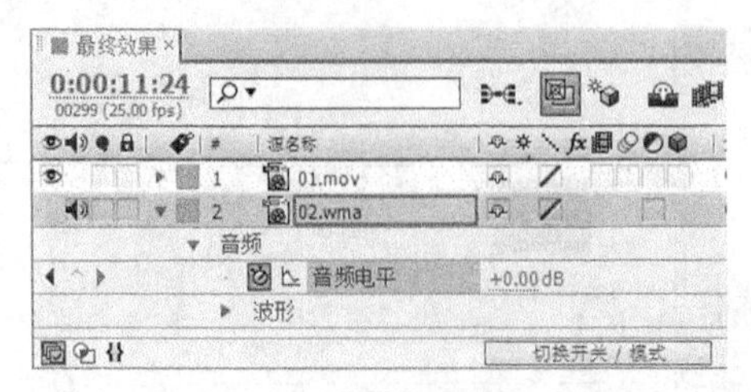

图 9-8

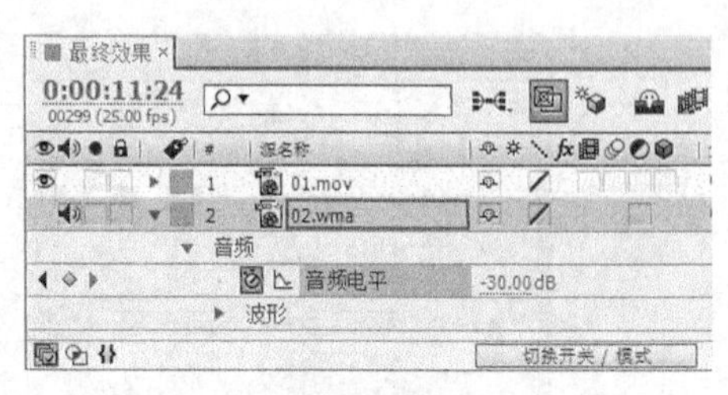

图 9-9

9.1.3 【相关工具】

1. 声音的导入与监听

启动 After Effects，选择“文件 > 导入 >文件”命令，在弹出的对话框中选择“基础素材 > Ch09 > 01.mpg”文件，单击“打开”按钮，在“项目”面板中选择该素材，观察到预览窗口下方出现了声波图形，如图 9-10 所示，这说明该视频素材携带声道。从“项目”面板中将“01.mpg”文件拖曳到“时间线”面板中。

选择“窗口 > 预览控制台”命令，在弹出的“预览控制台”面板中确定图标为弹起状态，如图 9-11 所示。在“时间线”面板中同样确定图标为弹起状态，如图 9-12 所示。

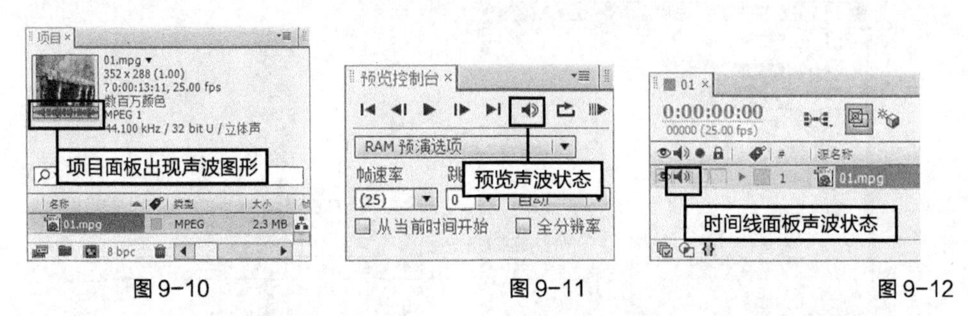

图 9-10　　图 9-11　　图 9-12

按数字键盘的 0 键即可监听影片的声音，在按住 Ctrl 键的同时，拖动时间指针，可以实时听到当前时间指针位置的音频。

选择“窗口 > 音频”命令，或按 Ctrl+4 组合键，打开“音频”面板，在该面板中拖曳滑块可以调整声音素材的总音量或分别调整左、右声道的音量，如图 9-13 所示。

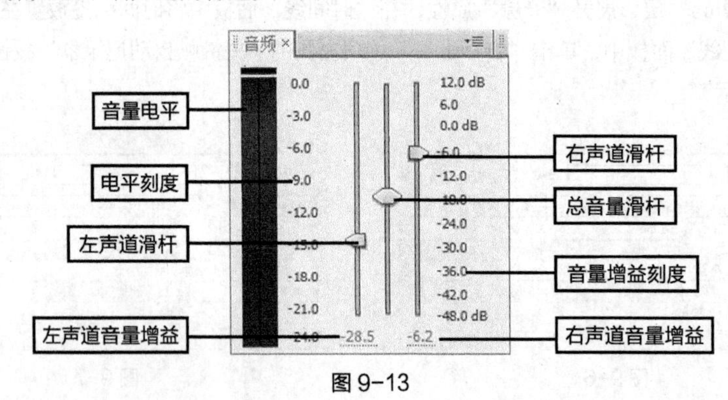

图 9-13

在“时间线”面板中，展开“音频”选项，可以在其中显示声音的波形，调整“音频电平”右侧的两个参数可以分别调整左、右声道的音量，如图 9-14 所示。

图 9-14

2. 声音长度的缩放

在“时间线”面板底部单击 按钮，将控制区域完全显示出来。在“持续时间”选项中可以设置声音的播放长度，在“伸缩”选项中可以设置播放时长与原始素材时长的百分比，如图 9-15 所示。例如，将“伸缩”设置为 200.0%后，声音的实际播放时长是原始素材时长的 2 倍。通过设置这两个参数缩短或延长声音的播放长度后，声音的音调也同时升高或降低。

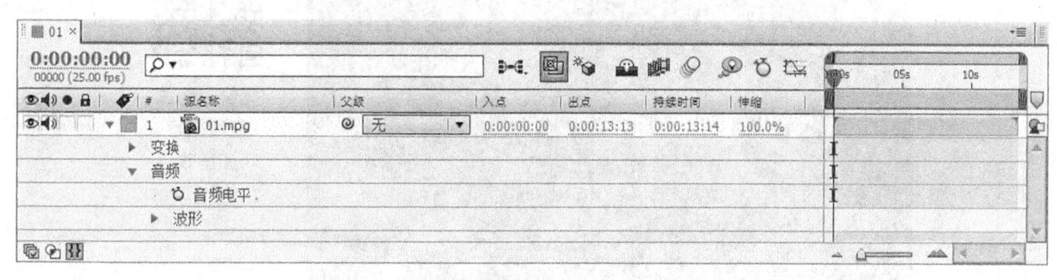

图 9-15

3. 声音的淡入淡出

将时间标签放置在 0s 的位置，在“时间线”面板中单击“音频电平”选项左侧的“关键帧自动记录器”按钮，添加关键帧。输入参数-100.00，将时间标签放置在 3s 的位置，输入参数 0.00，可观察到在“时间线”上增加了两个关键帧，如图 9-16 所示。此时按住 Ctrl 键不放拖曳时间标签，可以听到声音由小变大的淡入效果。

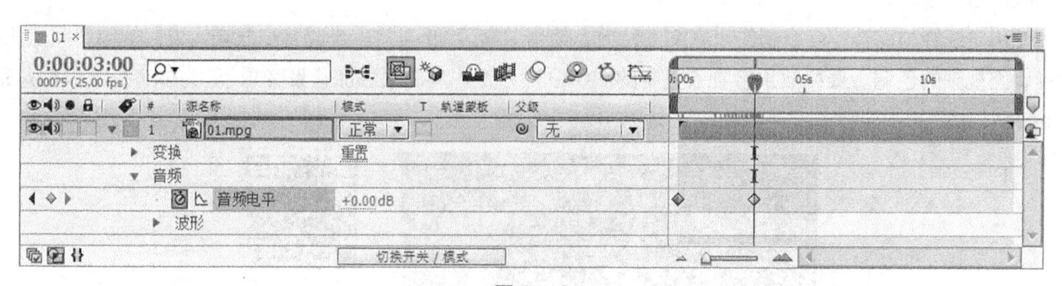

图 9-16

将时间标签放置在 10s 的位置，输入“音频电平”参数为 0.10；拖曳时间标签到结束帧，输入“音频电平”参数为-100.00，“时间线”面板的状态如图 9-17 所示。按住 Ctrl 键不放拖曳时间标签，可以听到声音的淡出效果。

图 9-17

9.1.4 【实战演练】——为草原风光添加音效

使用“导入”命令导入声音、视频文件；使用“音频电平”选项制作背景音乐效果。最终效果参看云盘中的“Ch09 > 为草原风光添加音效 > 为草原风光添加音效.aep”，如图 9-18 所示。

微课：为草原风光添加音效

图 9-18

9.2 为体育视频添加背景音乐

9.2.1 【操作目的】

使用“低音与高音”命令制作声音文件特效；使用“高通/低通”命令调整高低音效果；使用“照片滤镜”命令调整视频的色调。最终效果参看云盘中的“Ch09 > 为体育视频添加背景音乐 > 为体育视频添加背景音乐.aep”，如图 9-19 所示。

微课：为体育视频添加背景音乐

图 9-19

9.2.2 【操作步骤】

步骤① 按 Ctrl+N 组合键，弹出“图像合成设置”对话框，在“合成组名称”文本框中输入“最终效果”，其他选项的设置如图 9-20 所示，单击“确定”按钮，创建一个新的合成“最终效果”。

步骤② 选择“文件 > 导入 > 文件”命令，弹出“导入文件”对话框，选择云盘中的“Ch09 > 为体育视频添加背景音乐 >（Footage）> 01、02”文件，如图 9-21 所示，单击“打开”按钮，导入视频，并将其拖曳到“时间线”面板中，层的排列如图 9-22 所示。

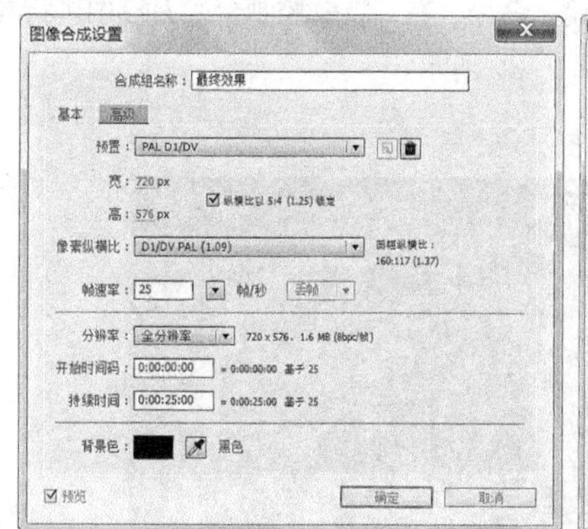

图 9-20

图 9-21

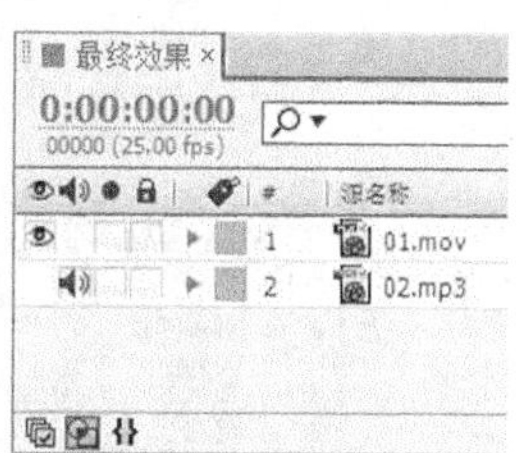

图 9-22

步骤③ 选中“02.mp3”层，展开该层的“音频”属性，在“时间线”面板中，将时间标签放置在 13:20s 的位置，如图 9-23 所示。在“时间线”面板中，单击“音频电平”选项左侧的“关键帧自动记录器”按钮，记录第 1 个关键帧，如图 9-24 所示。

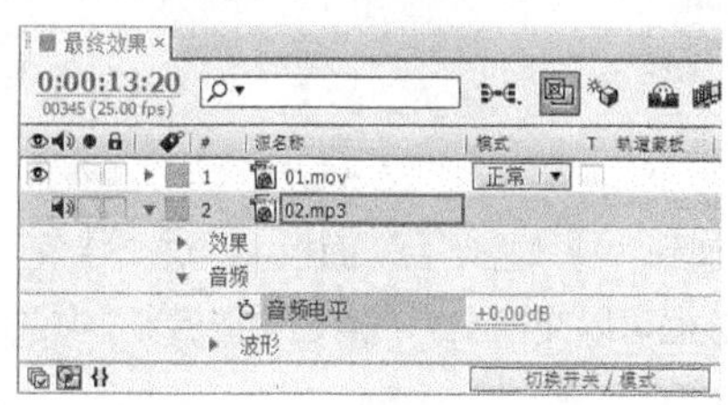

图 9-23

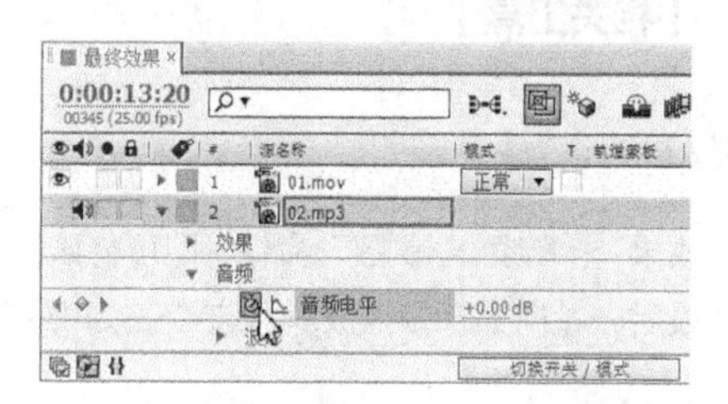

图 9-24

步骤④ 将时间标签放置在 15:24s 的位置，如图 9-25 所示。在“时间线”面板中，设置“音频电平”选项的数值为-30，如图 9-26 所示，记录第 2 个关键帧。

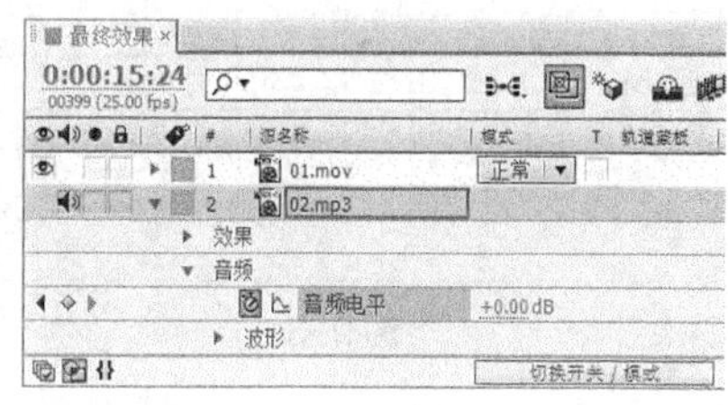

图 9-25

图 9-26

步骤⑤ 选中“02.mp3”层，选择“效果 > 音频 > 低音与高音”命令，在“特效控制台”面板中进行参数设置，如图 9-27 所示。选择“效果 > 音频 > 高通/低通”命令，在“特效控制台”面板中进行参数设置，如图 9-28 所示。

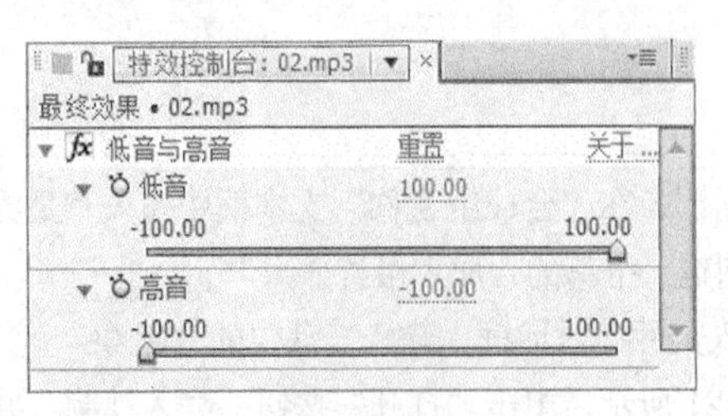

图 9-27

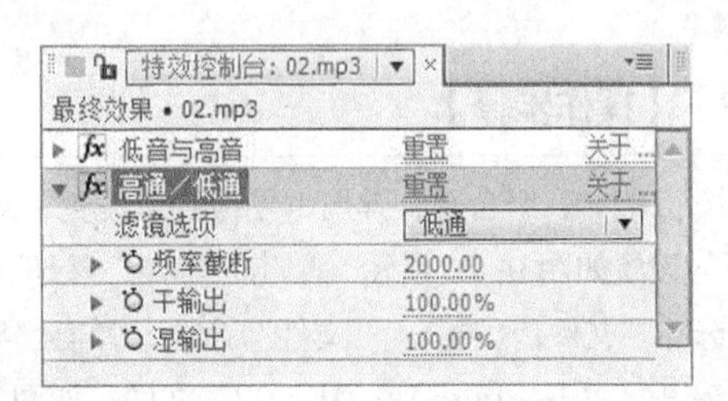

图 9-28

步骤⑥ 选中“01.mov”层，选择“效果 > 色彩校正 > 照片滤镜”命令，在“特效控制台”面板中进行参数设置，如图 9-29 所示。为体育视频添加背景音乐制作完成，如图 9-30 所示。

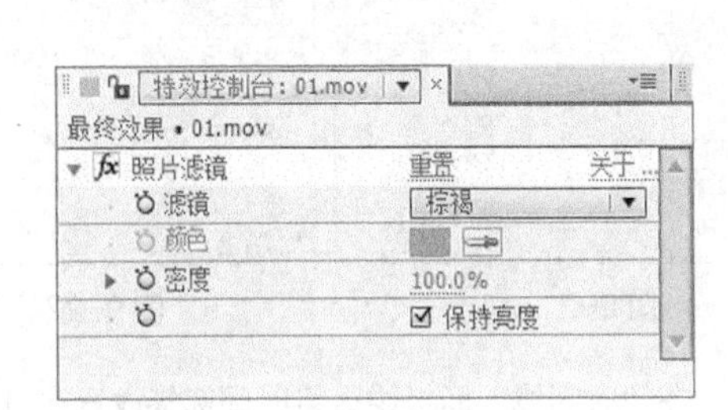

图 9-29

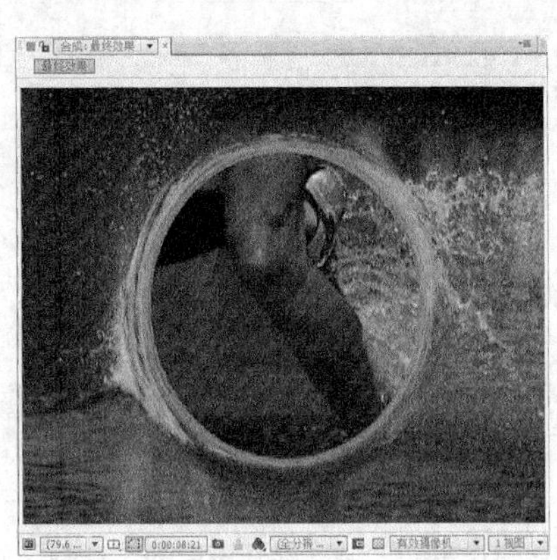

图 9-30

9.2.3 【相关工具】

1. 倒放

选择“效果 > 音频 > 倒放”命令，即可将该特效添加到“特效控制台”面板中。这个特效可以倒放音频素材，即从最后一帧向第一帧播放。勾选“交换声道”复选框可以交换左、右声道中的音频，如图 9-31 所示。

2. 低音与高音

选择“效果 > 音频 > 低音与高音”命令，即可将该特效添加到“特效控制台”面板中。拖动低音或高音滑块可以增加或减少音频中低音或高音的音量，如图 9-32 所示。

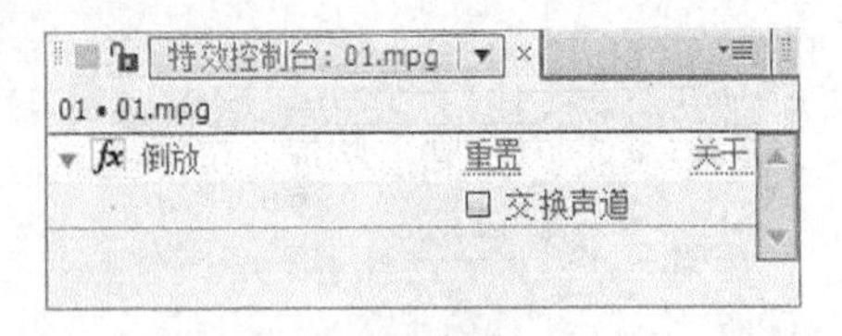

图 9-31

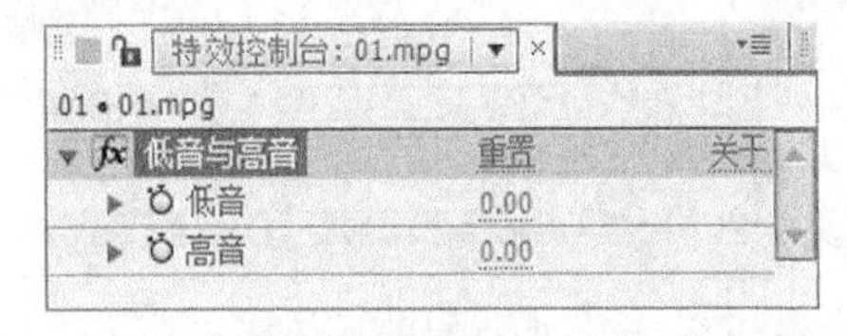

图 9-32

3. 延迟

选择“效果 > 音频 > 延迟”命令，即可将该特效添加到“特效控制台”面板中。它可将声音素材进行多层延迟来模仿回声效果，例如，制造墙壁的回声或空旷的山谷中的回音。“延迟时间（毫秒）”参数用于设定原始声音和其回音之间的时间间隔，单位为毫秒；“延迟量”参数用于设置延迟音频的音量；“回授”参数用于设置由回音产生的后续回音的音量；“干输出”参数用于设置声音素材的电平；“湿输出”参数用于设置最终输出声波电平，如图 9-33 所示。

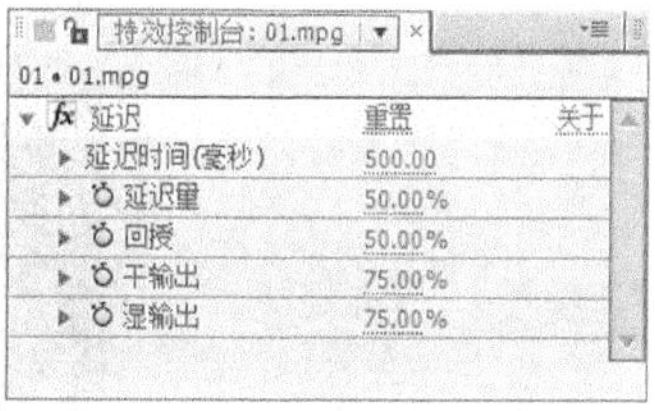

图 9-33

4. 镶边与合声

选择“效果 > 音频 > 镶边与合声”命令，即可将该特效添加到“特效控制台”面板中。“镶边”效果的产生原理是将声音素材的一个复制稍作延迟后与原声音混合，这样就造成某些频率的声波产生叠加或相减，这在声音物理学中被称作“梳状滤波”，它会产生一种“干瘪”的声音效果，该效果经常应用在电吉他独奏中。当混入多个延迟的复制声音后，产生乐器的“合声”效果。

在该特效设置栏中，“声音”参数用于设置延迟的复制声音的数量，增大此值将使镶边效果减弱而使和声效果增强；“变调深度”用于设置复制声音的混合深度；“声音相位改变”参数用于设置复制声音相位的变化程度；“干声输出/湿声输出”用于设置未处理音频与处理后音频的混合程度，如图 9-34 所示。

5. 高通/低通

选择“效果 > 音频 > 高通/低通”命令，即可将该特效添加到“特效控制台”面板中。该声音特效只允许设定的频率通过，通常用于滤去低频率或高频率的噪声，如电流声、嗞嗞声等。在“滤镜选项”栏中可以选择使用“高通”或“低通”方式。“频率截断”参数用于设置滤波器的分界频率，选择“高通”方式滤波时，低于该频率的声音被滤除；选择“低通”方式滤波时，高于该频率的声音被滤除。“干输出”调整在最终渲染时未处理的音频的混合量，“干输出”参数用于设置声音素材的电平，“湿输出”参数用于设置最终输出声波电平，如图 9-35 所示。

6. 调制器

选择“效果 > 音频 > 调制器”命令，即可将该特效添加到“特效控制台”面板中。该声音特效可以为声音素材加入颤音效果。“变调类型”用于设定颤音的波形；“变调比率”参数以 Hz 为单位设定颤音调制的频率；“变调深度”参数以调制频率的百分比为单位设定颤音频率的变化范围；“振幅变调”用于设定颤音的强弱，如图 9-36 所示。

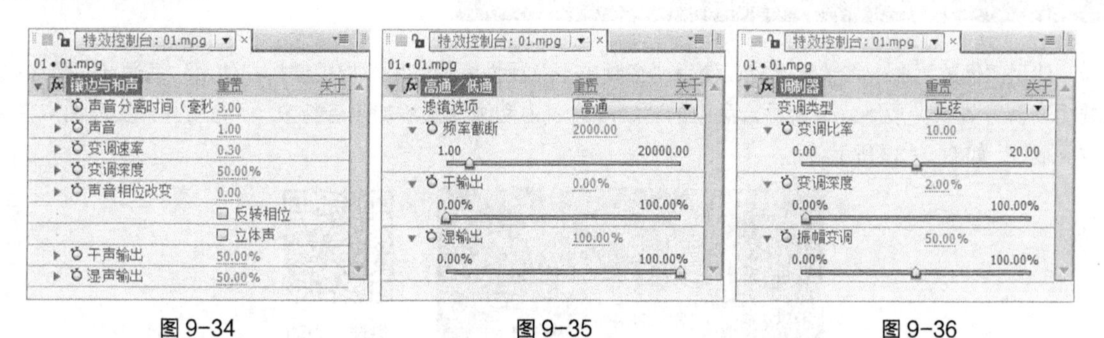

图 9-34　　图 9-35　　图 9-36

9.2.4 【实战演练】——为瀑布添加声音特效

使用“导入”命令导入视频与音乐；选择“音频电平”属性编辑音乐添加关键帧。最终效果参看云盘中的“Ch09 > 为瀑布添加声音特效 > 为瀑布添加声音特效.aep”，如图 9-37 所示。

微课：为瀑布添加声音特效

图 9-37

9.3 综合演练——为都市前沿添加背景音乐

使用“导入”命令导入视频与音乐；选择“音频电平”属性编辑音乐添加关键帧。最终效果参看云盘中的“Ch09 > 为都市前沿添加背景音乐 > 为都市前沿添加背景音乐.aep”，如图 9-38 所示。

微课：为都市前沿添加背景音乐

图 9-38

9.4 综合演练——为动画片头添加声音特效

使用“倒放”命令将音乐倒放；使用“音频电平”属性编辑音乐添加关键帧；使用“高通/低通”命令编辑高低音效果。最终效果参看云盘中的“Ch09 > 为动画片头添加声音特效 > 为动画片头添加声音特效.aep”，如图 9-39 所示。

微课：为动画片头添加声音特效

图 9-39

第 10 章　制作三维合成特效

After Effects 不仅可以在二维空间创建合成效果，随着新版本的推出，在三维立体空间中的合成与动画功能也越来越强大。新版本可以在深度的三维空间中丰富图层的运动样式，创建更逼真的灯光、投射阴影、材质效果和摄像机运动效果。读者通过本章的学习，可以掌握制作三维合成特效的方法和技巧。

- 掌握转换为三维图层的方法
- 熟练掌握摄像机的添加方法
- 掌握三维图层的属性操作

10.1 三维空间

10.1.1 【操作目的】

使用“横排文字”工具输入文字；使用“位置”选项制作文字动画效果；使用“马赛克”命令、“最大/最小”命令和“查找边缘”命令制作特效形状；使用“色阶”命令调整图像色调；使用变换三维层的位置属性制作空间效果；使用“透明度”选项调整文字不透明度。最终效果参看云盘中的“Ch10 > 三维空间 > 三维空间.aep”，如图 10-1 所示。

图 10-1

10.1.2 【操作步骤】

1. 编辑文字

步骤 ① 按 Ctrl+N 组合键，弹出“图像合成设置”对话框，在“合成组名称”文本框中输入“线框”，其他选项的设置如图 10-2 所示，单击“确定”按钮，创建一个新的合成“线框”，“项目”面板如图 10-3 所示。

微课：三维空间 1

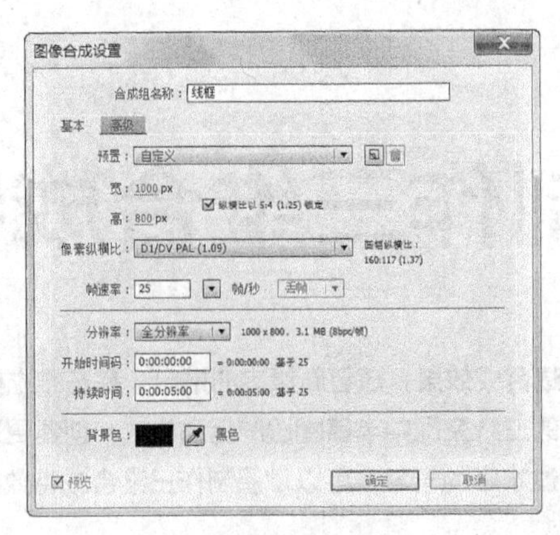

图 10-2

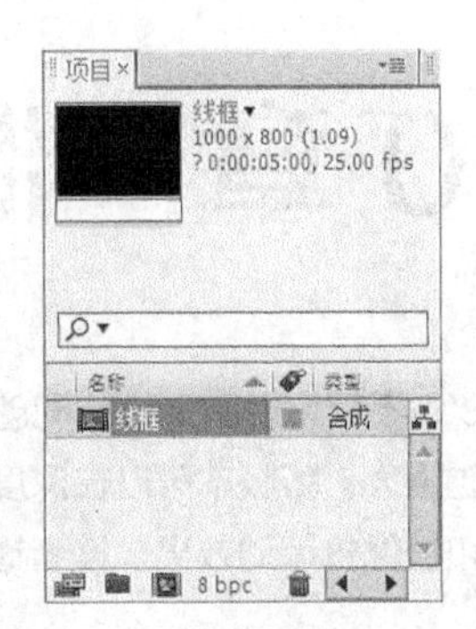

图 10-3

步骤② 选择"横排文字"工具T，在"合成"窗口中输入文字"123456789"。选中"文字"层，在"文字"面板中设置"填充色"为浅灰色（其 R、G、B 的值均为 235），其他参数设置如图 10-4 所示，"合成"窗口中的效果如图 10-5 所示。

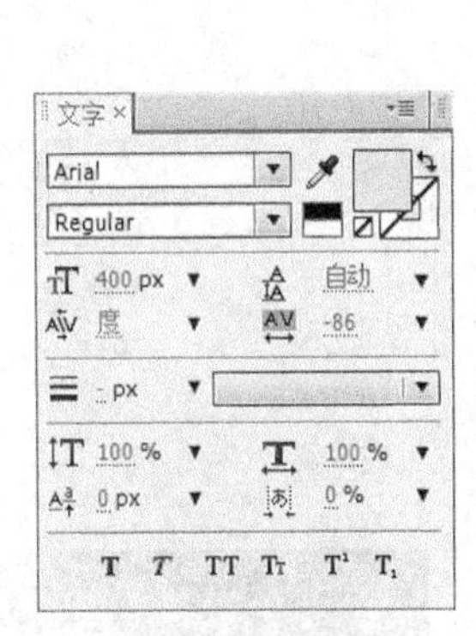

图 10-4

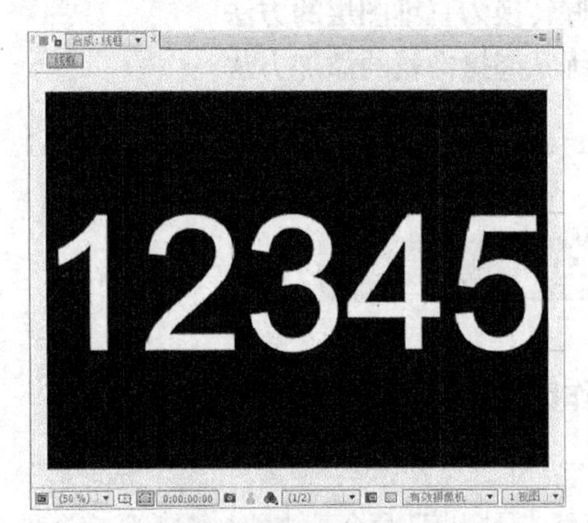

图 10-5

步骤③ 选中"文字"层，按 P 键展开"位置"属性，设置"位置"选项的数值为-251、651，如图 10-6 所示。"合成"窗口中的效果如图 10-7 所示。

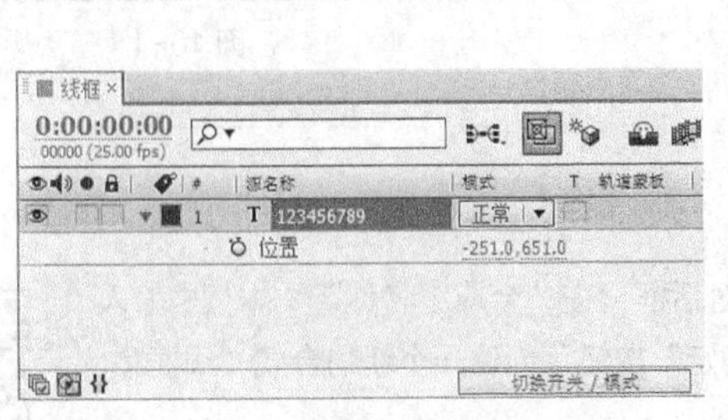

图 10-6

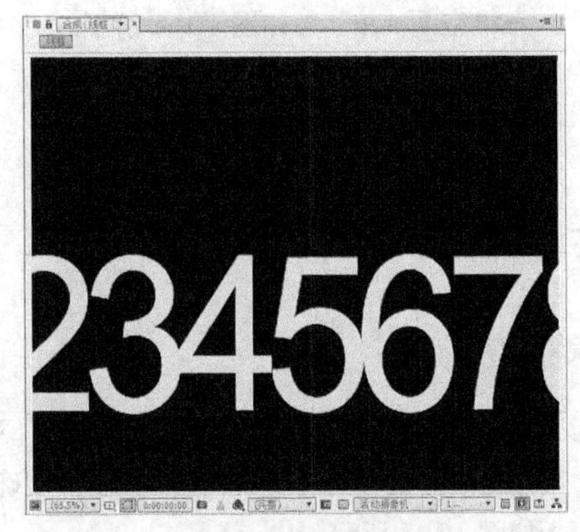

图 10-7

步骤④ 展开"文字"层的属性，单击"动画"后的◐按钮，在弹出的菜单中选择"缩放"选项，如图 10-8

所示，在“时间线”面板中自动添加一个“范围选择器 1”和“缩放”选项。选择“范围选择器 1”选项，按 Delete 键删除，设置“缩放”选项的数值为 180%，如图 10-9 所示。

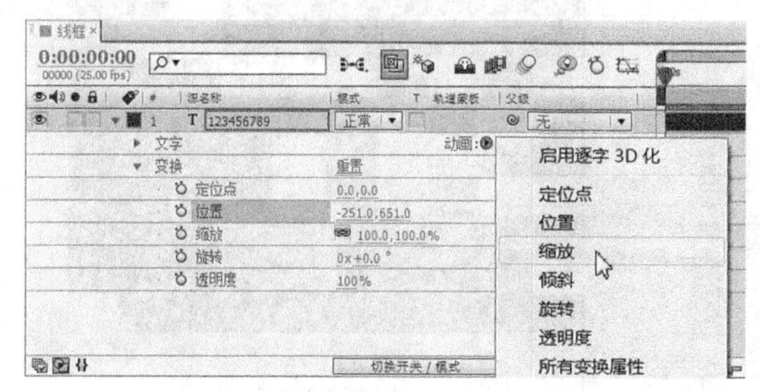

图 10-8

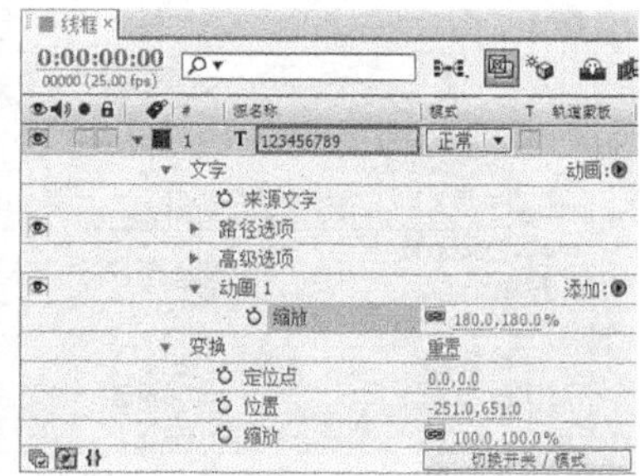

图 10-9

步骤⑤ 单击“动画 1”选项右侧的“添加”按钮，在弹出的窗口中选择“选择器 > 摇摆”选项，如图 10-10 所示。展开“波动选择器 1”属性，设置“模式”选项为“加”，如图 10-11 所示。

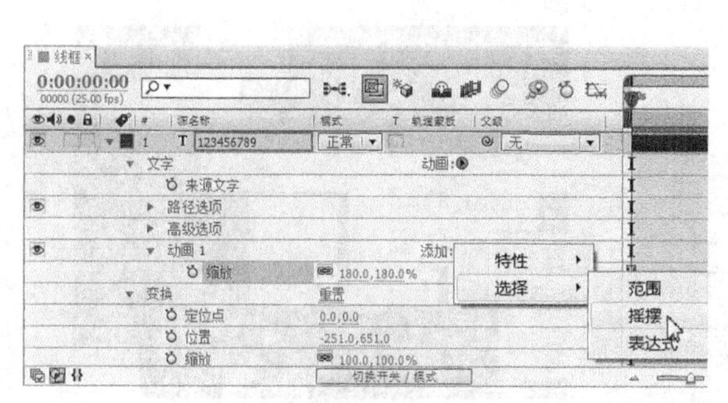

图 10-10

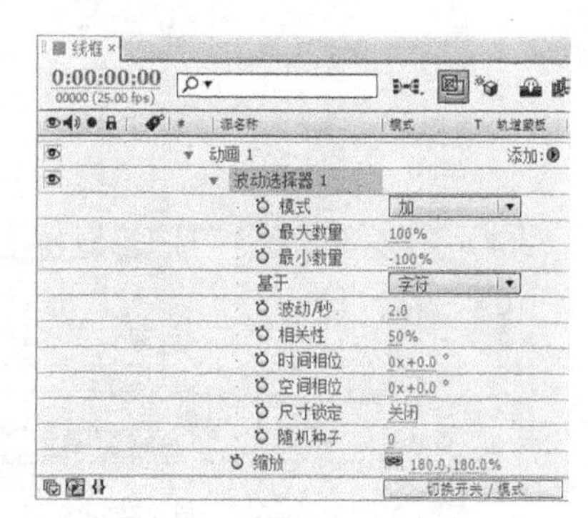

图 10-11

步骤⑥ 展开“文字”选项下的“高级选项”属性，设置“编组对齐”选项的数值为 0、160，如图 10-12 所示。“合成”窗口中的效果如图 10-13 所示。

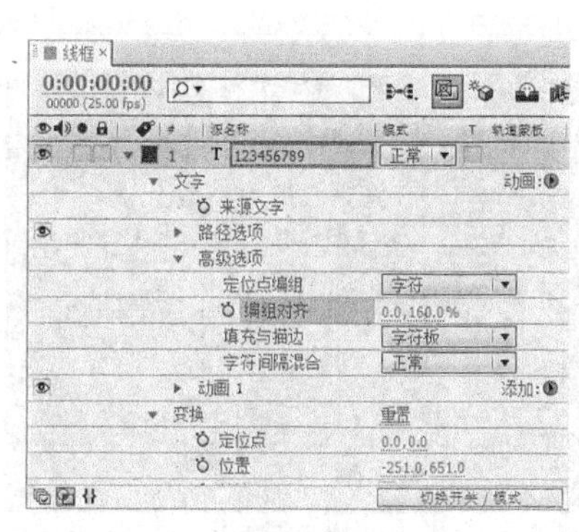

图 10-12

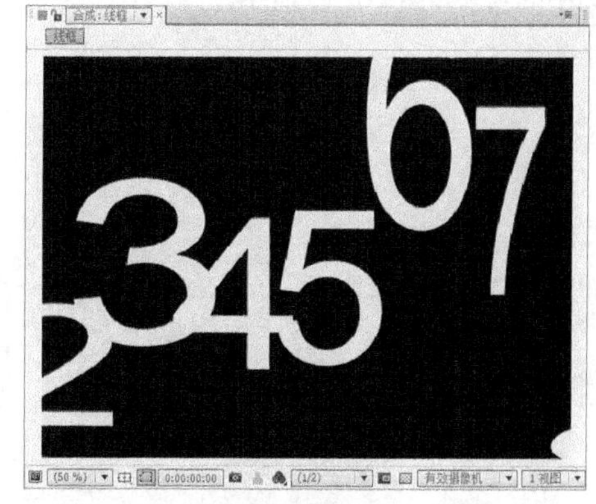

图 10-13

步骤⑦ 选择“效果 > 风格化 > 马赛克”命令，在“特效控制台”面板中进行参数设置，如图 10-14 所示。“合成”窗口中的效果如图 10-15 所示。

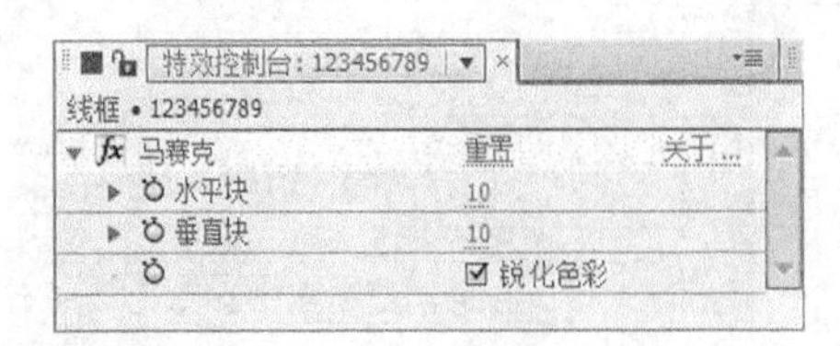

图 10-14

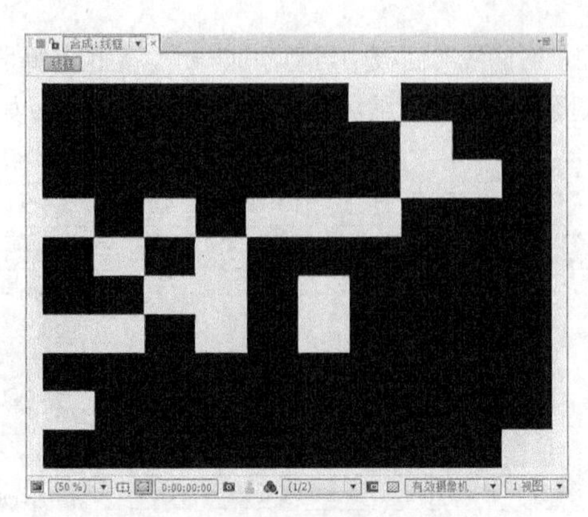

图 10-15

步骤⑧ 选择“效果 > 通道 > 最大/最小”命令，在“特效控制台”面板中进行参数设置，如图 10-16 所示。“合成”窗口中的效果如图 10-17 所示。

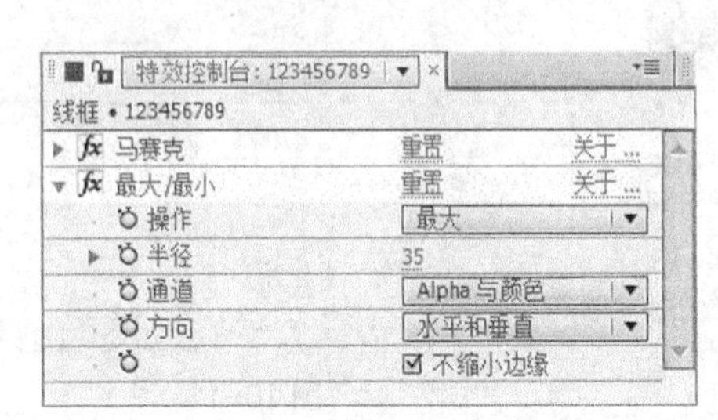

图 10-16

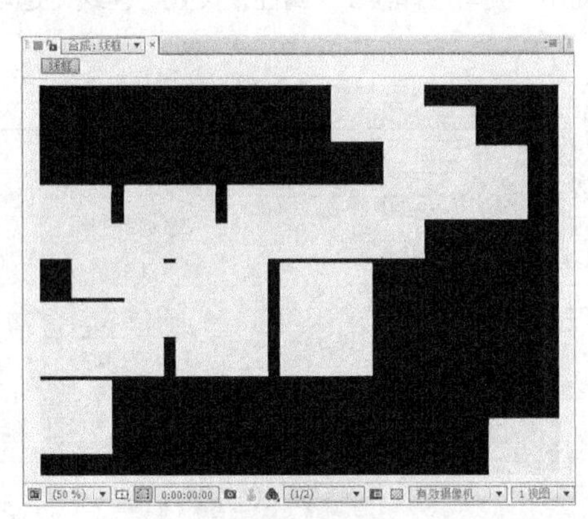

图 10-17

步骤⑨ 选择“效果 > 风格化 > 查找边缘”命令，在“特效控制台”面板中进行参数设置，如图 10-18 所示。“合成”窗口中的效果如图 10-19 所示。

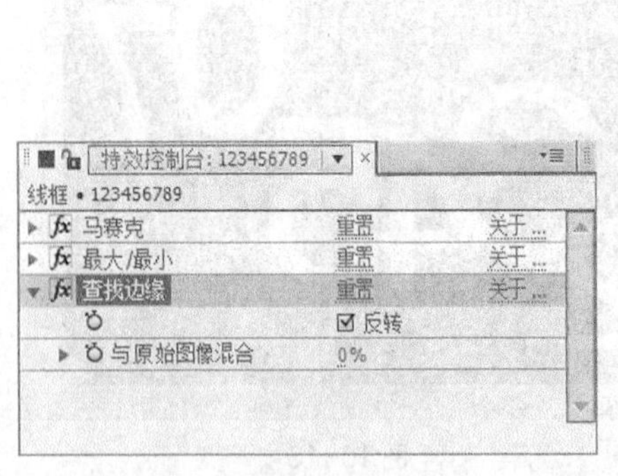

图 10-18

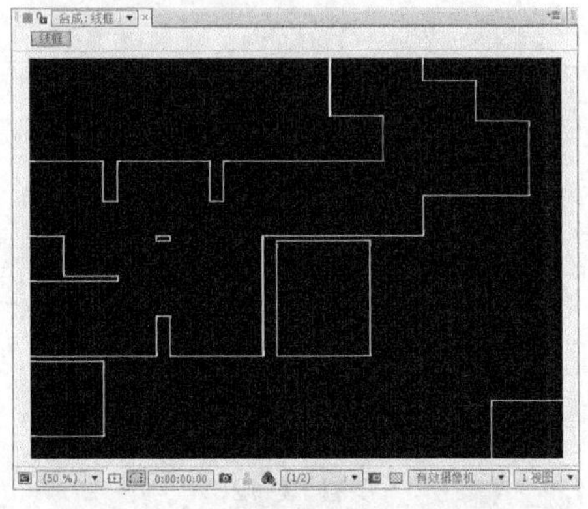

图 10-19

步骤⑩ 按 Ctrl+N 组合键，弹出“图像合成设置”对话框，在“合成组名称”文本框中输入“文字”，其他选项的设置如图 10-20 所示，单击“确定”按钮，创建一个新的合成“文字”。选择“横排文字”工具T，在“合成”窗口中输入文字“三维空间”。选中文字，在“文字”面板中设置“填充色”为淡灰色（其 R、G、

B 的值均为 235），其他参数设置如图 10-21 所示。

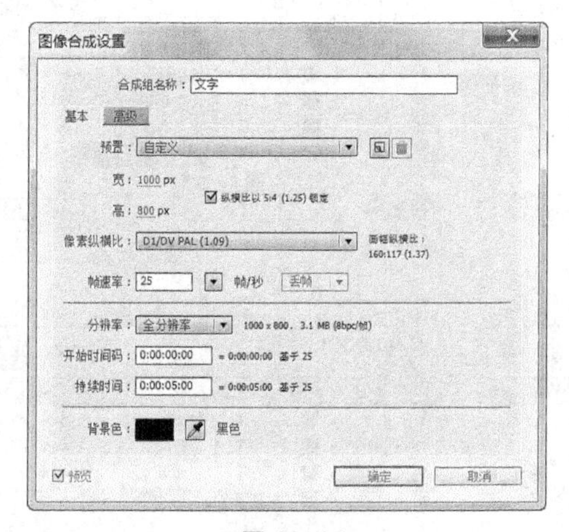

图 10-20

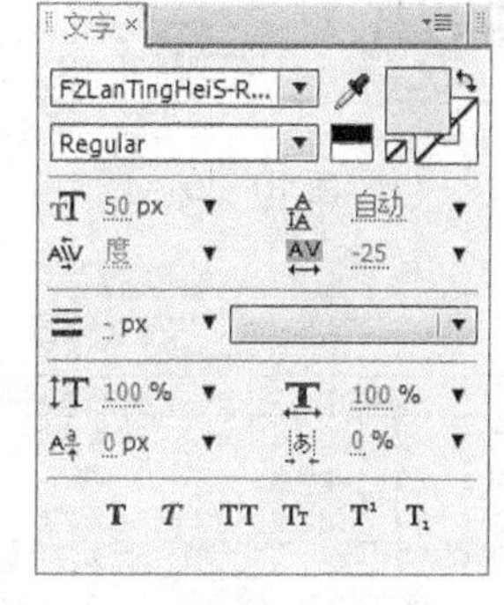

图 10-21

步骤 11 单击“文字”层右侧的“3D 图层”按钮，打开三维属性，如图 10-22 所示。按 S 键展开“缩放”属性，设置“缩放”选项的数值为 80，如图 10-23 所示。

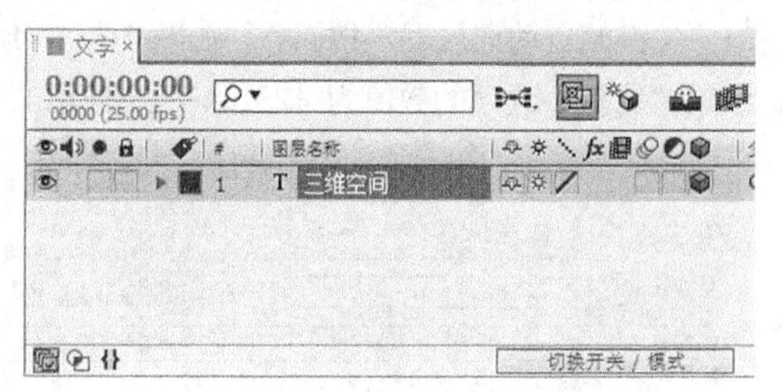

图 10-22

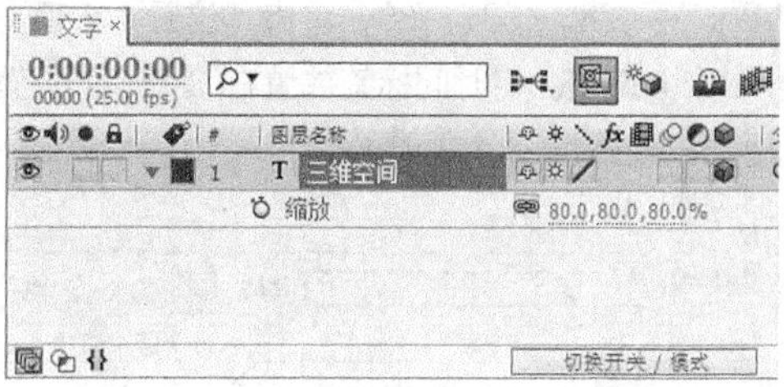

图 10-23

步骤 12 按 P 键展开“位置”属性，设置“位置”选项的数值为 355、531、550，如图 10-24 所示。选中“文字”层，单击收缩属性按钮，按 4 次 Ctrl+D 组合键复制 4 层，如图 10-25 所示。

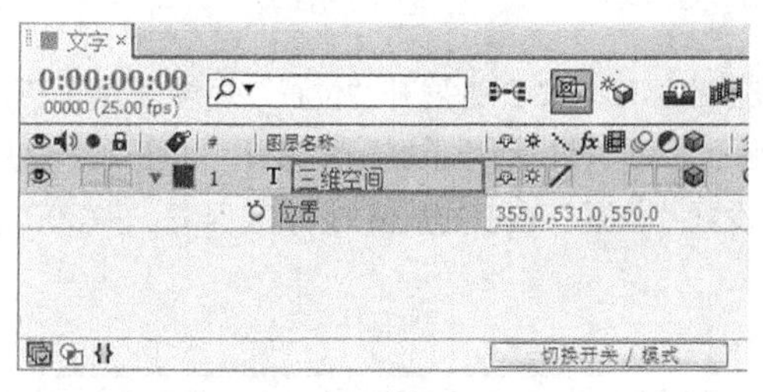

图 10-24

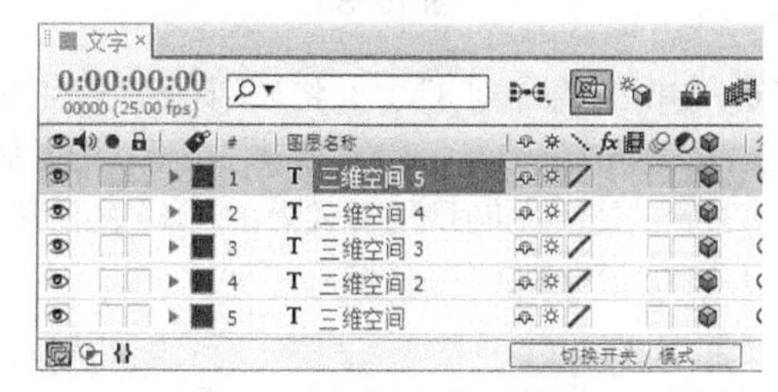

图 10-25

2. 添加文字动画

步骤 1 选中“三维空间”层，在“时间线”面板中，将时间标签放置在 2:05s 的位置，如图 10-26 所示，按 P 键展开“位置”属性，单击“位置”选项左侧的“关键帧自动记录器”按钮，如图 10-27 所示，记录第 1 个关键帧。

步骤 2 将时间标签放置在 3:05s 的位置，如图 10-28 所示，设置“位置”选项的数值为 355、530、-1200，如图 10-29 所示，记录第 2 个关键帧。

微课：三维空间 2

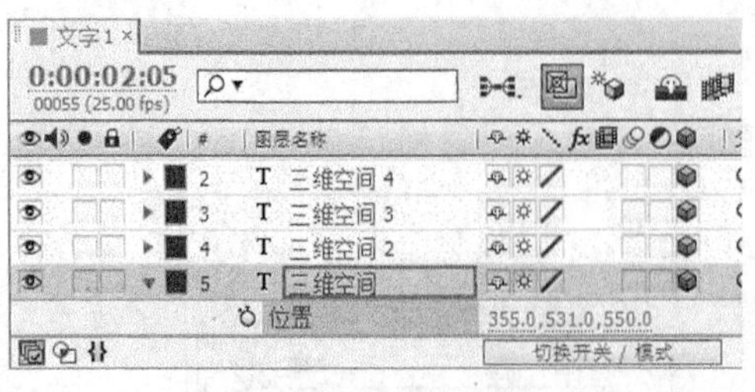

图 10-26

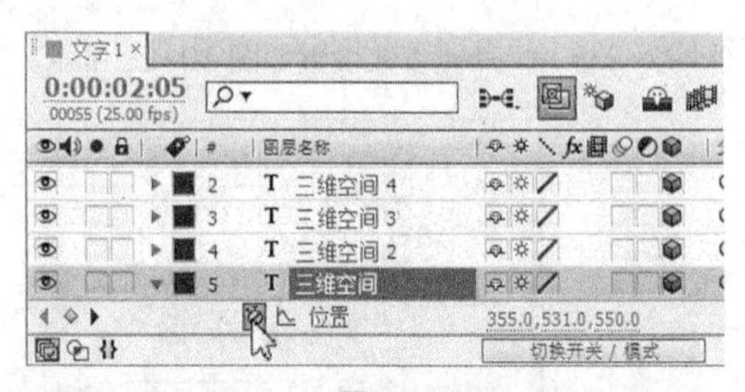

图 10-27

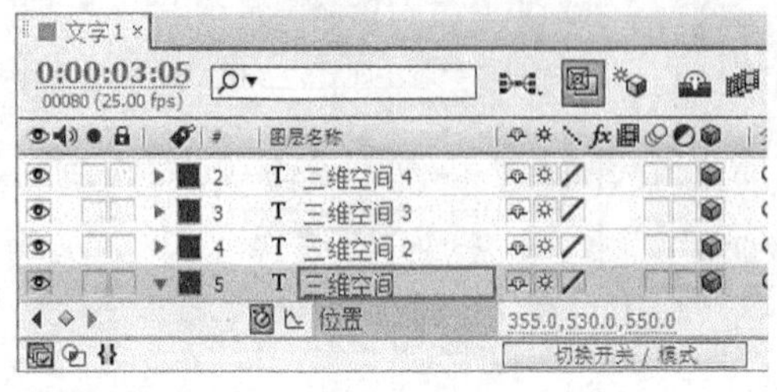

图 10-28

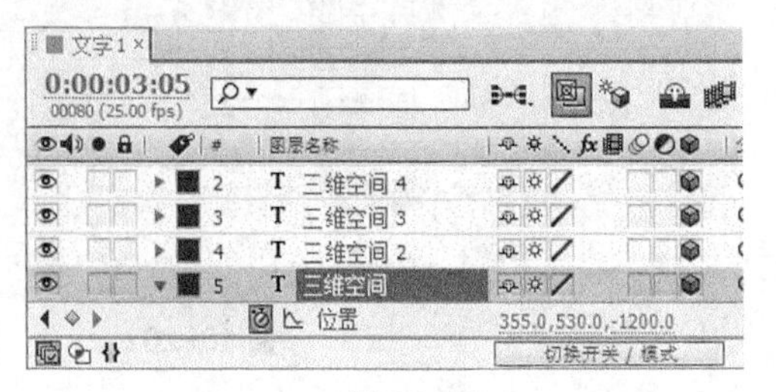

图 10-29

步骤③ 选中“三维空间 2”层，将时间标签放置在 1:15s 的位置，按 P 键展开“位置”属性，设置“位置”选项的数值为 428、453、-60，单击“位置”选项左侧的“关键帧自动记录器”按钮，如图 10-30 所示，记录第 1 个关键帧。将时间标签放置在 2:15s 的位置，设置“位置”选项的数值为 428、453、-1400，如图 10-31 所示，记录第 2 个关键帧。

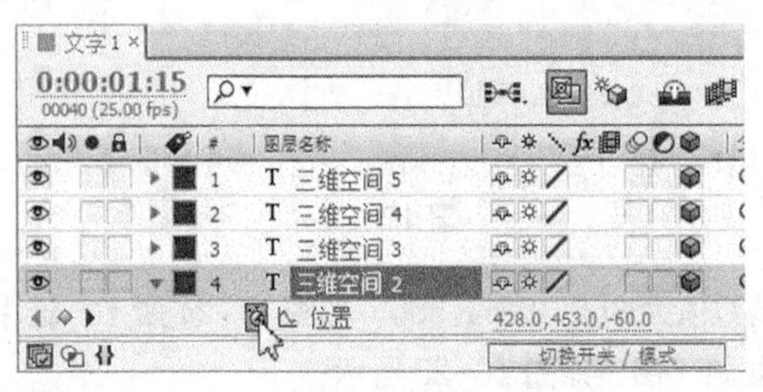

图 10-30

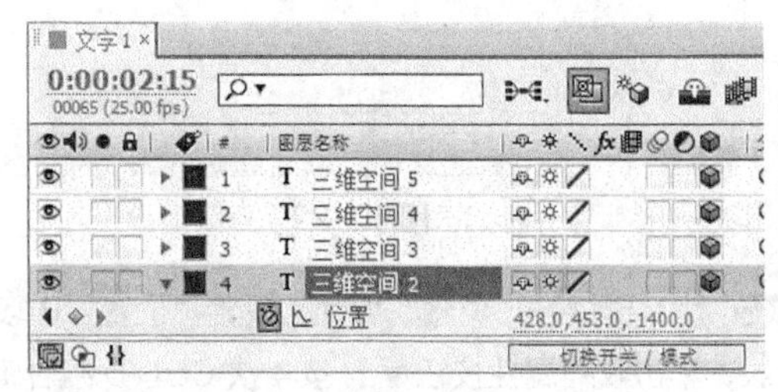

图 10-31

步骤④ 选中“三维空间 3”层，将时间标签放置在 2:15s 的位置，按 P 键展开“位置”属性，设置“位置”选项的数值为 320、413、-100，单击“位置”选项左侧的“关键帧自动记录器”按钮，如图 10-32 所示，记录第 1 个关键帧。将时间标签放置在 3:15s 的位置，设置“位置”选项的数值为 320、457、-1500，如图 10-33 所示，记录第 2 个关键帧。

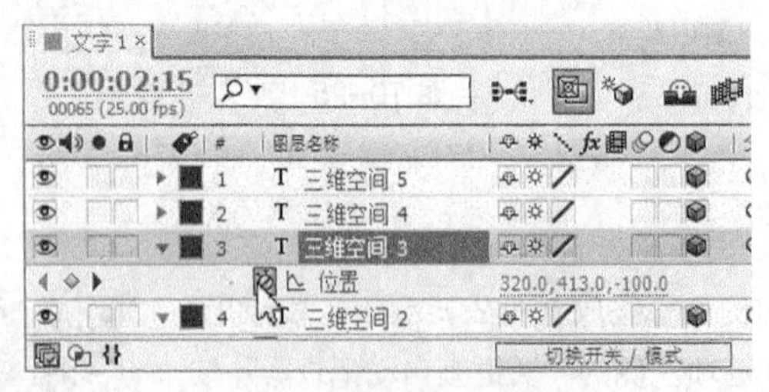

图 10-32

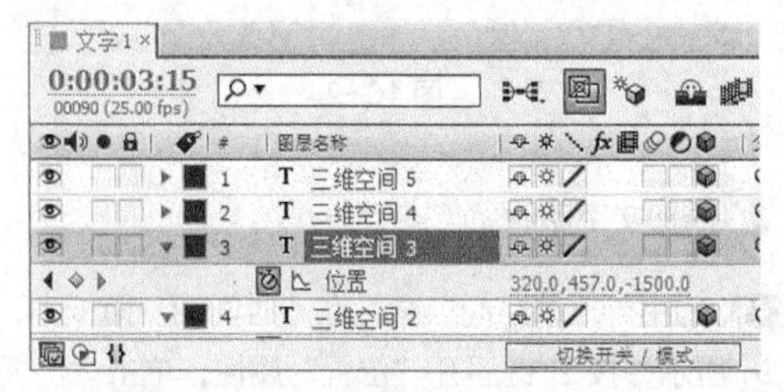

图 10-33

步骤⑤ 选中“三维空间 4”层，将时间标签放置在 1:10s 的位置，按 P 键展开“位置”属性，设置“位置”选项的数值为 490、364、150，单击“位置”选项左侧的“关键帧自动记录器”按钮，如图 10-34 所示，记录第 1 个关键帧。将时间标签放置在 2:10s 的位置，设置“位置”选项的数值为 490、364、-1400，如图 10-35 所示，记录第 2 个关键帧。

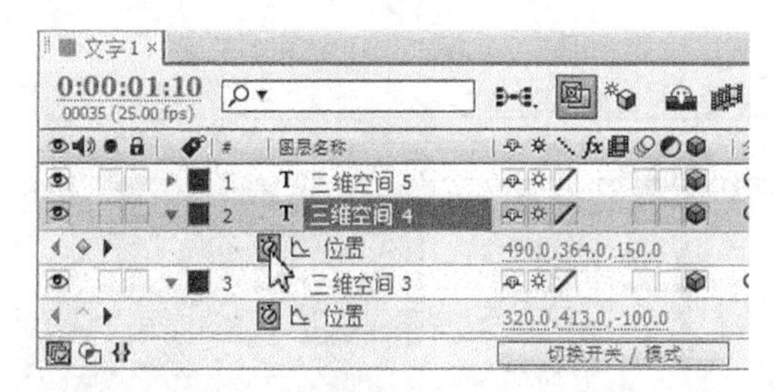

图 10-34

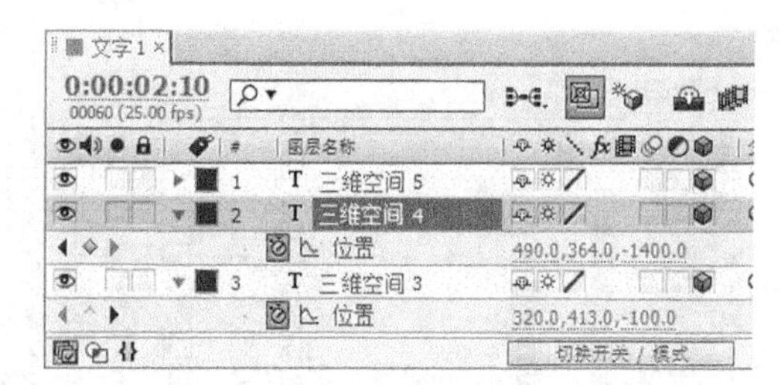

图 10-35

步骤⑥ 选中“三维空间 5”层，将时间标签放置在 2:20s 的位置，按 P 键展开“位置”属性，设置“位置”选项的数值为 360、312、288，单击“位置”选项左侧的“关键帧自动记录器”按钮⏱，如图 10-36 所示，记录第 1 个关键帧。将时间标签放置在 3:20s 的位置，设置“位置”选项的数值为 360、312、-1200，如图 10-37 所示，记录第 2 个关键帧。

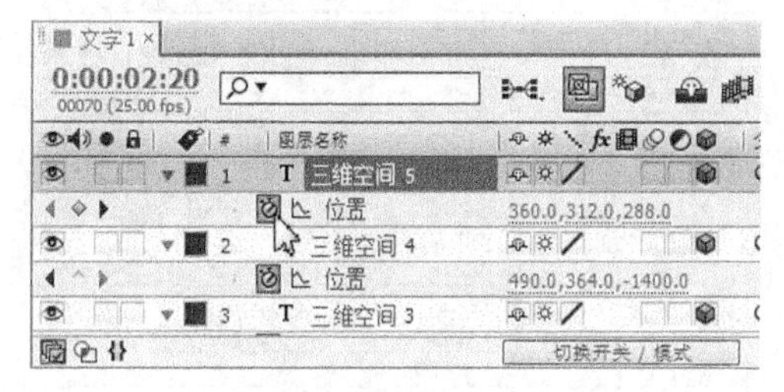

图 10-36

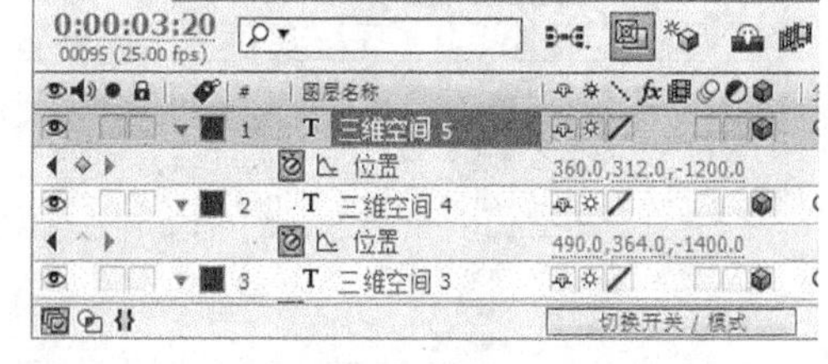

图 10-37

3. 制作空间效果

步骤① 按 Ctrl+N 组合键，弹出“图像合成设置”对话框，在“合成组名称”文本框中输入“三维空间”，其他选项的设置如图 10-38 所示，单击“确定”按钮，创建一个新的合成“三维空间”。

步骤② 选择“文件 > 导入 > 文件”命令，弹出“导入文件”对话框，选择云盘中的“Ch10 > 三维空间 > (Footage) > 01”文件，如图 10-39 所示，单击“打开”按钮，导入图片，并将“01.jpg”文件拖曳到“时间线”面板中，如图 10-40 所示。

微课：三维空间 3

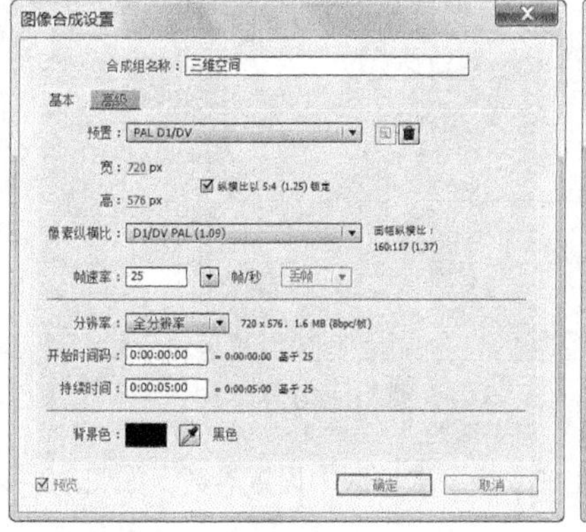

图 10-38

图 10-39

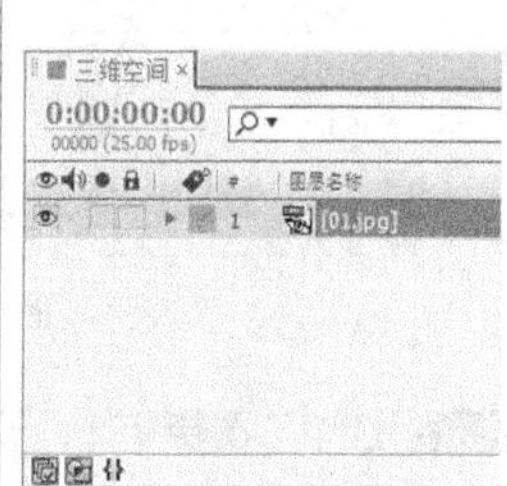

图 10-40

步骤③ 在“项目”面板中，选中“线框”合成并将其拖曳到“时间线”面板中 5 次，单击所有线框层右侧的“3D 图层”按钮，打开三维属性，在“时间线”面板中，设置所有“线框”层的模式为“添加”，如图 10-41 所示。

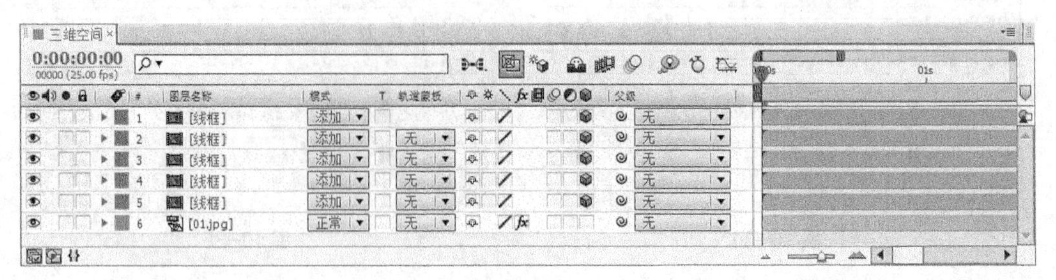

图 10-41

步骤④ 选中“图层 5”，展开“线框”层的“变换”属性，并在“变换”选项区中设置参数，如图 10-42 所示。选中“图层 4”，展开“线框”层的“变换”属性，并在“变换”选项区中设置参数，如图 10-43 所示。

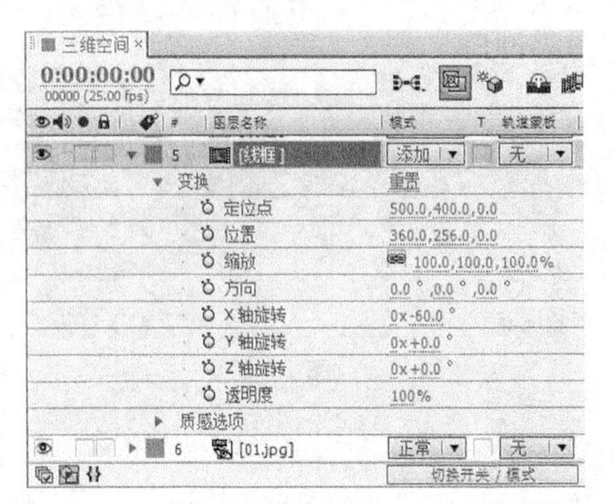

图 10-42

图 10-43

步骤⑤ 选中“图层 3”，展开“线框”层的“变换”属性，并在“变换”选项区中设置参数，如图 10-44 所示。选中“图层 2”，展开“线框”层的“变换”属性，并在“变换”选项中设置参数，如图 10-45 所示。

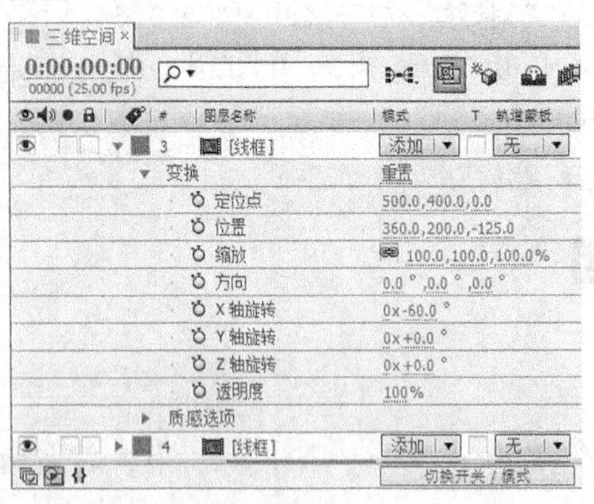

图 10-44

图 10-45

步骤⑥ 选中“图层 1”，展开“线框”层的“变换”属性，并在“变换”选项区中设置参数，如图 10-46 所示。“合成”窗口中的效果如图 10-47 所示。

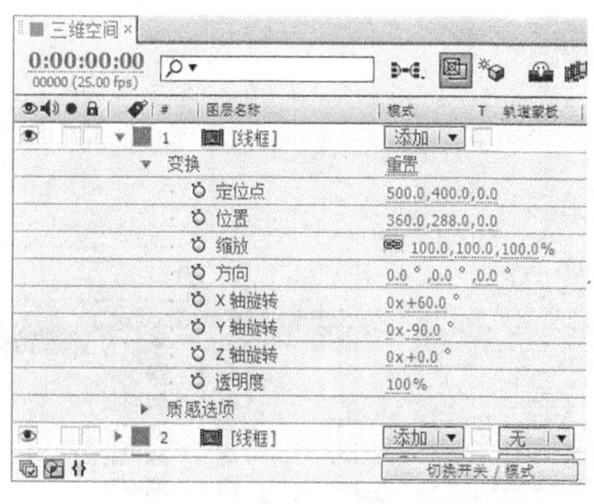

图 10-46

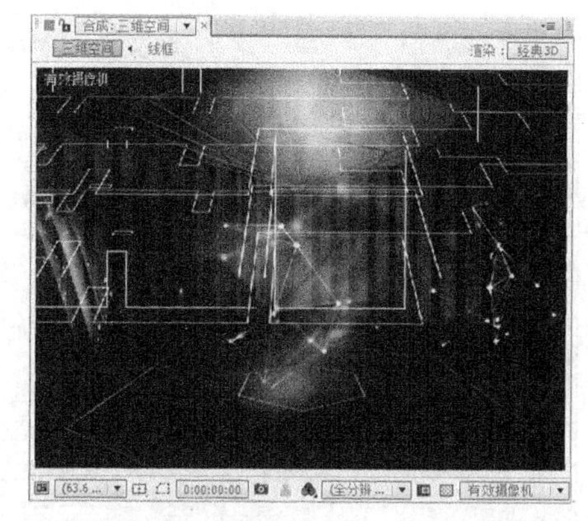

图 10-47

步骤⑦ 在“项目”面板中，选中“文字”合成并将其拖曳到“时间线”面板中，单击文字层右侧的“3D 图层”按钮，打开三维属性，如图 10-48 所示。将时间标签放置在 3s 的位置，如图 10-49 所示。

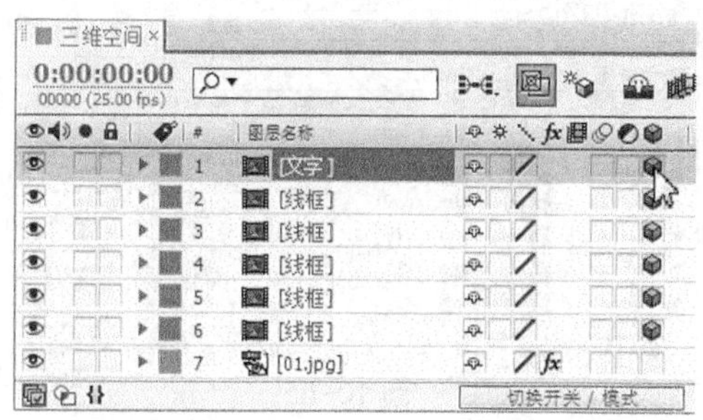

图 10-48

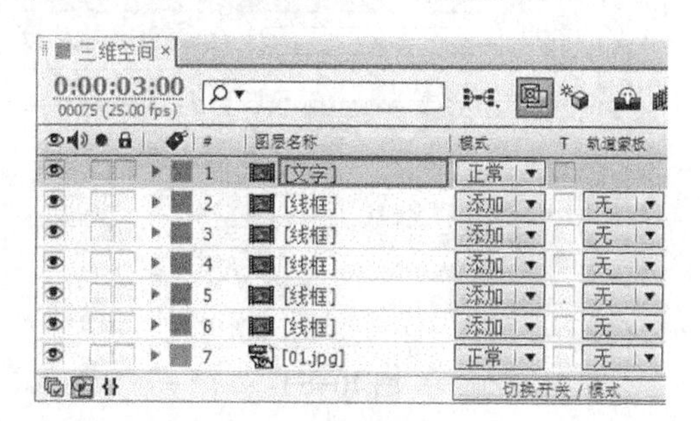

图 10-49

步骤⑧ 按 T 键展开“透明度”属性，设置“透明度”选项的数值为 100，单击“透明度”选项左侧的“关键帧自动记录器”按钮，如图 10-50 所示，记录第 1 个关键帧。将时间标签放置在 4s 的位置，设置“不透明度”为 0，如图 10-51 所示，记录第 2 个关键帧。

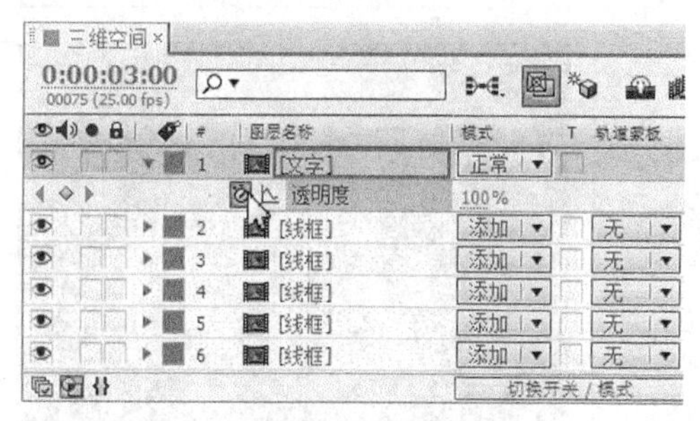

图 10-50

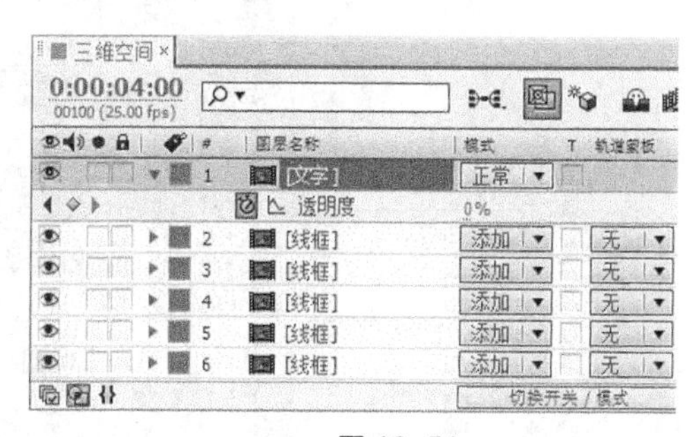

图 10-51

步骤⑨ 选择“图层 > 新建 > 摄像机”命令，弹出“摄像机设置”对话框，选项的设置如图 10-52 所示，单击“确定”按钮，在“时间线”面板中新增一个摄像机层，如图 10-53 所示。

步骤⑩ 选中“摄像机 1”层，按 P 键展开“位置”属性，将时间标签放置在 0s 的位置，设置“位置”选项的数值为 600、-150、-600，单击“位置”选项左侧的“关键帧自动记录器”按钮，如图 10-54 所示，记录第 1 个关键帧。将时间标签放置在 4s 的位置，设置“位置”选项的数值为 360、288、-600，如图 10-55 所示，记录第 2 个关键帧。

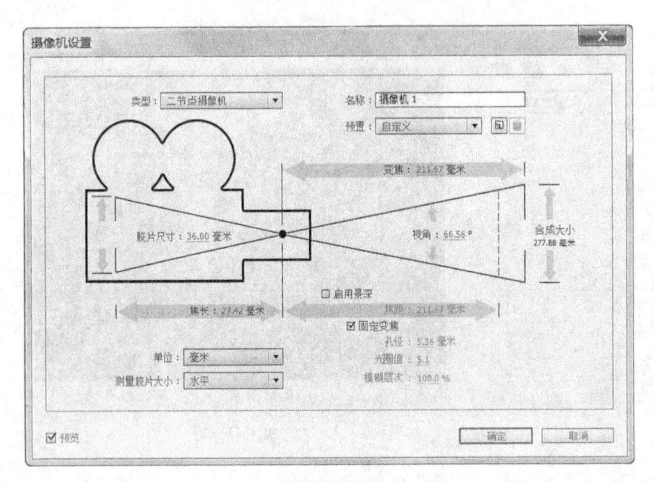

图 10-52

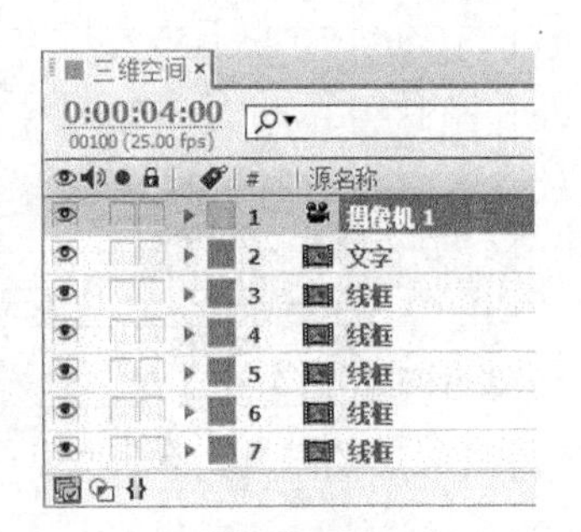

图 10-53

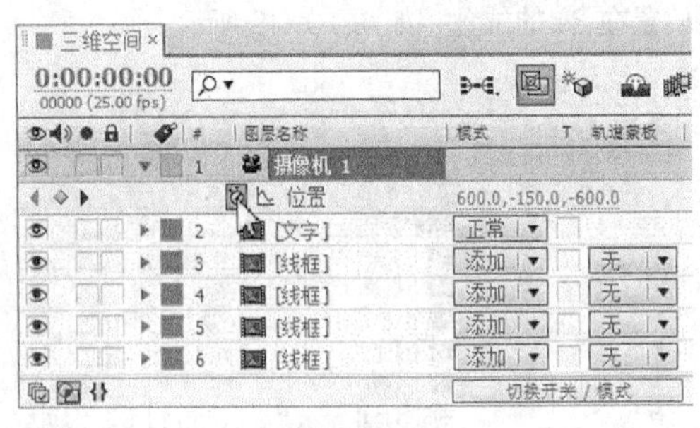

图 10-54

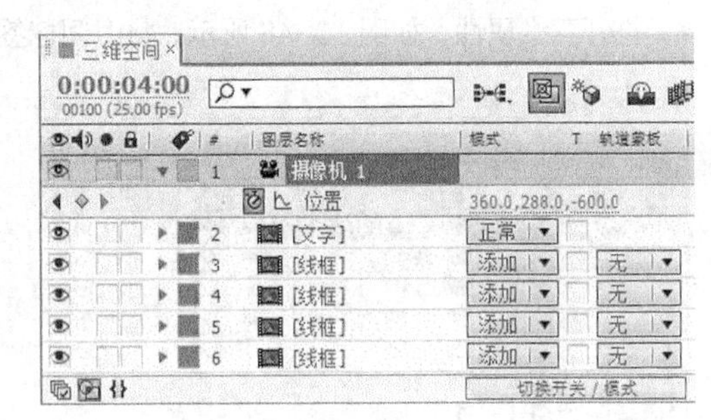

图 10-55

步骤⑪ 选择“图层 > 新建 > 调节层”命令，在“时间线”面板中新增一个调节层，选中“调节层 1”，将其放置在“文字”层下方，如图 10-56 所示。选择“效果 > 风格化 > 辉光”命令，在“特效控制台”面板中进行参数设置，如图 10-57 所示。“合成”窗口中的效果如图 10-58 所示。

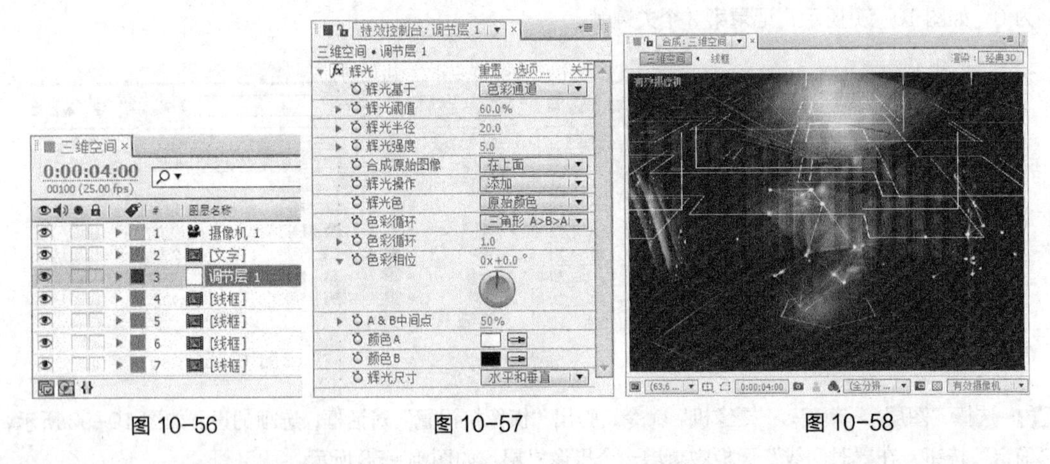

图 10-56　图 10-57　图 10-58

步骤⑫ 在“时间线”面板中，设置“调节层 1”的模式为“正片叠底”，如图 10-59 所示。三维空间制作完成，效果如图 10-60 所示。

图 10-59

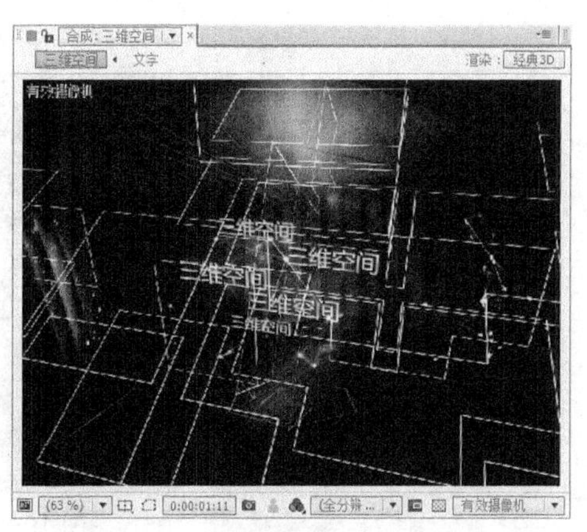

图 10-60

10.1.3 【相关工具】

1. 三维合成

After Effects CS6 可以在三维图层中显示图层，将图层指定为三维时，系统会添加一个 z 轴控制该层的深度。当增加 z 轴值时，该层在空间中移动到更远处；当减小 z 轴值时，则会更近。

2. 转换成三维层

除了声音以外，所有素材层都有实现三维层的功能。将一个普通的二维层转化为三维层也非常简单，在层属性开关面板中单击“3D 图层”按钮。展开层属性会发现变换属性中无论是“定位点”属性、“位置”属性、“缩放”属性、“方向”属性，还是“旋转”属性，都出现了 z 轴向参数信息，另外还添加了一个“质感选项”属性，如图 10-61 所示。

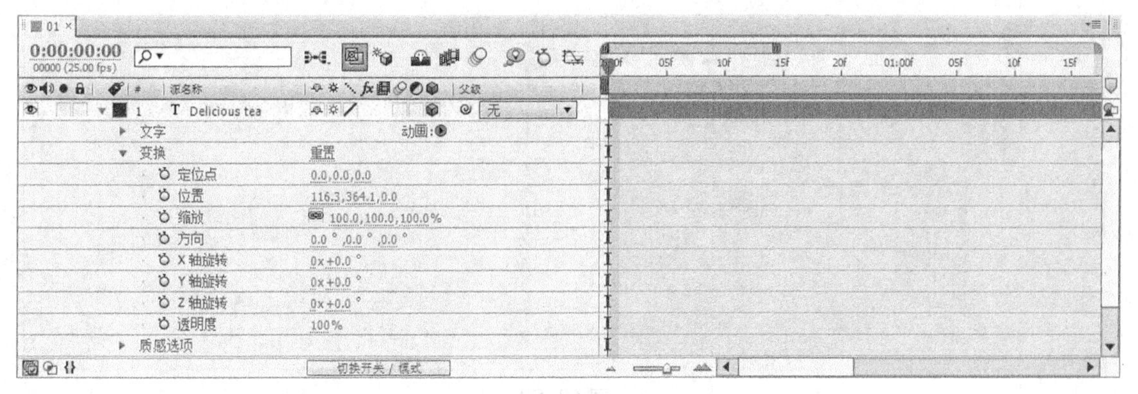

图 10-61

调节“Y 轴旋转”值为 45°，合成后的影像效果如图 10-62 所示。

如果要将三维层重新变回二维层，只需要在层属性开关面板中再次单击“3D 图层”按钮，关闭三维属性即可，三维层当中的 z 轴信息和“质感选项”信息将丢失。

图 10-62

虽然很多特效可以模拟三维空间效果（如“效果 > 扭曲 > 放大”滤镜），不过这些都是实实在在的二维特效，也就是说，即使这些特效当前作用的是三维层，但是它们仍然只是模拟三维效果，而不会对三维层轴产生任何影响。

3. 变换三维层的位置

三维层的“位置”属性由 x、y、z 3 个维度的参数控制，如图 10-63 所示。

步骤① 打开 After Effects 软件，选择“文件 > 打开项目”命令，选择云盘中的“基础素材 > Ch10 > 项目 1.aep”文件，单击“打开”按钮，打开此文件。

步骤② 在“时间线”面板中，选择某个三维层、摄像机层，或者灯光层，选中层的坐标轴会显示出来，其中红色坐标代表 x 轴向，绿色坐标代表 y 轴向，蓝色坐标代表 z 轴向。

图 10-63

步骤③ 在“工具”面板中选择“选择”工具，在“合成”预览窗口中，将鼠标指针停留在各个轴向上，观察鼠标指针的变化，当鼠标指针变成 时，表示移动锁定在 x 轴向上；当鼠标指针变成 时，表示移动锁定在 y 轴向上；当鼠标指针变成 时，表示移动锁定在 z 轴向上。

鼠标指针如果没有呈现任何坐标轴信息，可以在空间中全方位地移动三维对象。

4. 变换三维层的旋转属性

◎ 使用“方向”属性旋转

步骤❶ 选择“文件 > 打开项目”命令，选择云盘中的“基础素材 > Ch10 > 项目 1.aep”文件，单击“打开”按钮，打开此文件。

步骤❷ 在“时间线”面板中，选择某个三维层、摄像机层，或者灯光层。

步骤❸ 在“工具”面板中，选择“旋转”工具，在坐标系选项的右侧下拉列表中选择“方向”选项，如图 10-64 所示。

图 10-64

步骤❹ 在“合成”预览窗口中，将鼠标指针放置在某个坐标轴上，当鼠标指针出现 X 时，进行 x 轴向旋转；当鼠标指针出现 Y 时，进行 y 轴向旋转；当鼠标指针出现 Z 时，进行 z 轴向旋转；在没有出现任何信息时，可以全方位旋转三维对象。

步骤❺ 在“时间线”面板中，展开当前三维层的变换属性，观察 3 组“旋转”属性值的变化，如图 10-65 所示。

图 10-65

◎ 使用“旋转”属性旋转

步骤❶ 使用上面的素材案例，选择“文件 > 返回”命令，还原到项目文件的上次存储状态。

步骤❷ 在“工具”面板中，选择“旋转”工具，在坐标系选项的右侧下拉列表中选择“旋转”选项，如图 10-66 所示。

图 10-66

步骤 3 在“合成”预览窗口中，将鼠标指针放置在某坐标轴上，当鼠标指针出现 X 时，进行 x 轴向旋转；当鼠标指针出现 Y 时，进行 y 轴向旋转；当鼠标指针出现 Z 时，进行 z 轴向旋转；在没有出现任何信息时，可以全方位旋转三维对象。

步骤 4 在“时间线”面板中，展开当前三维层的变换属性，观察 3 组“旋转”属性值的变化，如图 10-67 所示。

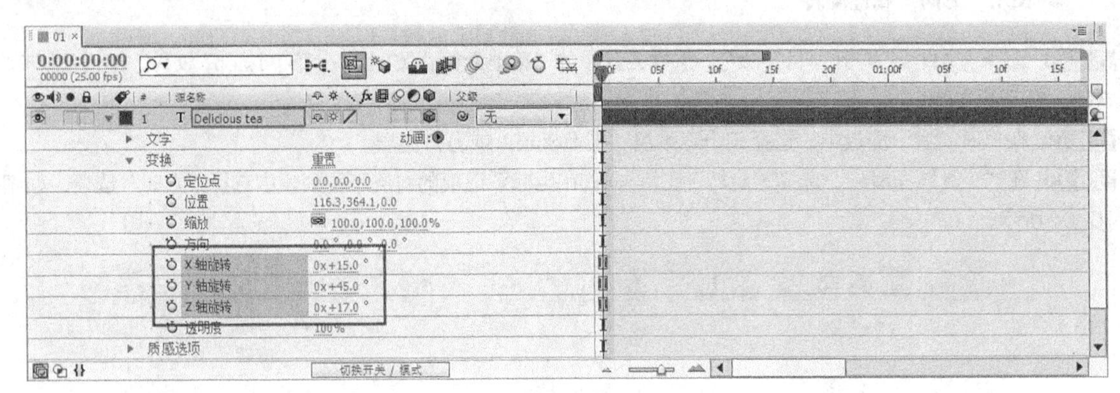

图 10-67

5. 三维视图

虽然感知三维空间并不需要通过专业的训练，是任何人都具备的本能感应，但是在制作过程中，往往会由于各种原因（场景过于复杂等因素）导致视觉错觉，无法仅通过观察透视图来正确判断当前三维对象的具体空间状态，因此往往需要借助更多的视图作为参照，如前、左、顶、有效摄像机等，从而得到准确的空间位置信息，如图 10-68～图 10-71 所示。

在“合成”预览窗口中，可以在 有效摄像机 （3D 视图）下拉列表中选择视图模块，这些模块大致分为 3 类：正交视图、摄像机视图和自定义视图。

图 10-68

图 10-69

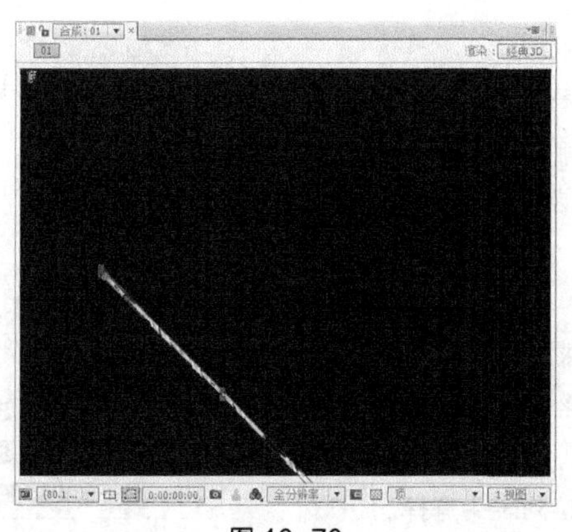

图 10-70

图 10-71

◎ **正交视图**

正交视图包括前、左、顶、后、右和底，其实就是以垂直正交的方式观看空间中的 6 个面，在正交视图中，长度尺寸和距离以原始数据的方式呈现，从而忽略掉了透视所导致的大小变化，也就意味着在正交视图中观看立体物体时没有透视感，如图 10-72 所示。

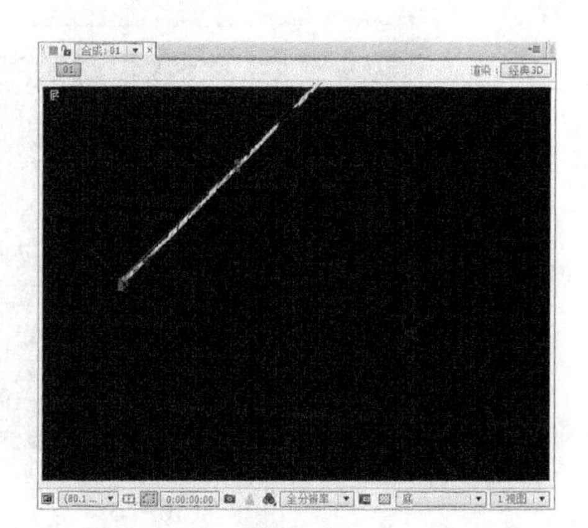

图 10-72

◎ **有效摄像机**

有效摄像机是从摄像机的角度，通过镜头观看空间，与正交视图不同的是，这里描绘出的空间和物体是带有透视变化的视觉空间，非常真实地再现近大远小、近长远短的透视关系，通过镜头的特殊属性设置，还能对有效摄像机进行进一步的夸张设置等，如图 10-73 所示。

◎ **自定义视图**

自定义视图是从几个默认的角度观看当前空间，可以通过“工具”面板中的摄像机视图工具调整其角度，同摄像机视图一样，自定义视图同样是遵循透视的规律来呈现当前空间，不过自定义视图并不要求合成项目中必须有摄像机才能打开，当然也不具备通过设置镜头带来的景深、广角、长焦之类的观看空间方式，自定义视图可以仅仅理解为 3 个可自定义的标准透视视图。

图 10-73

（3D 视图）下拉列表中自定义视图的具体选项如图 10-74 所示。

有效摄像机：当前激活的摄像机视图，也就是当前时间位置打开的摄像机层的视图。

前：前视图，从正前方观看合成空间，不带透视效果。

左：左视图，从正左方观看合成空间，不带透视效果。

顶：顶视图，从正上方观看合成空间，不带透视效果。

后：后视图，从后方观看合成空间，不带透视效果。

右：右视图，从正右方观看合成空间，不带透视效果。

底：底视图，从正底部观看合成空间，不带透视效果。

自定义视图 1～3：3 个自定义视图，从 3 个默认的角度观看合成空间，含有透视效果，可以通过“工具”面板中的摄像机位置工具移动视角。

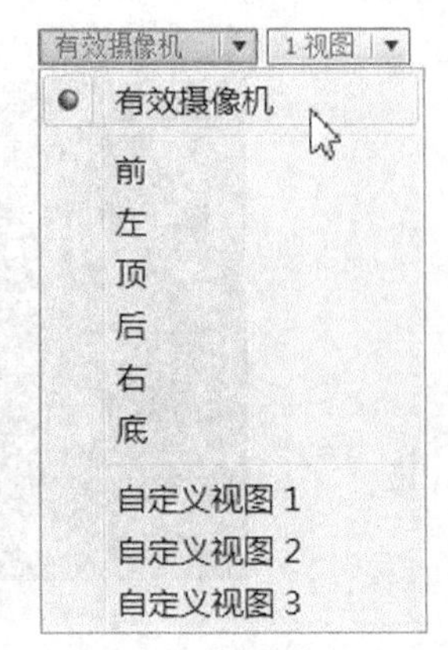

图 10-74

6. 以多视图方式观测三维空间

在进行三维创作时，虽然可以通过 3D 视图下拉式菜单方便地切换各个不同视角，但是仍然不利于各个视角的参照对比，而且来回频繁地切换视图也导致创作效率低下。庆幸的是，After Effects 提供了多种视图方式，可以同时以多角度观看三维空间，在“合成”预览窗口中的“选定视图方案”下拉列表中选择。

1 视图：仅显示一个视图，如图 10-75 所示。

2 视图——左右：同时显示两个视图，左右排列，如图 10-76 所示。

图 10-75

图 10-76

2 视图——上下：同时显示两个视图，上下排列，如图 10-77 所示。

4 视图：同时显示 4 个视图，如图 10-78 所示。

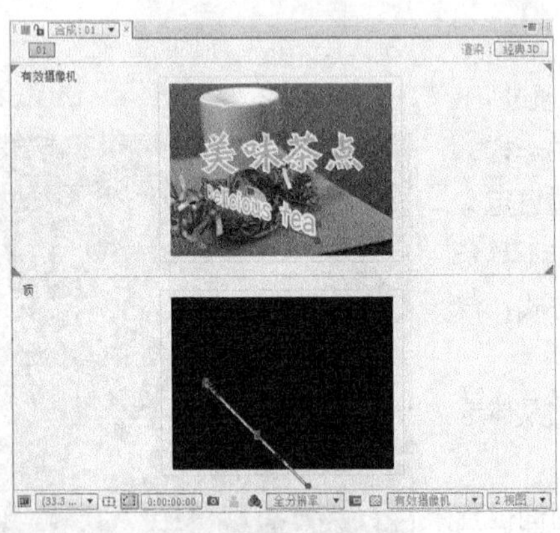

图 10-77

图 10-78

4 视图——左：同时显示 4 个视图，其中主视图在右边，如图 10-79 所示。

4 视图——右：同时显示 4 个视图，其中主视图在左边，如图 10-80 所示。

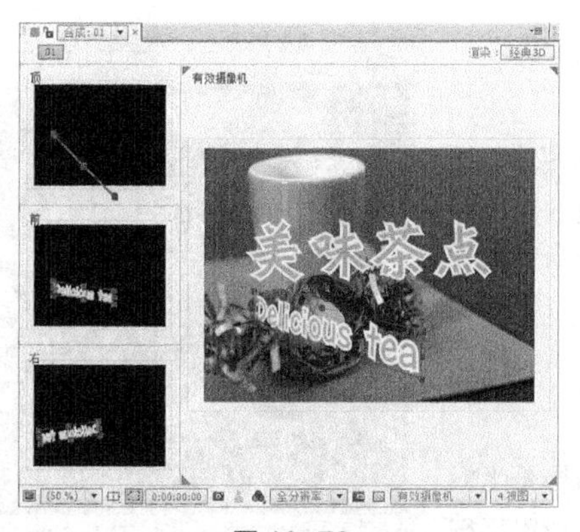

图 10-79

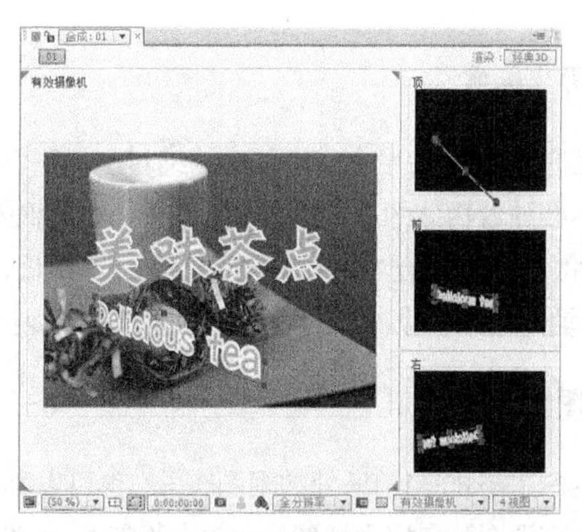

图 10-80

4 视图——上：同时显示 4 个视图，其中主视图在下边，如图 10-81 所示。

4 视图——下：同时显示 4 个视图，其中主视图在上边，如图 10-82 所示。

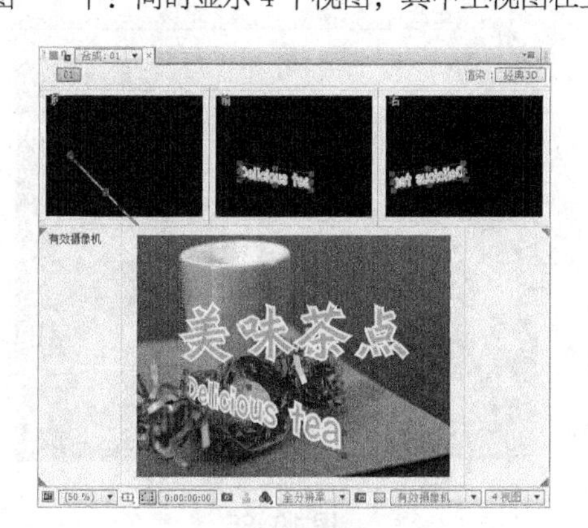

图 10-81

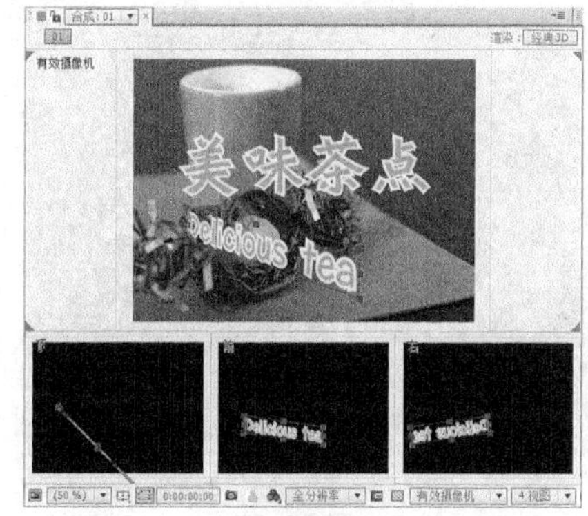

图 10-82

其中每个分视图都可以在激活后，用 3D 视图菜单更换具体观测角度，或者设置视图显示参数等。

另外，选中“共享视图选项”选项，可以让多视图共享同样的视图设置，如“安全框显示”选项、“网格显示”选项和“通道显示”选项等。

通过上下滚动鼠标的滚轴，可以在不激活视图的情况下，对鼠标位置下的视图进行缩放操作。

7. 坐标体系

在控制三维对象时，会依据某种坐标体系进行轴向定位。After Effects 提供了 3 种轴向坐标：当前坐标系、世界坐标系和视图坐标系。坐标系的切换可以通过“工具”面板中的、和实现。

◎ 当前坐标系

当前坐标系采用被选择物体本身的坐标轴向作为变换的依据，这在物体的方位与世界坐标不同时很有帮助，如图 10-83 所示。

图 10-83

◎ **世界坐标系**

世界坐标系是使用合成空间中的绝对坐标系作为定位，坐标系轴向不会随着物体的旋转而改变，属于一种绝对值。无论在哪一个视图中，*x* 轴向始终往水平方向延伸，*y* 轴向始终往垂直方向延伸，*z* 轴向始终往纵深方向延伸，如图 10-84 所示。

◎ **视图坐标系**

视图坐标系同当前所处的视图有关，也可以称为屏幕坐标系，对于正交视图和自定义视图，*x* 轴向仍然和 *y* 轴向始终平行于视图，其纵深轴 *z* 轴向始终垂直于视图；对于摄像机视图，*x* 轴向和 *y* 轴向仍然始终平行于视图，但 *z* 轴向则有一定的变动，如图 10-85 所示。

图 10-84

图 10-85

8. 三维层的质感属性

当普通的二维层转化为三维层时，还添加了一个全新的属性“质感选项”属性，可以通过设置此属性的各项，决定三维层如何响应灯光光照系统，如图 10-86 所示。

图 10-86

选中某个三维素材层，连续按两次 A 键，展开“质感选项”属性。

投射阴影：是否投射阴影选项，其中包括“打开”“关闭”和“只有阴影”3 种模式，如图 10-87 ~ 图 10-89 所示。

图 10-87

图 10-88

图 10-89

照明传输：透光程度，可以体现半透明物体在灯光下的照射效果，主要效果体现在阴影上，如图 10-90 和图 10-91 所示。

照明传输值为 60%

图 10-90

照明传输值为 100%

图 10-91

接受阴影：是否接受阴影，此属性不能制作关键帧动画。

接受照明：是否接受光照，此属性不能制作关键帧动画。

环境：调整三维层受“环境”类型灯光影响的程度。设置“环境”类型灯光如图 10-92 所示。

扩散：调整层漫反射程度。如果设置为 100%，将反射大量的光；如果为 0%，则不反射大量的光。

镜面高光：调整层镜面反射的程度。

光泽：设置“镜面高光”的区域，值越小，“镜面高光”区域就越小。在“镜面高光”值为 0 的情况下，此设置将不起作用。

质感：调节由“镜面高光”反射的光的颜色。值越接近 100%，就越接近图层的颜色；值越接近 0%，就越接近灯光的颜色。

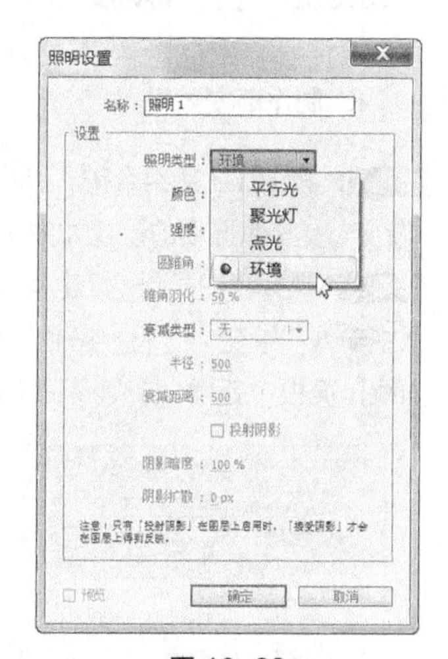

图 10-92

10.1.4 【实战演练】——运动文字

使用“导入”命令导入素材；使用“位置”“缩放”“定位点”和“透明度”属性制作动画效果。最终效果参看云盘中的“Ch10 > 运动文字 > 运动文字.aep”，如图 10-93 所示。

微课：运动文字

图 10-93

10.2 星光碎片

10.2.1 【操作目的】

使用“渐变”命令制作背景渐变效果；使用“分形噪波”命令制作发光特效；使用“闪光灯”命令制作闪光灯效果；使用“渐变”命令制作彩色渐变效果；使用“矩形遮罩”工具绘制形状遮罩效果；使用“碎片”命令制作碎片效果；使用“摄像机”命令添加摄像机层并制作关键帧动画；使用“位置”属性改变摄像机层的位置动画；使用“启用时间重置”命令改变时间。最终效果参看云盘中的“Ch10 > 星光碎片 > 星光碎片.aep”，如图 10-94 所示。

图 10-94

10.2.2 【操作步骤】

1. 制作渐变效果

微课：星光碎片 1

步骤① 按 Ctrl+N 组合键，弹出“图像合成设置”对话框，在“合成组名称”文本框中输入“渐变”，其他选项的设置如图 10-95 所示，单击“确定”按钮，创建一个新的合成“渐变”。

步骤② 选择“图层 > 新建 > 固态层”命令，弹出“固态层设置”对话框，在“名称”文本框中输入“渐变”，将“颜色”设置为黑色，如图 10-96 所示，单击“确定”按钮，在“时间线”面板中新增一个黑色固态层，如图 10-97 所示。

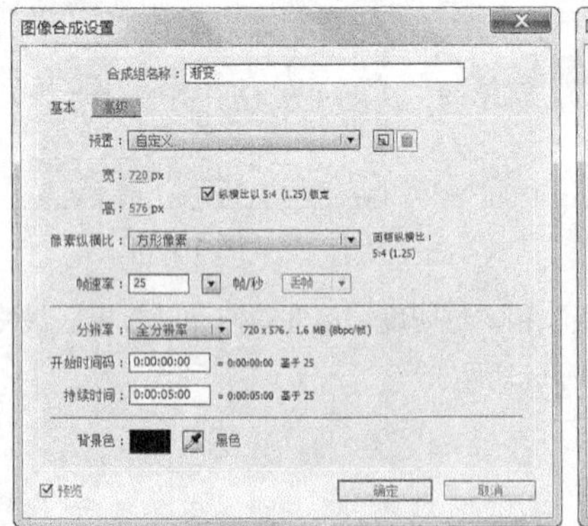

图 10-95

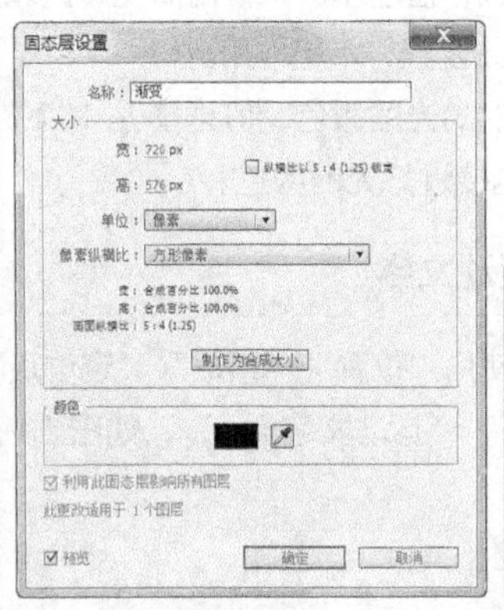

图 10-96

图 10-97

步骤③ 选中“渐变”层，选择“效果 > 生成 > 渐变”命令，在“特效控制台”面板中设置“开始色”为黑色，“结束色”为白色，其他参数设置如图 10-98 所示，设置完成后，“合成”窗口中的效果如图 10-99 所示。

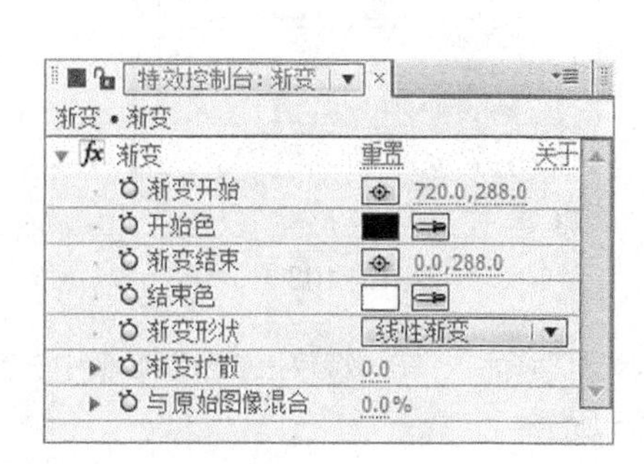

图 10-98

图 10-99

2. 制作发光效果

步骤① 再次创建一个新的合成并命名为“星光”。在当前合成中新建一个固态层“噪波”。选中“噪波”层，选择“效果 > 杂波与颗粒 > 分形噪波”命令，在“特效控制台”面板中进行参数设置，如图 10-100 所示。“合成”窗口中的效果如图 10-101 所示。

微课：星光
碎片 2

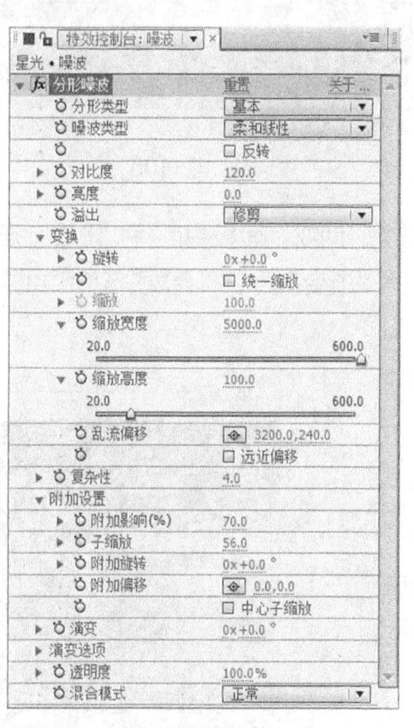

图 10-100

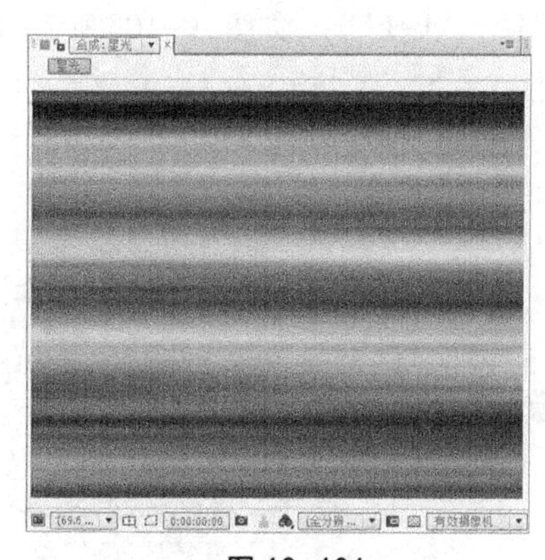

图 10-101

步骤② 选中“噪波”层，将时间标签放置在 0s 的位置。在“特效控制台”面板中分别单击“变换”下的“乱流偏移”和“演变”选项左侧的“关键帧自动记录器”按钮，如图 10-102 所示，记录第 1 个关键帧。

步骤③ 将时间标签放置在 04:24s 的位置，在“特效控制台”面板中设置“乱流偏移”选项的数值为-3200、240，“演变”选项的数值为 1、0，如图 10-103 所示，记录第 2 个关键帧。

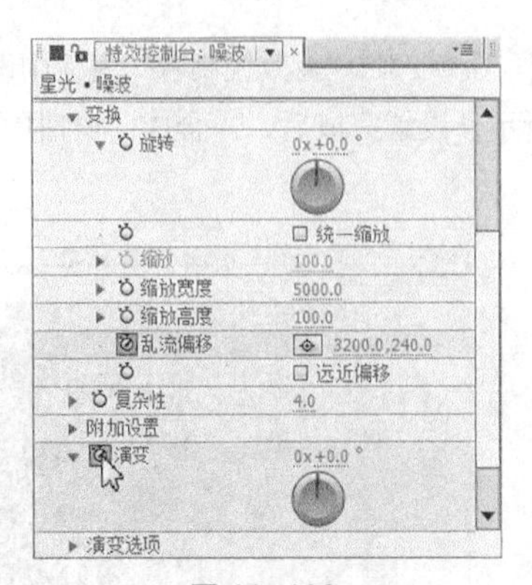

图 10-102

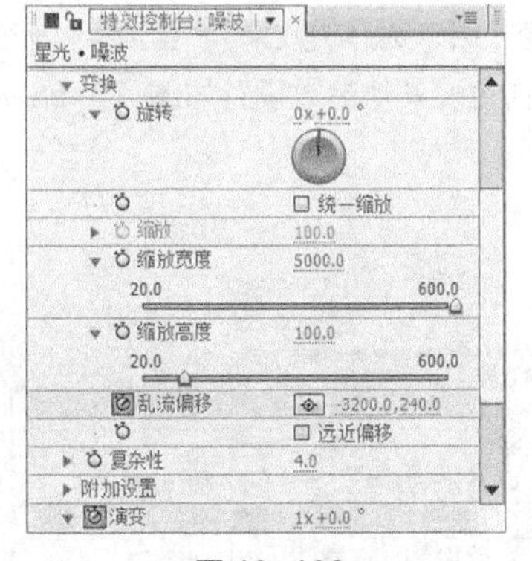

图 10-103

步骤④ 选中“噪波”层，选择“效果 > 风格化 > 闪光灯”命令，在“特效控制台”面板中进行参数设置，如图 10-104 所示。“合成”窗口中的效果如图 10-105 所示。

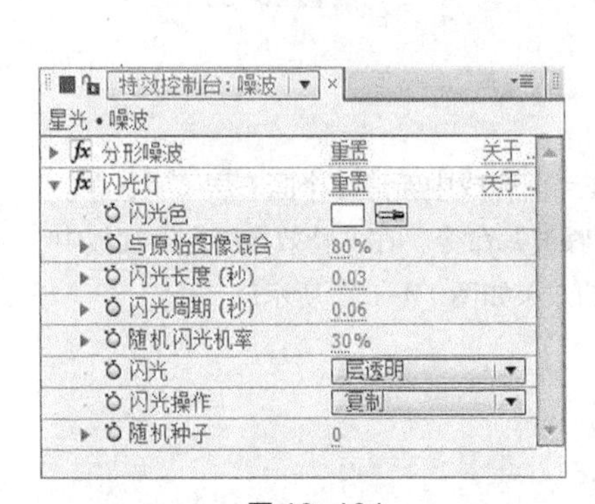

图 10-104

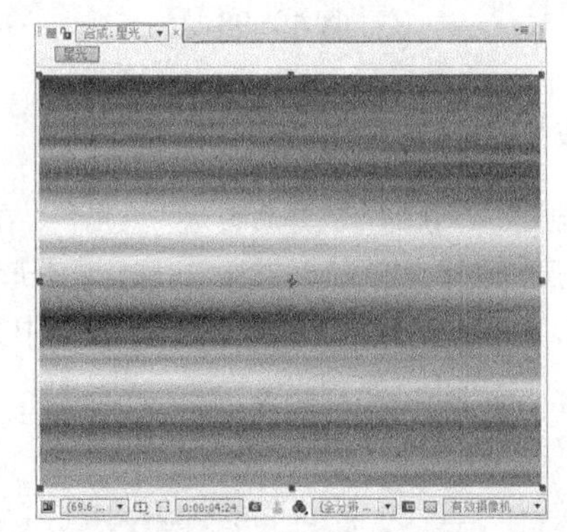

图 10-105

步骤⑤ 在“项目”面板中选中“渐变”合成并将其拖曳到“时间线”面板中。将“噪波”层的“轨道蒙版”选项设置为“亮度蒙版‘渐变’”，如图 10-106 所示。隐藏“渐变”层，“合成”窗口中的效果如图 10-107 所示。

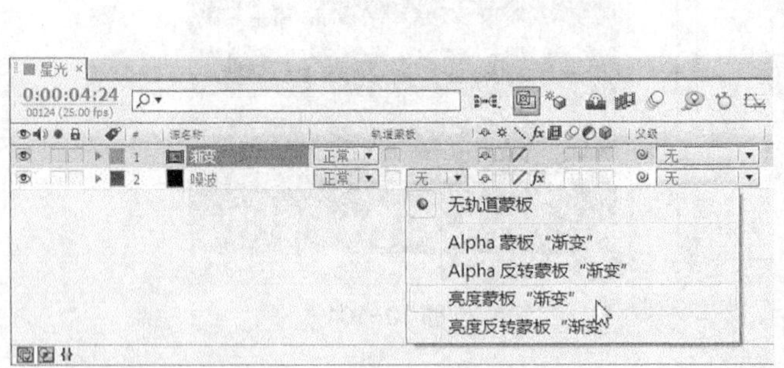

图 10-106

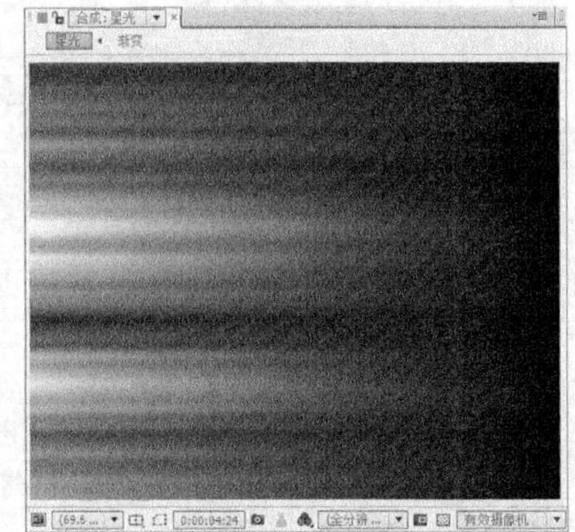

图 10-107

3. 制作彩色发光效果

步骤① 在当前合成中建立一个新的固态层“彩色光芒”。选择“效果 > 生成 > 渐变”命令，在“特效控制台”面板中设置“开始色”为黑色，“结束色”为白色，其他参数设置如图 10-108 所示，设置完成后，“合成”窗口中的效果如图 10-109 所示。

微课：星光碎片 3

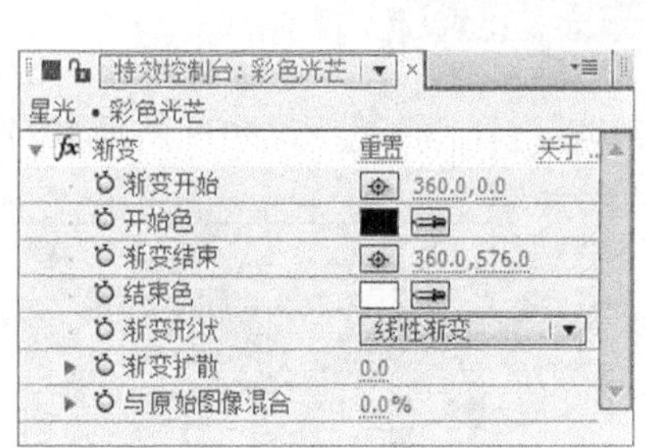

图 10-108

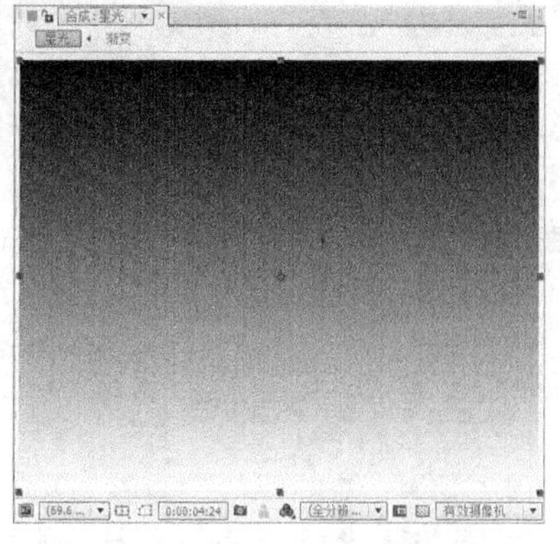
图 10-109

步骤② 选中“彩色光芒”层，选择“效果 > 色彩校正 > 彩色光”命令，在“特效控制台”面板中进行参数设置，如图 10-110 所示。“合成”窗口中的效果如图 10-111 所示。

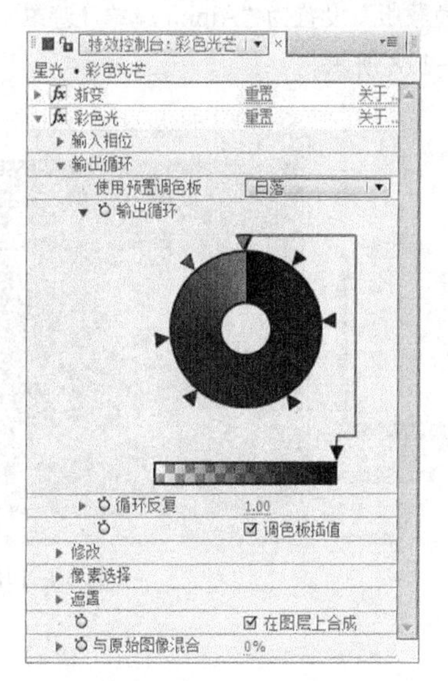

图 10-110

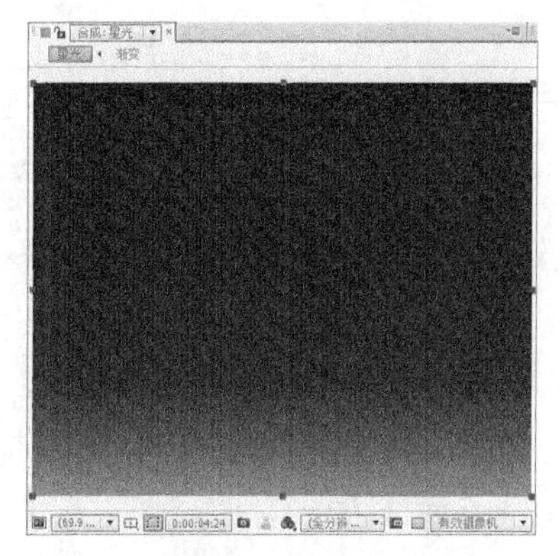
图 10-111

步骤③ 在“时间线”面板中设置“彩色光芒”层的模式为“颜色”，如图 10-112 所示。“合成”窗口中的效果如图 10-113 所示。在当前合成中建立一个新的固态层“遮罩”。选择“矩形遮罩”工具，在合成窗口中拖曳鼠标绘制一个矩形遮罩图形，如图 10-114 所示。

步骤④ 选中“遮罩”层，按 F 键展开“遮罩羽化”属性，如图 10-115 所示，设置“遮罩羽化”选项的数值为 200，如图 10-116 所示。

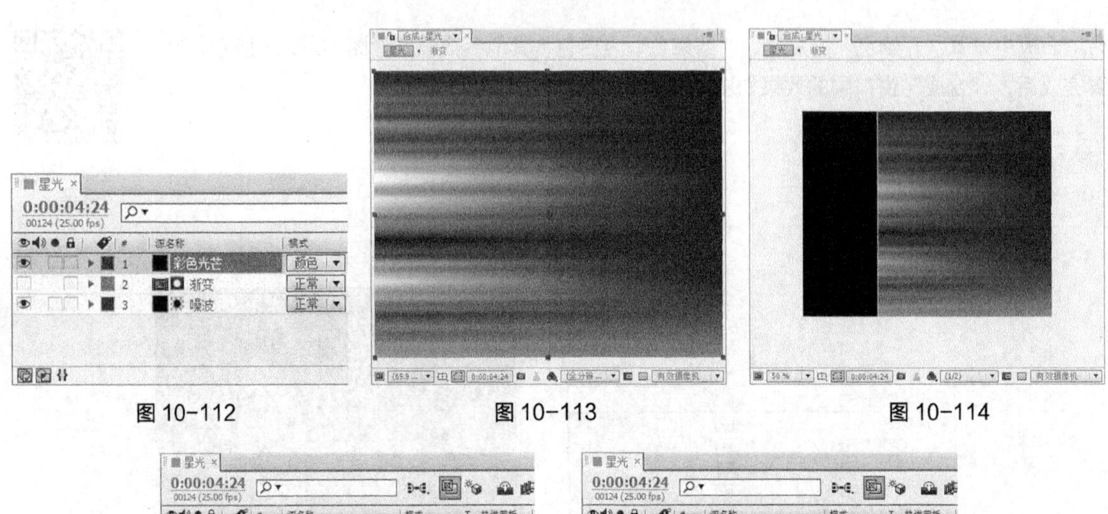

图 10-112　　图 10-113　　图 10-114

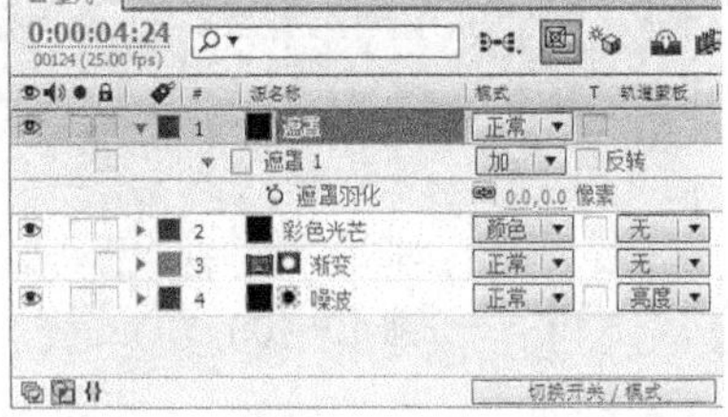

图 10-115

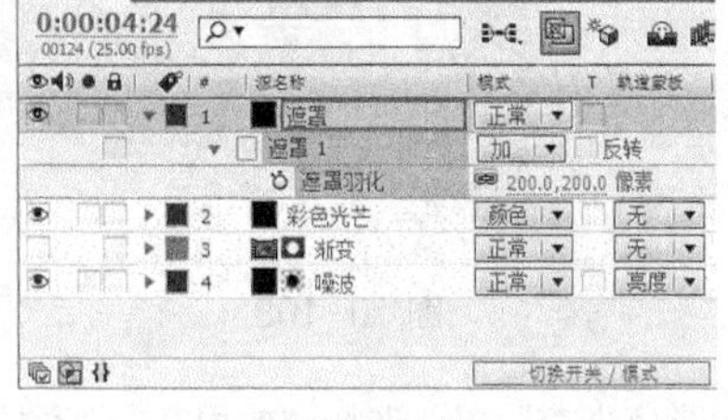

图 10-116

步骤⑤ 选中“彩色光芒”层，将“彩色光芒”层的“轨道蒙版”设置为“Alpha 遮罩‘遮罩’”，如图 10-117 所示。隐藏“遮罩”层，“合成”窗口中的效果如图 10-118 所示。

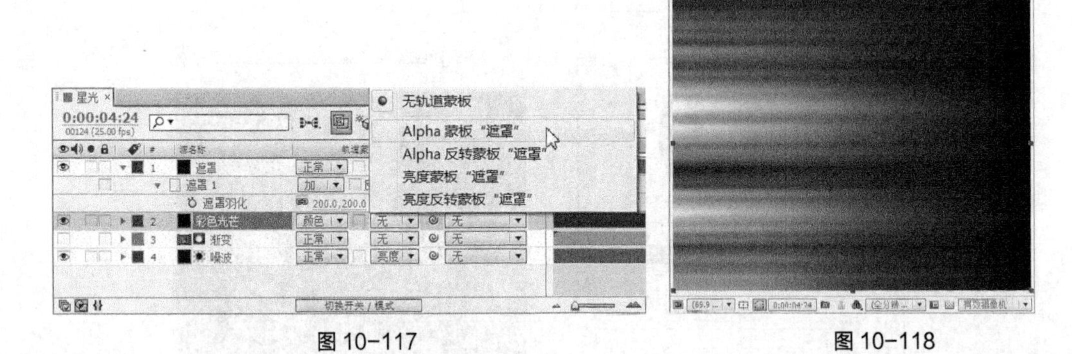

图 10-117　　图 10-118

4. 编辑图片光芒效果

步骤① 按 Ctrl+N 组合键，弹出“图像合成设置”对话框，在“合成组名称”文本框中输入“碎片”，其他选项的设置如图 10-119 所示，单击“确定”按钮，创建一个新的合成“碎片”。

微课：星光碎片 4

步骤② 选择“文件 > 导入 > 文件”命令，弹出“导入文件”对话框，选择云盘中的“Ch10 > 星光碎片 >（Footage）> 01”文件，单击“打开”按钮，导入图片。在“项目”面板中选中“渐变”合成和“01.jpg”文件，将它们拖曳到“时间线”面板中，同时单击“渐变”层左侧的“眼睛”按钮，关闭该层的可视性，如图 10-120 所示。

步骤③ 选择“图层 > 新建 > 摄像机”命令，弹出“摄像机设置”对话框，在“名称”文本框中输入“摄像机 1”，其他选项的设置如图 10-121 所示，单击“确定”按钮，在“时间线”面板中新增一个摄像机层，如图 10-122 所示。

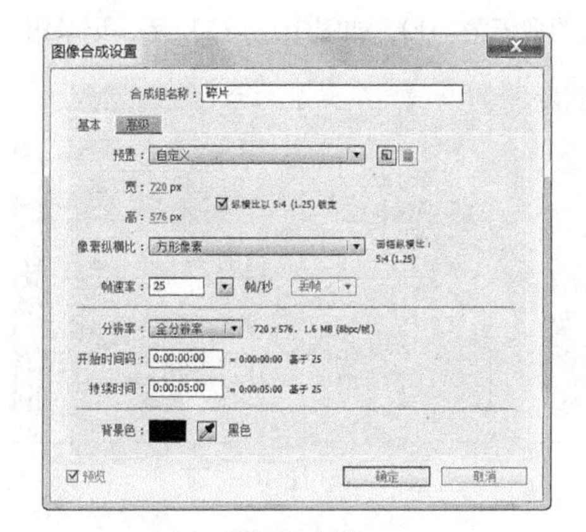

图 10-119

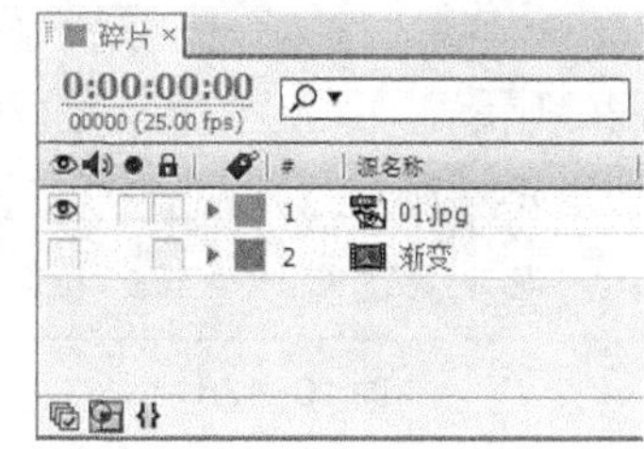

图 10-120

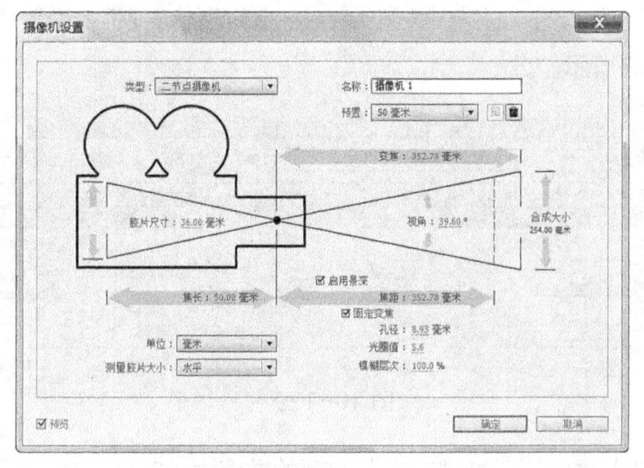

图 10-121

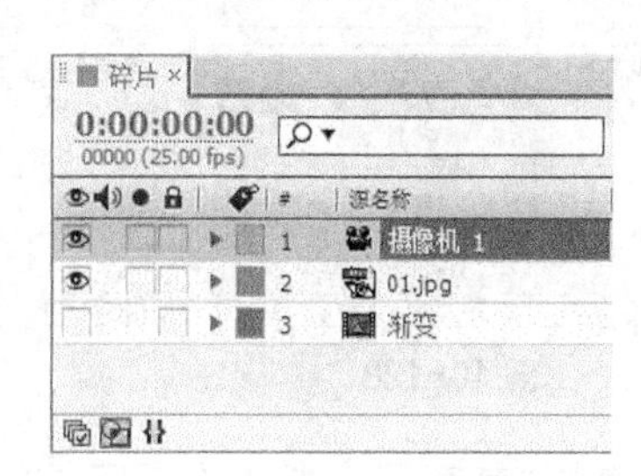

图 10-122

步骤④ 选中“01.jpg”层，选择“效果 > 模拟仿真 > 碎片”命令，在“特效控制台”面板中将“视图”改为“渲染”模式，展开“外形”属性，在“特效控制台”面板中进行参数设置，如图 10-123 所示。展开“焦点 1”和“焦点 2”属性，在“特效控制台”面板中进行参数设置，如图 10-124 所示。展开“倾斜”和“物理”属性，在“特效控制台”面板中进行参数设置，如图 10-125 所示。

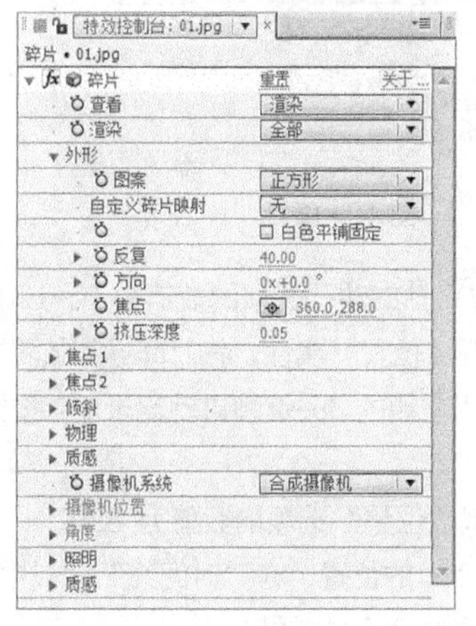

图 10-123

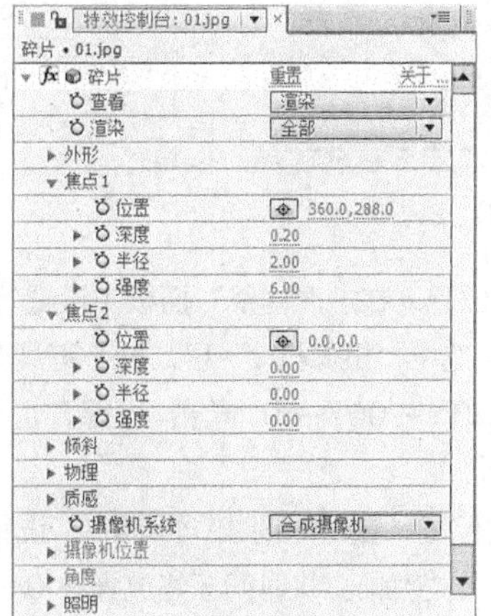

图 10-124

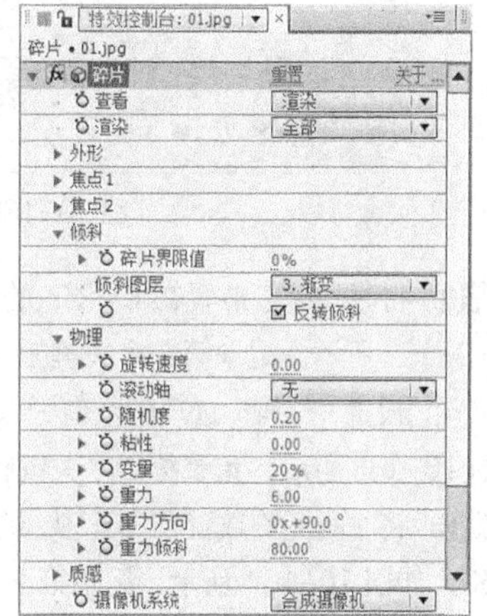

图 10-125

步骤⑤ 将时间标签放置在 2s 的位置，在“特效控制台”面板中单击“倾斜”选项下的“碎片界限值”选项左侧的“关键帧自动记录器”按钮 ，如图 10-126 所示，记录第 1 个关键帧。将时间标签放置在 03:18s 的位置，在“特效控制台”面板中设置“碎片界限值”选项的数值为 100，如图 10-127 所示，记录第 2 个关键帧。

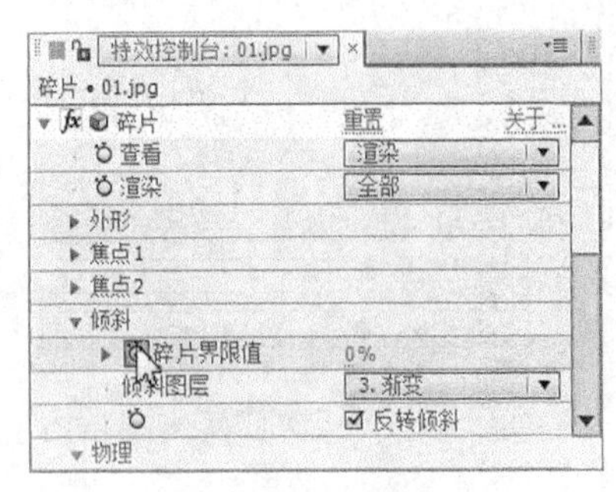

图 10-126

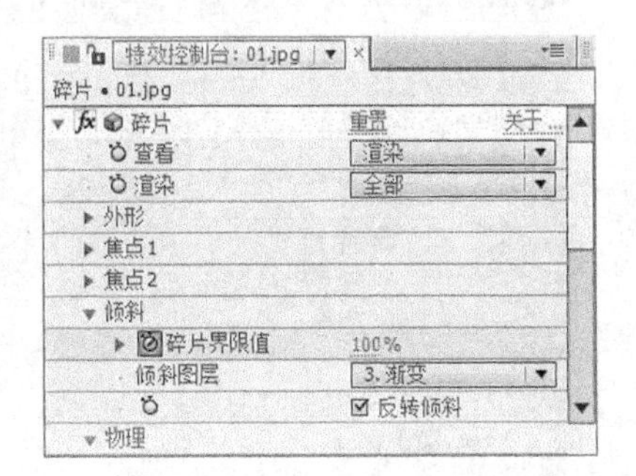

图 10-127

步骤⑥ 在当前合成中建立一个新的红色固态层“参考层”，如图 10-128 所示。单击“参考层”右侧的“3D 图层”按钮 ，打开三维属性，单击“参考层”左侧的“眼睛”按钮 ，关闭该层的可视性。设置“摄像机 1”的“父级”关系为“1.参考层”，如图 10-129 所示。

图 10-128

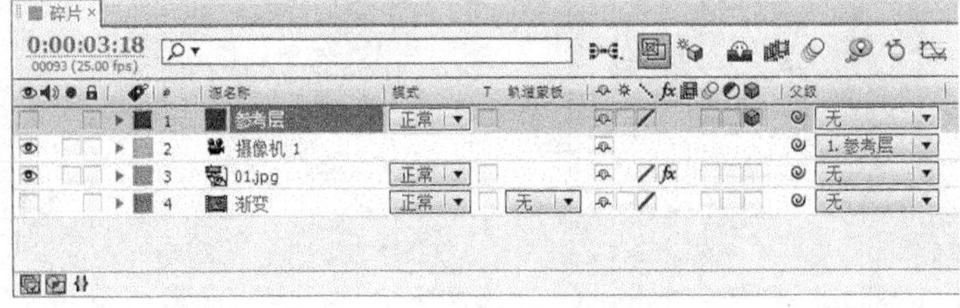

图 10-129

步骤⑦ 选中“参考层”，按 R 键展开“旋转”属性，设置“方向”选项的数值为 90、0、0，如图 10-130 所示。将时间标签放置在 01:06s 的位置，单击“Y 轴旋转”选项左侧的“关键帧自动记录器”按钮 ，如图 10-131 所示，记录第 1 个关键帧。

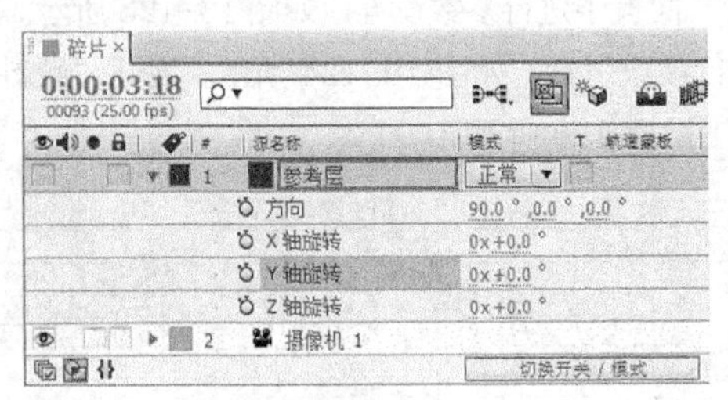

图 10-130

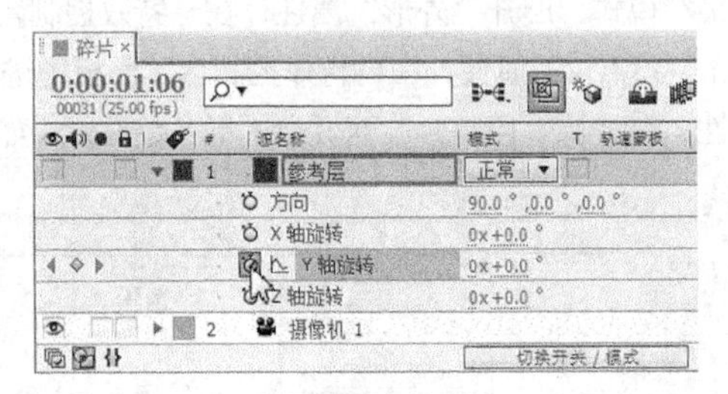

图 10-131

步骤⑧ 将时间标签放置在 04:24s 的位置，在“时间线”面板中设置“Y 轴旋转”选项的数值为 0、120，如图 10-132 所示，记录第 2 个关键帧。选中“摄像机 1”层，按 P 键展开“位置”属性，将时间标签放置在 0s 的位置，设置“位置”选项的数值为 320、-900、-50，单击“位置”选项左侧的“关键帧自动记录器”按钮 ，如图 10-133 所示，记录第 1 个关键帧。

步骤⑨ 将时间标签放置在 01:10s 的位置，在“时间线”面板中，设置“位置”选项的数值为 320、-700、-250，如图 10-134 所示，记录第 2 个关键帧。将时间标签放置在 04:24s 的位置，在“时间线”面板中，设置“位置”选项的数值为 320、-560、-1000，如图 10-135 所示，记录第 3 个关键帧。

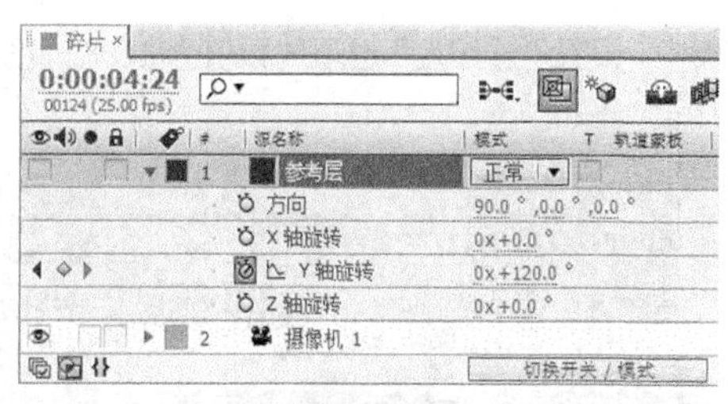

图 10-132

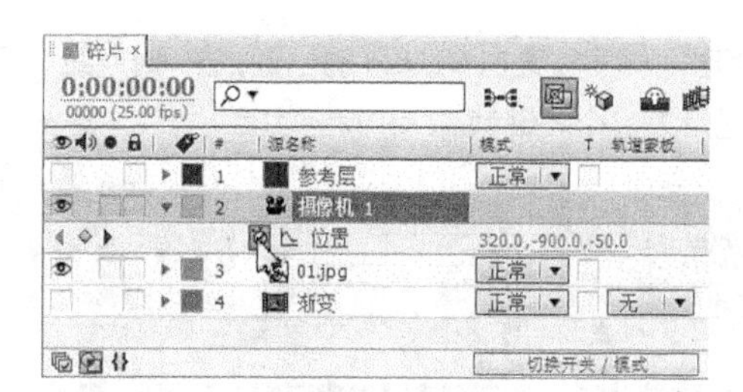

图 10-133

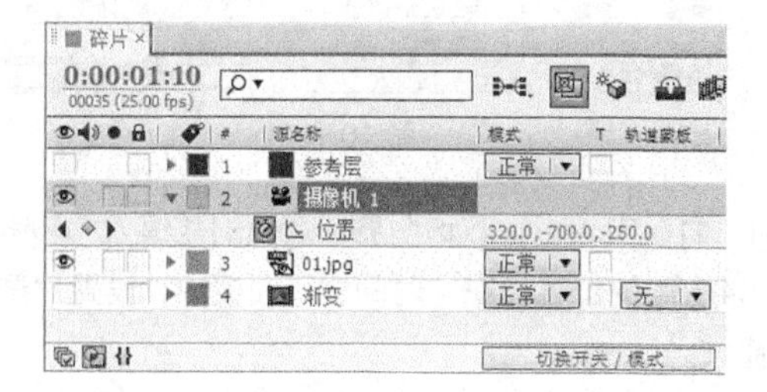

图 10-134

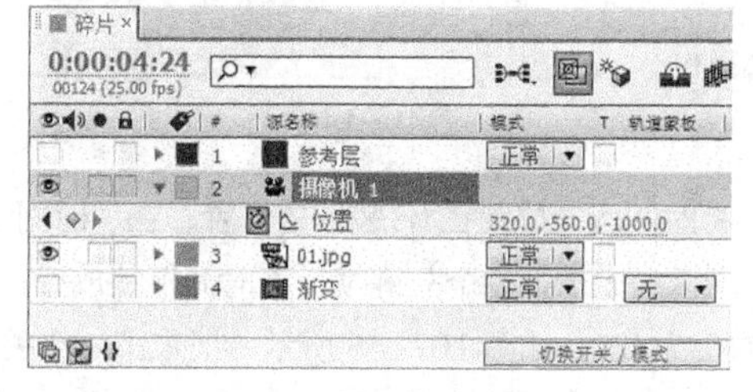

图 10-135

步骤 10 在“项目”面板中，选中“星光”合成，将其拖曳到“时间线”面板中，并放置在“摄像机 1”层的下方，如图 10-136 所示。单击该层右侧的“3D 图层”按钮，打开三维属性，在“时间线”面板中，设置该层的模式为“添加”，如图 10-137 所示。

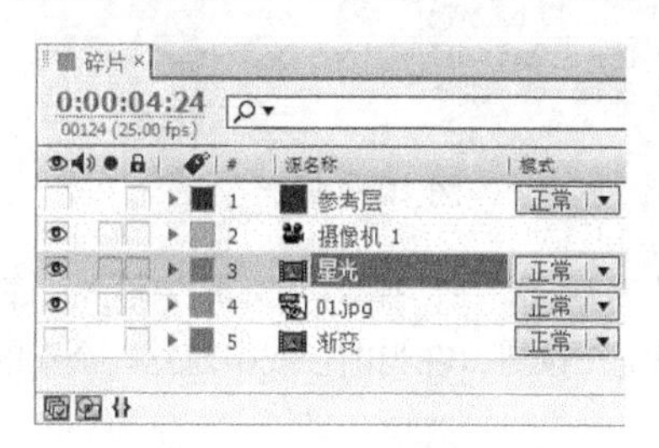

图 10-136

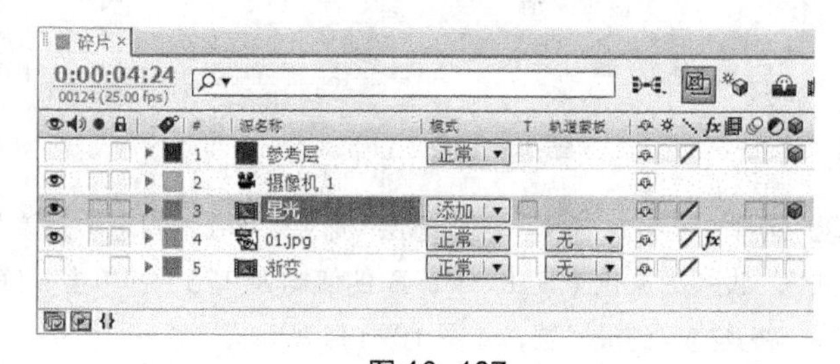

图 10-137

步骤 11 选中“星光”层，按 P 键展开“位置”属性，将时间标签放置在 01:22s 的位置，在“时间线”面板中，设置“位置”选项的数值为 720、288、0，单击“位置”左侧的“关键帧自动记录器”按钮，如图 10-138 所示，记录第 1 个关键帧。将时间标签放置在 03:24s 的位置，设置“位置”选项的数值为 0、288、0，如图 10-139 所示。

图 10-138

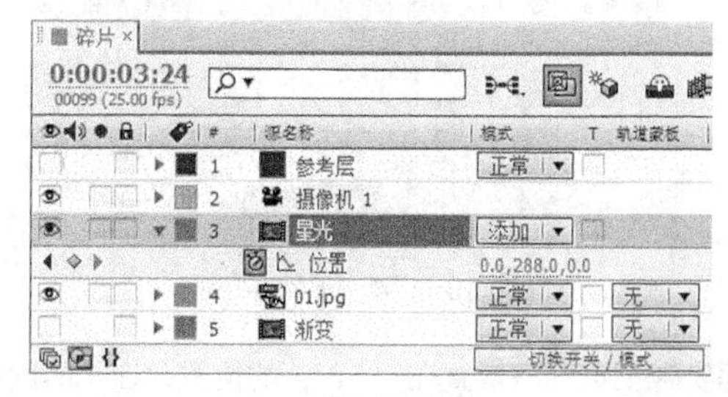

图 10-139

步骤 12 选中“星光”层，将时间标签放置在 01:11s 的位置，按 T 键展开“透明度”属性，设置“透明度”选项的数值为 0%，单击“透明度”左侧的“关键帧自动记录器”按钮，如图 10-140 所示，记录第 1 个关键帧。将时间标签放置在 01:22s 的位置，在“时间线”面板中，设置“透明度”选项的数值为 100，如图 10-141 所示，记录第 2 个关键帧。

图 10-140

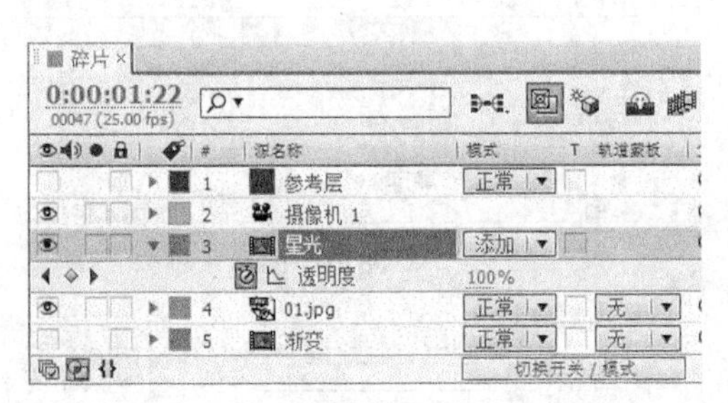

图 10-141

步骤⑬ 将时间标签放置在 03:24s 的位置，在“时间线”面板中，设置“透明度”选项的数值为 100%，如图 10-142 所示，记录第 3 个关键帧。将时间标签放置在 04:11s 的位置，在“时间线”面板中，设置“透明度”选项的数值为 0%，如图 10-143 所示，记录第 4 个关键帧。

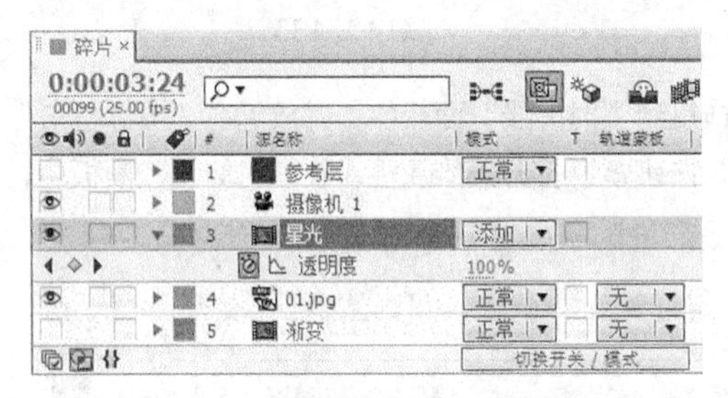

图 10-142

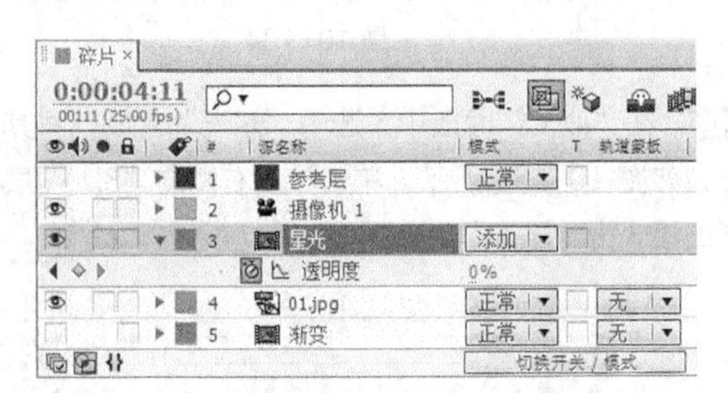

图 10-143

步骤⑭ 选择“图层 > 新建 > 固态层”命令，弹出“固态层设置”对话框，在“名称”文本框中输入“底板”，将“颜色”设置为灰色（其 R、G、B 的值均为 175），单击“确定”按钮，在当前合成中建立一个新的灰色固态层，将其拖曳到最底层，如图 10-144 所示。

步骤⑮ 单击“底板”层右侧的“3D 图层”按钮，打开三维属性，按 P 键展开“位置”属性，将时间标签放置在 03:24s 的位置，设置“位置”选项的数值为 360、288、0，单击“位置”左侧的“关键帧自动记录器”按钮，如图 10-145 所示，记录第 1 个关键帧。

图 10-144

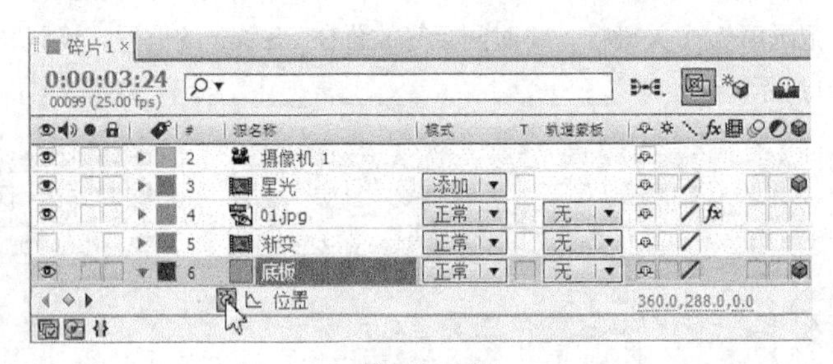

图 10-145

步骤⑯ 将时间标签放置在 04:24s 的位置，在“时间线”面板中设置“位置”选项的数值为-550、288、0，如图 10-146 所示，记录第 2 个关键帧。

步骤⑰ 选中“底板”层，按 T 键展开“透明度”属性，将时间标签放置在 03:24s 的位置，设置“透明度”选项的数值为 50%，单击“透明度”左侧的“关键帧自动记录器”按钮，如图 10-147 所示，记录第 1 个关键帧。

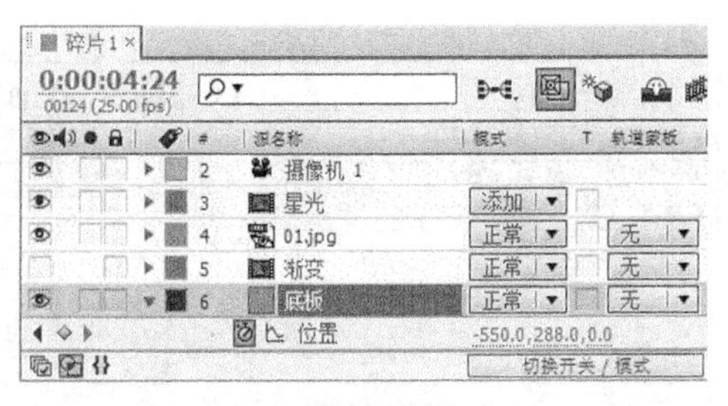

图 10-146

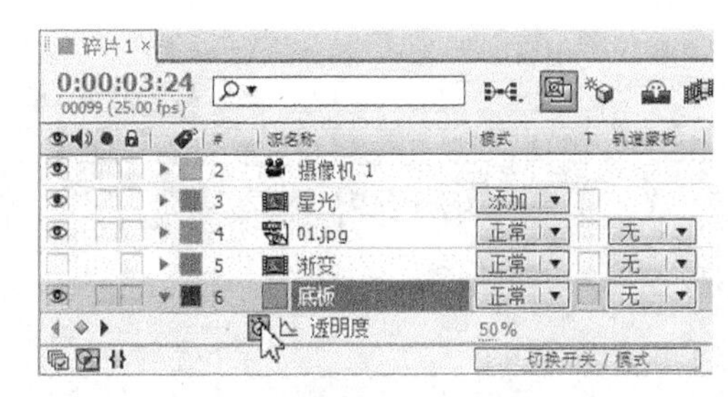

图 10-147

步骤⑱ 将时间标签放置在 04:24s 的位置，在“时间线”面板中，设置“透明度”选项的数值为 0%，记录第 2 个关键帧，如图 10-148 所示。

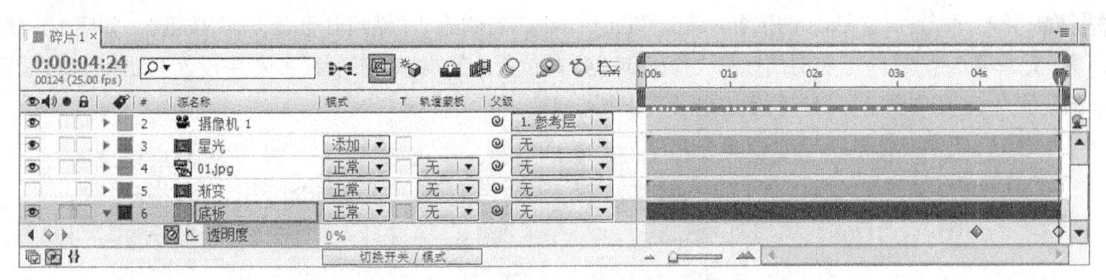

图 10-148

5. 制作最终效果

步骤① 按 Ctrl+N 组合键，弹出“图像合成设置”对话框，在“合成组名称”文本框中输入“最终效果”，其他选项的设置如图 10-149 所示，单击“确定”按钮。在“项目”面板中选中“碎片”合成，将其拖曳到“时间线”面板中，如图 10-150 所示。

微课：星光碎片 5

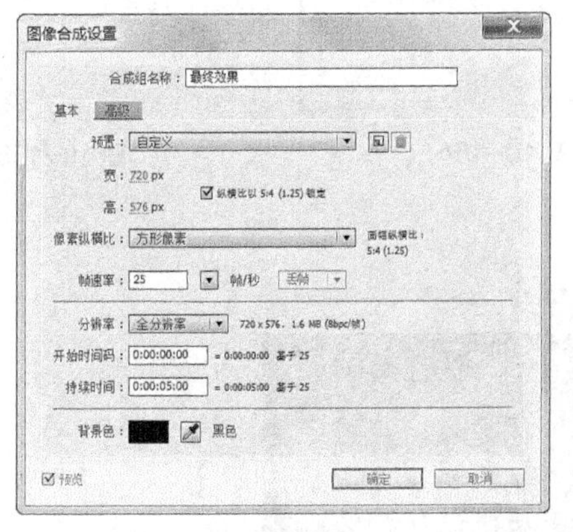

图 10-149

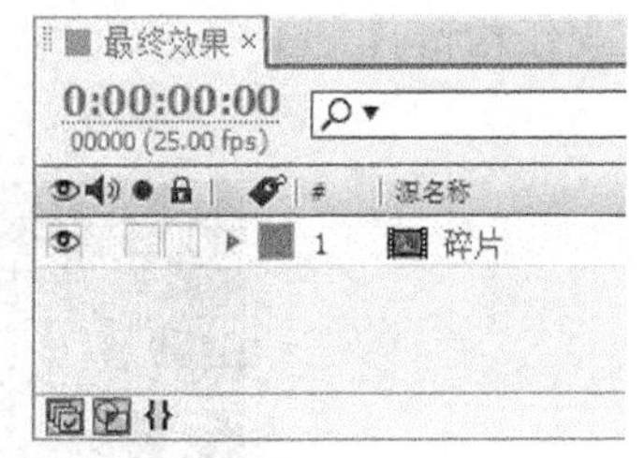

图 10-150

步骤② 选中“碎片”层，选择“图层 > 时间 > 启用时间重置”命令，将时间标签放置在 0s 的位置，在“时间线”面板中，设置“时间重置”选项的数值为 04:24，如图 10-151 所示，记录第 1 个关键帧。将时间标签放置在 04:24s 的位置，在“时间线”面板中，设置“时间重置”选项的数值为 0，如图 10-152 所示，记录第 2 个关键帧。

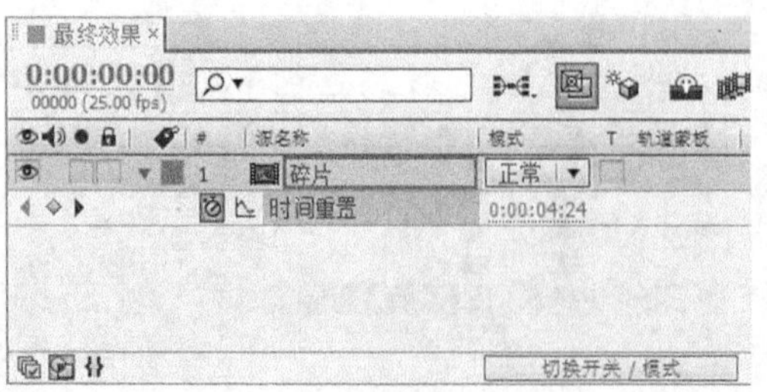

图 10-151

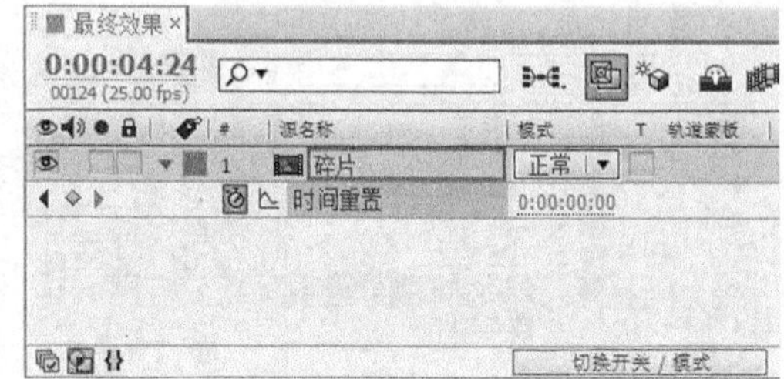

图 10-152

步骤③ 选中“碎片”层，选择“效果 > Trapcode > Starglow”命令，在“特效控制台”面板中进行参数设置，如图 10-153 所示。

步骤④ 将时间标签放置在 0s 的位置，单击“Threshold”左侧的“关键帧自动记录器”按钮，如图 10-154 所示，记录第 1 个关键帧。将时间标签放置在 04:24s 的位置，在“特效控制台”面板中设置“Threshold”选项的数值为 480，如图 10-155 所示，记录第 2 个关键帧。

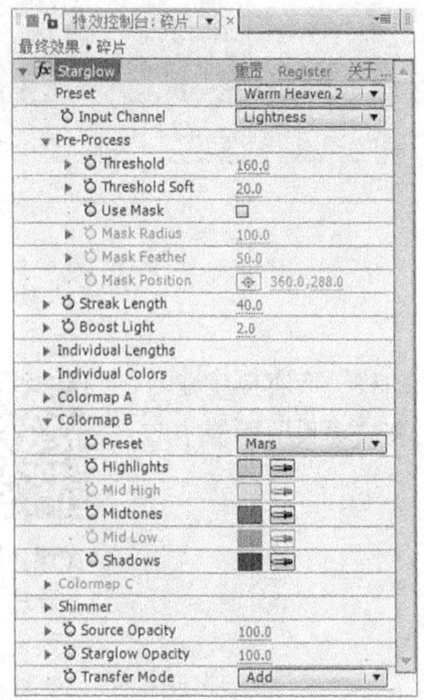

图 10-153

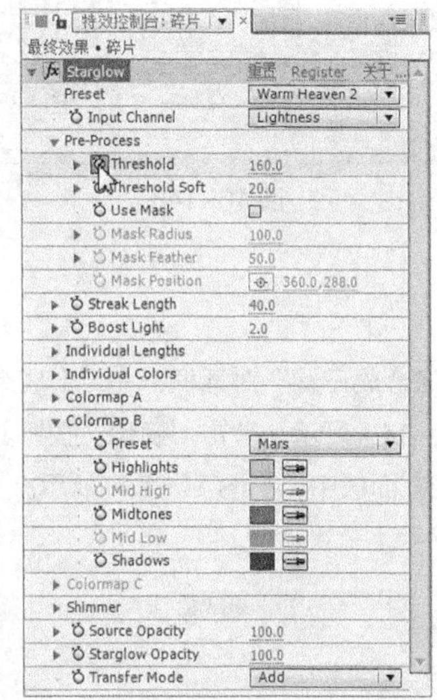

图 10-154

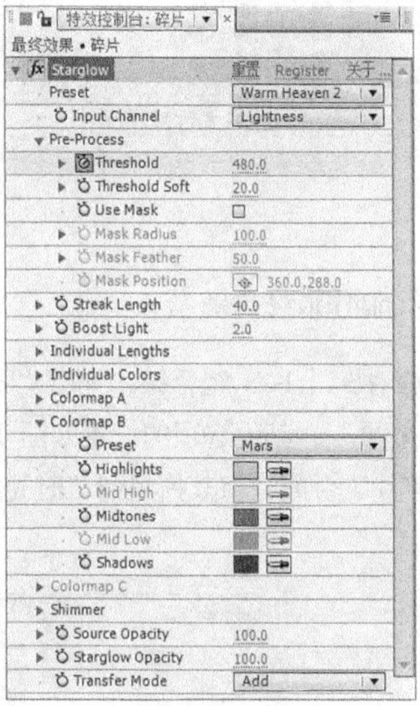

图 10-155

步骤⑤ 星光碎片制作完成，如图 10-156 所示。

图 10-156

10.2.3 【相关工具】

1. 创建和设置摄像机

创建摄像机的方法很简单，选择“图层 > 新建 > 摄像机”命令，或按 Ctrl+Shift+Alt+C 组合键，在弹出的对话框中进行设置，如图 10-157 所示，单击“确定”按钮完成设置。

名称：设定摄像机名称。

预置：预置摄像机，此下拉菜单中包含了 9 种常用的摄像机镜头，有标准的“35mm”镜头、“15mm”广角镜头、“200mm”长焦镜头以及自定义镜头等。

单位：确定在“摄像机设置”对话框中使用的参数单位，包括“像素”“英寸”和“毫米”3 个选项。

测量胶片大小：可以改变“胶片尺寸”的基准方向，包括“水平”“垂直”和“对角”3 个选项。

变焦：设置摄像机到图像的距离。“变焦”值越大，通过摄像机显示的图层大小就会越大，视野也就相应地减小。

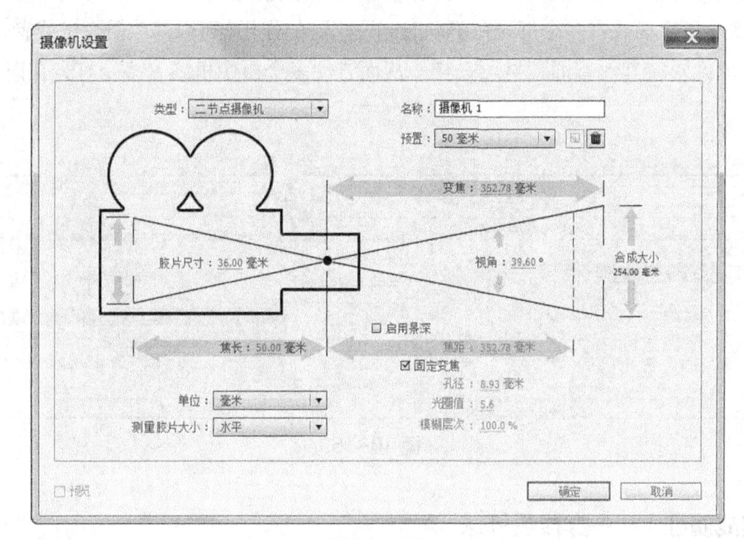

图 10-157

视角：设置视角。角度越大，视野越宽，相当于广角镜头；角度越小，视野越窄，相当于长焦镜头。调整此参数时，会和“焦长”“胶片尺寸”“变焦”3 个值互相影响。

焦长：设置焦距，表示胶片和镜头之间的距离。焦距短，就是广角效果；焦距长，就是长焦效果。

启用景深：是否打开景深功能。配合“焦距”“孔径”“光圈值”和“模糊层次”参数使用。

焦距：焦点距离，确定从摄像机开始，到图像最清晰位置的距离。

光圈值：设置光圈大小。不过在 After Effects 中，光圈大小与曝光没有关系，只影响景深的大小。设置值越大，前后图像清晰的范围就会越来越小。

孔径：快门速度，此参数与“孔径”是互相影响的，同样影响景深模糊程度。

模糊层次：控制景深模糊程度，值越大越模糊，为 0%则不进行模糊处理。

2. 利用工具移动摄像机

在“工具”面板中有 4 个移动摄像机的工具，在当前摄像机移动工具上按住鼠标不放，弹出其他摄像机移动工具的选项，或按 C 键在这 4 个工具之间切换，如图 10-158 所示。

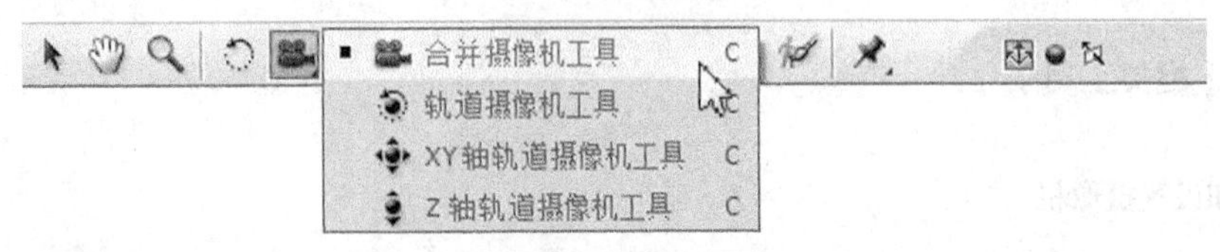

图 10-158

合并摄像机工具：使用 3 键鼠标的不同按键可以灵活变换操作，鼠标左键为旋转，中键为平移，右键为推拉。

轨道摄像机工具：以目标为中心点，旋转摄像机的工具。

XY 轴轨道摄像机工具：在垂直方向或水平方向，平移摄像机的工具。

Z 轴轨道摄像机工具：摄像机镜头拉近、推远的工具，也就是让摄像机在 z 轴向上平移的工具。

3. 摄像机和灯光的入点与出点

在“时间线”默认状态下，新建摄像机和灯光的入点和出点就是合成项目的入点和出点，即作用于整个合成项目。为了设置多个摄像机或者多个灯光在不同时间段起到的作用，可以修改摄像机或者灯光的入点和出点，改变其持续时间，就像对待其他普通素材层一样，从而方便多个摄像机或者多个灯光在时间上的切换，如图 10-159 所示。

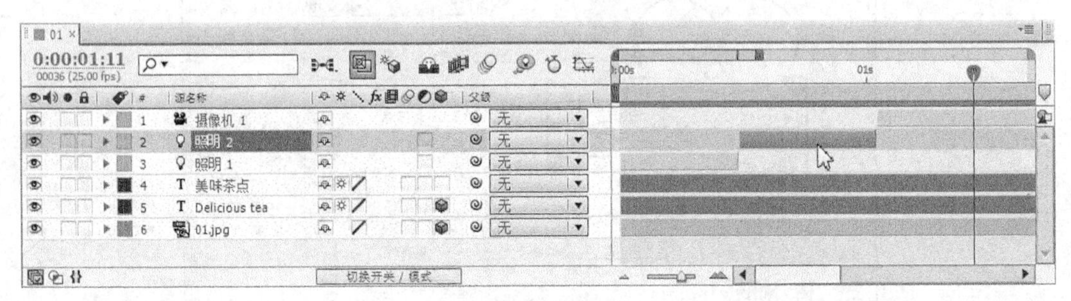

图 10-159

10.2.4 【实战演练】——穿梭热气球

使用“导入”命令导入素材文件；使用“变换”属性调整图像的属性；使用“位置”属性制作位移动画。最终效果参看云盘中的“Ch10 > 穿梭热气球 > 穿梭热气球.aep”，如图 10-160 所示。

微课：穿梭热气球

图 10-160

10.3 综合演练——冲击波

使用“椭圆形遮罩”工具绘制椭圆形；使用“粗糙边缘”命令制作形状粗糙化并添加关键帧；使用“Shine”命令制作形状发光效果；使用“3D”属性调整形状空间效果；使用“缩放”选项与“透明度”选项编辑形状的大小与透明度。最终效果参看云盘中的“Ch10 > 冲击波 > 冲击波.aep”，如图 10-161 所示。

图 10-161

微课：冲击波 1

微课：冲击波 2

10.4 综合演练——另类光束

使用“单元格图案”命令制作马赛克效果；使用“3D”属性制作空间效果；使用“亮度和对比度”“快速模糊”和“发光”命令制作光束发光效果。最终效果参看云盘中的“Ch10 > 另类光束 > 另类光束.aep”，如图 10-162 所示。

图 10-162

微课：另类光束

第 11 章　渲染与输出

制作完成的影片，通过渲染与输出可以使影片在不同的媒介设备上都能得到很好的播出效果，更方便用户的作品在各种媒介上传播。本章主要讲解 After Effects 中的渲染与输出功能。读者通过本章的学习，可以掌握渲染与输出的方法和技巧。

- 熟练掌握渲染的设置方法
- 掌握输出的方法和形式

11.1 渲染

渲染在整个影视制作过程中是最后一步，也是相当关键的一步。即使前面制作得再精妙，不成功的渲染也会直接导致作品失败，渲染方式影响影片最终呈现的效果。

After Effects 可以将合成项目渲染输出成视频文件、音频文件或者序列图片等。输出的方式有两种：一种是选择“文件 > 导出 > 添加到渲染队列”命令直接输出单个的合成项目；另一种是选择“图像合成 > 添加到渲染队列”命令，将一个或多个合成项目添加到“渲染队列”中，逐一批量输出，如图 11-1 所示。

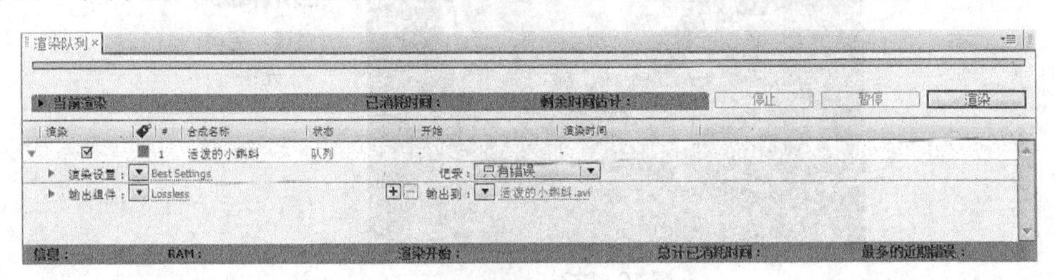

图 11-1

其中，通过“文件 > 导出 > 添加到渲染队列”命令输出时，可选的格式和解码较少；通过“渲染队列”进行输出，可以进行非常高级的专业控制，并支持多种格式和解码。因此，在这里主要探讨如何使用“渲染队列”窗口进行输出，掌握了这个方法，就掌握了使用“文件 > 导出”方式输出影片。

11.1.1 渲染队列窗口

在“渲染队列”窗口中可以控制整个渲染进程，调整各个合成项目的渲染顺序，设置每个合成项目的渲染质量、输出格式和路径等。当新添加项目到“渲染队列”时，“渲染队列”自动打开，如果不小心关闭了，也可以通过“窗口 > 渲染队列”命令，或按 Ctrl+Alt+0 组合键再次打开此窗口。

单击“当前渲染”左侧的三角形按钮▶，显示的信息如图 11-2 所示，主要包括当前正在渲染的合成项目的进度、正在执行的操作、当前输出的路径、文件大小、预测的最终文件、剩余的硬盘空间等。

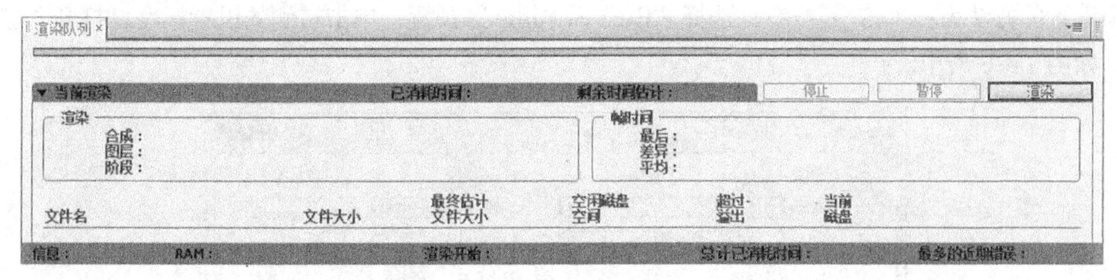

图 11-2

渲染队列区如图 11-3 所示。

需要渲染的合成项目都将逐一排列在渲染队列中，在此，可以设置项目的“渲染设置”“输出组件”（输出模式、格式和解码等）、“输出到”（文件名和路径）等。

渲染：是否进行渲染操作，只有选中的合成项目才会被渲染。

：选择标签颜色，用于区分不同类型的合成项目，方便用户识别。

#：队列序号，决定渲染的顺序，可以在合成项目上按住鼠标并上下拖曳到目标位置，改变先后顺序。

合成名称：合成项目名称。

状态：当前状态。

开始：渲染开始的时间。

渲染时间：渲染所花费的时间。

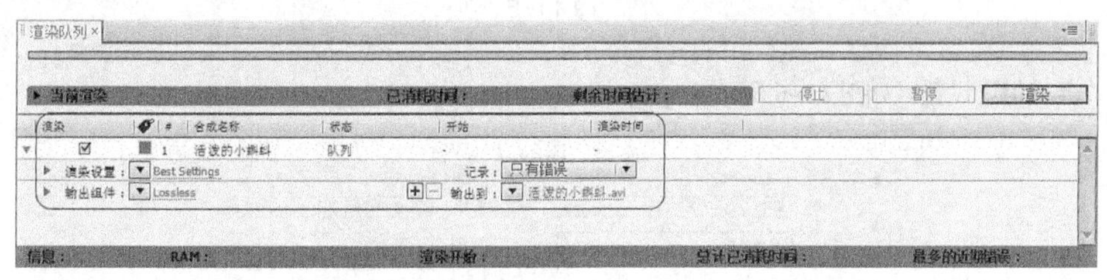

图 11-3

单击“渲染队列”窗口左侧▸按钮展开具体设置信息，如图 11-4 所示。单击▾按钮可以选择已有的设置预置，单击当前设置标题，可以打开具体的设置对话框。

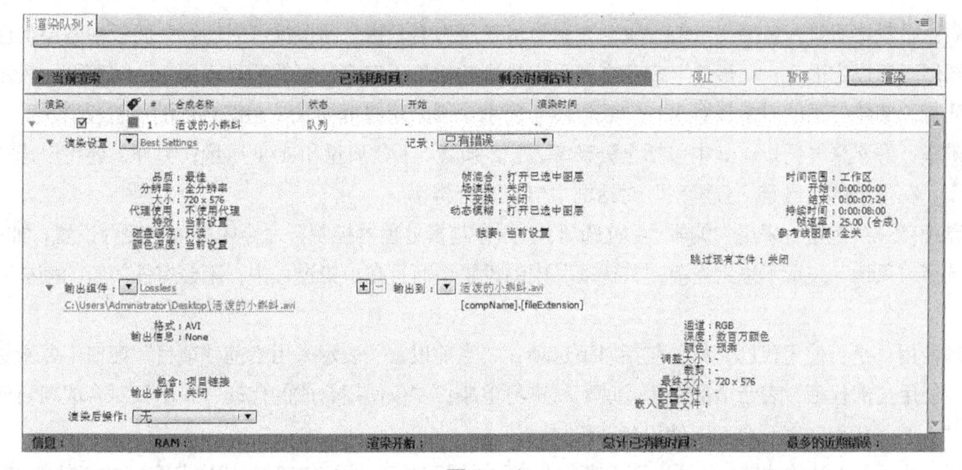

图 11-4

11.1.2 渲染设置选项

渲染设置的方法为：单击▼按钮，选择“Best Settings”预置，单击右侧的设置标题，打开“渲染设置”对话框，如图 11-5 所示。

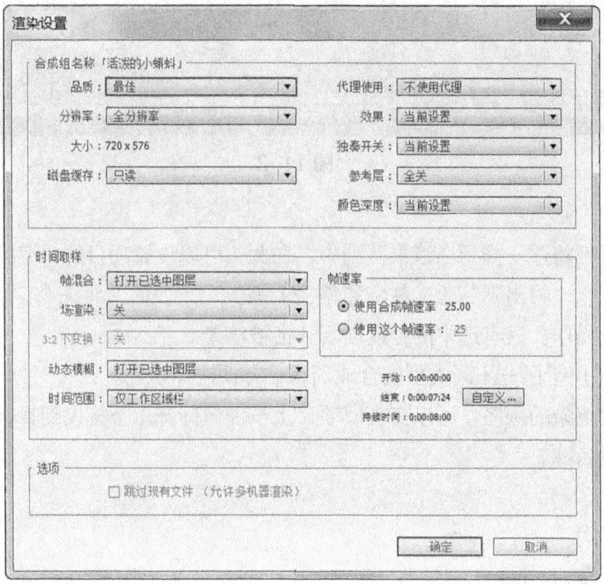

图 11-5

◎ **“合成组”设置区如图 11-6 所示。**

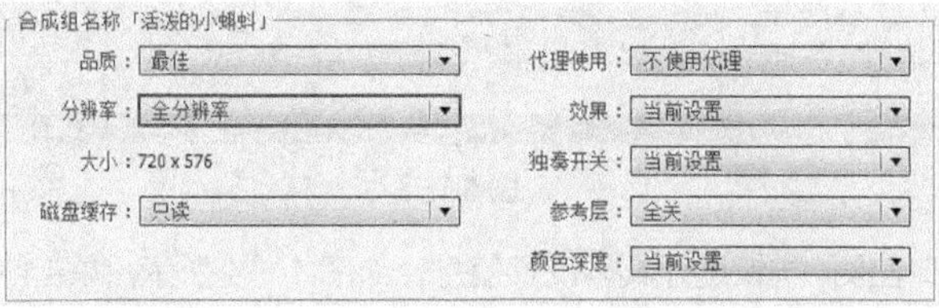

图 11-6

品质：设置层质量，包括“当前设置”表示采用各层当前设置，即根据“时间线”面板中各层属性开关面板上的图层画质设定而定；“最佳”表示全部采用最好的质量（忽略各层的质量设置）；“草图”表示全部采用粗略质量（忽略各层的质量设置）；“线框图”表示全部采用线框模式（忽略各层的质量设置）。

分辨率：像素采样质量，其中包括全分辨率、1/2 质量、1/3 质量和 1/4 质量；另外，还可以选择“自定义”命令，在弹出的“自定义分辨率”对话框中自定义分辨率。

磁盘缓存：决定是否采用“编辑 > 首选项 > 内存与多处理器控制”命令中的内存缓存设置，如图 11-7 所示。选择“只读”表示不采用当前“首选项”中的设置，而且在渲染过程中，不会有任何新的帧被写入内存缓存中。

代理使用：是否使用代理素材，包括以下选项：“当前设置”表示采用当前“项目”窗口中各素材当前的设置；“使用全部代理”表示全部使用代理素材进行渲染；“仅使用合成的代理”表示只对合成项目使用代理素材；“不使用代理”表示全部不使用代理素材。

效果：是否采用特效滤镜，包括以下选项：“当前设置”表示采用当前时间线中各个特效当前的设置；“全开”表示启用所有的特效滤镜，即使某些滤镜处于暂时关闭状态；“全关”表示关闭所有特效滤镜。

独奏开关：指定是否只渲染“时间线”中“独奏”开关●开启的层，如果设置为“全关”则表示不考虑独奏开关。

参考层：指定是否只渲染参考层。

颜色深度：选择色深，如果是标准版的 After Effects，则有“16 位/通道”和“32 位/通道”这两个选项。

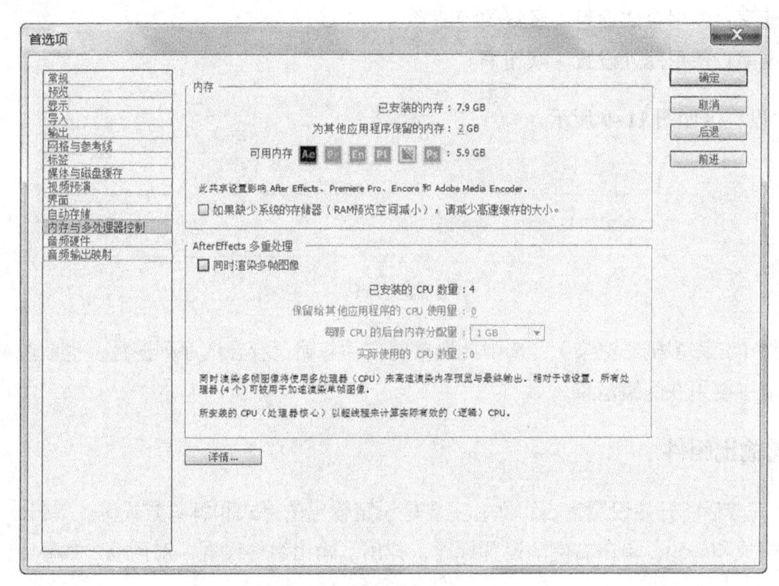

图 11-7

◎ **“时间取样”设置区如图 11-8 所示。**

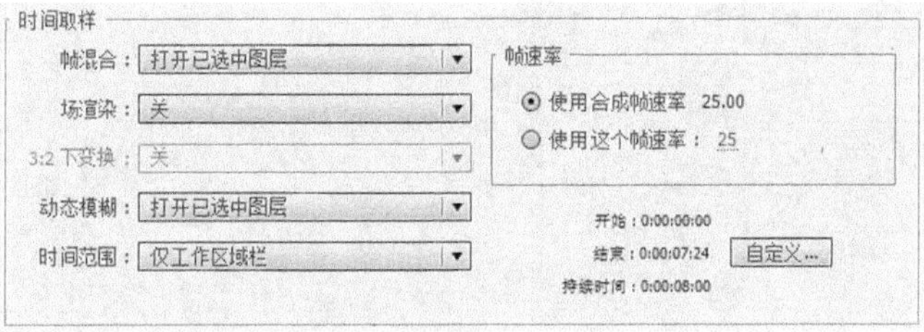

时间取样
帧混合：打开已选中图层
场渲染：关
3:2 下变换：关
动态模糊：打开已选中图层
时间范围：仅工作区域栏
帧速率
使用合成帧速率 25.00
使用这个帧速率：25
开始：0:00:00:00
结束：0:00:07:24
持续时间：0:00:08:00
自定义...

图 11-8

帧混合：是否采用“帧混合”模式。此类模式包括以下选项：“当前设置”根据当前“时间线”面板中的“帧混合开关”的状态和各个层“帧混合模式”的状态，来决定是否使用帧混合功能；“对选层打开”是忽略“帧混合开关”的状态，对所有设置了“帧混合模式”的图层应用帧混合功能；如果设置了“图层全关”，则代表不启用“帧混合”功能。

场渲染：指定是否采用场渲染方式，包括以下选项：“关”表示渲染成不含场的视频影片；“上场优先”表示渲染成上场优先的含场的视频影片；“下场优先”表示渲染成下场优先的含场的视频影片。

3：2 下变换：决定 3：2 下拉的引导相位法。

动态模糊：是否采用运动模糊，包括以下选项：“当前设置”是根据当前时间线面板中“动态模糊开关”的状态和各个层“动态模糊”的状态，来决定是否使用动态模糊功能；“对选中层打开”是忽略“动态模糊开关”，对所有设置了“动态模糊”的图层应用运动模糊效果；如果设置为“图层全关”，则表示不启用动态模糊功能。

时间范围：定义当前合成项目的渲染的时间范围，包括以下选项：“合成长度”表示渲染整个合成项目，也就是合成项目设置了多长的持续时间，输出的影片就有多长时间；“仅工作区域”表示根据时间线中设置的工作环境范围来设定渲染的时间范围（按 B 键，工作范围开始；按 N 键，工作范围结束）；“自定义”表示自定义渲染的时间范围。

使用合成帧速率：使用合成项目中设置的帧速率。

使用这个帧速率：使用此处设置的帧速率。

◎ **“选项”设置区如图 11-9 所示。**

图 11-9

跳过现有文件（允许多机器渲染）：选中此选项将自动忽略已存在的序列图片，也就忽略已经渲染过的序列帧图片，此功能主要用在网络渲染。

11.1.3 设置输出组件

“渲染设置”完成后，开始设置输出组件，主要是设定输出的格式和解码方式等。单击▼按钮，可以选择系统预置的一些格式和解码，单击右侧的设置标题，弹出“输出组件设置”对话框，如图 11-10 所示。

◎ **基础设置区如图 11-11 所示。**

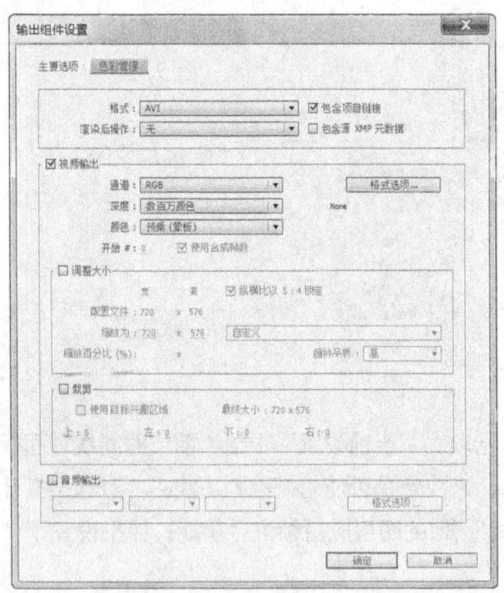

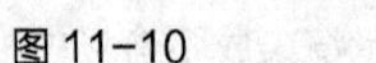

图 11-10

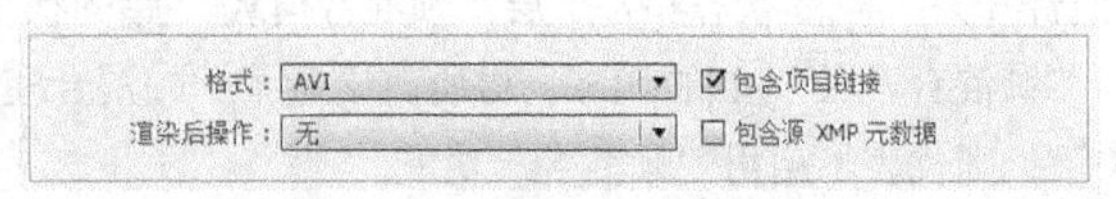

图 11-11

格式：设置输出的文件格式，如“QuickTime Movie”苹果公司 QuickTime 视频格式、“MPEG2-DVD” DVD 视频格式、“JPEG 序列”JPEG 格式序列图、“WAV”音频等，格式类型非常丰富。

渲染后操作：指定 After Effects 软件是否使用刚渲染的文件作为素材或者代理素材，包括以下选项：“导入”表示渲染完成后，自动作为素材置入当前项目中；“导入并替换”表示渲染完成后，自动置入项目中替代合成项目，包括这个合成项目被嵌入其他合成项目中的情况；“设置代理”表示渲染完成后，作为代理素材置入项目中。

◎ 视频设置区如图 11-12 所示。

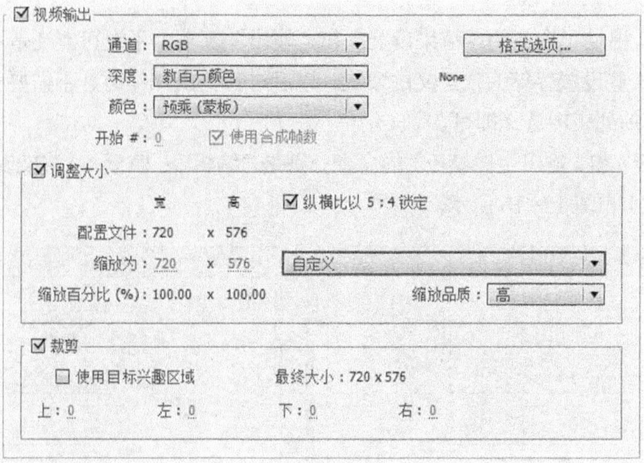

图 11-12

视频输出：是否输出视频信息。

通道：选择输出的通道，包括“RGB”（3 个色彩通道）、“Alpha”（仅输出 Alpha 通道）和“RGB+ Alpha”（三色通道和 Alpha 通道）。

深度：色深选择。

颜色：指定输出的视频包含的 Alpha 通道为哪种模式，是“直通（无蒙板）”模式还是“预乘（蒙板）”模式。

开始#：当输出的格式选择的是序列图时，在这里可以指定序列图的文件名序列数，为了将来识别方便，也可以选择“使用合成帧数”选项，让输出的序列图片数字就是其帧数字。

格式选项：视频的编码方式的选择。虽然之前确定了输出的格式，但是每种文件格式中又有多种编码方式，编码方式的不同会生成完全不同质量的影片，最后产生的文件量也会有所不同。

配置文件：是否对画面进行缩放处理。

缩放为：缩放的具体高宽尺寸，也可以从右侧的预置列表中选择。

缩放品质：缩放质量的选择。

纵横比以 5 : 4 锁定：是否强制高宽比为特殊比例。

裁剪：是否裁切画面。

使用目标兴趣区域：仅采用“合成”预览窗口中的“目标兴趣范围”工具确定的画面区域。

上、左、下、右：这 4 个选项分别设置上、左、下、右被裁切掉的像素尺寸。

◎ 音频设置区如图 11-13 所示。

图 11-13

音频输出：是否输出音频信息。

格式选项：音频的编码方式，也就是用什么压缩方式压缩音频信息。

设置音频质量：包括“Hz”“bit”“立体声”或“单声道”设置。

11.1.4 渲染和输出的预置

虽然 After Effects 提供了众多的“渲染设置”和“输出”预置，不过可能还是不能满足更多的个性化需求。用户可以将常用的一些设置存储为自定义的预置，以后进行输出操作时，不需要一遍遍地反复设置，只需要单击▼按钮，在弹出的列表中选择即可。

使用“渲染设置模板”和“输出组件模板”的命令分别是“编辑 > 模板 > 渲染设置”和“编辑 > 模板 > 输出组件”，如图 11-14 和图 11-15 所示。

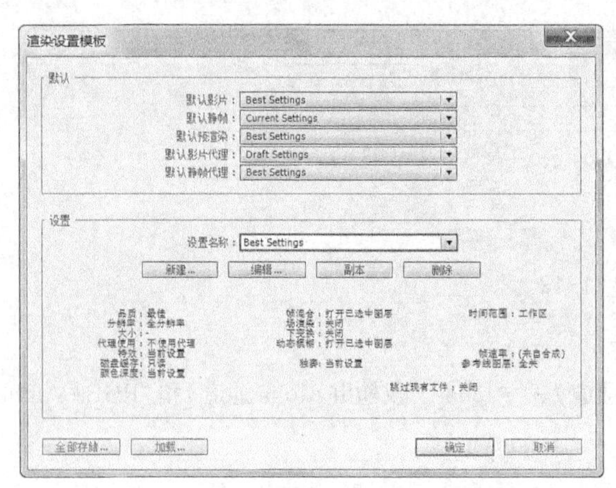

图 11-14

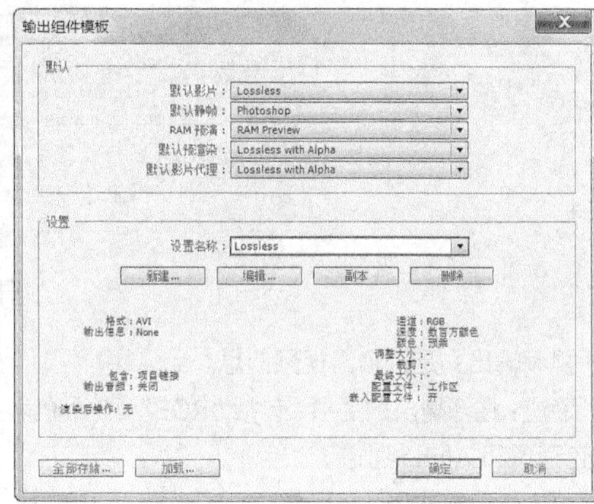

图 11-15

11.1.5 编码和解码问题

完全不压缩的视频和音频数据量是非常庞大的，因此在输出时需要通过特定的压缩技术对数据进行压缩处理，以减小最终的文件量，便于传输和存储。这样就需要在输出时选择恰当的编码器，在播放时使用同样的解码器解压还原画面。

目前视频流传输中最为重要的编码标准有国际电联的 H.261、H.263。运动静止图像专家组的 M-JPEG 和国际标准化组织运动图像专家组的 MPEG 系列标准，此外互联网上广泛应用的还有 Real-Networks 的 RealVideo、微软公司的 WMT 以及苹果公司的 QuickTime 等。

就文件的格式来讲，对于.avi 微软视窗系统中的通用视频格式，现在流行的编码和解码方式有 Xvid、MPEG-4、DivX、Microsoft DV 等；对于.mov 苹果公司的 QuickTime 视频格式，比较流行的编码和解码方式有 MPEG-4、H.263、Sorenson Video 等。

在输出时，最好选择使用普遍的编码器和文件格式，或者是目标客户平台共有的编码器和文件格式；否则在其他播放环境中播放时，有可能因为缺少解码器或相应的播放器而无法看见视频或者听到声音。

11.2 输出

可以将设计制作好的视频效果以多种方式输出，如输出标准视频、输出合成项目中的某一帧、输出序列图片、输出胶片文件、输出 Flash 格式文件、跨卷渲染等。下面具体介绍视频的输出方法和形式。

11.2.1 输出标准视频

步骤 1 在“项目”面板中，选择需要输出的合成项目。
步骤 2 选择“图像合成 > 添加到渲染队列”命令，或按 Ctrl+M 组合键，将合成项目添加到渲染队列中。
步骤 3 在“渲染队列”窗口中设置渲染属性、输出格式和输出路径。
步骤 4 单击“渲染”按钮开始渲染运算，如图 11-16 所示。

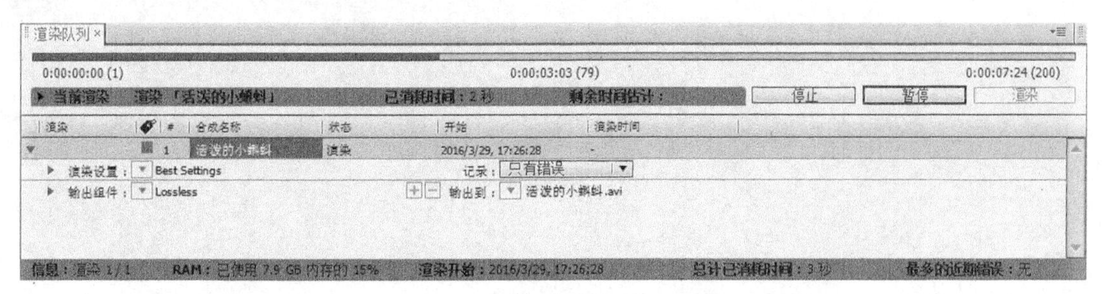

图 11-16

步骤 5 如果需要将此合成项目渲染成多种格式或者多种解码，可以在步骤（3）之后，选择“图像合成 > 添加输出组件”命令，添加输出格式和指定另一个输出文件的路径以及名称，这样可以做到一次创建，任意发布。

11.2.2 输出合成项目中的某一帧

步骤 1 在“时间线”面板中，移动当前时间指针到目标帧。
步骤 2 选择“图像合成 > 另存单帧为 > 文件”命令，或按 Ctrl+Alt+S 组合键，添加渲染任务到“渲染队列”中。
步骤 3 单击“渲染”按钮开始渲染运算。
步骤 4 另外，如果选择“图像合成 > 另存单帧为 > Photoshop 图层”命令，则直接打开文件存储对话框，选择好路径和文件名，即可完成单帧画面的输出。

11.2.3 输出 Flash 格式文件

After Effects 还可以将视频输出成 Flash SWF 格式文件或者 Flash FLV 视频格式文件，步骤如下。

步骤 1 在“项目”窗口中，选择需要输出的合成项目。
步骤 2 选择“文件 > 导出 > Adobe Flash Player（SWF）”命令，在弹出的文件保存对话框中选择 SWF 文件存储的路径和名称，单击“保存”按钮，弹出“SWF 设置”对话框，如图 11-17 所示。

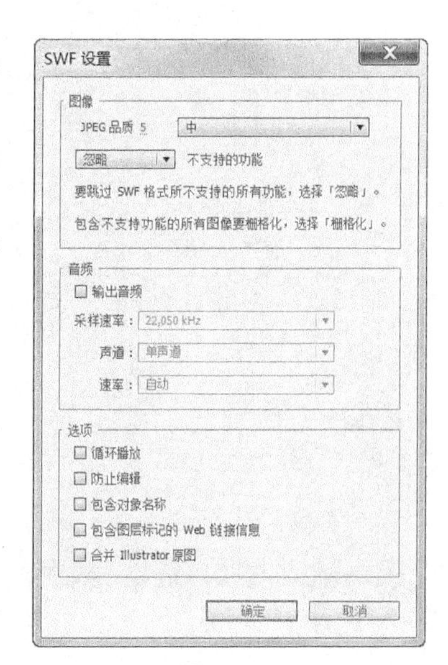

图 11-17

JPEG 品质：分为低、中、高、最高 4 种品质。

不支持的功能：设置 SWF 格式文件不支持的效果，包括以下选项：“忽略”表示忽略所有不兼容的效果；“栅格化”表示将不兼容的效果位图化，保留特效，但是可能会增大文件量。

音频：设置 SWF 文件音频质量。

循环播放：是否让 SWF 文件循环播放。

防止编辑：禁止在此置入，对文件进行保护加密，不允许再置入 Flash 软件中。

包括对象名称：保留对象名称。

包括图层标记 Web 链接信息：保留在层标记中设置的网页链接信息。

拼合 Illustrator 原图：如果合成项目中含有 Illustrator 素材，建议勾选此选项。

步骤③ 完成渲染后，产生两个文件：".html"和".swf"。

步骤④ 设置完成后，单击"确定"按钮，在弹出的存储对话框中指定路径和名称，单击"保存"按钮输出影片。

第 12 章　综合设计实训

本章结合多个应用领域商业案例的实际应用，通过项目背景及要求和项目创意及制作，进一步详细讲解 After Effects 强大的应用功能和制作技巧。通过学习这些商业案例，读者可以快速掌握视频特效和软件的技术要点，设计制作出比较专业的案例。

- 广告宣传片
- 电子相册
- 节目片头
- 电视记录片
- 电视栏目
- 电视短片

12.1　广告宣传片——制作啤酒广告

12.1.1　【项目背景及要求】

1. 客户名称

悦口无极限乐吧

2. 客户需求

悦口无极限乐吧是一个休闲娱乐场所，要求为本店新品啤酒设计一则推广广告，作为本店新品促销和招揽客人所用。悦口无极限乐吧提倡将快乐和舒适带给每一位顾客，所以推广广告不仅要体现出啤酒的清凉和魅力，还要给客户一种放松和轻快的感觉。

3. 设计要求

❶ 广告设计要求将新品啤酒作为画面主体，体现广告主题和思想。
❷ 设计风格简洁时尚，画面内容要将悦口无极限乐吧的快乐和舒适感体现出来。
❸ 要求使用轻快凉爽的颜色，以体现啤酒的清凉和魅力。
❹ 设计规格均为 720px（宽）×576px（高），像素纵横比为 D1/DV PAL（1.09），帧频率为 25 帧/秒。

12.1.2 【项目创意及制作】

1. 设计素材

图片素材所在位置：云盘中的“Ch12 > 制作啤酒广告 > (Footage) > 01~04”。

2. 设计作品

设计作品效果所在位置：云盘中的“Ch12 > 制作啤酒广告 > 制作啤酒广告.eap”，如图 12-1 所示。

微课：制作
啤酒广告

图 12-1

3. 步骤提示

步骤① 新建一个“啤酒广告”合成，导入素材到“项目”面板中，如图 12-2 所示。将“项目”面板中的“01.jpg”文件拖曳到“时间线”面板中，如图 12-3 所示。

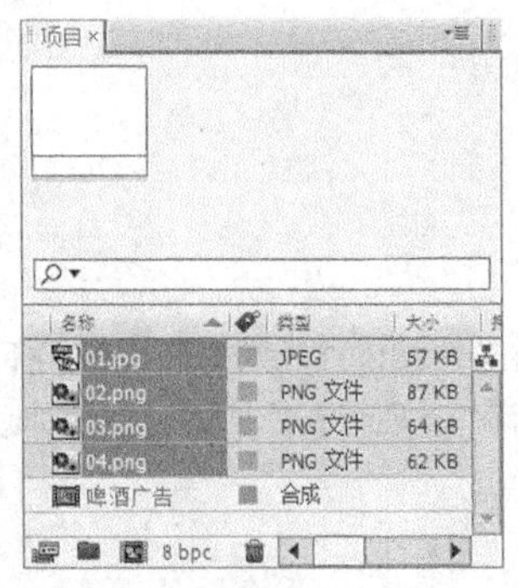

图 12-2

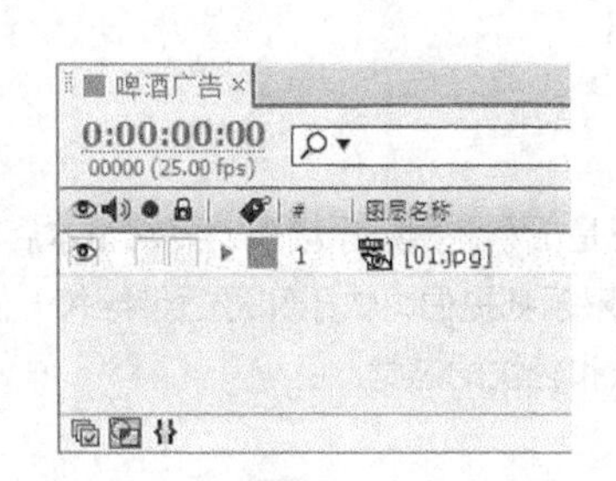

图 12-3

步骤② 选中“01.jpg”层，选择“效果 > 模拟方正 > CC 星爆”命令，在“特效控制台”面板中设置参数，如图 12-4 所示。“合成”窗口中的效果如图 12-5 所示。

步骤③ 将时间标签放置在 0s 的位置，在“特效控制台”面板中，单击“与原始图像混合”选项左侧的“关键帧自动记录器”按钮 ♁，如图 12-6 所示，记录第 1 个关键帧。将时间标签放置在 0:21s 的位置，设置“与原始图像混合”选项的数值为 100%，如图 12-7 所示，记录第 2 个关键帧。

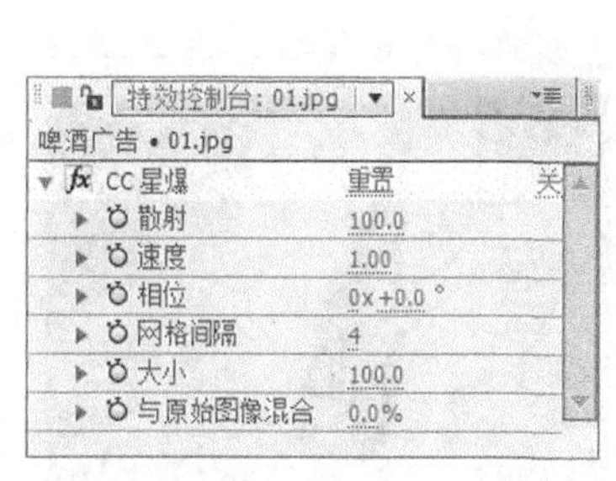

图 12-4

图 12-5

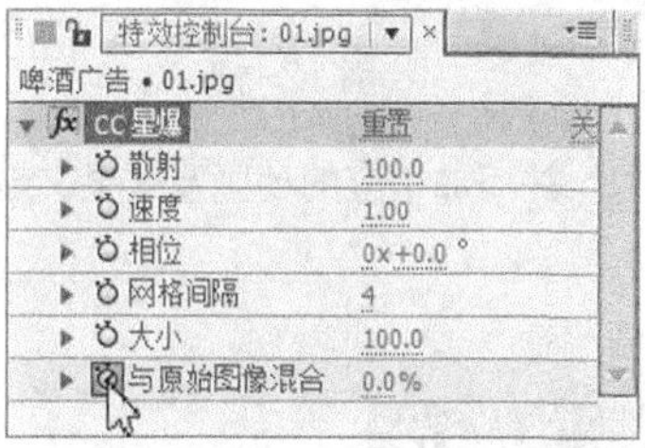

图 12-6

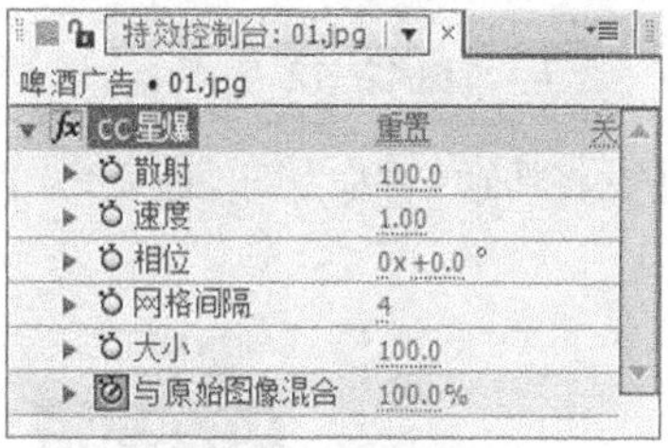

图 12-7

步骤④ 将“项目”面板中的“02.png”文件拖曳到“时间线”面板中，按 P 键展开“位置”属性，设置“位置”选项的数值为 325、-186，如图 12-8 所示。将时间标签放置在 0:24s 的位置，单击“位置”选项左侧的“关键帧自动记录器”按钮，如图 12-9 所示，记录第 1 个关键帧。

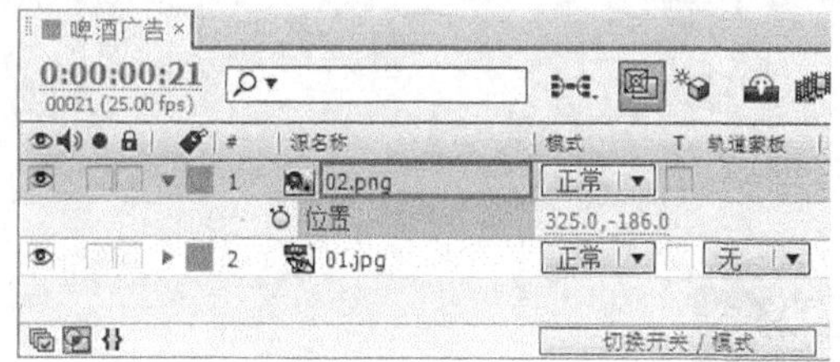

图 12-8

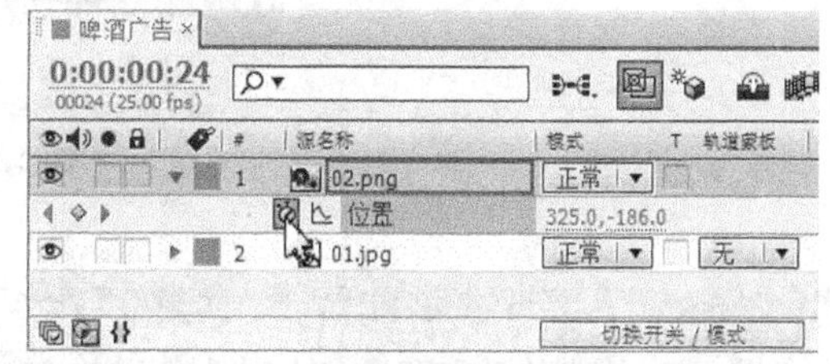

图 12-9

步骤⑤ 将时间标签放置在 1:06s 的位置，在“时间线”面板中，设置“位置”选项的数值为 325、288，如图 12-10 所示，记录第 2 个关键帧。“合成”窗口中的效果如图 12-11 所示。

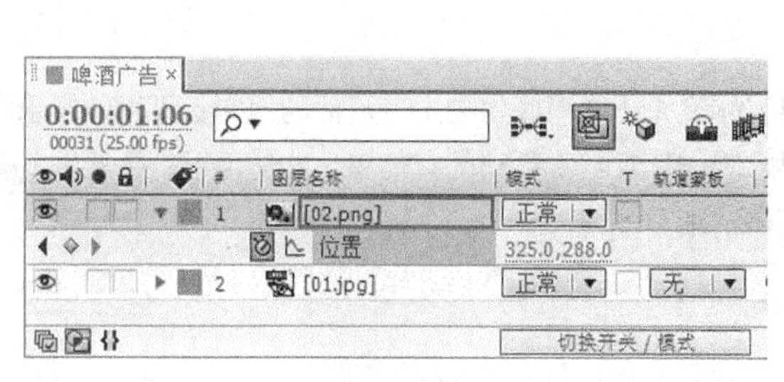

图 12-10

图 12-11

步骤 6 选择“效果 > 透视 > 阴影”命令，在“特效控制台”面板中设置参数，如图 12-12 所示。“合成”窗口中的效果如图 12-13 所示。

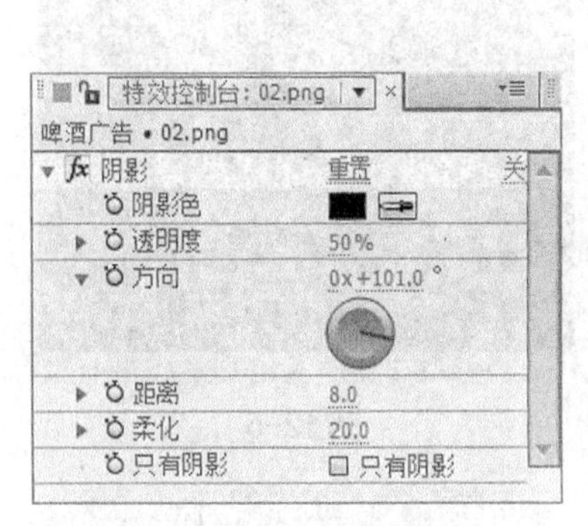

图 12-12

图 12-13

步骤 7 用上述的方法将其他文件拖曳到“时间线”面板中，并添加相应的动画及效果，最终效果如图 12-14 所示。

图 12-14

12.2 电视纪录片——制作海底世界纪录片

12.2.1 【项目背景及要求】

1. 客户名称

勃清海洋生物馆

2. 客户需求

勃清海洋生物馆是以高质量、超真实的让游客体验和还原海底生物生存及活动而闻名于世的娱乐场馆，该场馆将推出新的展厅及深海生物物种的展览。要求制作针对本次活动的宣传单，能适用于街头派发、橱窗及公告栏展示，以宣传活动为主要内容，要求内容明确清晰。

3. 设计要求

❶ 宣传单背景以海底世界为主，将主题与珊瑚礁相结合，相互衬托。

❷ 文字设计要具有特色，在画面中视觉突出，将本次展览全面概括地表现出来。
❸ 设计要求采用斜版的形式，且色彩对比强烈形成视觉冲击。
❹ 设计能够带给游客视觉欣赏与身临其境的品牌特色，并体现品牌风格。
❺ 设计规格均为 1280px（宽）×720px（高），像素纵横比为方形像素，帧频率为 29 帧/秒。

12.2.2 【项目创意及制作】

1. 设计素材

图片素材所在位置：云盘中的“Ch12 > 制作海底世界纪录片 > (Footage) > 01~08”。

2. 设计作品

设计作品效果所在位置：云盘中的“Ch12 > 制作海底世界纪录片 > 制作海底世界纪录片.eap”，如图 12-15 所示。

图 12-15

微课：制作海底世界纪录片 1

微课：制作海底世界纪录片 2

微课：制作海底世界纪录片 3

3. 步骤提示

步骤❶ 新建一个“文字”合成，导入素材到“项目”面板中，如图 12-16 所示。选择“横排文字”工具T，在“文字”面板中设置相应的参数，在“合成”窗口输入文字“海底世界 The undersea world”，“合成”窗口中的效果如图 12-17 所示。

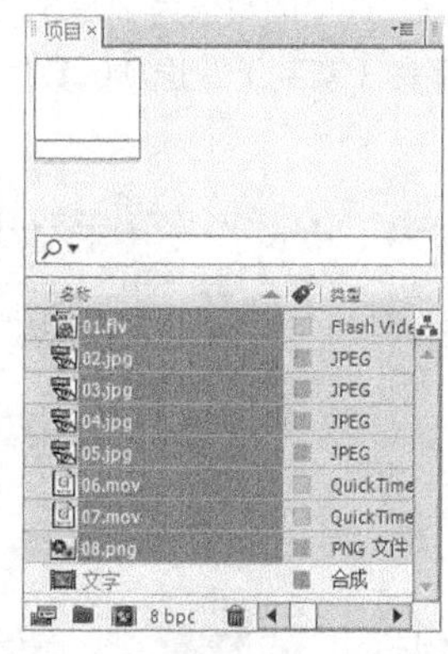

图 12-16

图 12-17

步骤❷ 新建一个“鱼”合成，将“项目”面板中的“08.png”文件拖曳到“时间线”面板中，如图 12-18 所示。选中“08.png”层，选择“效果 > 扭曲 > 紊乱置换”命令，在“特效控制台”面板中设置参数，如图12-19 所示。

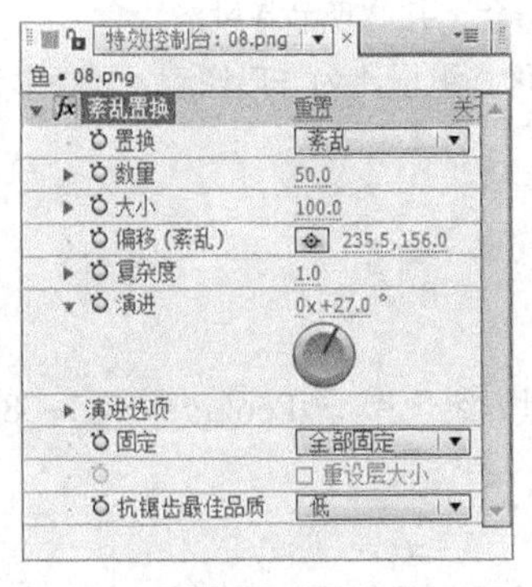

图 12-18

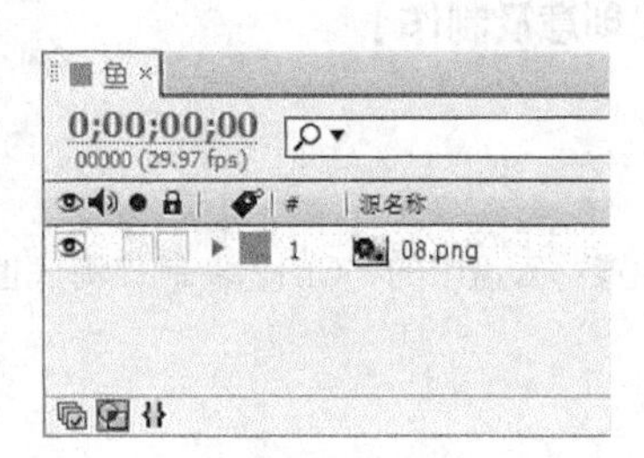

图 12-19

步骤③ 将时间标签放置在 0s 的位置，在“特效控制台”面板中，单击“偏移（紊乱）”选项左侧的“关键帧自动记录器”按钮，如图 12-20 所示，记录第 1 个关键帧。将时间标签放置在 1s 的位置，设置“偏移（紊乱）”选项的数值为 111、156，如图 12-21 所示，记录第 2 个关键帧。将时间标签放置在 2s 的位置，设置“偏移（紊乱）”选项的数值为 250.8、156，如图 12-22 所示，记录第 3 个关键帧。

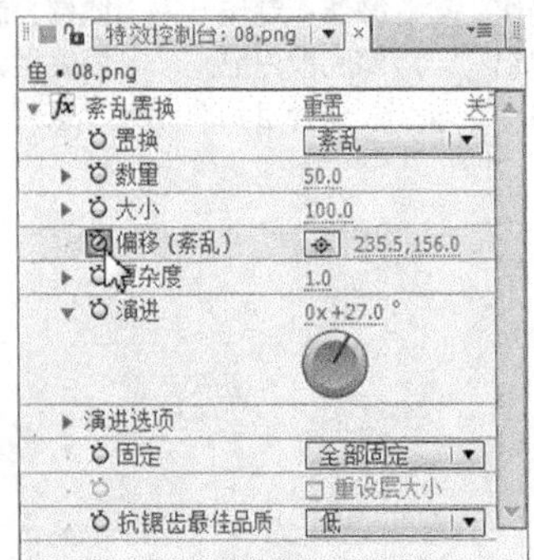

图 12-20

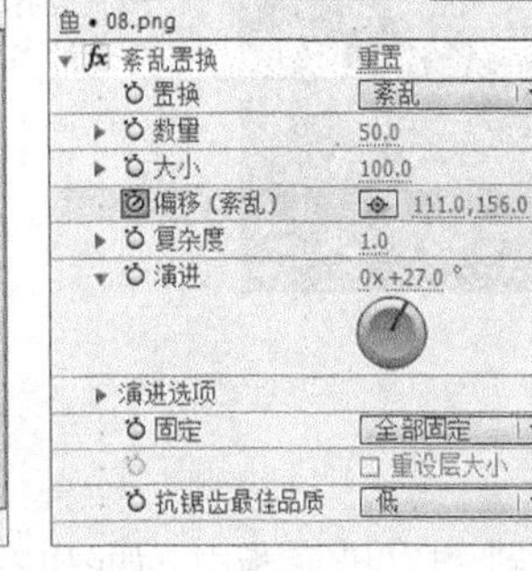

图 12-21

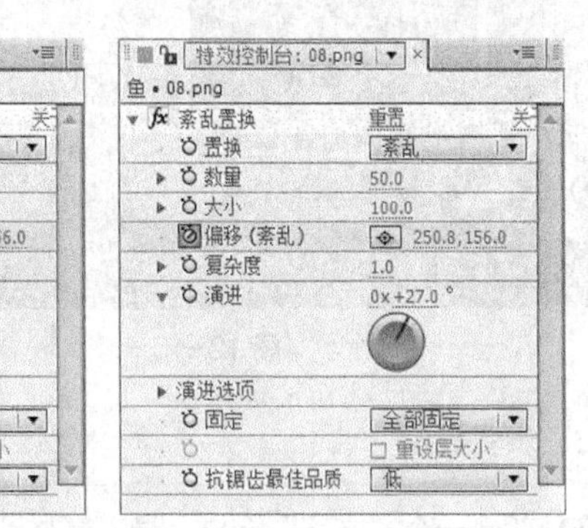

图 12-22

步骤④ 将时间标签放置在 3s 的位置，设置“偏移（紊乱）”选项的数值为 80.2、156，如图 12-23 所示，记录第 4 个关键帧。将时间标签放置在 4s 的位置，设置“偏移（紊乱）”选项的数值为 209.5、156，如图 12-24 所示，记录第 5 个关键帧。将时间标签放置在 5s 的位置，设置“偏移（紊乱）”选项的数值为 135.5、156，如图 12-25 所示，记录第 6 个关键帧。

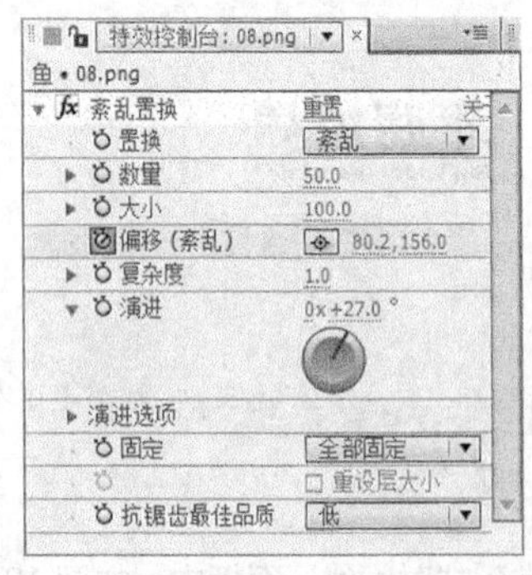

图 12-23

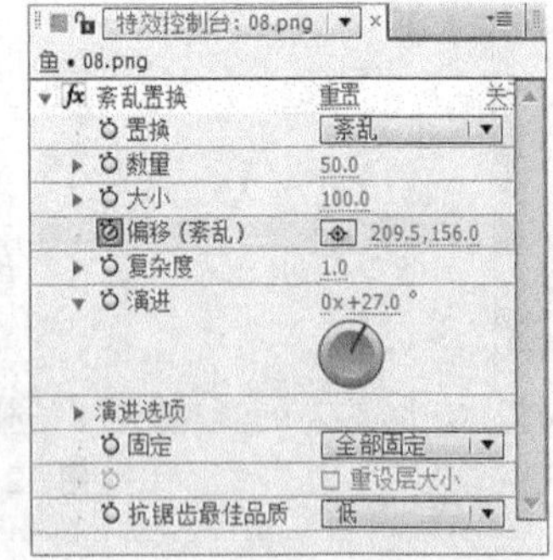

图 12-24

图 12-25

步骤⑤ 将时间标签放置在 6s 的位置，设置“偏移（紊乱）”选项的数值为 238、156，如图 12-26 所示，记录第 7 个关键帧。将时间标签放置在 7s 的位置，设置“偏移（紊乱）”选项的数值为 112.8、156，如图 12-27 所示，记录第 8 个关键帧。将时间标签放置在 8s 的位置，设置“偏移（紊乱）”选项的数值为 237.2、174.4，如图 12-28 所示，记录第 9 个关键帧。

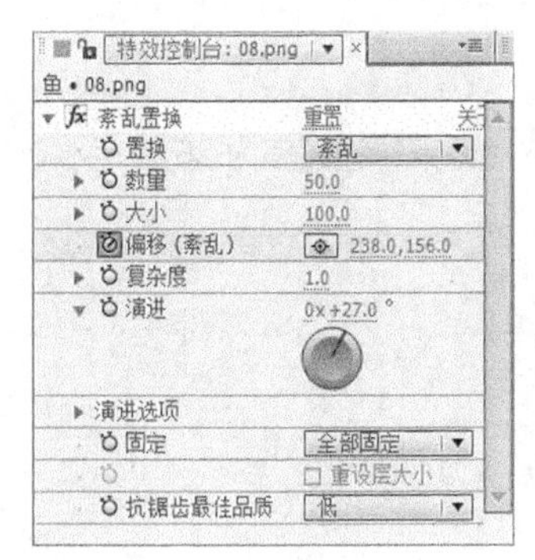

图 12-26

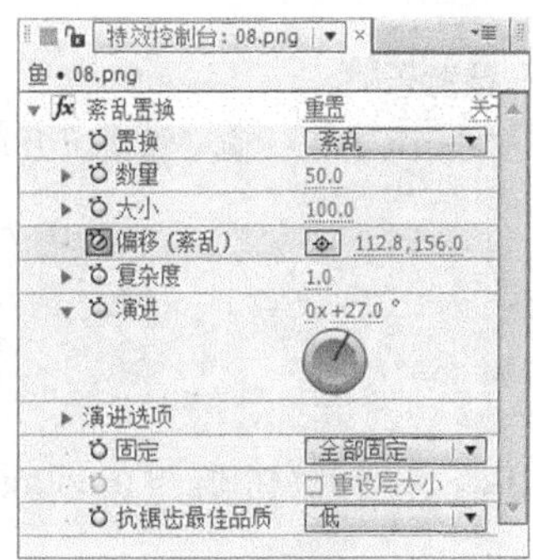

图 12-27

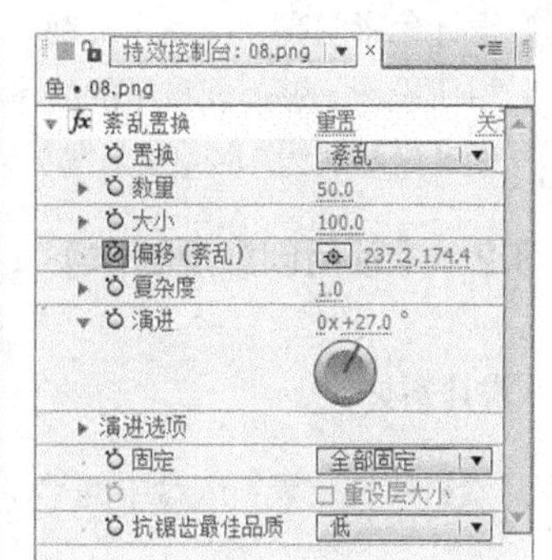

图 12-28

步骤⑥ 用上述的方法创建其他合成，并在合成中添加相应的动画效果，最终效果如图 12-29 所示。

图 12-29

12.3 电子相册——制作儿童相册

12.3.1 【项目背景及要求】

1. 客户名称

育美儿照相馆

2. 客户需求

育美儿照相馆是一家专门给儿童拍摄写真集，记录每一个孩子成长的点点滴滴的照相馆。本次活动是将孩子的才华和孩童乐趣制作为儿童相册展示给每一位父母，用于宣传育美儿照相馆对每一位顾客的用心和诚心，让色彩斑斓的相册，承载着孩子美好的回忆。

3. 设计要求

❶ 相册封面主题突出。
❷ 在画面中突出孩童的生动、活泼、俏皮。
❸ 设计色彩明亮、温暖、鲜艳。
❹ 相册设计能够体现孩子的才华和孩童乐趣。
❺ 设计规格均为 1024px（宽）×576px（高），像素纵横比为方形像素，帧频率为 25 帧/秒。

12.3.2 【项目创意及制作】

1. 设计素材

图片素材所在位置：云盘中的“Ch12 > 制作儿童相册 > (Footage) > 01~04”。

2. 设计作品

设计作品效果所在位置：云盘中的“Ch12 > 制作儿童相册 > 制作儿童相册.eap”，如图 12-30 所示。

图 12-30

微课：制作儿童相册 1

微课：制作儿童相册 2

微课：制作儿童相册 3

微课：制作儿童相册 4

3. 步骤提示

步骤① 新建一个“照片 01”合成，导入素材到“项目”面板中，如图 12-31 所示。将“项目”面板中的“02.jpg”文件拖曳到“时间线”面板中，如图 12-32 所示。

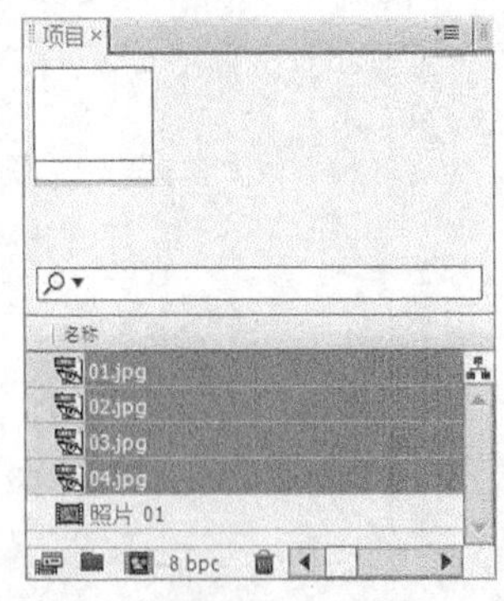

图 12-31

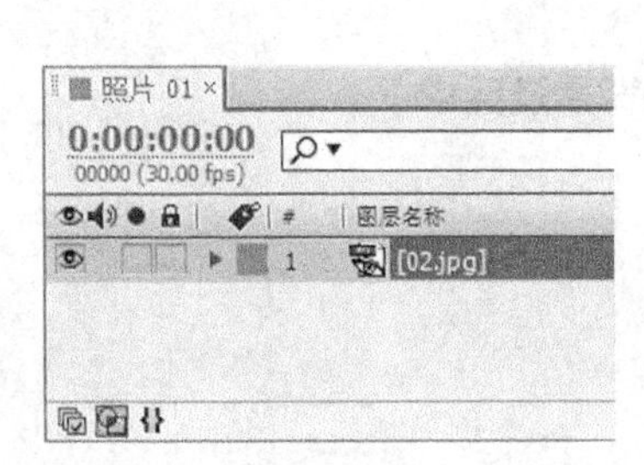

图 12-32

步骤② 选择“图层 > 新建 > 固态层”命令，在弹出的“固态层设置”对话框中进行设置，如图 12-33 所示，单击“确定”按钮，在“时间线”面板中生成一个固态层，如图 12-34 所示。

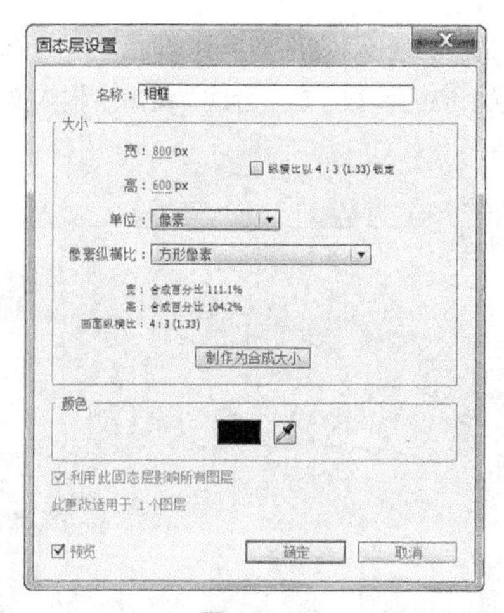

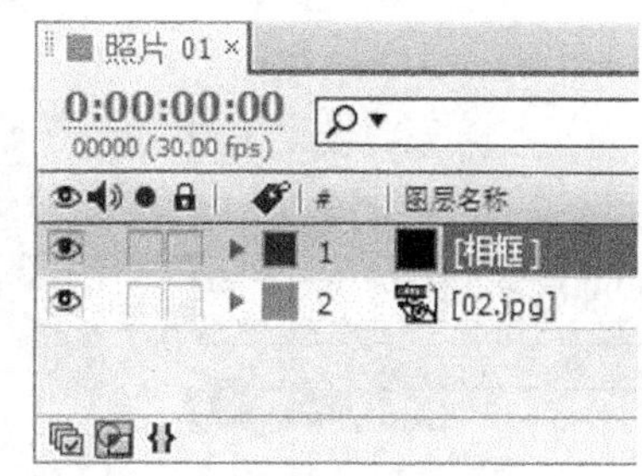

图 12-33　　图 12-34

步骤❸ 选中“相框”层，选择“图层 > 图层样式 > 描边”命令，在“时间线”面板中展开“图层样式”属性下的“描边”选项，并设置相应的参数，如图 12-35 所示。“合成”窗口中的效果如图 12-36 所示。用相同的方法制作“照片 02”和“照片 03”合成。

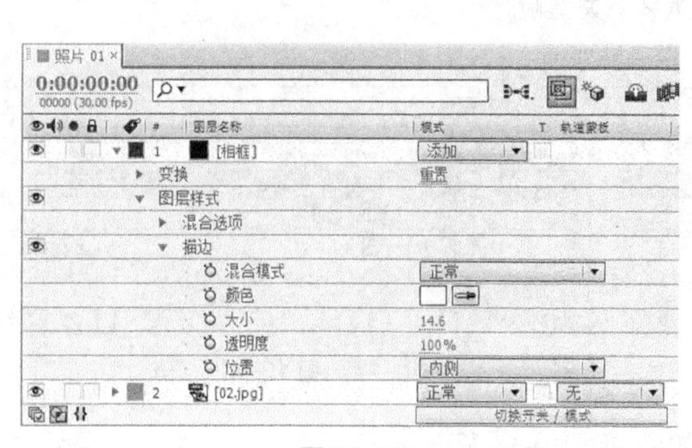

图 12-35　　图 12-36

步骤❹ 新建一个“文字 01”合成，选择“横排文字”工具T，在“文字”面板中设置相应的参数，在“合成”窗口中输入文字“Childhood”，“合成”窗口中的效果如图 12-37 所示。用相同的方法制作“文字 02”和“文字 03”合成，如图 12-38 所示。

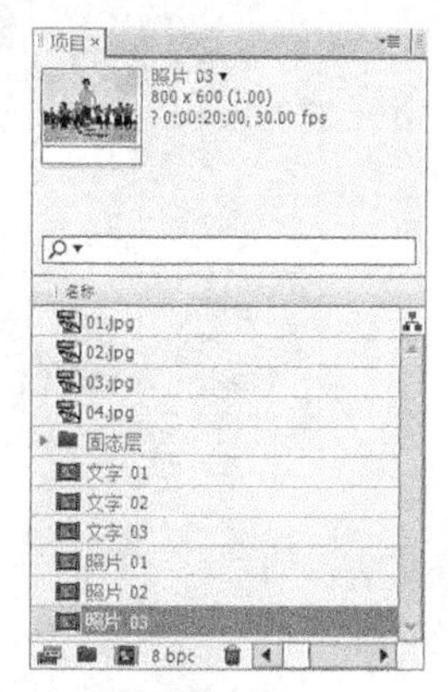

图 12-37　　图 12-38

步骤⑤ 新建一个“儿童相册”合成，将“项目”面板中的“01.jpg”文件拖曳到“时间线”面板中，如图 12-39 所示。选择“横排文字”工具T，在“文字”面板中设置相应的参数，在“合成”窗口中输入文字“快乐童年”，“合成”窗口中的效果如图 12-40 所示。

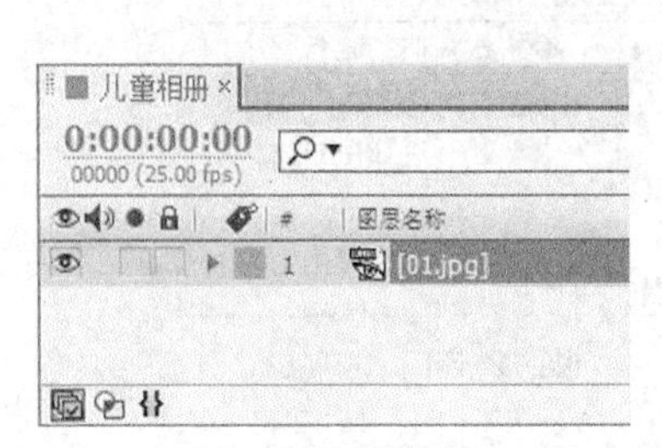

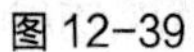
图 12-39

图 12-40

步骤⑥ 将时间标签放置在 9:16s 的位置，按 T 键展开“透明度”属性，单击“透明度”选项左侧的“关键帧自动记录器”按钮，如图 12-41 所示，记录第 1 个关键帧。将时间标签放置在 11:03s 的位置，设置“透明度”选项的数值为 0%，如图 12-42 所示，记录第 2 个关键帧。

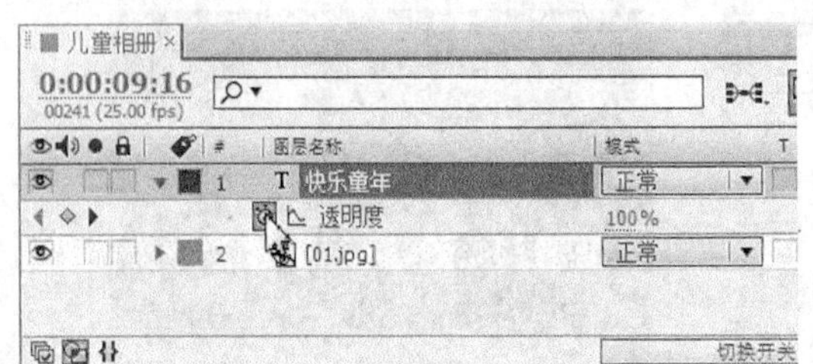

图 12-41

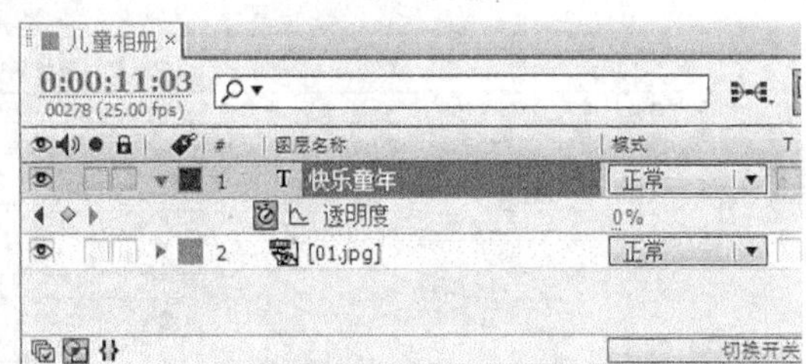

图 12-42

步骤⑦ 用上述的方法制作其他动画效果，最终效果如图 12-43 所示。

图 12-43

12.4 电视栏目——制作奇幻自然栏目

12.4.1 【项目背景及要求】

1. 客户名称

安氏文化传媒有限公司

2. 客户需求

奇幻传奇是一档专述自然万物的电视栏目，以颠覆传统的形式演绎大自然的变幻莫测。要求为该档节目设计宣传片，设计元素要有大自然的特点，还要突出颠覆传统的特色，避免出现与其他栏目相似的现象。

3. 设计要求

1. 宣传片的设计要有大自然的变幻和特色。
2. 设计要求具有时代感，体现出怀旧、变幻、典雅的特点。
3. 画面色彩要符合观众的喜好，用色沉稳内敛，在视觉上能吸引人们的眼光。
4. 要勾起观众好奇心，使人产生向往之情。
5. 设计规格均为 720px（宽）× 576px（高），像素纵横比为 D1/DV PAL（1.09），帧频率为 25 帧/秒。

12.4.2 【项目创意及制作】

1. 设计素材

图片素材所在位置：云盘中的“Ch12 > 制作奇幻自然栏目 > (Footage) > 01~07”。

2. 设计作品

设计作品效果所在位置：云盘中的“Ch12 > 制作奇幻自然栏目 > 制作奇幻自然栏目.eap”，如图 12-44 所示。

图 12-44

微课：制作奇幻自然栏目 1

微课：制作奇幻自然栏目 2

微课：制作奇幻自然栏目 3

3. 步骤提示

步骤① 新建一个“影片 1”合成，导入素材到“项目”面板中，如图 12-45 所示。将“项目”面板中的“03.avi”和“04.avi”文件拖曳到“时间线”面板中，如图 12-46 所示。

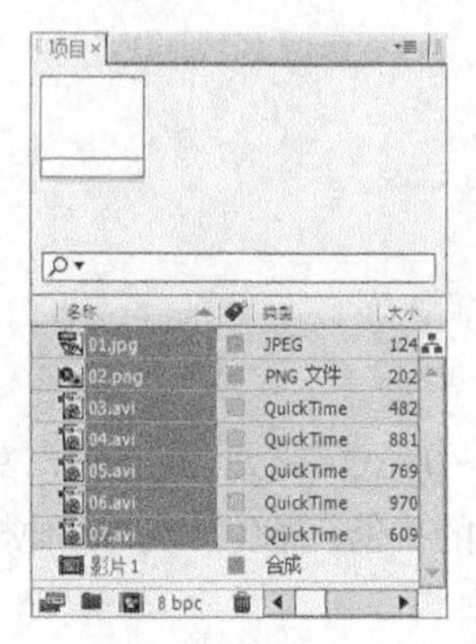

图 12-45

图 12-46

步骤② 选中“03.avi”层，选择“效果 > 过渡 > CC 龙卷风”命令，在弹出的“特效控制台”面板中设置参数，如图 12-47 所示。将时间标签放置在 2:08s 的位置，在“特效控制台”面板中，单击“完成度”选项左侧的“关键帧自动记录器”按钮，如图 12-48 所示，记录第 1 个关键帧。将时间标签放置在 3:06s 的位置，设置“完成度”选项的数值为 100%，如图 12-49 所示，记录第 2 个关键帧。

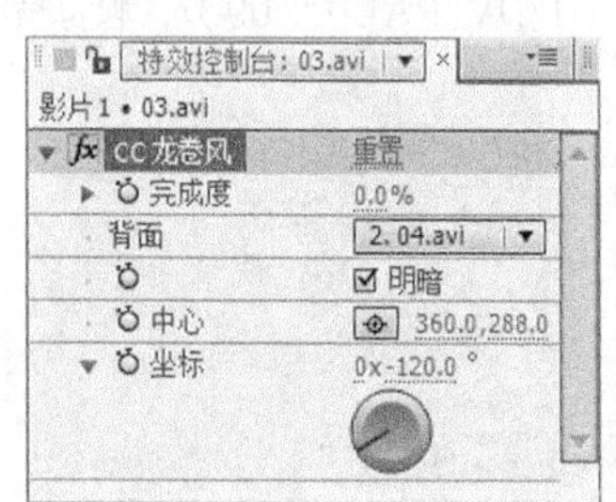

图 12-47

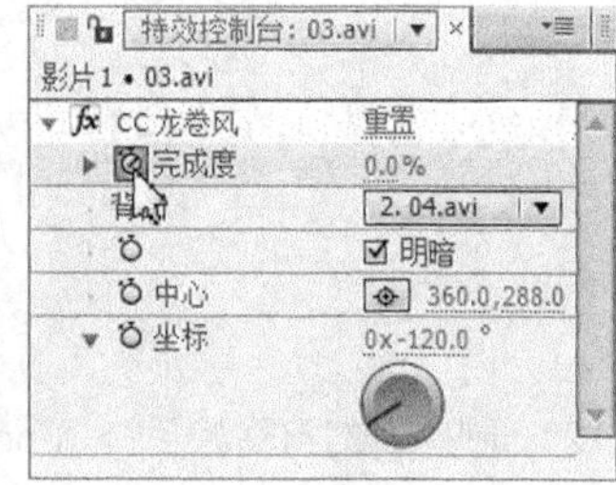

图 12-48

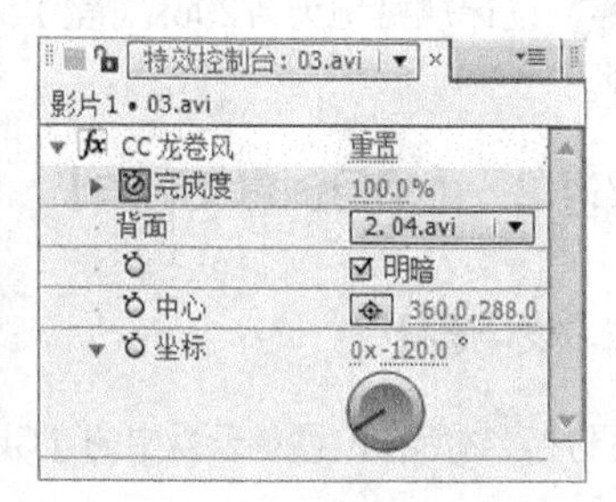

图 12-49

步骤③ 新建一个“最终效果”合成，将“项目”面板中的“01.jpg”和“02.png”文件拖曳到“时间线”面板中，如图 12-50 所示。单击“02.png”层右侧的“3D 图层”按钮，打开三维属性。展开“02.png”层的“变换”属性，并在“变换”选项区中设置参数，如图 12-51 所示。

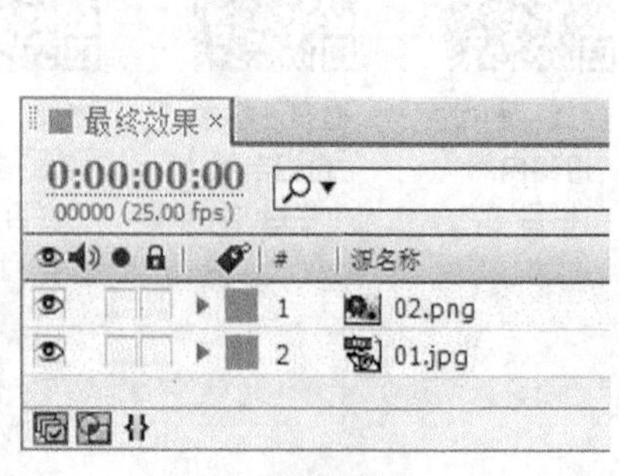

图 12-50

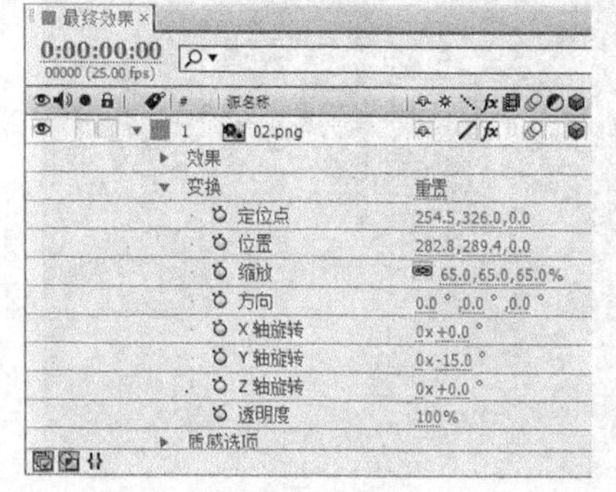

图 12-51

步骤④ 选择“图层 > 新建 > 摄像机”命令，在弹出的“摄像机设置”对话框中进行设置，单击“确定”按钮，在“时间线”面板中新增一个摄像机层，如图 12-52 所示。展开“摄像机 1”层的“变换”属性，并在“变换”选项区中设置参数，如图 12-53 示。

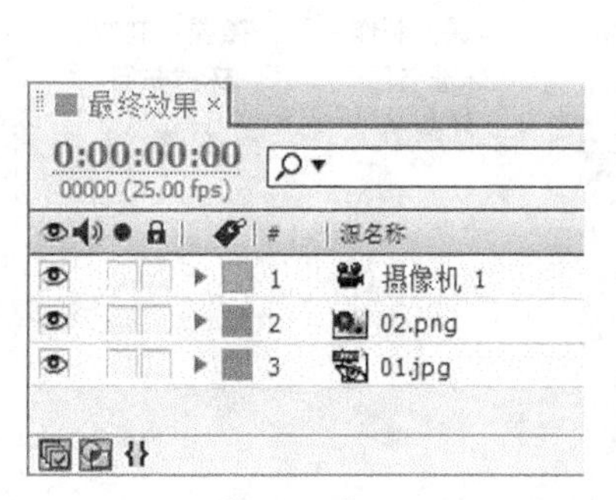

图 12-52

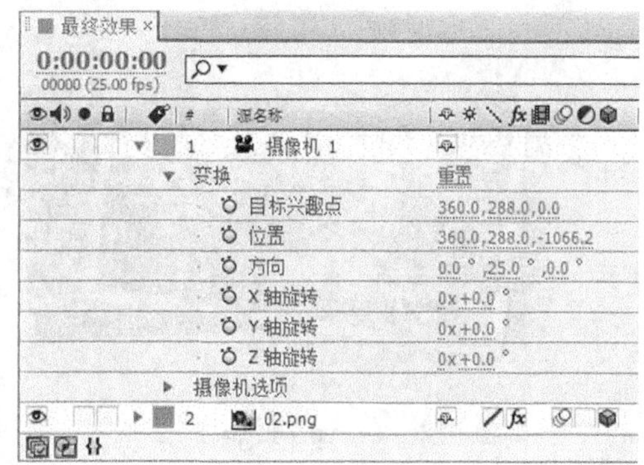

图 12-53

步骤⑤ 用上述的方法制作其他动画效果，如图 12-54 所示。

图 12-54

12.5 节目片头——制作环球节目片头

12.5.1 【项目背景及要求】

1. 客户名称

视亮旅游社

2. 客户需求

视亮旅游社经营国内旅游、出境旅游、入境旅游等业务，不仅满足每一位游客的视觉享受，还拥有优质的服务让游客在旅途中更安心。本次制作环球节目片头，一是为旅游爱好者展示各国的不同景色和风情，吸引游客眼球；二是宣传环球节目，让更多的旅游爱好者关注该节目，了解旅游的乐趣。

3. 设计要求

❶ 要求设计人员深入了解景点文化，根据其文化渊源进行设计，体现景点特色。
❷ 景点图片具有代表性和特色。
❸ 要求用色沉稳自然，不要喧宾夺主。
❹ 以真实简洁的方式向游客传达信息内容。
❺ 设计规格均为 720px（宽）×576px（高），像素纵横比为 D1/DV PAL（1.09），帧频率为 25 帧/秒。

12.5.2 【项目创意及制作】

1. 设计素材

图片素材所在位置：云盘中的“Ch12 > 制作环球节目片头 > (Footage) > 01~06”。

2. 设计作品

设计作品效果所在位置：云盘中的“Ch12 > 制作环球节目片头 > 制作环球节目片头.eap”，如图 12-55 所示。

图 12-55

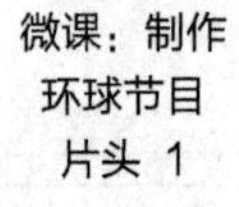

微课：制作
环球节目
片头 1

微课：制作
环球节目
片头 2

3. 步骤提示

步骤① 新建一个“视频”合成，导入素材到“项目”面板中，如图 12-56 所示。将“项目”面板中的“02～06”文件拖曳到“时间线”面板中，如图 12-57 所示。

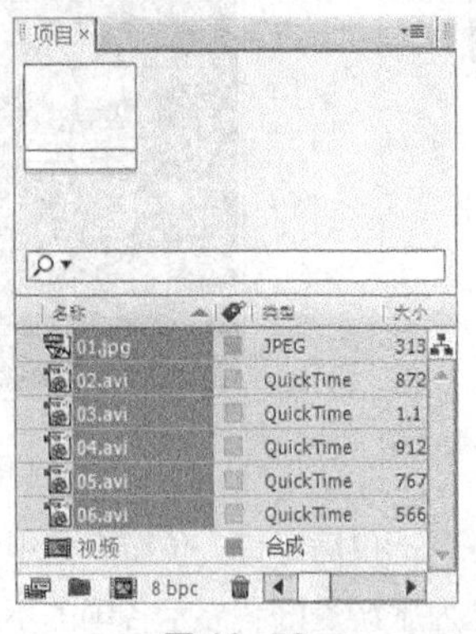

图 12-56

图 12-57

步骤② 选中“02.avi”层，选择“效果 > 模糊与锐化 > 径向模糊”命令，在弹出的“特效控制台”面板中设置参数，如图 12-58 所示。将时间标签放置在 1s 的位置，在“特效控制台”面板中，单击“过渡完成量”选项左侧的“关键帧自动记录器”按钮，如图 12-59 所示，记录第 1 个关键帧。将时间标签放置在 2s 的位置，设置“过渡完成量”选项的数值为 100%，如图 12-60 所示，记录第 2 个关键帧。

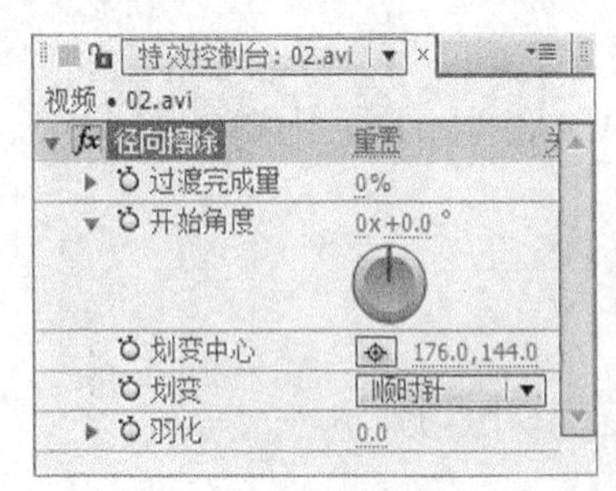

图 12-58

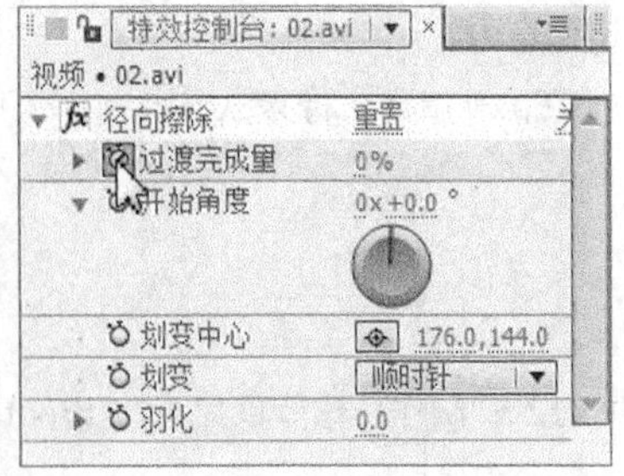

图 12-59

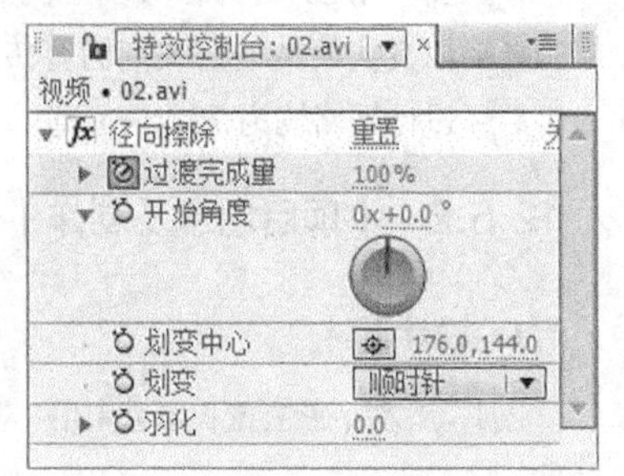

图 12-60

步骤 3 用相同的方法为其他层添加“径向模糊”效果，并在相应的时间位置添加关键帧，如图 12-61 所示。

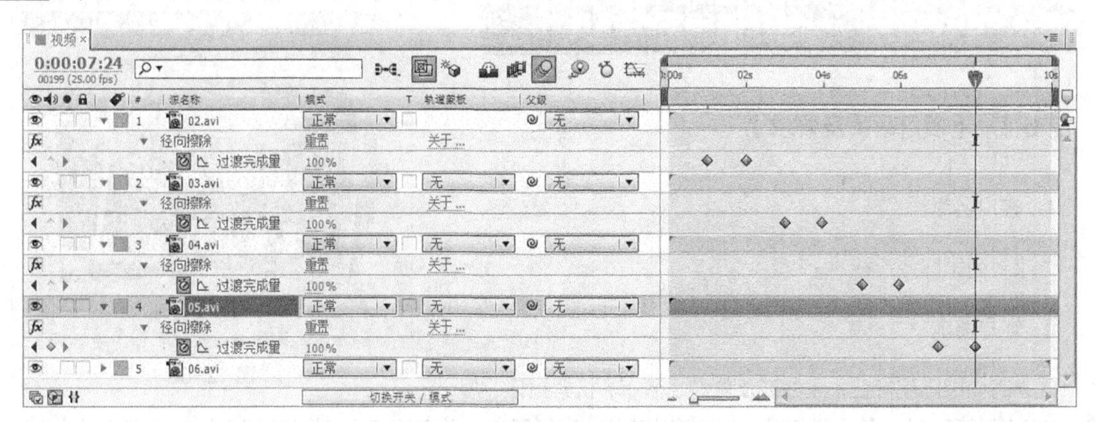

图 12-61

步骤 4 新建一个“效果”合成，将“项目”面板中的“01.jpg”文件和“视频”合成拖曳到“时间线”面板中，如图 12-62 所示。单击“01.jpg”和“视频”层右侧的“3D 图层”按钮，打开三维属性，如图 12-63 所示。

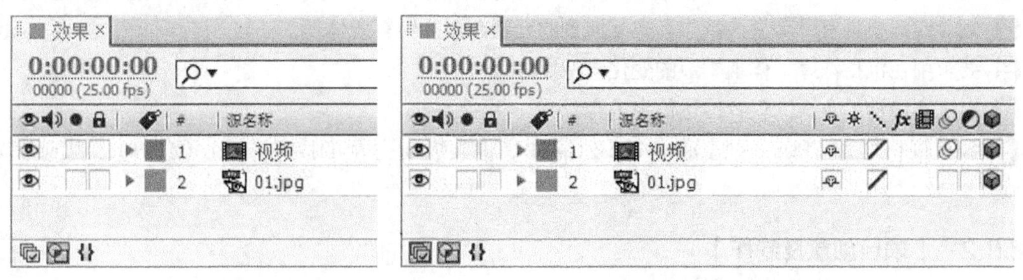

图 12-62　　　　图 12-63

步骤 5 展开“视频”层的“变换”属性，并在“变换”选项区中设置参数，如图 12-64 示。选择“钢笔”工具，在“合成”窗口中绘制一个遮罩形状，如图 12-65 所示。

图 12-64　　　　图 12-65

步骤 6 用上述的方法制作其他动画效果，最终效果如图 12-66 所示。

12.6 电视短片——制作四季赏析短片

12.6.1 【项目背景及要求】

1. 客户名称

北京封尚国际旅行社

2. 客户需求

图 12-66

北京封尚国际旅行社，业务涉及旅游、酒店、机票预订、展会、体育赛事等。其业务量每年以一定的速度递增，深得国内外游客的好评。公司要求制作新的旅行宣传短片，此短片以四季景色为题材，所以短片要求具有四季变换特色，并且能够体现公司文化特色。

3. 设计要求

❶ 要求设计人员深入了解世界各地四季风景和特色，根据当地风景及风土人情进行设计，体现人文特色。
❷ 短片设计要具有季节变换特点，实际风景的元素在短片中有所体现。
❸ 要求用色沉稳浓厚，体现季节的变化与特点。
❹ 以真实简洁的方式向观者传达信息内容。
❺ 设计规格均为 720px（宽）×576px（高），像素纵横比为 D1/DV PAL（1.09），帧频率为 25 帧/秒。

12.6.2 【项目创意及制作】

1. 设计素材

图片素材所在位置：云盘中的“Ch12 > 制作四季赏析短片 > (Footage) > 01~06”。

2. 设计作品

设计作品效果所在位置：云盘中的“Ch12 > 制作四季赏析短片 > 制作四季赏析短片.eap”，如图 12-67 所示。

图 12-67

微课：制作四季赏析短片 1

微课：制作四季赏析短片 2

微课：制作四季赏析短片 3

3. 步骤提示

步骤① 新建一个“视频效果”合成，导入素材到“项目”面板中，如图12-68所示。将“项目”面板中的“03~06”文件拖曳到“时间线”面板中，如图12-69所示。

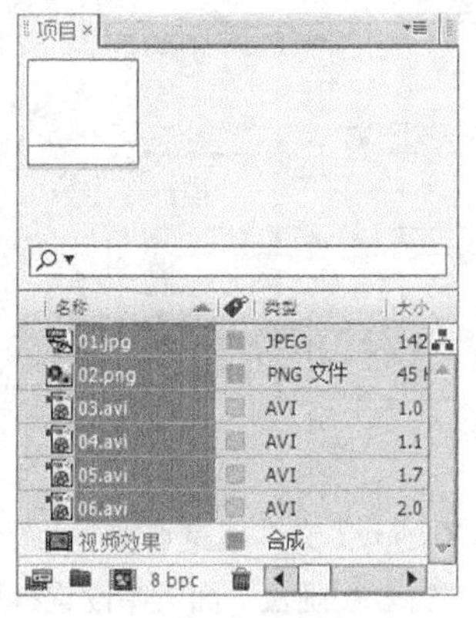

图12-68

图12-69

步骤② 选中“03.avi”层，选择“效果 > 过渡 > 线性擦除”命令，在弹出的“特效控制台”面板中设置参数，如图12-70所示。将时间标签放置在1:14s的位置，在“特效控制台”面板中，单击“完成过渡”选项左侧的“关键帧自动记录器”按钮，如图12-71所示，记录第1个关键帧。将时间标签放置在2:07s的位置，设置“完成过渡”选项的数值为100%，如图12-72所示，记录第2个关键帧。

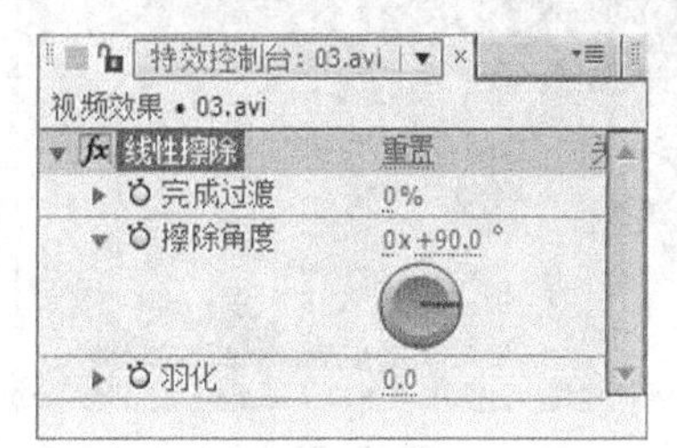

图12-70

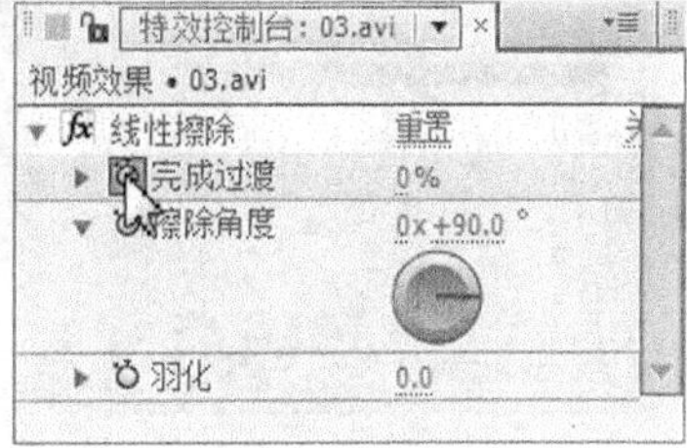

图12-71

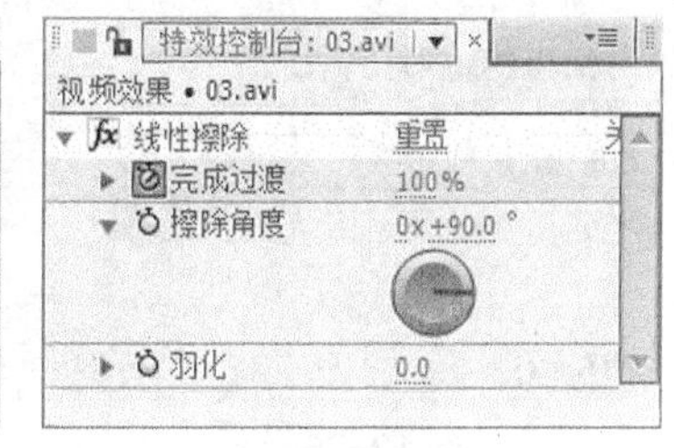

图12-72

步骤③ 选中“03.avi”层，选择“图层 > 图层样式 > 描边”命令，在“时间线”面板中展开“图层样式”属性下的“描边”选项，并设置相应的参数，如图12-73所示。“合成”窗口中的效果如图12-74所示。

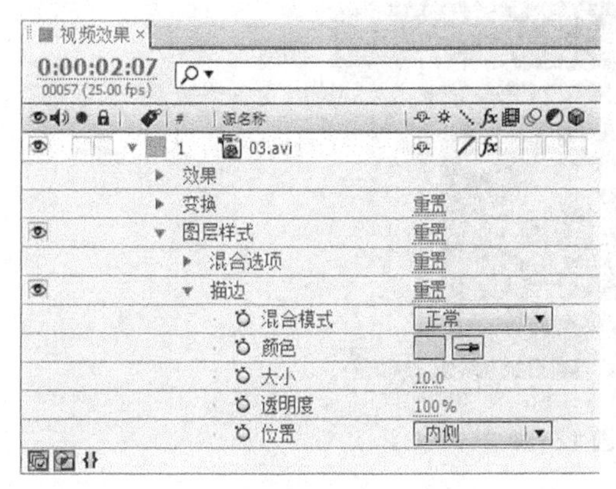

图12-73

图12-74

步骤④ 用相同的方法为其他图层添加“描边”和“线性擦除”效果，并在相应的时间位置添加关键帧，如图12-75所示。

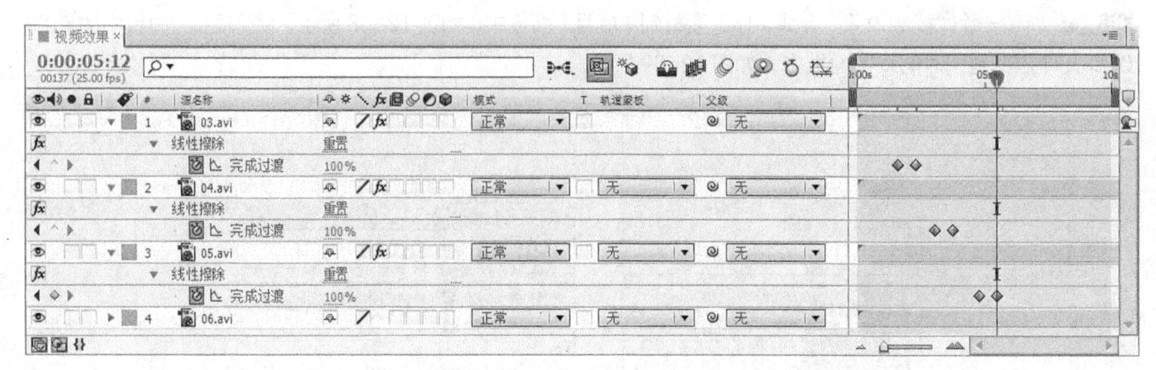

图 12-75

步骤⑤ 新建一个“最终效果”合成，将“项目”面板中的“01.jpg”文件拖曳到“时间线”面板中，如图 12-76所示。选择“效果 > 色彩校正 > 色阶”命令，在弹出的“特效控制台”面板中设置参数，如图 12-77 所示。“合成”窗口中的效果如图 12-78 所示。

图 12-76

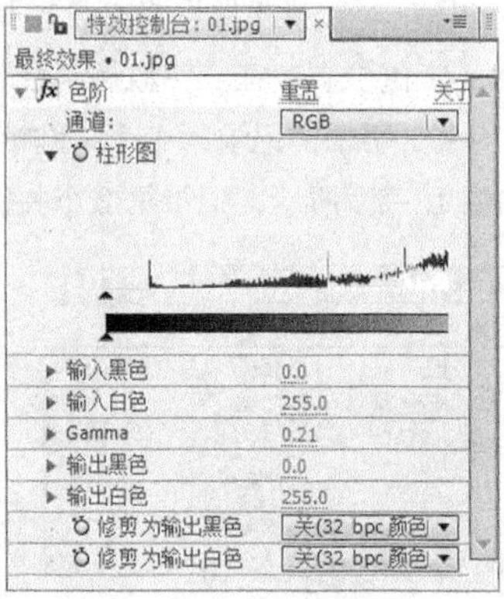

图 12-77

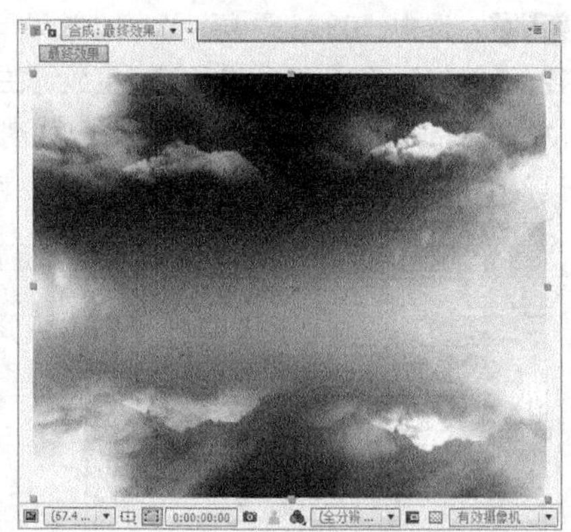

图 12-78

步骤⑥ 用上述的方法制作其他动画效果，最终效果如图 12-79 所示。

图 12-79